钢结构住宅技术进展及应用

中国建筑业协会钢木建筑分会　主编

中国建筑工业出版社

图书在版编目（CIP）数据

钢结构住宅技术进展及应用/中国建筑业协会钢木
建筑分会主编．—北京：中国建筑工业出版社，2022.3
ISBN 978-7-112-27138-2

Ⅰ．①钢…　Ⅱ．①中…　Ⅲ．①钢结构-住宅-建筑设
计-研究　Ⅳ．①TU241

中国版本图书馆 CIP 数据核字（2022）第 037239 号

本书共分三大部分，从钢结构装配式住宅试点项目工程、钢结构装配式住宅体系研究
及应用、钢结构住宅部分配套产品规格及性能方面，介绍了国内近几年的钢结构装配式住
宅建筑体系研究及工程应用实例，钢结构装配式住宅新材料、新产品、新工艺、新技术的
研究及应用，钢结构装配式住宅配套部品的研究及应用等，同时，对住房和城乡建设部钢
结构装配式住宅建设试点项目也进行了详细介绍。

本书适用于从事钢结构研究、设计、施工和管理工作的从业人员参考使用。

责任编辑：徐仲莉　张　磊　万　李
责任校对：张惠雯

钢结构住宅技术进展及应用
中国建筑业协会钢木建筑分会　主编

*

中国建筑工业出版社出版、发行（北京海淀三里河路 9 号）
各地新华书店、建筑书店经销
北京龙达新润科技有限公司制版
北京君升印刷有限公司印刷

*

开本：880 毫米×1230 毫米　1/16　印张：21¾　字数：627 千字
2022 年 3 月第一版　　2022 年 3 月第一次印刷
定价：**60.00 元**
ISBN 978-7-112-27138-2
（38903）

主编单位：中国建筑业协会钢木建筑分会

参编单位：（排名不分先后）

　　　　　　浙江省钢结构行业协会

　　　　　　四川省装配式建筑产业协会

　　　　　　河南省钢结构协会

　　　　　　山东省钢结构行业协会

　　　　　　湖南省钢结构绿色建筑行业协会

　　　　　　青海省钢结构行业协会

　　　　　　山西省钢结构协会

　　　　　　安徽省钢结构协会

　　　　　　辽宁省建筑金属结构协会

　　　　　　贵州省钢结构协会

　　　　　　天津市钢结构协会

　　　　　　天津大学

　　　　　　北京建谊投资发展（集团）有限公司

　　　　　　安徽富煌钢构股份有限公司

　　　　　　杭萧钢构股份有限公司

　　　　　　浙江东南网架股份有限公司

　　　　　　中建科工集团有限公司

　　　　　　甘肃省科工建设集团有限公司

　　　　　　山东萌山钢构工程有限公司

　　　　　　山东高速莱钢绿建发展有限公司

　　　　　　浙江中南绿建科技集团有限公司

　　　　　　徐州中煤百甲重钢科技股份有限公司

　　　　　　杭州铁木辛柯工程设计有限公司

　　　　　　北京和筑科技有限公司

多维联合集团有限公司

山东万斯达科技股份有限公司

河南天丰钢结构建设有限公司

四川汇源钢建科技股份有限公司

浙江精工绿筑住宅科技有限公司

浙江亚厦装饰股份有限公司

河南二建集团钢结构有限公司

山西二建集团有限公司

沈阳三新实业有限公司

北京城建集团有限责任公司

北京金隅加气混凝土有限责任公司

大同泰瑞集团股份有限公司

南昌航空大学

湖南省建筑材料研究设计院有限公司

青海西矿杭萧钢构有限公司

合肥工业大学

上海市机械施工集团有限公司

安徽富煌建筑设计研究有限公司

编 写 委 员 会

主　任　王　宏

副主任　党保卫　弓晓芸　温　军　刘　民　张跃峰

编　委　（按姓氏笔画排序）

于东云　万小华　马张永　王庆伟　王宇伟　王保强

方鸿强　朱　华　向　勇　刘甲铭　刘尚蔚　刘晓光

苏　磊　李海旺　杨云凤　杨玉栋　吴春亮　沈万玉

完海鹰　宋新利　张　军　张　波　张晋勋　张海宾

陈志华　陈振明　陈晓明　周一平　周观根　周学军

贾洪利　徐国军　黄　洁　崔清树　蒋金生　景　亭

程俊鑫　舒赣平　魏　群

秘书处　杨小又　赵　震

前　　言

　　钢结构装配式住宅建设是推动我国新型建筑工业化的重要途径，也是促进我国建筑业加快转向低碳化发展的重要抓手，近年来备受各方面高度关注和重视，政策支撑体系和试点项目建设等推进速度不断加快。

　　住房和城乡建设部自 2019 年 7 月开始，相继批复山东、湖南、四川、河南、浙江、江西、青海七省开展钢结构装配式住宅建设试点工作。2020 年 7 月同意将广东省湛江市东盛路南侧钢结构公租房项目、浙江省绍兴市越城区官渡 3 号地块钢结构装配式住宅工程项目列为住房和城乡建设部"钢结构装配式住宅建设试点项目"。针对这两个国家级钢结构装配式住宅建设试点项目，住房和城乡建设部特别要求，要以推进建筑业供给侧结构性改革为主线，以解决钢结构装配式住宅建设过程中的实际问题为首要任务，尽快探索出一套可复制可推广的钢结构装配式住宅建设推进模式。

　　近期，中共中央办公厅、国务院办公厅印发了《关于推动城乡建设绿色发展的意见》，再一次明确提出大力发展装配式建筑，重点推动钢结构装配式住宅建设，不断提升构件标准化水平，推动形成完整产业链，推动智能建造和建筑工业化协同发展。

　　以上举措对我国钢结构住宅的推广和应用产生了巨大的影响，同时也给钢结构行业的发展带来机遇和挑战。为了系统总结钢结构装配式住宅建设方面的研发、创新成果，交流和推广应用，提高我国钢结构装配式住宅建设的整体水平，中国建筑业协会钢木建筑分会组织编写了《钢结构住宅技术进展及应用》论文集。该书介绍了近年钢结构装配式住宅建筑体系研究及工程应用实例，钢结构装配式住宅新材料、新产品、新工艺、新技术的研究及应用，钢结构装配式住宅体系及其配套部品的研究及应用等。以期对大家在今后工作及实践中提供借鉴和帮助。

　　在此，对积极投稿的专家、工程技术人员，参与审稿的专家，以及为本书出版给予积极支持和帮助的单位及个人，一并表示感谢。限于时间及水平关系，对于论文编审中出现的问题，敬请读者批评指正。

目 录

一、钢结构装配式住宅试点项目工程

钢结构住宅方兴未艾

党保卫　杨小又　刘　哲　罗永峰

（中国建筑业协会钢木建筑分会，北京）

1　钢结构装配式住宅——未来建筑的主旋律

党的十八大在总结改革开放以来经济建设取得成果的基础上，提出了"绿色发展、循环发展、低碳发展"的发展理念，落实科学发展观，实现生态文明的建设目标，在建设领域转变传统的生产方式，推行建筑工业化，实现可持续发展的战略性举措。进入新的发展阶段，国家提倡节能减排，提出了2030年碳达峰目标，建筑业根据新的发展理念正向着绿色建筑和建筑产业现代化、智能化建造、新型建筑工业化发展转型，推广绿色化、工业化、信息化、集约化、产业化的建造方式。

根据国家统计局近几年中国房地产业每年度新开工面积的统计（表1），中国建筑业协会全国每年完成建筑面积的统计（表2），住宅建筑均占到了七成。当前我国房地产市场的基本面没有变，住房需求依然旺盛。据相关资料，我国现在常住人口城镇化率63.9%，仍处在快速城镇化阶段，每年城镇新增就业人口1100万以上，带来大量新增住房需求。同时，2000年前建成的大量老旧住房面积小、质量差、配套不齐全，居民改善居住条件的需求比较旺盛。新冠肺炎疫情促使居民改善居住条件的要求更为迫切。

近几年全国房地产新开工面积　　　　　　　　　　　　　　　　　表1

年份	新开工面积(万 m²)	住宅新开工面积(万 m²)	住宅占比(%)
2016	166928	115911	69.44
2017	178654	128098	71.70
2018	209342	153356	73.26
2019	227154	167463	73.22
2020	224433	164329	73.22

资料来源：国家统计局。

近几年建筑行业住宅竣工面积占比　　　　　　　　　　　　　　　表2

年份	房屋住宅竣工面积占比(%)
2017	66.90
2018	67.33
2019	67.35
2020	67.32

资料来源：中国建筑业协会。

显然，住宅建设是建筑行业落实新发展理念的重要载体和关键支点，是建筑行业落实习近平生态文明思想、建设美丽中国的主要战场，是建筑行业实现碳达峰、碳中和目标的重要领域。

钢结构是天然的装配式建筑结构，本身就是工厂加工、生产构件到工地装配而成的结构形式，正是由于钢结构技术较为成熟、装配化比例高，这些年，在超高层建筑、大型公共建筑、各种类型厂房、医院、学校、车站、航站楼、桥梁领域应用比例有较大幅度提高。钢结构具有轻质高强性，钢结构建筑自重轻、构件截面小、能够承受更大的荷载、可以跨越更大的跨度、便于运输和安装。钢结构的工业化程度高、工期短，原材料性能优、可靠性高，抗震性能好。钢结构房屋整体重量也相对较轻，这样基础处理、运输量的成本都会下降。从整体上看，钢结构更"省"（表3）。

高层装配式钢结构住宅建筑与传统住宅建筑经济指标对比分析（正负零地面以上）　　表3

装配率（%）	人工用量下降（%）	工期提前（%）	建筑垃圾减少（%）	建筑污水减少（%）	能耗降低（%）	得房率（%）	材料回收利用率（%）	装配式增量成本（%）
30	20～25	20	40	5	30	5～8	25	10～12
40	20～25	25	45	7	30	5～8	28	12～15
50	20～25	30	50	8	30	5～8	30	15～20
60	25～30	35	55	10	30	5～8	33	15～20
70	25～30	40	60	13	30	5～8	35	15～20
80	30～40	45	65	16	30	5～8	38	15～20
90	30～40	50	70	20	30	5～8	40	20～25

资料来源：《装配式建筑工程投资估算指标》（征求意见稿）。

钢结构住宅是以钢结构为结构体系，以装配式的墙板、楼板和屋面板为建筑体系，并配套有水电厨卫等功能的节能居住建筑。它具有产业化的特征，在工厂制造，运到现场进行组装，更宜实现"建筑、结构、设备与装修一体化"。它是建筑产业化的一种形式，能带动冶金、建材等相关企业的发展，标志着建筑行业整体技术进步和建筑生产方式的转变，钢结构住宅应用和推广有其历史的必然和现实的意义。

钢结构住宅的发展，是以国家一定的经济、物质、技术基础和社会背景为前提的，提升房屋的建造价值，提高住宅安全抗震水平，改善居民生活居住质量，推广绿色建筑，是新时期建筑业转型的必然选择之一。大力发展钢结构装配式住宅，对推动建筑行业绿色低碳转型发展、实现建筑领域节能减排目标、推动建筑业供给侧结构性改革都将具有重要意义和关键作用，钢结构装配式住宅是未来建筑的主旋律。

2 钢结构住宅相关政策及发展现状

2016年2月，中共中央、国务院出台《关于进一步加强城市规划建设管理工作的若干意见》，指出"积极稳妥推广钢结构建筑，发展新型建造方式，加大政策支持力度，力争用10年左右时间，使装配式建筑占新建建筑的比例达到30％"。

2019年住房和城乡建设部建筑市场监管司"工作要点"中，首次提出加大钢结构装配式住宅建设试点，从政策制定层面看，住房和城乡建设部建筑市场监管司全面参与"推广钢结构建筑，开展钢结构住宅试点"工作，本身就发出一个信号，钢结构建筑产业政策已由研究阶段转向实施阶段，由成果研究转向应用阶段，加快了技术研发与示范工程应用步伐。

为推广钢结构装配式住宅建设，住房和城乡建设部于2019年3月开始在全国进行试点，2019年7月相继批复山东、湖南、四川、河南、浙江、江西、青海七省作为试点省份，2020年7月将广东省湛江市、浙江省绍兴市的两个住宅工程列为住房和城乡建设部"钢结构装配式住宅建设试点项目"。

2020年7月，住房和城乡建设部颁布《绿色建筑创建行动方案》推广装配化建造方式。大力发展钢结构等装配式建筑，新建公共建筑原则上采用钢结构。编制钢结构装配式住宅常用构件尺寸指南，强化设计要求，规范构件选型，提高装配式建筑构配件标准化水平。推动装配式装修。打造装配式建筑产业基地，提升建造水平。

2020年8月28日，住房和城乡建设部等国家9部委联合印发《加快新型建筑工业化发展的若干意见》，提出要加快新型建筑工业化发展，以新型建筑工业化带动建筑业全面转型升级，打造具有国际竞争力的"中国建造"品牌，推动城乡建设绿色发展和高质量发展。意见提出，要大力发展钢结构建筑，鼓励医院、学校等公共建筑优先采用钢结构，积极推进钢结构住宅和农房建设。

2021年10月21日，中共中央办公厅、国务院办公厅发布《关于推动城乡建设绿色发展的意见》，其中在转变城乡建设发展方式，实现工程建设全过程绿色建造中，要求开展绿色建造示范工程创建行动，推广绿色化、工业化、信息化、集约化、产业化建造方式，加强技术创新和集成，利用新技术实现精细化设计和施工。大力发展装配式建筑，重点推动钢结构装配式住宅建设，不断提升构件标准化水平，推动形成完整产业链，推动智能建造和建筑工业化协同发展等。

2021 年 10 月 24 日国务院印发关于《2030 年前碳达峰行动方案》的通知（国发〔2021〕23 号）。在城乡建设碳达峰行动，推进城乡建设绿色低碳转型中要求，推广绿色低碳建材和绿色建造方式，加快推进新型建筑工业化，大力发展装配式建筑，推广钢结构住宅，推动建材循环利用，强化绿色设计和绿色施工管理等。

为落实中央和国务院的要求，推动钢结构建筑和钢结构装配式住宅的发展，行业主管部门下一步将采取以下措施：一是构建标准化设计和生产体系，扩大标准化构件生产使用规模，推动装配式建筑市场化、规模化发展；二是加快打通钢结构住宅设计、生产、施工等产业链；三是加大推广力度，指导地方在保障性住房和商品住宅中积极应用装配式混凝土结构，积极开展钢结构住宅试点，鼓励医院、学校等公共建筑优先采用钢结构。

以上政策对钢结构住宅建设的发展产生了巨大的推动作用。发展钢结构装配式住宅是推动新型建筑工业化的重要途径，是促进低碳节能减排的重要抓手，对加快推动钢结构装配式住宅形成市场规模意义重大。

目前钢结构装配式住宅行业现状：根据住房和城乡建设部的公开资料，在"十三五"期间钢结构建筑和钢结构住宅快速发展，2020 年全国新开工钢结构建筑 1.9 亿 m^2，较 2019 年增长 46%，占新开工装配式建筑的比例为 30.2%，其中，新开工的钢结构住宅约 1200 万 m^2，较 2019 年增长了 33%。

国内很多企业采取试点示范等方式在钢结构住宅装配化的应用方面进行了积极探索，形成了具有各自特色的钢结构装配式住宅的技术体系、材料体系、产品体系。得力于政策有力推进，地方政府多方引导，行业企业积极实践，我国钢结构装配式住宅建设推广已形成良好局面，逐渐形成了以试点省引领行业突破的格局，钢结构装配式住宅建设方兴未艾。

3 钢结构住宅发展的建议

（1）提倡钢结构住宅策划、设计、制作和施工一体化协同理念

以工业化建造方式为基础，实现钢结构住宅建筑结构系统、外围护系统、设备与管线系统、内装系统一体化的策划、设计、制作和安装施工以及使用、维护和管理。

（2）推动钢结构住宅的标准化设计

针对不同地区、不同结构、不同类型的钢结构住宅，需要研究住宅结构系统、外围护系统、设备与管线系统、内装系统的集成方法一体化设计方法与标准，实现住宅部品部件模数化、通用化、标准化，使我国的钢结构住宅便于实现标准化、部品化，降低钢结构住宅的建造成本，吸引更多的市场建造主体参与钢结构住宅的建造与推广，寻找突破发展瓶颈的方法和思路，引导钢结构住宅的健康有序发展。

（3）推动钢结构住宅四大系统集成施工建造

在结构住宅策划、设计、制作和施工一体化协同理念以及标准化设计的基础上，推动钢结构住宅结构系统、外围护系统、设备与管线系统、内装系统四大系统的集成建造技术，既可提高建造速度，又能保证建造质量；既经济环保，又安全绿色。

（4）需要从装配式建筑全产业链角度和全行业角度审视和研究装配式建筑的基本发展理念

装配式钢结构住宅不仅仅是体现一种技术，而且更是要建造一个性能（也就是建筑功能）、品质（也就是质量）过硬且绿色、符合可持续发展的建筑产品，不能片面地认为装配式只是一种建造手段。因此，发展装配式钢结构住宅，不仅要注重安全、质量与用户感受，更应该认识到品牌建筑应该追求更高质量、更高品质、低碳绿色的好房子，这是现阶段住宅建设最重要的目标和任务。在这个阶段，应将钢结构住宅的建筑设计、施工建造、使用服务与维护进行整合与集成，同时需要全社会、整个建筑行业以及产业链包括上下游的产、学、研单位形成合力共同发展。

钢结构装配式住宅建筑体系及工程实例
——威远县成渝钒钛工矿棚户区改造工程

蔡建利[1]　王杜槟[2]　雷武军[1]　饶　俊[1]　周小丹[1]　岳　楠[1]　胡　雷[2]　余　政[2]

(1. 四川汇源钢建科技股份有限公司，成都；2. 四川众心乐旅游资源开发有限公司，成都)

摘　要　介绍了工程概况，阐述了工程项目采用的钢结构装配式住宅技术体系和技术创新情况，开展了装配式建筑技术评价。

关键词　钢结构；装配式住宅；技术体系；装配率

1　工程概况

本工程位于四川省内江市威远县连界镇，为保障性住房（多层住宅）及配套商业综合体，总建筑面积为120545m²。本工程由四川汇源钢建科技股份有限公司（以下简称"汇源钢建公司"）和中煤科工集团重庆设计研究院有限公司设计，由汇源钢建公司和四川大正德茂建设有限公司（四川众心乐旅游资源开发有限公司下属公司）施工。本工程自2016年3月8日开工，2019年8月8日建成，总投资为32856万元。

本工程的主体结构采用多层装配式钢框架结构。内隔墙采用装配式隔墙板（新型灰渣混凝土空心隔墙板）。外围护：保障性安置房采用蒸压加气混凝土砌块+保温一体板；配套商业街采用装配式隔墙板（新型灰渣混凝土空心隔墙板）+保温一体板。楼层板采用钢筋桁架楼承板+现浇混凝土。屋面板采用钢筋桁架楼承板+现浇混凝土+保温防水一体板。保障性安置房采用集成厨房。楼梯、阳台、飘窗、空调板等均采用装配式钢框架+现浇混凝土。

2　工程技术体系

2.1　企业钢结构装配式住宅技术体系

2018年初，汇源钢建公司投资683万元，计划从2018年1月1日至2020年12月31日，开展钢结构装配式住宅技术体系开发，进一步完善公司装配式建筑模数化、标准化、集成化的应用，目前已基本形成公司自有体系。工程主要研究内容包括装配式建筑的各个专业和各个方面，汇源钢建公司装配式钢结构建筑技术体系示意图如图1所示。

主要实施方案：

（1）部品部件集成化。装配式钢结构住宅建筑的设计过程是部品部件等多项新技术产品的集成化设计过程。对于钢结构住宅来说，要实现工厂生产现场组装的装配式建造，不仅需要结构体系、墙体技术、楼板技术的装配化，还需要内部部品部件的集成化。通过标准化接口，采用整体厨卫等工业化部品，结合管线分离墙体技术，实现住宅建筑的现场组装：首先，钢框架吊装，预制楼板，钢楼梯安装，工厂预制好的钢柱、钢梁、钢板、钢楼梯等结合施工工艺进行组装，基础及部分构件仍需要混凝土现浇筑以确保结构的稳定性；其次，内外墙板安装，管线铺装预留接口；最后，整体厨卫、集成吊顶、整体收纳系统及装配式内装等集成化部品安装。不同于传统建筑的施工工艺，部品部件产业化、集成化是装配式住宅建筑设计的核心，部品部件的新技术、高性能是建筑品质的保证。

（2）设计协同。装配式钢结构住宅建筑设计应采用设计协同的方法。装配率越高需要设计深度及精准度就越高，甚至小到一个孔洞的定位。因为所有的部品部件都在工厂预制生产，所有孔洞都需要提前预留。设计协同不仅体现在建筑、结构、水、暖、电、内装等各专业之间，在部件部品生产运输、装配施工、运营维护等各阶段也非常重要。

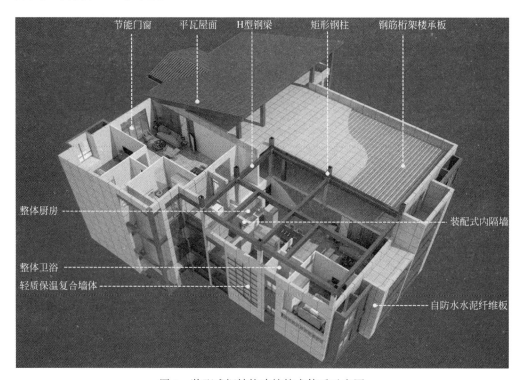

图1　装配式钢结构建筑技术体系示意图

BIM技术的应用及模拟现场施工管理，是设计协同的理论依据和保障。设计阶段BIM全专业协同同步，每一个节点甚至一个螺丝钉都在BIM模型中精准体现。BIM模型不仅模拟了建筑的建造材料及建造过程，还能形象地展现各专业的相互矛盾之处，减少设计错误，也能较为精准地计算工程量。工程现场施工也应采用BIM协同精准管理。这些都是汇源钢建公司发展装配式钢结构住宅体系的技术方向。

2.2　工程技术体系组成

本工程全面应用了上述钢结构装配式住宅技术体系。具体结构组成如下：

（1）主体结构：采用多层装配式钢框架结构，能够满足安全性和经济性要求，主体结构形式如图2所示。钢框架结构采用预制钢结构构件，包括预制钢框架柱、预制钢框架梁、预制钢次梁、压型钢板组合楼板、预制钢楼梯5种。竖向构件全部采用预制钢框架柱，局部大悬挑处增设钢支撑。1～3节钢柱规格为$300mm \times 300mm \times 12mm \times 12mm$、长2684mm，吊柱$200mm \times 200mm \times 10mm \times 10mm$、长为2127mm和1199mm；钢梁规格为$H1750$-$12$-$12 \times 180$和$H1350$-$6$-$8 \times 150$，长为1035～6508mm。楼梯为预制钢制楼梯。钢材材质为Q235和Q345。用钢量平均为$45.02kg/m^2$。楼板全部采用现场免支模的压型钢板组合楼板，压型钢板采用闭口镀锌钢板，屈服强度为$410N/mm$，双面热浸（镀锌量$275g/m$以上）。

（2）内隔墙：采用新型灰渣混凝土空心隔墙板，该墙板以含钛高炉渣为起始原料，经过自主研发的专利技术膨化加工为膨化渣（陶粒、陶砂及微粉），以膨化渣为骨料、掺混含钛高炉渣的低碱水泥为胶凝材料，采用自主研发的自动化生产工艺、蒸汽养护技术和智能化生产系统，在国内首创的第一套50万m^2/a全自动墙板生产线上，开发生产的新型灰渣混凝土空心隔墙板或建筑隔墙用轻质条板。该类

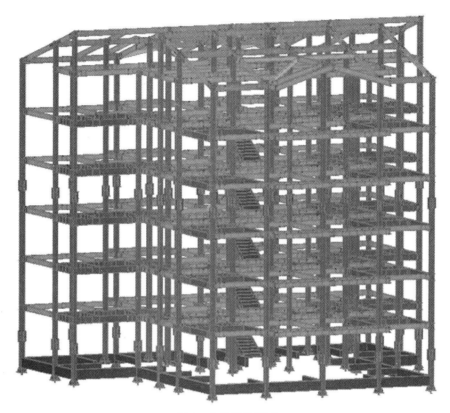

图 2　主体结构形式

墙板宽度为600mm，厚度有90、120、140、150、200mm5个规格，长度根据工程项目现场需要定尺切割（180～3600mm），墙板企口为凹凸榫口。安装时，分户墙采用双90板中空20mm，分室墙采用单90板或120板。配套研制了专用的柔性接缝砂浆和填缝砂浆，砂浆为干混料，施工现场加水搅拌均匀，即可采用干法工艺施工。墙板与墙板之间采用柔性接缝砂浆连接，接口部位7天后外挂玻纤网格布，再抹抗裂砂浆；墙板与主体竖向钢结构连接时，先用水泥砂浆涂刷浸润，采用钢卡固定、柔性接缝砂浆连接。墙板上端与顶部楼板连接时，先用塑料泡沫填塞墙板上端孔洞，再灌入填缝砂浆。墙板下端与楼基面结合处宜用木楔垫平衡预留空隙，正常情况保证空隙在20～50mm以内（40mm以下的用专业聚合物干粉砂浆填充捣实，40mm以上的宜填充干硬性的细石混凝土）。按照自主研究编制的施工工法规范地安装墙板。

（3）外围护：保障性安置房采用蒸压加气混凝土砌块＋保温一体板；商业街采用装配式隔墙板（新型灰渣混凝土空心隔墙板）＋保温一体板。

（4）楼（屋）面板：楼层板采用钢筋桁架楼承板＋现浇混凝土，屋面板采用钢筋桁架楼承板＋现浇混凝土＋保温防水一体板。

（5）厨房和卫生间：保障性安置房采用集成厨房，商业街未采用集成厨房。卫生间均未采用集成卫生间。

（6）楼梯和阳台：楼梯采用装配式钢框架楼梯＋现浇混凝土，阳台采用装配式钢框架＋现浇混凝土。

（7）飘窗、空调板等：装配式钢框架＋现浇混凝土。

3　工程技术评价

根据《装配式建筑评价标准》GB/T 51129—2017，对本工程开展了装配式建筑评价。

3.1 本工程所属安置房评价

本工程所属安置房按照装配式建筑评价标准进行评价，见表1。

安置房装配率评价表　　　　　　　　　　　　　　　　　　　　　　　　表1

	评价项	评价要求	评价分值	自评得分
主体结构 (Q_1)	柱、支撑、承重墙、延性墙板等竖向构件	35%≤比例≤80%	20～30*	30
	梁、板、楼梯、阳台、空调板等构件	70%≤比例≤80%	10～20*	20
围护墙和 内隔墙(Q_2)	非承重围护墙非砌筑	比例≥80%	5	0
	围护墙与保温、隔热、装饰一体化	50%≤比例≤80%	2～5*	5
	内隔墙非砌筑	比例≥50%	5	5
	内隔墙与管线、装修一体化	50%≤比例≤80%	2～5*	0
装修和 设备管线(Q_3)	全装修	—	6	6
	干式工法楼面、地面	比例≥70%	6	0
	集成厨房	70%≤比例≤90%	3～6*	3
	集成卫生间	70%≤比例≤90%	3～6*	0
	管线分离	50%≤比例≤70%	4～6*	0
总得分		69		
装配率 （列出计算式）	$P=(Q_1+Q_2+Q_3)/(100-Q_4)\times100\%=(50+10+9)/100\times100\%=69\%$ 其中：$Q_1=50；Q_2=10；Q_3=9；Q_4=0$			
自评等级	装配率为69%，评价为A级装配式建筑			

注：表中带"*"项的分值采用"内插法"计算，计算结果取小数点后1位。

3.2 本工程所属商业街评价

本工程所属商业街按照装配式建筑评价标准进行评价，见表2。

商业街装配率评价表　　　　　　　　　　　　　　　　　　　　　　　　表2

	评价项	评价要求	评价分值	自评得分
主体结构 (Q_1)	柱、支撑、承重墙、延性墙板等竖向构件	35%≤比例≤80%	20～30*	30
	梁、板、楼梯、阳台、空调板等构件	70%≤比例≤80%	10～20*	20
围护墙和 内隔墙 (Q_2)	非承重围护墙非砌筑	比例≥80%	5	5
	围护墙与保温、隔热、装饰一体化	50%≤比例≤80%	2～5*	5
	内隔墙非砌筑	比例≥50%	5	5
	内隔墙与管线、装修一体化	50%≤比例≤80%	2～5*	0
装修和 设备管线 (Q_3)	全装修	—	6	6
	干式工法楼面、地面	比例≥70%	6	0
	集成厨房	70%≤比例≤90%	3～6*	—
	集成卫生间	70%≤比例≤90%	3～6*	0
	管线分离	50%≤比例≤70%	4～6*	0
总得分		71		
装配率 （列出计算式）	$P=(Q_1+Q_2+Q_3)/(100-Q_4)\times100\%=(50+15+6)/(100-6)\times100\%=76\%$ 其中：$Q_1=50；Q_2=15；Q_3=6；Q_4=6$			
自评等级	装配率为76%，评价为AA级装配式建筑			

注：1. 表中带"*"项的分值采用"内插法"计算，计算结果取小数点后1位。

2. 详细计算见相关装配率计算书。

4 工程技术创新亮点

4.1 应用绿色建筑技术

本工程严格按照《四川省居住建筑节能设计标准》进行设计，并在外墙、幕墙、门窗、平顶屋面、内隔断等选用绿色建材，全部达到绿色节能的要求。

4.2 获得四川省科技进步奖

联合四川省建筑设计研究院等5家单位，共同开发了《装配式模块化集成轻钢轻混凝土住宅产业化关键技术》，2017年被鉴定为省级科技成果，2018年5月获得四川省科学技术进步奖二等奖。

4.3 商业街被评价认定为国家装配式建筑范例项目

2020年10月29日，本工程的商业街项目被住房和城乡建设部科技与产业化发展中心评价认定为《装配式建筑评价标准》AA级装配式建筑范例项目。

5 结语

虽然本工程项目总体达到装配式建筑评价标准，但所涉及的钢结构装配式住宅技术体系还处于探索研究阶段，需要继续通过相关项目试点建设进行工程应用，在应用过程中不断改进完善，形成系统化的技术体系和配套产品。

波形钢板组合结构装配式住宅体系及工程应用

费建伟　张　莹　邵　奇

（浙江中南绿建科技集团有限公司，杭州）

摘　要　针对住宅建筑的装配式结构体系，采用钢框架-波形钢板组合墙结构体系以及配套的围护结构。主要围绕波形钢板组合墙，该墙体为一种新型钢板组合受力构件，其核心技术为钢板采用波形钢板，具有较好的力学性能，包括抗剪性能和抗压性能，改善了现有钢板组合墙技术，在工程项目中具有较好的经济效益。该技术通过理论研究及试验研究验证，具有较高的可靠度。通过创新加工工艺和施工安装技术，实现了该技术在项目工程中的应用与推广，与之配套的围护结构关键施工连接构造也给出了详细做法，相关内容可供工程技术人员参考。

关键词　波形钢板组合墙；抗剪性能；抗压性能；试验研究；安装技术

1　工程概况

传统装配式钢结构住宅结构体系主要为钢框架-支撑结构，随着技术的不断发展，钢板-混凝土组合剪力墙具有更高的力学性能。钢板-混凝土组合剪力墙可发挥钢和混凝土的优势，并弥补各自的不足，相比于钢筋混凝土剪力墙，具有一系列优越的力学性能。但要保证钢板-混凝土组合剪力墙中钢板受剪屈曲破坏，保证钢板与混凝土作为整体共同工作，需在钢板上满布抗剪连接件或设置密集加劲肋，使得剪力墙设计、建造和施工复杂，造价增加；同时为了保证钢板的加工、制作和安装精度要求，《钢板剪力墙技术规程》JGJ/T 380—2015 明确规定钢板-混凝土组合剪力墙中单侧钢板的最小厚度不宜小于10mm，且墙体厚度不宜小于250mm，限制了钢板-混凝土组合剪力墙在多、高层建筑中的应用。此外，为防止浇筑混凝土过程中钢板出现涨模现象，需在钢板两侧设置大量支撑，增加了施工的复杂性。

四季花语10#项目位于沧州太原路与福建大道交口，三面环公园，住宅与周围自然景观融为一脉。该项目共计 2 个单元共计 144 户，两单元为对称布置，每个单元为一部楼梯四个户型，阳台布置在南立面，为悬挑阳台。建筑面积为13165.73m²，建筑高度 52.1m，地上 18 层，地下 1 层。结构平面长度 55.35m，宽度为 15.5m，层高 2.9m。建筑效果图如图 1 所示。

图 1　四季花语 10# 建筑效果图

本项目采用钢结构装配式结构，结构体系为钢框架-波形钢板组合墙。钢框架为矩形钢管混凝土柱与钢梁组成，部分框架柱为钢管混凝土异形柱，波形钢板组合墙为两块波形钢板内灌混凝土组成的剪力墙。其中钢管混凝土异形柱截面类型为 L 形、T 形及十字形，其中 L 形柱布置在四个角部为角柱，T 形柱布置在外墙中间部位，十字形柱布置在内部墙体交接处。波形钢板组合墙布置在分户墙及楼梯间墙体，户型内框架柱采用矩形钢管混凝土柱，结构构件总体布置不凸柱，不影响建筑室内建筑功能。

2 波形钢板组合结构装配式住宅体系

2.1 结构体系

波形钢板组合结构装配式住宅体系包括钢框架、波形钢板组合墙所组成的框架-剪力墙结构，以及楼板、内外墙板等围护结构，主要涉及波形钢板组合墙的设计、制作及安装，以及墙梁节点、墙与楼板节点构造。主要抗侧力构件为波形钢板组合墙，包括两片对称的波形钢板，波形钢板为非对称梯形波状钢板，由机械冷压成型。内灌混凝土形成波形钢板组合剪力墙，具有承受轴力、弯矩和剪力的承载力构件。波形钢板组合墙通过对拉螺栓发挥波形钢板和混凝土的共同作用，对拉螺栓水平间距360mm，竖向间距600mm，对拉螺栓在施工阶段浇筑混凝土时牵制波形钢板向外变形，以及组合墙在使用阶段轴压作用下，混凝土压缩变形，对侧壁波形钢板的挤压，牵制钢板面外变形。另外对拉螺栓能保证波形钢板的局部稳定，使波形钢板在受力阶段按全截面有效考虑。正因为对拉螺栓对波形钢板墙的约束，使得波形钢板具有较好的抗剪、抗压弹性屈曲承载力。由于波形钢板本身具有的波形特征，使得波带竖向设置的波形钢板具有远大于平钢板的面外抗弯刚度，能够有效提高其竖向受压承载力，有利于提高竖向压力及剪力作用下的屈曲荷载。通过比较波形钢板和平钢板在受面内纯压荷载作用下的弹性屈曲性能，可以发现，前者的受压弹性屈曲应力远高于后者，如图2(a)所示。通过比较波形钢板和平钢板在受纯剪荷载作用下的弹性屈曲性能可以发现，前者的受剪弹性屈曲应力远高于后者，如图2(b)所示。

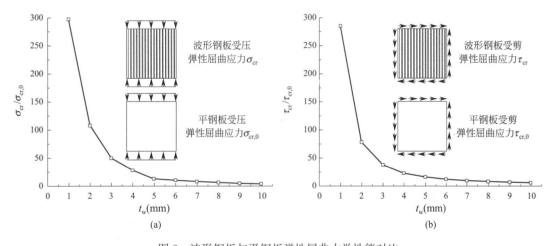

图2 波形钢板与平钢板弹性屈曲力学性能对比
（a）波形钢板与平钢板受压弹性屈曲对比；（b）波形钢板与平钢板受剪弹性屈曲对比

2.2 结构构件

波形钢板采用非对称梯形波，波形钢板厚度不小于4mm，波峰85mm，波谷40mm，波幅35mm，波长180mm。采用波形钢板组合墙作为钢板组合剪力墙的主要技术优势为波形钢板具有较好的抗压和抗剪屈曲承载力。钢管混凝土柱一般采用成品矩形管，现场浇筑混凝土形成组合构件，钢梁为H型钢，可以采用热轧钢或车间焊接钢。

组合墙稳定承载力试验如下。

组合墙试件高度4.5m，截面为一字形，竖向荷载设计值8376kN，预测竖向屈服荷载12303kN。在竖向荷载达到6000kN之前，采用力控制法加载，组合墙试件发生向东的4.8mm面外水平位移，没有发生明显的面内水平位移或者扭转。在竖向荷载达到6000kN之后，采用位移控制法加载。随着竖向荷载的增加，面外水平位移向东增大至5.5mm，面内水平位移始终小于1mm。

当竖向位移增加至约10.5mm时，竖向荷载增加至约11700kN，组合墙试件顶部和一半高度处的

(a)

(b)

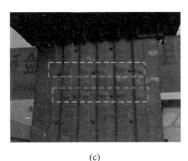
(c)

图3 试件试验现象

（a）试件整体正视图；（b）东侧钢板局部屈曲；（c）整体失稳（左边为西侧）

面外水平位移不再向东发展，而是向西发展。保持竖向位移恒定，面外水平位移不断发展，如图3所示，最终组合墙试件顶部向西弯出，面外水平位移为102mm，发生整体失稳，试验结束。组合墙试件顶部弯出部分的东侧，钢板发生局部屈曲，位置集中在和螺栓高度相同的波峰上，沿着组合墙宽度方向全宽度分布。组合墙试件的竖向极限荷载11935kN，稳定系数 $\varphi=0.970$。

在弹性工作阶段，组合墙试件没有明显现象，竖向位移随着竖向荷载的增加基本呈线性变化。由于波形钢板组合墙的墙厚相对较小，因此在轴压作用下会发生整体失稳。结合试验前对初始缺陷的测量可知，具体的失稳形式与边界条件和初始缺陷分布有关。

2.3 围护结构

内墙体为砂加气混凝土条板，外墙基墙为砂加气混凝土条板，基墙外侧设置保温层和装饰层。楼面为可拆卸式钢筋桁架楼承板，公共区域为现浇钢筋混凝土楼板。

3 构件加工及安装技术

3.1 波形钢板加工

波形板专用成型设备采用"波形板辊压成型机"。波形板专用材料采用"成卷板料"，采用50t行车将成卷板料吊装至液压升降平台，通过升降平台将料卷升至液压放料机的转动轴水平高度。待成卷板料内孔涨紧后，通过减速电动机控制转动轴转动，使成卷板料开卷。开卷后的平板料经由自动喂料导向装置引导，对不平的料头或料尾进行裁剪至平齐，以保证板材的几何尺寸。板料进入辊道后，液压放料机由电器控制自动放料，放料速度与主机成型速度匹配，板料成型矫平后进入压型机成型，精剪两侧，保证宽度尺寸。成型板进入液压成型冲剪装置，进行冲孔，成型剪切装置由电器控制进行定长剪切，以得到所需长度的成型波形板。加工设备如图4所示。

图4 波形钢板加工设备

图5 波形钢板墙半成品

图6 波形钢板墙吊装

3.2 波形钢板墙装配

波形板经质检人员检查外形尺寸、孔及孔距均符合施工图要求后，将特制的螺栓（经检验合格）逐一穿入波形板并固定。将另一片波形板由上往下相对放置，螺栓由中间向两侧逐一穿入波形板并用带垫片螺母压紧固定。装配时波形板与边缘构件间内衬钢衬条，留缝 3～5mm，采用富氩混合气体保护焊或小车埋弧自动焊，由中间向两端进行小电流焊接，视变形情况可采用分段跳焊及对称施焊，确保焊缝成型美观，构件变形小。另外再焊接顶板、内隔板、承托板等小件。波形钢板墙半成品如图 5 所示。

3.3 波形钢板墙吊装

波形钢板剪力墙起吊前，设置好吊点，根据构件重量选配钢丝绳及吊装工具，固定好临时钢爬梯（带防坠器），清除表面上的油污、泥沙和灰尘等杂物，并应做好轴线、标高、反光片标记。波形钢板剪力墙起吊，需配备专业指挥人员，持证上岗、不得随意指派。波形钢板剪力墙就位通过溜绳缓缓配合吊机就位，就位后及时与安装连接板紧固到位。波形钢板剪力墙就位后，及时进行校正，用钢梁与邻边钢柱连接确保结构安全。在波纹板墙安装后校正，必须充分做好刚性临时支撑固定；焊接前必须采取刚性连接措施，以防止焊接时热应力变形。多层钢结构构件安装时，在钢柱及波形钢板墙内灌注混凝土前，墙体、楼层板处与钢结构连接处、设计有插筋连接的必须插筋施工完成后方可进行墙内灌注混凝土。钢柱、波形钢板墙内灌注混凝土完成 12h 后，方可进行下节构件的安装工作。波形钢板墙吊装如图 6 所示。

4 围护结构安装技术

4.1 外墙板安装

外墙板施工工艺流程：弹出 ALC 外墙板就位墨线→沿墙体安装并焊接或锚固上、下导向角钢、门窗包框钢→ALC 外墙板吊装，上下端紧靠上、下导向角钢，预先在板材上打出钩头螺栓安装孔→安装钩头螺栓→ALC 外墙板底用砂浆填实缝隙→ALC 外墙板拼缝及螺栓安装孔使用专用修补材进行修补→ALC 外墙板与梁或楼板底的缝隙处打 PU 发泡剂或填塞其他材料→验收。

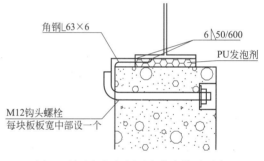

外墙板顶部做法：沿梁底墙长方向焊接通长角钢，每块外墙板宽度方向中部设置钩头螺栓与通长角钢焊接，如图 7 所示。

图 7 外墙板与钢梁固定节点构造示意

外墙板底部做法：在无水房间，通长角钢用金属膨胀锚栓与地面固定，每块外墙板宽度方向中部设置钩头螺栓与通长角钢焊接，如图 8(a) 所示；在厨卫等有水房间，先砌筑混凝土反坎，通长角钢用金属膨胀锚栓与混凝土反坎固定，每块外墙板宽度方向中部设置钩头螺栓与通长角钢焊接，如图 8(b) 所示。

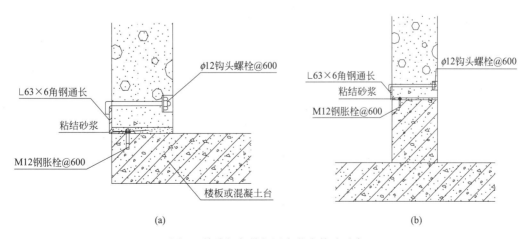

图 8 外墙板与楼板固定节点构造示意
(a) 无水房间连接构造；(b) 有水房间连接构造

外墙板门窗口包框：门窗周边采用扁钢包框，每 300mm 间距钉入空心钉。

4.2 内墙板安装

内墙板施工工艺流程：地坪和顶部墙体安装位置弹线放样→设定墙体安装水平标高控制线、垂直度控制线以及门窗洞口安装位置控制线→手翻车运输板材→墙板拼缝处刮粘结砂浆→利用手翻车及捯链竖起墙板，利用撬棒调整墙板的垂直度和拼缝粘结砂浆的挤浆→钢配件的固定→门窗口及洞口加固→检查修补墙板破损→填缝处理。

内墙板顶部做法：跟钢梁连接部位，采用 U 形卡点焊在钢梁底部连接固定，如图 9(a) 所示；跟楼板连接部位，采用 U 形卡及空心钉连接固定，如图 9(b) 所示。

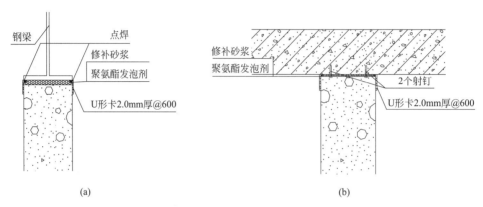

图 9 内墙板顶部连接构造示意
(a) 跟钢梁连接构造；(b) 跟楼板连接构造

内墙板底部做法：在无水房间，采用 U 形卡及空心钉连接固定，如图 10(a) 所示；在厨卫等有水房间，先砌筑混凝土反坎，采用 U 形卡及空心钉将墙板固定在混凝土反坎上，如图 10(b) 所示。

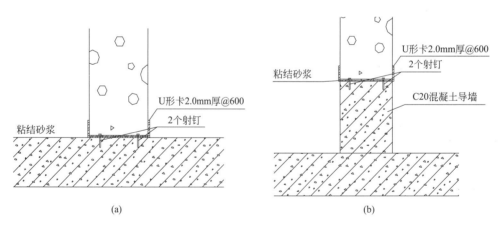

图 10 内墙板底部连接构造示意
(a) 无水房间连接构造；(b) 有水房间连接构造

内墙板门洞口安装：木质门洞口上板材采用两端搭接的方式，钢制门采用扁钢包框的方式；板缝拼接处理：内墙板采用满抹专用粘结砂浆及修补砂浆，外墙板采用墙板自然靠拢，室外一侧打耐候密封胶、室内一侧采用修补砂浆填缝；墙体转角处理：内墙板墙体转角处采用钢筋销钉加固。

5 结语

本项目主体采用装配式钢结构体系，包括主体结构和围护结构都采用装配式施工工艺。抗侧力构件为新型钢板组合剪力墙，该构件力学性能优越，因此整体钢框架-钢板组合剪力墙结构性能指标满足规范要求，经济性较好。详细介绍了新型钢板组合剪力墙的制作，加工及安装工艺，确保工程项目的顺利实施和新型钢结构装配式技术的落地。围护结构采用装配式施工，墙体采用加气混凝土条板，施工工艺有别于传统砌块或砖墙体构造，主要介绍了内外墙板的安装工艺，条板底部和顶部连接构造，洞口边构造处理，以及有水房间的反坎构造，板缝处理方式。加气混凝土条板安装工艺也属于成熟施工工艺，比较适合主体结构为钢结构的结构体系。

山东高速莱钢钢结构装配式住宅体系研究及应用

张海宾　　郭　军

（山东高速莱钢绿建发展有限公司，青岛）

摘　要　山东高速莱钢绿建发展有限公司，是为响应省委省政府深化国企改革的部署要求，国有企业混合所有制改革而成立的以钢结构建筑为核心的建筑产业公司，公司延续了原有莱钢钢结构体系的全套技术标准，并融入了山东高速的先进技术理念，形成了一套全新的高速莱钢钢结构装配式住宅技术体系，本文从建筑体系、结构体系、围护体系、设备与管线体系、内装体系以及 BIM 及信息化管理技术体系以及钢构件的加工制作以及施工安装等方面的内容对高速莱钢钢结构装配式住宅技术体系进行论述和介绍。

关键词　钢结构；装配式；住宅

1　钢结构装配式住宅体系研发

近年来，国家密集出台了一系列推进钢结构建筑体系应用的政策，为钢结构建筑体系发展应用带来了生机，为配合和推进钢结构的推广应用工作，各部门和地方相继出台指导意见和政策，为钢结构的应用推广打下了良好的基础。山东高速莱钢作为我国最早从事钢结构建筑住宅体系研究的钢结构企业，经过 20 多年的发展实践，从第一代钢结构建筑体系到第四代 HRS 装配式钢结构建筑体系，从 2001 年建设的全国第一个全部采用国产热轧 H 型钢建设的钢结构节能住宅小区——莱钢樱花园小区到 2006 建设国内最大的钢结构生态节能住宅小区——上海碧海金沙·嘉苑，再到 2016 年建设的全国最大的装配化住宅建设项目——淄博文昌嘉苑社区，高速莱钢装配式钢结构建筑体系在超过 1000 万 m² 的工程中进行了全面的实施应用，并取得了一系列的建筑成果。基于市场与国家政策导向，借助山东高速和莱钢大量的项目经验积累，我们不断深耕钢结构装配式住宅领域，深入进行技术、体系研究与开发应用，提出了一套更加适应市场需求的山东高速莱钢绿色钢结构装配式建筑体系。

山东高速莱钢绿建发展有限公司在济南、淄博、青岛设有钢结构加工基地，在青岛市建有集成建筑加工基地，具有技术和市场布局优势。设置钢结构建筑研究院、院士工作站、博士后工作站、莱钢德先智慧建造规划建筑设计研究院、莱钢-西建大装配式钢结构建筑研究、推广中心等研发设计机构，同时与重庆大学、西安建筑科技大学、青岛理工大学进行相关研发合作，依托其力学试验室、结构试验室等国家重点实验室，开展装配式钢结构装配式建筑的各项试验研究工作，形成了一套包括建筑体系、结构体系、围护体系、设备与管线体系、内装体系以及 BIM 应用和钢构件的加工制作、施工与安装、运营使用与维护在内的九大子体系，优化了装配式建筑的节点构造设计，具有抗震性优异、舒适性好、建筑装配效率高、得房率高、综合工程投资省的特点，同时有利于节约资源能源、减少施工污染、提升劳动生产效率和质量安全水平，有利于促进建筑业与信息化、工业化深度融合、培育新产业新动能、推动化解过剩产能，是一种安全可靠、绿色健康的钢结构装配式住宅体系。

2　建筑体系

山东高速莱钢钢结构装配式住宅体系在工程中进行了全面的实施应用，取得了一系列的建筑成果，总结了一系列经验和提升方案。建筑体系主要从建筑设计、模块化设计、标准化设计、平面与空间、建筑立面五个方面分别进行了相关研究工作，主要总结如下：

（1）建筑平面布置尽量简单规整，采用大空间布置方式，主要房间不露柱，平面和立面采用模块化、标准化设计，实现部品部件的少规格、多组合，建筑各系统设计应进行模数及尺寸协调；在空间功能上，建筑轴网满足 3M 设计要求，层高、厨卫空间均满足 1M 设计要求，装配式厨卫采用《住宅装配化装修主要部品部件尺寸指南》规定的标准化尺寸的数量比例均大于 50%，有利于提高材料利用率，降本增效。

（2）模块及模块组合的设计方法，楼栋系列化、套型标准化、部品模块化、部品部件定型化和通用化的设计方法，以少规格多组合的原则进行设计；如图 1、图 2 所示。

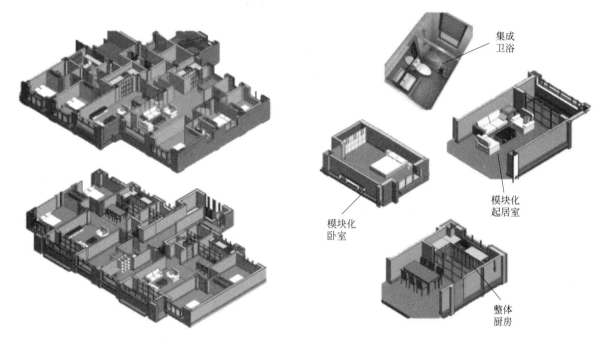

图 1　套型标准化设计　　　　　　　　　　图 2　部品模块化设计

（3）采用标准化设计，设备及管线设置于交通核集中布置，部品采用标准化接口，部品接口符合部品与管线之间、部品之间连接的通用性要求，在部品部件上，优化项目梁、柱、墙种类，其中钢柱截面规格数量一般不大于 6 种，钢梁规格数量一般不大于 5 种，外围护墙板种类不超过 6 种，内隔墙种类不超过 5 种，所采用的梁柱截面采用《钢结构住宅主要构件尺寸指南》中规定的成品型钢部件比例不小于50%，从而有效提高采购生产效率及施工安装速度。

（4）满足空间的可变性、组合的灵活性需求，套型基本模块空间可根据使用者需求灵活分隔功能空间；如图 3 所示。

（5）建筑立面采用基本元素组合，在满足美学要求的基础上提高相同元素单元的重复率，降低外墙板的生产预制费用。

3　结构体系

目前现阶段钢结构建筑应用依然存在着较多方面的问题，例如现有结构体系与建筑平面布置的冲突；高层钢结构建筑因钢构件的截面较大，钢柱、钢梁凸出于墙体，占用室内空间；不同材料交接处开裂，钢结构框支体系抗侧力效能差等；钢结构防火、防腐；现有装配式钢结构"三板"体系匹配度不高，不能进行合理高效地选用等。为切实解决上述现阶段钢结构建筑存在的问题，结合高速莱钢二十多

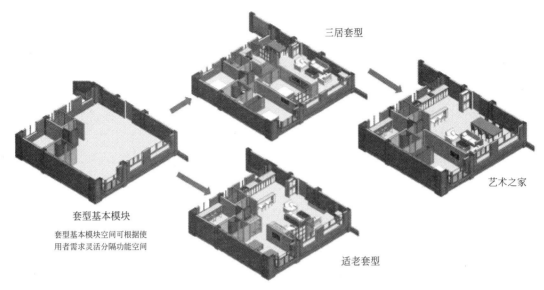

三居套型

艺术之家

套型基本模块

套型基本模块空间可根据使用者需求灵活分隔功能空间

适老套型

图 3　户型可变性

年的钢结构研发、设计、施工经验，我们进行了一系列的试验研究以及归纳整理，最终形成了一套较为完成的具有莱钢特色的装配式钢结构建筑结构体系。主要内容介绍如下：

（1）现有结构体系与建筑平面布置的冲突的研究，为此相关专业进行了钢结构住宅标准户型的研发绘制与收集，针对北方建筑特点形成了一套标准户型集，以更好地匹配装配式钢结构建筑设计的需求，对于多个户型针对大柱网和小柱网两种不同的布置形式进行了用钢量、土方开挖、基础成本、层高控制、施工安装效率、露梁露柱处理分析等方面的对比分析，一般来说通过合理户型设置，采用小柱网设计方案，在保证结构安全性的前提下，可更有效处理好结构体系与户型冲突的问题，如图 4 所示。

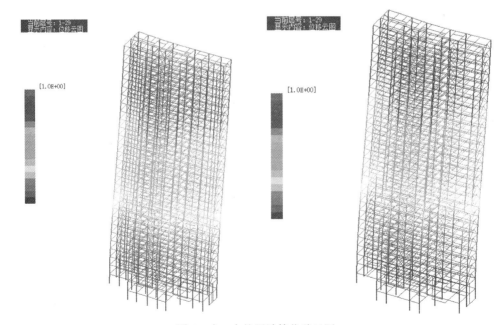

图 4　小、大柱网计算位移云图

（2）高层钢结构建筑因竖向轴力较大，导致选用钢构件的截面较大，常出现钢柱、钢梁凸出于墙体，占用室内空间，影响后期二次装修使用的问题。针对目前这个普遍存在的问题，我们提出了一避、二偏、三藏的设计施工方法，一避即采用扁管柱、热轧窄翼缘 H 型钢梁，扁管柱厚度、钢梁宽度小于墙体厚度，钢梁外包硅酸钙板、轻质条板可有效避免钢梁裸露的问题；二偏即通过建筑结构合理设置梁、柱、墙平面位置关系，统一梁高设计，将露梁钢梁偏心布置于一个房间，在此房间形成类似一圈装饰带，后期可不做也可仅做简单装饰处理。三藏即配合装修通过装修线条、灯带以及中央空调、新风等设置措施，将裸露钢梁合理隐藏起来（图5～图7）。

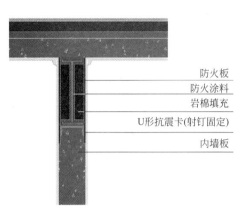

防火板
防火涂料
岩棉填充
U形抗震卡(射钉固定)
内墙板

图 5　露梁处理（一避）

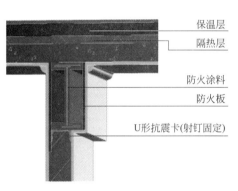

保温层
隔热层

防火涂料
防火板

U形抗震卡(射钉固定)

图 6　露梁处理（二偏）

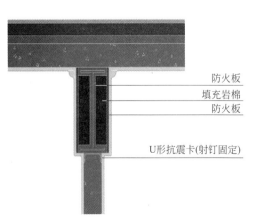

防火板
填充岩棉
防火板

U形抗震卡(射钉固定)

图 7　露梁处理（三藏）

（3）针对钢结构为围护体系，不同材料交接处开裂，钢结构框支体系抗侧力效能差等问题，我们提出了一控、二放、三拉的设计施工方法，一控即控制变形，位移较大是出现开裂的主要原因之一，针对此可采用钢框架-混凝土剪力墙（核心筒）结构体系、钢框架-屈曲约束钢板剪力墙设计方案，通过剪力墙的设置，可有效提高结构抗侧刚度，从而减小结构变形降低因变形产生的开裂等问题。二放即钢结构与围护结构之间预留一定变形间隙，其间采用柔性材料嵌缝，可有效解决不同材料交接处开裂等问题；另外配合装配式内挂墙板等亦可以解决钢结构与砌块墙变形不协调的问题。三拉即有别于传统混凝土住宅，对两种不同材料交接的位置，墙梁连接、墙柱连接处分别制订不同的补强处理方案，做相应拉结处理，控制裂缝的产生（图8～图10）。

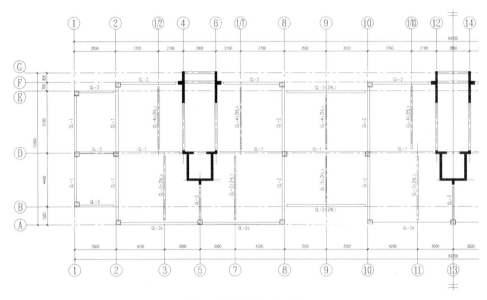

图8　开裂处理（一控）

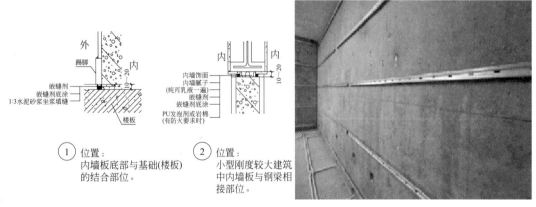

图9　开裂处理（二放）

（4）钢材为不燃材料，具有一定的耐热性能，但是无保护的钢构件在火灾等情况下，温度会迅速升高，其承载能力随着温度的升高会快速下降，当温度达400℃时，钢材的屈服强度会下降到常温下的50%甚至以下，当温度达到600℃时，钢材的屈服强度会下降到常温下的30%左右。因此必须采取一定的措施提高钢结构的抗火性能，使钢构件达到规定的耐火极限的要求。钢结构防火保护措施根据防火原理不同，可分为阻热法和水冷却法。其目的都是使构件在规定时间内，温度升高不超过临界温度。基于高速莱钢二十几年的住宅设计、施工经验，结合钢结构住宅的特点，选用喷涂法或者喷涂法和包封法结合的方案对钢构件进行防火保护处理，另外加之高速莱钢独有的施工工艺，确保钢构件满足防火要求。

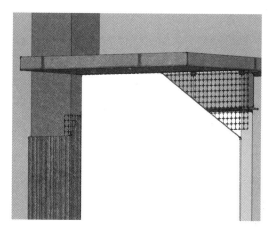

图 10   开裂处理（三拉）

独有防火板包裹节点专利，不仅室内装饰装修更加美观，也较好地起到了隔声、防止墙体顶部与梁出现裂缝的作用（图 11）。

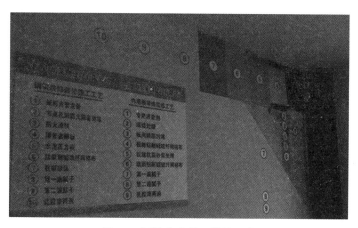

图 11   钢梁防火处理措施示意

（5）在使用过程中会发现钢结构很容易因各种因素的影响而出现腐蚀问题，从而降低它的整体性能和使用价值。所以对钢结构建筑来说，必须采取有效的防腐措施来确保结构构件不被腐蚀破坏，以保证建筑结构的安全性能。根据材料所处的腐蚀环境不同，可以将钢结构的腐蚀分为自然环境腐蚀和工业环境介质中的腐蚀。针对钢结构防腐蚀，目前市面上基本形成了四大防腐处理措施，分别为：耐候钢防腐蚀，镀锌防腐蚀处理，涂层法防腐蚀处理，金属热喷涂防腐蚀处理。基于高速莱钢二十几年的住宅设计、施工经验，结合钢结构住宅的特点，针对钢结构建筑处于大气环境条件、材质、结构形式、设计使用年限、施工条件及维护管理条件等因素，制订了严格的防腐蚀处理工艺。首先从前期结构设计入手，通过不同的构造措施及设计要求，保证构件实际使用过程中尽量减少腐蚀隐患点以及方便后期检修维护，在厨房、卫生间湿区等易腐蚀部位，建立了严格的检验制度。其次，建立了一套切实可行的钢构件表面处理、后期涂装的质量控制体系。

（6）楼板是建筑物的重要组成之一，楼板的建造必须具备一定的条件和满足一定的功能需求。楼板除满足建筑结构需求外，同时还需满足防水、防潮、防火、隔声等一系列功能需求，所以楼板、屋面板不仅要有刚度与强度，还需要根据建筑物来选择其适合的楼板层构造。目前楼板、屋面板主要有六类，分别为：传统现浇钢筋混凝土楼板、压型钢板组合（非组合）楼板、自承式钢筋桁架混凝土叠合楼板、钢筋桁架楼承板（可拆卸）、PK 叠合板、其他装配式楼板，通过不断的探索以及应用，结合钢结构建筑的特点，我们选用了自承式钢筋桁架混凝土叠合楼板、钢筋桁架楼承板（可拆卸）、PK 叠合板三种，可根据项目当地实际市场及应用推广情况选用（图 12）。

图 12 楼板

4 围护体系

从国内外的研究和实践来看，围护结构的研发是推广应用钢结构建筑需要解决的关键问题，而墙体在围护结构中占有相当分量，其技术研究更是一项重点和难点。钢结构建筑墙体的研究主要在于墙体材料材性的革新和墙体构造节点两个方面。莱钢 LCC 系列墙板是莱钢自主研发设计生产的保温复合一体板，以钢丝网架聚苯乙烯芯板为骨架，双面喷抹水泥砂浆或浇筑细石混凝土。在济南艾菲尔花园和青岛华阳慧谷项目进行了应用，已经过 15 年的工程应用检验。根据工程实践及应用情况总结，确定高速莱钢绿色装配式钢结构建筑体系外围护系统由基本墙板＋保温组合系统和复合外墙系统两种外围护系统组成。基本墙板＋保温组合系统是以单层 ALC 板外粘贴保温层、ALC 板＋保温层＋ALC 板双板系统、基本墙体＋保温装饰一体板、ECP 外板＋保温层＋石膏板等以粘贴、连接为组合方式的组合系统。复合外墙系统有莱钢 LCC 系列保温复合一体板、预制夹心保温墙板、轻质发泡陶粒混凝土板、EPS 钢丝网架板现浇混凝土外保温系统等以工厂预制一体化压制成型的系统（图 13）。

图 13 高速莱钢 LCC 系列保温复合一体板

5 设备与管线体系

基于目前钢结构建筑设备与管线施工及维护方面存在的问题，在设备与管线系统方面主要开展了以下几个方面的研究和应用：

（1）针对传统墙体开槽影响结构安全，减少建筑使用寿命，同时还伴随着高噪声和大量垃圾，日常维护修理困难的问题，推行了管线分离技术的应用，并在青岛重庆路中学项目中进行了应用（图14）。

图 14 管线分离

（2）对传统异层排水水封干涸异味，排水噪声及漏水等产生邻里纠纷及降板同层排水使用高度小、维修困难的问题，积极推行了不降板同层排水研究，并在淄博文昌嘉苑项目中实现了应用（图15）。

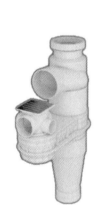

图 15 同层排水

（3）智能化技术，通过对各种条件集成判断，智能地根据环境变化，将家居环境调整至主人觉得舒适的状态。通过布线、网络、照明、安防、智能窗帘等多集成控制系统，舒适、安全、方便、高效以人为本全新家居生活体验。另外引进了干式地暖技术、曲面太阳能技术、空气源热泵技术等。

6 内装体系

山东高速莱钢内装体系基于目前传统装修在钢结构建筑中存在的问题，以标准化设计、工厂化部品和装配化施工为主要特征，采用干式工法，将工厂生产的标准化内装部品在现场进行组合安装，实现工程品质提升和效率提升的新型装修模式。主要包括轻质隔墙、干式架空地面、快装墙面、整体厨卫等（图16）。

（1）以轻钢龙骨隔墙体系或 ALC 轻质条板内隔墙体系为基础，饰面材料为涂装板，既满足了空间分隔的灵活性，也替代了传统的墙面湿作业，实现了隔墙系统的装配式安装。

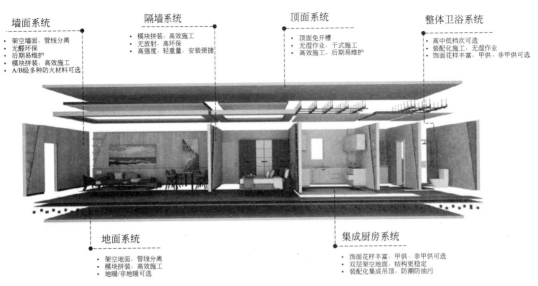

图 16　内装体系

（2）集成采暖地面系统，在结构地板的基础上，铺设以调平螺栓、轻质地暖模块作为支撑、找平、结合等功能为一体的复合功能模块，在模块上加附不同的地面面材，整体形成一体的新型架空地面系统。既规避了传统以湿作业找平结合的工艺中的多种问题，又满足了部品工厂化生产的需求，构建了装配式装修的地面体系。

（3）快装墙面，在基层墙面上以丁字胀塞及龙骨找平，在找平构造上直接挂板，形成装饰面。在传统的砌块隔墙及分户墙的基础上，替代了传统的墙面湿作业，提高安装效率和精度，实现了饰面材料的装配式安装。

（4）整体厨卫，厨卫通过一体化设计，综合考虑各部品部件及配套使用器具的功能、形状以及给水排水需求，通过工厂化预加工制造，实现现场装配式装修的需求，并为此我们联合相关装配式装修企业专门开发了相应的五金配件及配套部品、材料，满足厨卫装配式快装需求。

7　BIM 及信息化管理技术体系

（1）BIM 技术方面，我司将 BIM 技术融入装配式钢结构中，旨在解决装配式钢结构全生命周期存在的技术难题，其中，设计阶段模型细度等级达到 LOD300，施工阶段模型细度等级达到 LOD400，全过程服务工程建设，各专业协同优化设计，提前规避各专业碰撞冲突，减少施工过程中图纸变更带来的工期延误，确保不同专业间统筹施工，控制工期，提高工程质量（图 17）。

图 17　管线综合排布

（2）信息化技术应用方面，项目建立智慧工地管理平台，进行安全、质量、进度、场布等信息化管理。实行部品部件全过程质量管理，建立部品部件生产、安装各环节管理信息系统，对每个部品部件进行独立编码，进行生产加工、运输与安装，实现全过程质量追踪、定位、维护和责任追溯。

8 钢构件的加工制作及施工安装

为有效提高钢结构的加工制作效率，减少损耗，真正实现降本增效理念，结合企业自身优势，从设计阶段入手，选用成品矩形钢管、热轧 H 型钢梁，有效提高工厂的加工制作速度。

（1）加强生产深化管理，建立深化设计管理小组。专人专岗负责项目深化设计协调、组织、进度及质量控制。同时要求深化设计单位派专员进驻施工现场，及时进行深化设计疑问的沟通及协调，以及现场问题的处理，确保沟通渠道畅通，问题处理及时。

（2）积极推行工程开工前焊接工艺评定工作，对参加本项目焊接人员进行统一的技术培训并进行焊工考试，焊工考试的环境、焊接位置、焊接姿势、焊接坡口、预留间隙、焊接板厚、材质等与本工程实际焊接内容相同。雨期室外焊接时，为了保证焊接质量，雨期室外施焊部位搭设防雨棚，没有防雨措施不得施焊。焊条在使用前须用烘箱烘焙，适当升高烘焙温度降低焊缝的含氢量。

（3）用交叉作业施工工艺方案，针对装配式钢结构住宅的特点，制订详细合理的交叉施工计划，保障不同专业施工作业面和堆场合理搭接，全过程中做好堆场动态调整及场地移交工作。

（4）编写相关技术标准，组织专业技术力量，结合公司自身二十多年加工制作以及施工安装的经验，编写了《钢结构制作通用工艺》《建筑工程施工质量管理标准》《轻质条板墙体设计手册》《轻质条板隔墙准入流程、施工管控及验收标准》等一系列加工制作以及施工安装相关的企业标准。

9 结语

装配式钢结构住宅因其具有重量轻、抗震性能好、工业化生产程度高和施工速度快、环保性能高等重要优点，具有广阔的发展前景，拥有巨大的市场与发展机会，但也存在着一些亟待解决的问题，例如室内露梁露柱、抗侧性能差、主体结构与现有围护材料不协调、围护墙体开裂等问题，正所谓挑战与机遇并存。公司从实际出发，结合二十多年的钢结构加工制作、设计、施工经验，形成了一套全新的高速莱钢钢结构装配式住宅技术体系，本文对此进行了简要介绍，同时针对目前钢结构存在的问题提出了解决方法，希望对我国钢结构装配式住宅的建设与发展起到一定的推动作用。

装配式钢结构住宅常见问题分析及应对措施

张海宾　刘　君　郭　军

（山东高速莱钢绿建发展有限公司，青岛）

摘　要　通过淄博文昌嘉苑项目的装配式钢结构的设计、施工，根据目前存在的技术问题，从露梁露柱、不同材料交接处开裂、钢结构变形大、线管穿梁开洞问题、外立面冷桥、外墙门窗洞口位置的封边及防水、建筑隔声几个方面对装配式钢结构住宅建筑进行分析，提出了针对性的改进措施，可供钢结构住宅的研究、设计、施工人员参考。

关键词　露梁露柱；线管穿梁；外窗渗漏；外立面冷桥；建筑隔声

1　研究背景

装配式钢结构住宅已是住宅建筑的一个重要分支，然而其设计、施工、使用过程中，一些关键技术问题制约了装配式钢结构住宅建筑的发展。基于钢结构自身的特性，在大力发展装配式建筑的大环境下，如何将装配式钢结构住宅更好地应用于住宅建筑，发挥装配式钢结构住宅的性能优势，如何解决装配式钢结构住宅常见问题，提高装配式钢结构住宅建筑的使用舒适度，提高装配式钢结构住宅建筑的节能效果，是装配式钢结构住宅建筑推广中的关键问题之一。

本文以淄博文昌嘉苑工程为工程背景，系统地从露梁露柱、不同材料交接处开裂、钢结构变形大、线管穿梁开洞问题、外立面冷桥、外墙门窗洞口位置的封边及防水、建筑隔声几个方面对钢结构装配式住宅建筑进行分析，提出了针对性的改进措施，并提出一些较为合理的设计建议。

文昌嘉苑项目，位于淄博市文昌湖旅游度假区商家镇，该工程占地面积约 69 万 m²，总建筑面积 110 万 m²，有 111 栋小高层，是 2016 年山东省装配式示范工程，也是淄博市第一个采用装配式钢结构体系的居民小区。其中文昌嘉苑 16♯住宅楼采用楼采用钢框架＋混凝土剪力墙体系，采用了 PK 预制叠合楼板、100mm 厚 AAC 内墙板、200mm 厚 AAC 外墙板、预制混凝土剪力墙、预制板式楼梯、预制飘窗、预制阳台板等。文昌嘉苑 7♯住宅楼采用装配式多腔钢管混凝土柱框架结构体系，采用了 PK 预制叠合楼板、75mm＋75mm 厚 AAC 双板内墙板、100mm＋75mm 厚 AAC 双板外墙板、预制梁式楼梯、预制飘窗、预制阳台板等。

2　钢结构装配式住宅常见问题分析及应对措施

2.1　露梁露柱（一避、二偏、三藏的设计方法）

装配式钢结构住宅建筑，通过扁钢管、方钢管混凝土框架柱的合理组合，避免钢结构最大的外露梁柱的缺点，使建筑功能做到剪力墙住宅完全相同的效果。但有剪力墙不具备的大空间的优点，建筑功能具备一定的可改变性。

（1）露梁露柱解决方案一（一避）

采用热轧非标窄翼缘 H 型钢梁，钢梁宽度小于墙体厚度，钢梁外包硅酸钙板、轻质条板可有效避免钢梁裸露的问题（图 1、图 2）。

图1 钢梁外包

图2 钢梁外包效果

（2）露梁露柱解决方案二（二偏）

通过建筑结构合理设置梁、柱、墙平面位置关系，统一梁高设计，将露梁钢梁偏心布置于一个房间，在此房间形成类似一圈装饰带，后期可不做也可仅做简单装饰处理（图3、图4）。

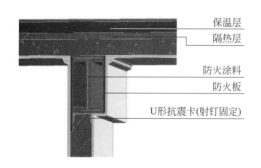

保温层
隔热层

防火涂料
防火板

U形抗震卡(射钉固定)

图3 墙板偏向一边

图4 墙板偏向一边效果

（3）露梁露柱解决方案三（三藏）

配合装修通过装修线条、灯带以及中央空调、新风等设置措施，将裸露钢梁合理隐藏起来（图5、图6）。

建筑隔墙

图5 吊顶前

图6 吊顶后效果

2.2 不同材料交接处开裂、钢结构变形大（一控、二放、三拉）

（1）开裂变形大解决方案一（一控）

目前高层混凝土结构位移比限值，框架 1/550、框剪 1/800、纯剪 1/1000，而钢结构限值为 1/250，

《山东省钢结构装配式住宅设计与施工技术导则》规定，多遇地震限值为 1/350、风荷载作用下 1/400，位移较大是出现开裂的主要原因之一，针对此可采用钢框架-混凝土剪力墙（核心筒）结构体系设计，通过混凝土核心筒的设置，可有效提高结构抗侧刚度，满足 1/800 位移比限值的要求，从而减小结构变形，减少因变形产生的开裂等问题。

（2）开裂变形大解决方案二（二放）

钢结构与围护结构之间预留一定变形间隙，其间采用柔性材料嵌缝，可有效解决不同材料交接处开裂等问题；另外配合装配式内挂墙板等亦可以解决钢结构与砌块墙变形不协调的问题（图 7、图 8）。

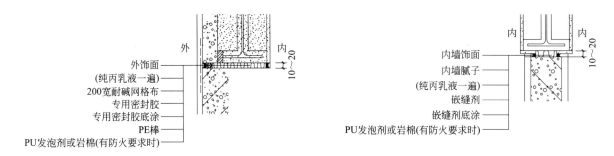

图 7　水平间隙设置　　　　　　　　　图 8　竖向间隙设置

（3）开裂变形解决方案三（三拉——柱与墙）

有别于传统混凝土住宅，对两种不同材料交接的位置，墙梁连接、墙柱连接处分别制订不同的补强处理方案，做相应拉结处理，控制裂缝的产生（图 9）。

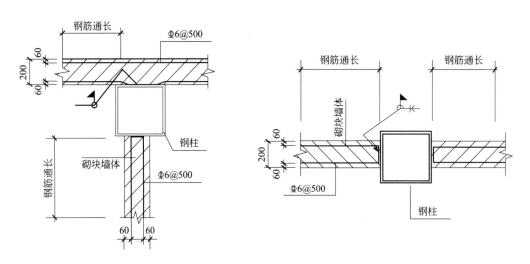

图 9　梁、柱与隔墙拉结

2.3　外立面冷桥

合理处理外墙与钢柱、钢梁之间连接节点，钢柱外包覆保温材料，梁腹板两侧填塞岩棉，外侧包覆保温材料（图 10、图 11）。

2.4　钢梁开洞

（1）对可能出现后期开洞的问题，可根据钢结构特点，工厂加工制作时，针对梁所处位置以及要敷设管线特点，可以预先在梁上多处预留穿线孔。

（2）开关盒到顶棚灯之间线管穿梁问题，可参照图集《钢结构住宅》05J910-2 第 21 页对开洞位置进行焊板补强（图 12）。

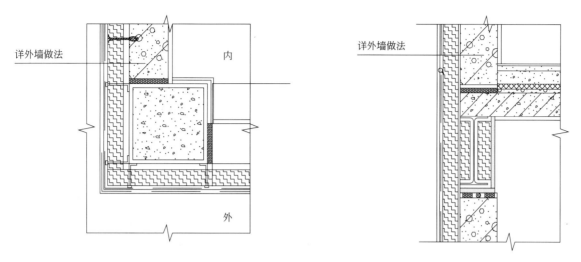

图 10　单板外保温外墙阳角构造　　　　图 11　单板外保温钢梁处构造

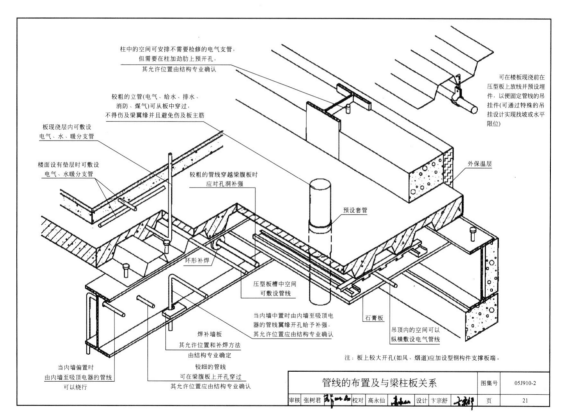

图 12　钢梁开洞

2.5　外墙门窗洞口位置的封边及防水

外墙门窗洞口位置的封边及防水，参照借鉴系统窗气密性、水密性、保温性、隔声性等特点，明确窗户技术要求、施工步骤及控制点，杜绝窗口渗漏（图 13）。

（1）做法与要求

1）外窗结构预留洞口偏差校对修整；门窗副框安装位置应准确；

2）保温砂浆八字角填抹前必须水泥砂浆拉毛；

3）保温砂浆一次抹灰厚度应控制 25mm，每抹灰 25mm 厚应增设一道抗裂玻纤网；

4）玻纤网抗裂砂浆抹面应达到密实平滑；

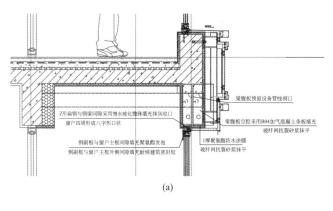

(a)

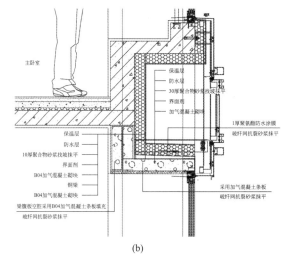

(b)

图 13　外墙门窗洞口位置的封边及防水

5）防水涂膜厚度应≥1.0mm；

6）应设置 10mm×10mm 滴水线，或嵌装成品滴水线。

（2）质量控制点

1）结构洞口校对修整；

2）门窗副框安装；

3）保温砂浆八字角填抹；

4）水泥砂浆拉毛；

5）玻纤网抗裂砂浆抹面；

6）涂膜防水。

2.6　建筑隔声

（1）填充墙与钢构件间缝隙填实与隔声问题可采取以下措施：

1）过焊孔采用防火泥封堵；2）梁腹板两侧填塞岩棉，用装饰板包覆；3）采用专用轻质条板填充（图 14、图 15）。

建筑隔声效果要有数据支撑，根据面积变化、分贝大小等不同情况，与传统结构形成对比。根据《民用建筑隔声设计规范》GB 50118—2010 查表，分户墙、分户楼板、外墙的空气隔声标准要大于 45dB。经测量，淄博文昌嘉苑项目分户隔墙空气声隔声、分户楼板空气声隔声和分户楼板撞击声隔声检测结果，均满足《民用建筑隔声设计规范》GB 50118—2010 相关要求。

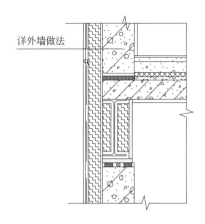

图 14　钢梁空腔内采用岩棉填充

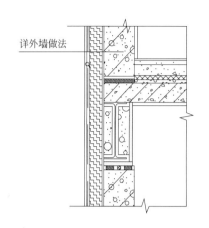

图 15　钢梁空腔内采用专用轻质条板填充

（2）与多功能间相邻的电梯井壁隔声问题。

1）建议电梯围护墙采用实心砌体砌筑。

2）基层墙体外做矿棉装饰吸声板，做法详见表 1。

矿棉装饰吸声板做法　　　　　　　　　　　　　　　　　　　表 1

矿棉装饰吸声板内墙	1. 12mm 厚装饰矿棉吸声板固定于龙骨，金属装饰压条
	2. 玻璃纤维布绷紧固定于龙骨
	3. 40mm 厚玻璃丝棉毡，专用建筑胶粘贴
	4. QC50×50 轻钢龙骨，M6×75 胀栓固定于墙体
	5. 1.2mm 厚聚合物防水涂料防潮层
	6. 墙体（专用材料修补墙面缝隙，打磨平整，表面喷界面处理剂一道）

3　结语

对装配式钢结构住宅建筑进行上述分析，提出的改进措施，可供钢结构住宅的研究、设计、施工人员参考。

为保证装配式钢结构住宅建筑的设计、施工质量，并提出以下意见：

（1）对于建设单位、小用户、非钢结构专业的从业技术人员，需要做好技术解释、技术培训和宣贯工作，用详实的资料打消用户和市场的疑虑。可以通过技术宣讲会、专家讲座、技术资料发放等方式进行。

（2）未来装配式钢结构住宅项目，建议整小区采用钢结构，这样就不存在同一个小区有钢结构和混凝土两种产品的对比情况。另外，从开发商角度来看，项目前期规划方案阶段确定采用钢结构后，在方案、户型确定时，就需要钢结构专业提前介入，或者通过培训建筑师，或者请有钢结构住宅设计经验的建筑师参加。如果等建筑师仍根据混凝土的思路排好户型、立面等并报规通过，后面钢结构再调就比较困难了。

杭萧钢构钢结构装配式住宅建筑体系研究及应用

徐韶锋　陈　芳　刘重阳

（杭萧钢构股份有限公司，浙江杭州）

摘　要　装配式钢结构住宅、钢管混凝土束组合结构住宅体系，具有抗震性能好、产业化率高、施工周期短、质量易于控制、建筑体型丰富、舒适度好、建筑垃圾及粉尘排放少等特点，在建造全过程中采用标准化设计、工厂化生产、装配化施工、一体化装修和精细化管理，实现集约化生产与建造，促进住宅产业转型升级，为提升行业节能减排起到积极的效果。

关键词　钢管束住宅体系；围护系统；标准化设计；工厂化生产；装配化施工；一体化装修

1　工程概况及特点

万郡·大都城住宅小区位于内蒙古包头市青山区，总占地面积约 500 亩，总建筑面积约 100 万 m^2，容积率 3.0，绿地率 35%，建筑密度 24.2%。分四期建设。一期（1～7#楼）总建筑面积约 27.84 万 m^2，地下 2 层，地上 24～33 层，于 2012 年 12 月竣工。二期（8～15#楼）总建筑面积约 29.80 万 m^2，地下 2 层，地上 30～33 层，于 2014 年 6 月竣工。一期、二期采用钢框架＋钢支撑组合的双重抗侧力结构体系，装配式钢筋桁架楼承板，内墙采用 EPS 预制条板墙，外墙采用轻钢龙骨 CCA 板灌浆墙体。三期（16～21#楼）总建筑面积约 18.53 万 m^2，地下 2 层，地上 30～33 层，于 2017 年 10 月竣工。四期（22～27#楼）总建筑面积约 24.57 万 m^2，地下 2 层，地上 28～34 层，于 2019 年 6 月竣工。三期、四期采用钢管混凝土束组合结构体系，装配式钢筋桁架楼承板，内墙采用石膏基 EPS 混凝土轻钢龙骨复合墙体，外墙采用纤维水泥板轻钢龙骨岩棉外保温系统（图 1）。

图 1　万郡·大都城住宅小区鸟瞰图及立面图

2　钢结构装配式住宅体系

以万郡三期 17#楼为例，17#楼地下 2 层，地上 34 层（98.9m），建筑面积 47313m^2；采用钢管混凝土束组合结构住宅体系，为精装修。其特点是：（1）构件承载力高、抗震性能强；由梁柱体系变为剪力墙体系，构件截面展开，承载力更高；（2）建筑刚度增大；墙体刚度大，容易满足建筑侧移要求，建筑舒适度好；（3）室内布置灵活：结合建筑平面，利用间隔墙位置来布置钢管束剪力墙，不与建筑使用功能发生矛盾，解决了凸梁凸柱影响使用问题；（4）建筑体型丰富：框架梁柱体系要求平面布置规则，所以建筑体型较单一，钢管束剪力墙结构可以像混凝土剪力墙一样，满足多变的建筑平面需求；（5）质量易于控制：工业化程度更高，构件加工简单，易于质量控制（图2）。

图 2　万郡·大都城住宅小区 17♯楼

2.1　标准化设计

（1）竖向构件采用钢管混凝土束墙，由一字形、T 字形、L 形、十字形和 Z 形等多种截面形式组成，主要分布在外墙、窗间墙、分户墙等处，尽可能做到户内少墙，很好地满足了建筑使用功能的要求，如图 3 所示。钢束墙厚度：6 层以下为 150mm 厚，7 层及以上为 130mm 厚，材质均为 Q345B。

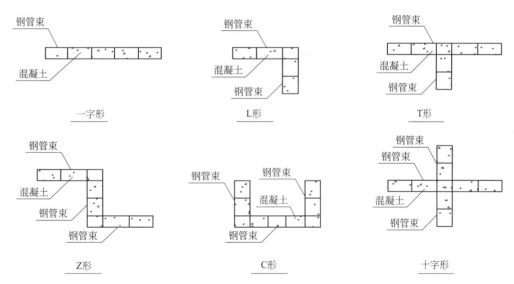

图 3　钢管混凝土束墙体组合形式

（2）梁采用 H 型钢梁，钢梁宽度同钢管混凝土束墙体宽度，主要规格为 H400×150、H400×130，保证室内墙体的平整性。

（3）楼（屋）面板采用装配式钢筋桁架楼承板。楼板中钢筋在工厂加工成钢筋桁架，再将钢筋桁架与镀锌钢板用连接件装配成一体，其上浇筑混凝土，形成钢筋桁架楼板，底模可拆卸、重复利用。

（4）预制楼梯：楼梯梯段采用混凝土预制，楼梯间设计时统一净宽、梯段宽度和踏步的尺寸，形成标准化设计。当采用剪刀楼梯间时，开间净尺寸应为 2600mm，进深净尺寸对应层高 2800mm、2900mm、3000mm 应分别为 6600mm、6900mm、7100mm。

（5）模块化空间组合设计：住宅均为一类高层，一梯两户和一梯三户的户型，采用模块化的交通核心筒，即相同的剪刀楼梯和电梯、设备井道组合形成的模块。

2.2 围护体系

（1）围护体系外墙由外墙装饰板、保温防火材料和填充墙体组成。外墙装饰板材为纤维水泥板，常用规格 1220mm×2440mm，通过龙骨干挂的方式与填充墙连接，采用岩棉保温及防火。钢管混凝土束外墙体与填充墙体综合考虑钢结构建筑防火、防腐、节能保温等构造，采用外齐的轴线偏心定位，如图 4 所示。

（2）内墙采用石膏基 EPS 混凝土轻钢龙骨复合墙体，内墙和内墙相关联的钢管混凝土束墙体采用轴线中心定位的设计，如图 5 所示，为墙体材料设计、门窗和构造做法等标准化创造了条件。

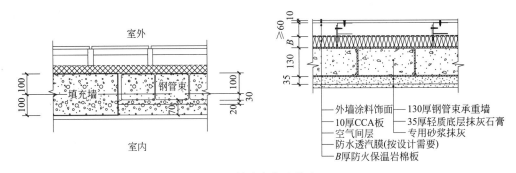

图 4　外墙定位及做法

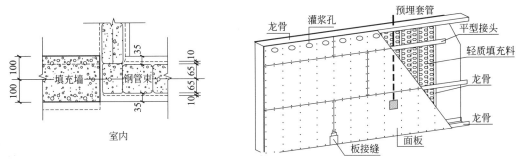

图 5　内墙定位及做法

2.3 结构抗震设计

钢管混凝土束组合结构整体延性好，在地震作用下，能吸收较多地震能量，抗震性能卓越，具有良好的抗震性能；钢管混凝土束剪力墙的墙梁刚接节点具有较好的滞回性能，能够满足"强节点弱构件、强墙弱梁"的性能要求；墙梁铰接节点具有足够的承载力和延性，不会先于钢梁发生破坏；钢管混凝土束组合结构住宅体系能充分发挥钢材与混凝土的综合优势，力学性能极大改善，同时结构重量轻、强度高，刚度大，安全性能良好，适用于各种类型的住宅建筑，无凸梁凸柱现象，最大限度地满足建筑功能要求。

2.4 钢管束关键节点设计

钢管束关键节点如图 6、图 7 所示。

3 钢结构加工制作、施工安装新技术

3.1 构件生产新技术应用

（1）钢管束的制作：钢管束均为工厂化标准产品，其制作过程全部实现工厂自动化生产。钢管束是由多个标准化、模数化的部件——U 型钢或 U 型钢与矩形钢管拼装在一起具有多个竖向空腔的结构单

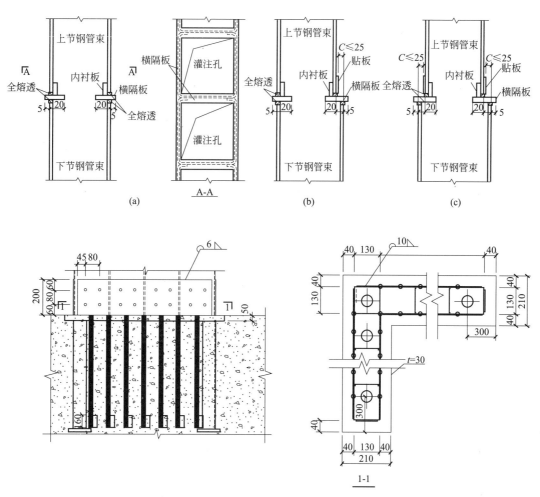

图 6　钢管束对接节点及锚筋式墙脚节点

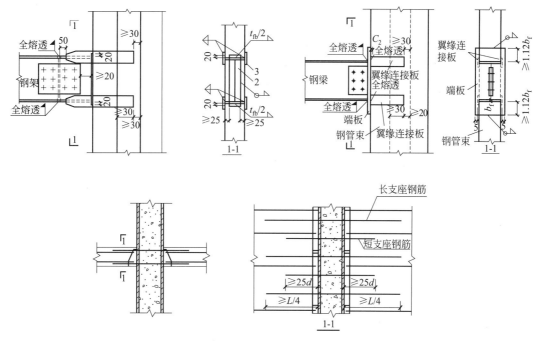

图 7　钢管束刚接节点及楼板与钢束墙连接节点

元，在车间主要采用数控冷弯成型生产线和数控组焊割生产线，全自动工业化生产，工业化程度高，生产效率高、产品质量稳定（图8）。

图 8　钢管束数控组焊割生产线

（2）矩形钢管柱、H型钢梁及节点的制作：冷弯高频焊接矩形钢管是对热轧钢带进行连续弯角变形，经高频焊接后形成的产品，具有截面规格灵活，成型焊缝少，同时采用全自动工业化生产工艺、生产效率高、在线同步一级焊缝检测、产品质量稳定，可实现新型建筑工业化钢结构建筑采用包括机器人装配、机器人焊接在内的大规模工业化生产等优点，相比由四块钢板焊接而成的箱形钢管，仅有一条通长焊缝，焊接变形影响范围小，焊接质量稳定，材料损耗少。H型钢梁：采用高频焊接H型钢、普通焊接H型钢或热轧H型钢，截面尺寸灵活配置，可充分发挥材料承载力，节省钢材，经济性好，产品质量稳定。

（3）装配式钢筋桁架楼承板：将楼板中钢筋在工厂加工成钢筋桁架，再将钢筋桁架与镀锌钢板现场用连接件装配成一体，在其上浇筑混凝土，形成钢筋桁架混凝土楼板，下表面平整，底模可以重复利用。装配式钢筋桁架楼承板，为钢筋模板支撑一体化产品，整体性好、施工便利、速度快捷、模板周转率高，人工成本、材料成本降低，现场废料少，对环境污染少，混凝土成型质量高，可达到清水混凝土的标准。

（4）内隔墙采用预制装配复合条板墙，是以纤维水泥板作为面板，中间填充轻质芯材一次复合形成的一种非承重轻质复合板材。该产品具有实心轻质、强度高、抗冲击、隔热、隔声、防火、易切割、可任意开槽、干作业等其他墙体材料无法比拟的综合优势，以达到节约能源的目的。

3.2　施工安装新技术应用

钢管束施工：首先施工地下室底板时，预埋钢管束埋件，钢管束每3层一节吊装，现场施工装配化，实现多层同时作业。质量是企业的生命，也是企业的效益，在项目实施过程中，大力推行精细化管理，具体措施如下：

（1）施工过程精细化：在施工过程中实施事前、事中、事后通过不同管理手段和管理动作进行精细化管理。通过详细的策划和计划，在细节上重计划、重策划、重过程、重基础、重落实，讲究专注地做好每一件事，采取事前策划，样板引路，过程监督、完工总结，在每一个节点上精益求精、力争最佳。

（2）质量管理体系先进化：运用先进的LPA的管理方法，进行分层检查，分层过程审核。LPA理论是要求由多个管理层进行系统审核，按照预先计划的频次定期参与评审并回顾以整改为基础的标准化的评审过程，用以确保制造过程受控并加强精益制造理念，使产品质量得以提高，风险得以降低。根据项目实际情况和验收要求，分别对晨会、质量巡检、四级计划体系、工序验收四方面的内容进行检查和梳理，形成了对应的各种报表。及时对现场报表进行分析、总结，发现质量问题和制度缺陷，给予及时解决和处理，并填写到LPA检查表中，张贴在LPA审核专栏上，按公司对LPA检查改进路线，完成问题整改，实现日事日清的管理（图9）。

图 9　钢管束现场施工照片

4　楼板及内外墙板施工安装新技术应用

（1）装配式钢筋桁架楼承板施工：减少现场钢筋绑扎量70％左右，缩短施工工期；减少现场模板及脚手架用量；多层楼板可同时浇筑施工，实现立体交叉作业；施工质量易保证，待混凝土达到强度后，下部薄钢板可方便拆除，表面平整，可达到清水混凝土的标准；钢筋模板支撑一体化，整体性能好、施工便利、速度快捷、模板周转率高，人工成本、材料成本降低，现场废料少，对环境污染少（图10）。

图 10　装配式钢筋桁架楼承板施工照片

（2）内隔墙采用纤维水泥板预制装配复合条板墙，轻质高强、物理性能稳定、防火性能及隔声性能优良、施工装配化率高，施工速度快，质量易于保证，同时还可以减少墙体占用面积，提高住宅实用面积，减轻结构负荷，提高建筑物抗震能力及安全性能，降低综合造价（图11）。

图 11　内隔墙现场施工照片

（3）外墙采用纤维水泥板轻钢龙骨岩棉外保温系统，保温、防火、装饰、围护一体化设计，该系统在借鉴成熟的岩棉薄抹灰外墙外保温系统的基础上，创新性地解决了其在钢构件表面的粘结和锚固问题，并利用岩棉的优异性能实现了钢构件表面的防火保温一体化，具有较大的成本优势（图12）。

图 12　外墙现场施工照片

5　机电设备及装饰一体化技术应用

万郡钢结构住宅集成了"建筑、结构、机电、装修一体化"和"设计、生产、装配一体化"的新型工业化建造方式，是建筑业中信息化与工业化深度融合形成的建筑产品。以17♯楼为例，采用建筑结构机电装修一体化，可以为电气、给水排水、暖通各点位提供精准定位，不用现场剔槽、开洞，避免错漏碰缺，保证安装装修质量。一体化室内精装设计施工，大规模集中采购，装修材料更安全、环保，标准化的装修保障了装修质量，避免二次装修对材料的浪费，最大程度地节约材料，保证了装修品质，装修部品工厂化加工，选材优质绿色，杜绝了传统装修方式在噪声和空气上带来的污染（图13）。

图 13　厨房装修效果图

6　结语

万郡大都城钢管混凝土束结构体系部品的工厂化生产、装配化施工，减少湿作业对水、能源和材料的消耗；缩短工期，降低人力成本，减少施工现场污染排放；钢束墙承重结构充分发挥钢材与混凝土综合优势，承载能力大大提高，刚度增大，有效减少材料用量；保温材料与结构体系集成，围护体系传热系数低，保温隔热性能优越；采光、通风好，节约照明能耗和夏季运行能源。2013年该项目成为包头首个住房和城乡建设部省地节能环保型住宅国家康居示范工程，获得中国钢结构金奖。一期、二期获得国家二星级绿色建筑标识，三期、四期获得国家三星级绿色建筑设计标识。钢管混凝土束结构体系的应用使装配式住宅建筑从设计、制作、运输、装配到报废处理的整个住宅生命周期中，对环境的影响最小，资源效率最高，使得住宅与建筑的构件体系朝着安全、环保、节能和可持续发展方向发展。

瑞安陶山府装配式钢结构住宅工程项目实践

夏　杰　徐韶锋　刘重阳　陈　芳

（杭萧钢构股份有限公司，杭州）

摘　要　项目采用杭萧钢构股份有限公司最新研发的钢筋混凝土核心筒＋钢管束组合剪力墙住宅体系，以钢结构形成剪力墙，既具有剪力墙结构中墙体随建筑功能要求布置灵活的长处，又充分发挥钢结构制作工业化程度高、施工速度快的特点，对现有住宅体系有革命性的突破。

关键词　装配式；钢结构住宅；钢管混凝土束结构；钢结构

1　工程概况

项目位于瑞安陶山镇陶南村下村自然村，总用地面积为 30599.18m²，其中，规划建设用地面积为 29421.06m²、道路面积为 1178.12m²。容积率为 2.7。建筑密度为 20%。总建筑面积为 89001.80m²（图1）。

图1　项目效果图

项目地面建筑共由8幢建筑组成，主楼为钢管束混凝土组合结构，地下室基础为承台＋筏板基础，合理使用年限50年。抗震等级四级，抗震设防烈度按6度，建筑使用年限为50年，耐火等级为二级。

2　钢结构住宅体系介绍

项目均采用钢-混凝土混合结构，核心筒采用现浇钢筋混凝土结构，核心筒内梁和楼板为现浇钢筋混凝土，剪力墙采用钢管混凝土束墙，柱子采用钢管混凝土柱，梁采用高频焊接H型钢梁，楼板和阳台板、空调板采用钢筋桁架楼承板，楼梯梯段采用预制钢筋混凝土梯段，预制内外墙体为预制蒸压加气条板，非预制内外墙体采用加气混凝土砌体。

2.1 钢管束混凝土束剪力墙结构

主体结构竖向构件采用钢管混凝土束墙，墙的管腔的长度尺寸控制在 180、200、220、240mm 四个模数，宽度尺寸控制在 130、150、180、200mm 四个模数；常用构件平面尺寸：130mm×200mm、150mm×200mm、130mm×130mm、150mm×150mm。建筑设计在遵循模数协调基础上，主体结构网格采用基本模数 1M（1M 等于 100mm）或扩大模数 2nM、3nM 或 6nM（n 为自然数）作为优先尺寸。本项目住宅平面设计采用 100mm 为基本模数，钢管混凝土束墙体管腔长度采用 200mm 为主要构件，尺寸如图 2 所示。

图 2　钢管束腔体拼接图

图 3　钢管束结构示意图　　　　　　　　　　图 4　钢筋桁架楼承板

主体结构水平构件：水平构件采用钢筋桁架楼承板，钢筋桁架楼承板宽度标准尺寸为 600mm，长度根据房间跨度定制，楼板钢筋常用间距 200mm。由于 600mm 宽度的楼板满足房间的 300mm 模数的尺寸，因此各个房间的楼板只需通过现场拼接，底部无需模板，无需满堂脚手架，只需布置临时支撑（图 3、图 4）。

2.2 围护墙体系

外墙围护结构采用 200mm 厚 ALC 条板，宽度以 100mm 为模数，并以 600mm 为标准进行排列组合通过工厂预制，拼装成大板，现场吊装完成，如图 5 所示。

分室墙采用蒸压砂加气混凝土条板墙，该墙体具有轻质高强、保温隔热、吸声隔声、耐火阻燃、承载能力强、耐久性好、绿色环保等优点。在建筑节能标准的前提下，它不仅比传统住宅墙体更薄，更轻，有效使用面积更大，而且还可以有效改善传统住宅墙体开裂等质量通病，以及墙体保温系统耐火性差的弊端，同时，其工业化和标准化产品，现场装配、节能、节材，与主体钢结构配合更好，如图 6 所示。

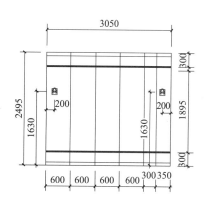

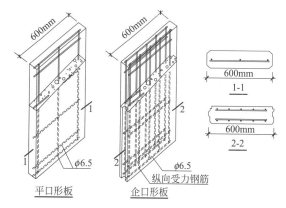

图 5　ALC 条板拼接示意图　　　　　　　　　　　图 6　蒸压加气混凝土条板配筋

3　部品构件加工制作技术

3.1　钢管束制作技术

钢管束均为工厂化标准产品，其制作过程全部实现工厂自动化生产。钢管束是由多个标准化、模数化的部件——U 型钢或 U 型钢与矩形钢管拼装在一起具有多个竖向空腔的结构单元，在车间主要采用数控冷弯成型生产线和数控组焊割生产线，全自动工业化生产，工业化程度高，生产效率高、产品质量稳定，如图 7～图 9 所示。

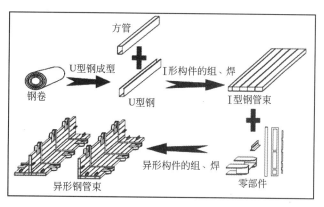

图 7　制作工艺流程

图 8　钢管束自动焊接　　　　　　　　　　　　图 9　钢管束成品

3.2　钢筋桁架楼承板制作

将楼板中钢筋在工厂加工成钢筋桁架，再将钢筋桁架与镀锌钢板现场用连接件装配成一体，其上浇筑混凝土，形成钢筋桁架混凝土楼板，下表面平整，底模可以重复利用。钢筋桁架楼承板，钢筋模板支撑一体化产品，整体性好、施工便利、速度快捷、模板周转率高，人工成本、材料成本降低，现场废料少，对环境污染少，混凝土成型质量高，可达到清水混凝土的标准，如图10、图11所示。

图10　钢筋桁架楼承板生产　　　　　　　　图11　钢筋桁架楼承板成品

4　施工安装技术

钢管混凝土束住宅结构体系的标准化设计和工厂化生产，为现场的装配化施工提供了有力的保障。可通过大型机械化起重设备进行吊装和转运，现场施工机械化程度高，人工作业少，主要构件尺寸精度高，质量可靠，隐蔽工程量少，易于质量控制。模数化设计的钢管混凝土束剪力墙高可达3～4层，实现多层同时作业；采用钢筋桁架自承式楼板，可同时多层浇筑混凝土，实现立体交叉作业，省去了混凝土振捣工序和养护等待时间，缩短了施工周期，提高了施工效率，如图12～图16所示。

图12　钢管束剪力墙吊装临时固定

图13　整体吊装　　　　　　　　　　　图14　墙梁节点

图 15　整体吊装　　　　　　　　　　　　　图 16　塔式起重机吊装

部品部件采用工业化设备生产，钢梁、钢管束剪力墙在工厂内已经成型，厚度有保证，受力有保障，平整度、垂直度有保障。钢筋桁架楼承板在工厂内已经焊接成钢筋桁架，钢筋分布密度和楼承板厚度和平整度有较高的质量保障，大大提升了现场的施工质量和安装效率。

5　墙板施工安装技术

内墙为 ALC 条板，其施工过程和室内抹灰效果如图 17 和图 18 所示。

图 17　ALC 条板施工　　　　　　　　　　　图 18　室内抹灰效果图

外墙仿石涂料＋防水抗裂砂浆＋ALC 条板 200mm 厚＋无机保温砂浆＋抗裂砂浆。ALC 条板通过标准尺寸拼接形成围护结构，顶部通过钩头螺栓与钢梁下部的角钢连接如图 19 所示，底部通过钩头螺栓与地面预埋的角钢连接如图 20 所示。

6　结语

钢管混凝土束钢结构住宅体系具有自重轻、抗震性能好、建造速度快、综合造价低、减少环境污染、可循环利用等多项优点和特点，符合我国节能减排和循环经济的发展方向，是对城市环境影响最小的结构形式之一，被誉为绿色低碳建筑的主要代表，对促进国家住宅产业化的发展和钢结构住宅建筑的推广应用具有重大现实意义。

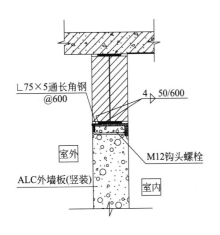

图 19　ALC 条板顶部与钢梁连接

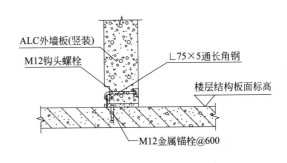

图 20　ALC 条板底部与楼板连接

　　万欣家园项目作为瑞安市第一个示范性的抗震、节能、低碳、环保的绿色住宅样板工程，给瑞安市住宅小区树立新的标准，让更多的市民享受到现代化住宅的生活理念。目前该项目前期已获得二星级国家绿色建筑设计标识，成为瑞安市首个住房和城乡建设部省地节能环保型住宅国家康居示范工程。

山东郯城县农村党支部"阵地建设"工程施工技术

董 晨 吴 锋

（徐州中煤百甲重钢科技股份有限公司，徐州）

摘　要　山东郯城县农村党支部"阵地建设"工程项目，是县委县政府为深化农村党支部阵地建设，持续加强农村党支部活动场所，擦亮郯城党建品牌一项重要工作，结合当前国家倡导的装配式钢结构建筑，有序组织了村级活动场所建设，百甲公司积极响应郯城县阵地建设工作，以单层板式房屋的装配式建筑特点，建设周期短，组织迅速、灵活的特点，十分契合该项目。

关键词　装配式单层板式房屋；蒸压加气混凝土轻质墙板；整体屋架屋面

1　项目概况

山东郯城县农村党支部"阵地建设"工程项目，本着简约、美观、实用的原则，通过全面提升村级党支部标准条件，推动实现标准化、规范化农村党支部活动场所覆盖的标准，共计84个单层建筑单体，共计9种户型，其中1户型（建筑面积172.21m²）57栋，建筑面积约9815.97m²；2户型（建筑面积155.24m²）13栋，建筑面积为2018.12m²；3户型（建筑面积121.75m²）2栋；4户型（建筑面积123.4m²）、5户型（建筑面积110.81m²）、9户型（建筑面积328.37m²）各一栋；6户型（建筑面积127.97m²）2栋；7户型（建筑面积145.29m²）3栋；8户型（建筑面积156.28m²）4栋，整个项目建筑面积约13957.1m²，该项目属于EPC项目，设计方案采用汉泰板式房屋体系，如图1所示。

图1　效果图

2　汉泰单层板式房屋体系

2.1　结构体系

（1）本工程为单层公共建筑，建筑高度3.8m，使用汉泰板式房屋体系，耐火等级二级，屋面防水等级二级，蒸压加气混凝土轻质墙板作为承重墙板，墙顶墙底为通长 U 形槽，通过预埋件与基础地梁连接。作为装配式墙板项目，在施工墙板之前，对场地的平整度要求十分严格，平整的场地是保证板式房屋施工质量的基本保障，如图 2 所示。

图 2　场地图

（2）墙板施工，第一组墙板组立尤为重要，通过基础预埋件、角部构造角钢和转角墙形成组合墙体，后面的墙体顺着安装就可以了，形成角部墙体、T 形墙体先组立，中间部的墙体后跟上的安装顺序，同时按照房间单元，及时安装压顶 U 形槽，有效保证了墙体整体稳定性，如图 3 所示。

图 3　墙板初始安装

（3）内外墙板在安装时，底部用角钢与自攻钉固定，用专业粘结砂浆坐浆，顶部使用 $155 \times 50 \times 2$ 通长 U 形卡槽固定，交点处焊接。墙板采用竖板与横板结合使用的方法，整体以竖板为主，门窗洞口上部为横板，横板搭接时，搭接长度不小于 150mm。墙板平缝拼接时板缝缝宽不大于 5mm，安装时挤浆处理。墙板侧边及顶部与其他主体结构连接处应预留 10～20mm 缝隙，缝宽满足结构设计要求，墙板与结构之间采用柔性连接，使用弹性材料填缝。墙面采用耐碱玻纤网格布加强后，再使用聚合物水泥砂浆找平以起到防裂作用，如图 4 所示。

图 4　墙体安装效果图

2.2 钢屋架整体吊装体系

双坡屋面由标准钢屋架、屋面檩条、水平支撑、竖向支撑组合而成，支撑系统保证了整个屋面的刚度和强度，在这个基础上实现了整体吊装的施工方案（图5），它的优点尤为突出，在地面拼装，施工速度大大加快，施工人员的安全有保证，屋面的质量、观感都能按照既定标准实现，是一个十分优秀的施工组织设计。

图5 整体吊装的施工

屋面板为12mm厚欧松板，欧松板下部为轻钢龙骨屋架，欧松板安装时使用自攻螺钉固定，正面在欧松板中央，用自攻钉将欧松板与钢屋架、龙骨连接，在欧松板的边部，自攻钉距边部12mm，锯角不小于25mm。在侧面握钉承重较小时，先用白乳胶连接，再用30mm汽钉固定，当侧面握钉承重较大时，先用小于自攻钉直径的电钻（电钻直径≈0.7倍自攻钉直径），在侧面打孔后，再用自攻钉将合页或板材与欧松板固定。欧松板安装完毕后，在欧松板上配置挤塑板粘结剂，再粘结挤塑板，最后修整挤塑板表面，随后铺设一层防水透气膜，再做挂瓦条并挂瓦，如图6所示。

图6 屋面施工

2.3 建筑体系

本工程无钢梁、钢柱，轻钢屋面系统采用薄壁方管、C形檩条和轻质屋面瓦组合而成。

内外墙体采用200mm蒸压加气混凝土板，具有良好的保温与隔声效果，板宽600mm，当蒸压加气混凝土板作为外墙时，强度等级不低于A5.0，当蒸压加气混凝土板作为外墙时，强度等级不低于A2.5。墙板在用专用修补材料修补墙面后，挂耐碱玻纤网格布增强强度，防开裂，再用聚合物水泥砂浆找平做保护层，外墙为真石漆或涂料饰面，内墙为乳胶漆饰面。

屋面板选用12mm厚欧松板，即定向结构刨花板，是以小径材、间伐材、木芯为原料，通过专用设备加工成刨片，经脱油、干燥、施胶、定向铺装、热压成型等工艺制成的一种定向结构板材。

钢构件加工详图根据国家现行有关规范、规程及相关设计图纸进行加工详图的深化设计，以保证钢结构的制作、安装的顺利进行。构件再按照施工图的图形和尺寸绘出1∶1大样后，开始制作样板，无误后进行批量生态产。构件运输和安装过程中要妥善绑扎以防止变形和损伤（含绑扎钢绳勒伤）。房屋竣工图如图7所示。

图7 房屋竣工

3 结语

在整个的项目实施过程中，采用按照县委组织部要求的"简约、美观、实用"原则，采用在乡村有序开展装配式板式房屋建设，得到地方政府一致好评，汉泰公司从方案、施工图、施工组织设计、施工技术方案等多维度、深层次做好这个党支部装配项目，同时充分利用了条板轻质、保温、安装灵活的特点，结合轻钢屋面的特点，形成整体吊装施工技术方案，出色地完成了该项目，当然在实施过程中，对于内外墙面装饰、节点处理、构件之间的配合仍然需要改进提高。

桁架式多腔体钢板组合剪力墙
短墙轴压性能试验研究

周雄亮[1]　舒赣平[2]　周观根[1]　刘忠华[2]　何云飞[1]　罗柯镕[2]

(1. 浙江东南网架股份有限公司，杭州；2. 东南大学土木工程学院，南京)

摘　要　对 14 个桁架式多腔体钢板组合剪力墙试件进行了轴压试验，研究了腔体端柱、钢筋桁架竖向间距以及钢筋直径对试件的破坏形态、承载力和延性的影响规律。结果表明：钢筋直径、钢筋桁架节点间距以及是否考虑端柱，对试件的极限承载力与屈服强度具有一定程度的影响，内部桁架的作用，增强了钢板与混凝土之间的协同工作能力，使得试件的极限承载力及屈服强度均有所提高，为其在实际工程中的应用提供参考价值。

关键词　桁架式多腔体钢板组合剪力墙；钢筋桁架；轴压试验；轴压承载力；延性

1　引言

装配式钢结构是一种高性能、高效率、低能耗的绿色低碳建筑结构体系，具有自重轻、强度高、施工速度快、工业化程度高等特点。大力发展装配式钢结构，可推进建筑工业化、信息化，加快产业转型速度。近年来，钢板混凝土组合剪力墙作为装配式钢结构体系的典型代表，凭借其抗侧刚度大、耗能能力强、受压承载力高等优点，被广泛地应用于超高层建筑中。但是，由于传统钢板混凝土组合剪力墙对核心混凝土的约束作用较弱，且钢板易过早发生局部屈曲，并不能够充分地发挥钢板与混凝土的组合效应。

针对此问题，国内外专家通过采取不同的措施来提高钢板混凝土组合剪力墙的承载力及延性。Link 和 Elw 采用非线性有限单元法对内设加劲肋钢板剪力墙进行了数值分析，获取了墙体的破坏形态、受力机理以及应力分布。Emori 提出了一种新型箱形钢板剪力墙，并对其抗压和抗剪性能进行了研究。Masahiko 和 Eom 等也对钢板剪力墙的抗震性能进行了研究。国内学者聂建国等人对有缀板拉结双钢板-高强混凝土组合剪力墙进行了试验研究，结果表明：缀板拉结措施不仅避免了墙身钢板的局部屈曲，而且还对内填高强混凝土产生约束效应，大幅提高了双钢板-高强混凝土组合剪力墙的抗震性能。郭兰慧等人对两边连接钢板-混凝土组合剪力墙进行了拟静力试验，研究了组合剪力墙在反复荷载作用下的力学性能。朱立猛等通过拟静力试验研究了带约束拉杆钢板-混凝土组合剪力墙的抗震性能，结果表明：带约束拉杆钢板-混凝土组合剪力墙具有较好的抗震性能，约束拉杆间距可显著提高试件的延性。陈志华等提出了一种新型钢管束组合剪力墙，如图 1(a) 所示，并对 7 组钢管束组合剪力墙在往复荷载作用下的性能进行试验研究，分析了其滞回曲线及骨架曲线。汤序霖等研究了设置加劲肋的双层钢板-混凝土组合剪力墙的抗震性能。张文元等人针对多腔钢板-混凝土组合剪力墙的抗震性能进行了研究，如图 1(b) 所示，分析了腔数对该类组合剪力墙的破坏模式、承载力、滞回曲线、骨架曲线、延性、刚度退化及耗能能力的影响。

桁架式多腔体钢板组合剪力墙作为一种新型双钢板组合剪力墙，可同 H 型钢梁、钢筋桁架混凝土楼板组装而成为全新的高层装配式钢结构体系。该墙体由外侧双钢板与矩形钢管、内部平面钢筋桁架焊接而成的具有多个竖向连通腔体的结构单元组成，能够形成一字形、L 形、T 形、Z 形等多种结构形式，可以根据建筑要求灵活布置。为研究这种桁架式多腔体钢板组合剪力墙的抗压性能，本文对其进行轴压性能试验，研究该墙体在轴向荷载作用下的破坏过程和特征，分析其受力破坏机理，确定墙体的承载能力、轴向刚度和延性等性能指标，并建立该墙体的轴压承载力计算公式，对此类试件在实际工程的应用提供参考依据。

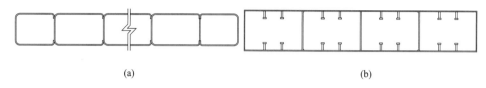

图 1　钢板组合剪力墙
(a) 钢管束组合剪力墙；(b) 多腔钢板剪力墙

2　试验概括

2.1　试件设计及制作

本次试验设计并制作了 14 个一字形桁架式多腔体钢板组合剪力墙试件进行轴向加载试验。通过对比不同桁架竖向间距、钢筋直径及腔体端柱以研究墙体的轴压受力性能。试件的截面特性见表 1。桁架式多腔体钢板组合剪力墙的内部腔体由两种不同结构形式组成，分为 A 类试件和 B 类试件。A 类试件是端部采用方钢管与钢板焊接而成；B 类试件是端部采用折钢，A、B 类构件尺寸如图 2 所示。两类组合剪力墙均为墙高 700mm、宽度 900mm、厚度 150mm、板厚 4mm。为对比桁架间距对试件性能的影响规律，将钢筋桁架的节点间距分别设计为 75mm（ASCW-2 和 BSCW-2）、125mm（ASCW-3 和 BSCW-3）、1500mm（ASCW-4 和 BSCW-4）、200mm（ASCW-5 和 BSCW-5）；同时，为对比钢筋直径对试件轴压性能的影响规律，设计出钢筋直径为 8mm 的 ASCW-6 及 BSCW-6 和钢筋直径为 10mm 的 ASCW-7 及 BSCW-7。试件两端保持平齐，同时每个试件上下两端均设置两块尺寸为 1000mm×150mm×10mm 的盖板，在顶部盖板预留直径为 90mm 的孔洞，方便浇筑混凝土。

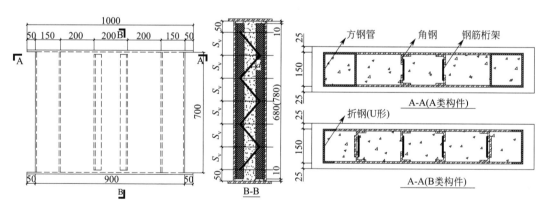

图 2　试件大样图

试件的截面特性（单位：mm）　　　　　　　　　　　　　　　　　　　　　　表 1

试件编号	截面类型	板厚 T_w	墙高 H_w	墙宽 L_w	墙厚 B_w	桁架水平间距 S_h	桁架节点间距 S_v	钢筋直径	数量	变量
ASCW-1	一字形	4	700	900	150	200	100	6	1	基准试件
ASCW-2	一字形	4	700	900	150	200	75	6	1	桁架节点间距变化
ASCW-3	一字形	4	700	900	150	200	125	6	1	
ASCW-4	一字形	4	700	900	150	200	150	6	1	
ASCW-5	一字形	4	800	900	150	200	200	6	1	

续表

试件编号	截面类型	板厚 T_w	墙高 H_w	墙宽 L_w	墙厚 B_w	桁架水平间距 S_h	桁架节点间距 S_v	钢筋直径	数量	变量
ASCW-6	一字形	4	700	900	150	200	100	8	1	钢筋直径变化
ASCW-7	一字形	4	700	900	150	200	100	10	1	
BSCW-1	一字形	4	700	900	150	200	200	6	1	基准试件
BSCW-2	一字形	4	700	900	150	200	75	6	1	桁架节点间距变化
BSCW-3	一字形	4	700	900	150	200	125	6	1	
BSCW-4	一字形	4	700	900	150	200	150	6	1	
BSCW-5	一字形	4	800	900	150	200	200	6	1	
BSCW-6	一字形	4	700	900	150	200	100	8	1	钢筋直径变化
BSCW-7	一字形	4	700	900	150	200	100	10	1	

2.2 材料力学性能

试件所用钢板均为 Q345B 钢,厚度为 4mm,钢筋强度等级为 HRB335。按照现行国家标准《金属材料 拉伸试验 第 1 部分:室温试验方法》GB/T 228.1 中规定方法进行拉伸试验,可测得钢材力学性能参数见表 2。

钢材材料力学性能 表 2

类型	$d(t)$(mm)	f_y(MPa)	f_u(MPa)	E_s(MPa)
钢板	4	385.31	494.64	2.06×10^5
钢筋 HPB300	6	468.03	480.96	2.02×10^5
	8	468.57	535.87	2.02×10^5
	10	342.53	503.63	2.03×10^5

试件采用强度等级为 C20 的自密实混凝土浇筑,在浇筑的同时制备两组尺寸为 150mm×150mm×150mm 的混凝土标准试块,与试件同条件养护 28d 后,依据现行国家标准《混凝土物理力学性能试验方法标准》GB/T 50081 对混凝土试块进行力学性能测试。由于试件是在冬天浇筑,故混凝土强度等级偏低,最终测定混凝土立方体抗压强度标准值为 23.1MPa。

2.3 加载方案及测试内容

本次试验在东南大学九龙湖校区土木交通结构实验室 1000t 压力试验机上进行,试验加载装置如图 3 所示。

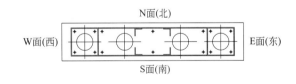

图 3 试验加载装置图   图 4 试件方位图

为保证试件加载面的平整,在试件的顶面铺设细砂层,并利用水平尺找平。在施加轴向荷载前,对试件进行精确的几何对中和物理对中,然后进行预加载,保证试件与支承系统接触良好,使安装缝隙密合,检查试验装置的可靠性和仪器仪表的工作状态。加载方式为按力控制并分级加载,每级荷载取 200kN,持荷时间为 5min;当试件变形过大或承载力下降超过极限荷载的 80% 时,停止加载,结束试验。

为能够准确、清晰合理地描述试验加载过程中试件破坏现象及破坏模式，特对试件方位做出以下规定，如图4所示。

试验主要测量内容包括：试件轴向荷载、试件轴向位移、试件平面外位移以及钢板纵向应变和横向应变，具体测点布置如图5和图6所示。试件的轴向荷载通过压力表盘读出，轴向位移由试件底端布置的3个位移计测得；同时，在试件中部以及距上、下端100mm处沿墙体周围布置纵横向应变片，以测量试件的横向和纵向应变。

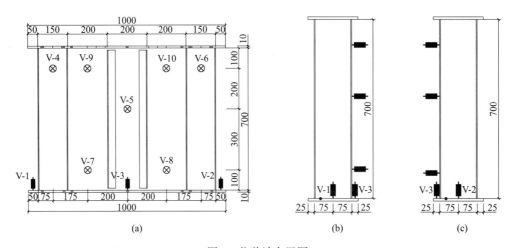

图5 位移计布置图

（a）N面；（b）E面；（c）W面

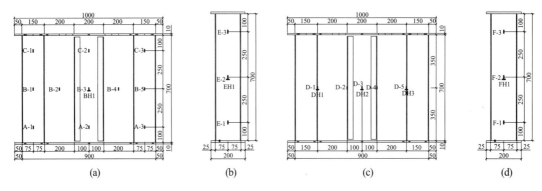

图6 应变片布置图

（a）N面；（b）W面；（c）S面；（d）E面

3 试验现象与破坏形态

3.1 破坏现象

以基准试件ASCW-1为例对试件的破坏过程进行剖析，其他试件的试验现象与破坏模式同基准试件相似。

试验加载初期，试件处于弹性状态，没有观察到明显现象。当试件加载至2400kN时，试件N面距顶部50mm，右侧250mm范围内出现轻微鼓曲现象，同时试件S面距顶部50mm，右侧250mm范围内同样出现轻微鼓曲现象，如图7所示。

当荷载加载至4400kN时，试件N面距顶部50mm，右侧50mm及350mm范围内出现新的鼓曲现象，其他部位鼓曲现象逐渐加重，同时试件W面距顶部50mm范围内出现轻微鼓曲，如图8所示。

当荷载增至 5100kN 时，试件 N 面距顶部 50mm，左侧 100mm 范围内出现新的鼓曲。随着荷载的增加，鼓曲逐渐加重，在加载阶段不再有新的鼓曲现象出现，试件最终极限承载力为 5700kN，此时试件变形如图 9 所示。

图 7　2400kN 试验现象图
（a）S 面；（b）N 面

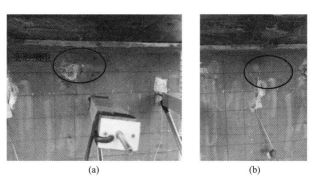

图 8　4400kN 试验现象图
（a）N 面右侧 50mm；（b）N 面右侧 350mm

图 9　极限状态试验现象图
（a）S 面；（b）N 面

此后，试件处于卸载阶段，鼓曲变形更加严重，试件 N 面顶部 50mm 范围内 5 个半波鼓曲最终发展贯通，而试件 S 面变形主要集中于卸载阶段，试件中部出现新的半波鼓曲，并沿水平方向逐渐发展贯通，试件最终失去承载能力。最终破坏形态如图 10（a）所示。

3.2 破坏形态

加载结束，对典型试件进行剖切，其内部破坏情况如图 11 所示。钢板发生鼓曲，且鼓曲呈现水平连续的波状，波长与试件内部钢筋桁架的水平间距近似相等；钢板与混凝土发生了脱离，内部混凝土在钢板鼓曲位置处被压碎，而其他部分表面并未出现明显破坏现象。试件最终在轴向荷载作用下整体发生强度破坏。

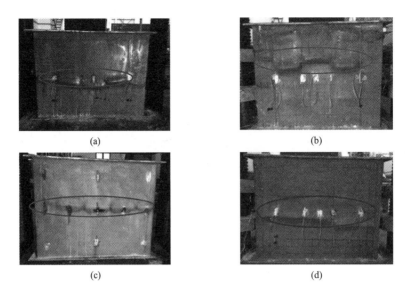

图 10　典型试件破坏形态图

（a）试件 ASCW-1；（b）试件 ASCW-6；（c）试件 BSCW-1；（d）试件 BSCW-6

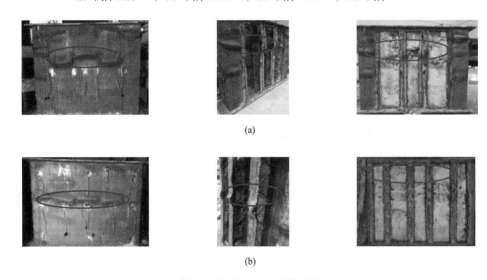

图 11　典型试件破坏形态图

（a）试件 ASCW-6；（b）试件 BSCW-2

4　主要试验结果与分析

4.1　荷载-位移曲线

轴向荷载作用下，试件荷载-轴向位移曲线如图 12 所示，试件主要试验结果列于表 3 中。

试验结果　　　　　　　　　　　　　　　　　　　　　　　　　　　　　　　　　　　表 3

试件编号	N_y (kN)	δ_y (mm)	极限承载力 (kN)	δ_u (mm)	$0.8N_u$ (kN)	δ_m (mm)	轴向刚度	μ	SI
ASCW-1	5535	7.40	5700	8.20	4845	18.63	747.97	2.52	1.07
ASCW-2	5431	7.80	5700	9.70	4845	20.72	696.28	2.66	1.07
ASCW-3	5708	8.35	5800	9.00	4930	18.33	683.59	2.20	1.08
ASCW-4	5511	6.29	5700	7.10	4845	15.45	876.15	2.46	1.07
ASCW-5	4885	5.62	5300	9.30	4505	12.55	869.22	2.23	0.99
ASCW-6	5628	8.92	5660	7.10	4811	19.89	630.94	2.23	1.06
ASCW-7	5900	8.05	6000	10.7	5100	15.00	732.92	1.86	1.12

续表

试件编号	N_y (kN)	δ_y (mm)	极限承载力 (kN)	δ_u (mm)	$0.8N_u$ (kN)	δ_m (mm)	轴向刚度	μ	SI
BSCW-1	5592	4.29	6000	5.05	5100	13.04	1303.5	3.04	1.22
BSCW-2	5560	5.76	5900	9.47	5015	15.52	965.28	2.69	1.20
BSCW-3	5636	8.48	5700	10.6	4845	19.11	664.62	2.25	1.16
BSCW-4	5579	4.36	5700	7.09	4845	10.52	1279.6	2.41	1.16
BSCW-5	5278	8.69	5680	11.95	4828	17.19	607.37	1.98	1.15
BSCW-6	5656	5.77	6100	7.40	5300	13.30	980.24	2.31	1.24
BSCW-7	5705	6.27	5900	7.24	5015	13.40	909.89	2.14	1.20

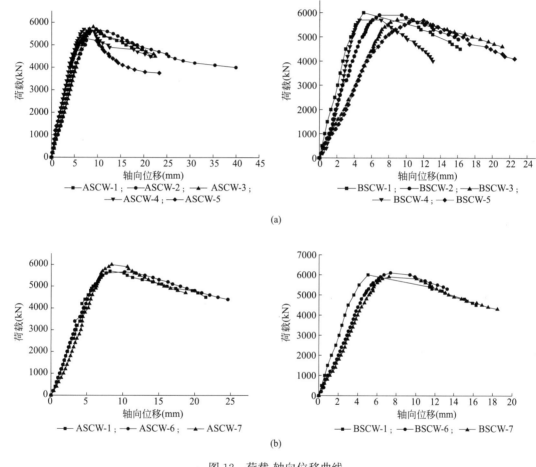

图 12　荷载-轴向位移曲线
(a) 桁架竖向间距；(b) 钢筋直径

　　表中延性系数（μ）可以用来衡量试件在不显著降低承载力的情况下的塑性变形发展能力，可以由名义最大轴向位移（δ_m）和屈服位移（δ_y）的比值得到，如式(1)所示。名义最大轴向位移 δ_m 定义为峰后阶段承载力下降到 $0.85N_u$ 时所对应的位移。屈服轴向位移 δ_y 定义为屈服荷载（N_y）所对应的位移。

$$\mu = \frac{\delta_m}{\delta_y} \tag{1}$$

　　强度指数（SI）能定量评估组合墙体的承载力利用率，如式(2)所示。

$$SI = \frac{N_r}{N_{full}} \tag{2}$$

$$N_{full}=f_y A_s+f_{ck} A_c \qquad (3)$$

其中，f_y 是钢材的屈服强度；A_s 是钢材的截面面积；f_{ck} 是混凝土轴心抗压强度标准值；A_c 是核心混凝土面积。公式均采用材性试验数据进行计算。

由图 8 及表 3 可以看出：

(1) 试验加载初期，荷载-轴向位移曲线保持直线变化，试件基本处于线弹性工作状态。对于 A 类试件，由于试件端部采用方钢管作为约束端，故其对试件整体刚度约束较大，因此该类试件轴向刚度相差不大。对于 B 类试件，该类试件端部未采用钢管作为约束端，其约束效应相对较差，所以 B 类试件轴向刚度表现出较大的离散性。

(2) 对比可知，A、B 两类试件的屈服承载力和极限承载力相差不大；随钢筋直径的增大和钢筋桁架节点间距的减小，屈服强度和极限承载力虽有所增大，但均保持在 5% 左右的较小幅度；故可认为钢筋直径、平面钢筋桁架竖向间距以及是否考虑端柱，对短墙试件的极限承载力与屈服强度的影响有限。

(3) 从表 3 中可以看出，强度指数位于 0.99～1.24 之间，表明在轴向荷载作用下，由于内部桁架的作用，使得钢板与混凝土之间协同工作能力增强，从而提高了试件的极限承载力。同时，试件荷载-位移曲线较为光滑，且具有稳定的卸载段，且其延性系数均处于 1.86～3.04 之间，呈现出较好的延性。

图 13 为各试件测点在试件中部（V5）的荷载-侧向位移曲线。可以看出，在达到峰值荷载前，随着荷载的增加，试件各处侧向位移变化较小，部分位移计出现负值现象，表明在加载过程中，试件出现凹陷。达到峰值荷载后，侧向位移迅速增长，表明试件的变形主要集中于卸载段，同试验现象相对应，同时也表明试件具有较好的延性。

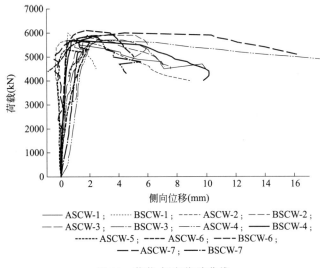

图 13 荷载-侧向位移曲线

4.2 应变分布

通过试验中布置在钢板上的纵横向应变片可以测取在轴向荷载作用下钢板的环向应变和纵向应变，绘制出试件的荷载-应变曲线如图 14 所示，其中横轴正向为环向应变，横轴负向为纵向压应变，取试件各中间测点的平均值。

由图 14 可以看出，在试验加载初期，各试件基本处于弹性工作状态，荷载-应变曲线大致呈线性变化，各试件的纵横向应变随着荷载的增加而缓慢增长，且轴向压应变增长速率明显大于环向压应变。随着荷载的增加，荷载-应变曲线开始呈现非线性变化，各试件进入弹塑性工作状态，应变率增长逐渐加快，且环向应变增长速率较轴向压应变明显加快；此时试件中混凝土在竖向荷载作用下产生大量裂缝，环向变形增大，对钢板的挤压作用增大，因此钢板对混凝土横向膨胀的约束作用变得明显，受约束的混凝土处于三向受压的状态。达到承载力后，荷载迅速下降，曲线出现下降段。试件 ASCW-5 及 BSCW-5 荷

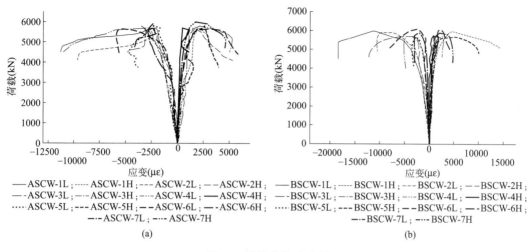

图 14　试件荷载-应变图
(a) A 类试件；(b) B 类试件

载-应变曲线达到承载力后，随着应变的增加其荷载剧烈下降，表明钢筋桁架间距较大时，试件的材料强度并不能够得到充分的发挥。

5　结论

根据对 14 个桁架式多腔体钢板组合剪力墙的试验过程、试件的破坏形态及试验结果分析，可得出以下结论：

（1）桁架式多腔体钢板组合剪力墙在轴向荷载作用下的破坏模式属于强度破坏；最终破坏形态主要表现为试件中部以桁架水平间距为长度的半波鼓曲沿水平方向整体贯通，且试件鼓曲位置处混凝土被压溃。

（2）从荷载-位移曲线及试验数据可以看出：钢筋直径、平面钢筋桁架竖向间距以及是否考虑端柱，对短墙试件的极限承载力与屈服强度的影响有限；内部桁架的作用，可以增强钢板与混凝土之间协同工作能力，提高试件的极限承载力；试件荷载-位移曲线较为光滑，且具有稳定的卸载段，呈现出较好的延性。

（3）从荷载-应变曲线可以得出：试验加载初期，试件处于弹性工作状态，轴向压应变增长速率大于环向压应变；试件进入弹塑性状态，环向应变增长速率较轴向压应明增长加快，钢板对混凝土横向膨胀约束作用增强，受约束的混凝土处于三向受压的状态。

参考文献

[1] 郭彦林，周明 . 钢板剪力墙的分类及性能[J]. 建筑科学与工程学报，2009，26(03)：1-13.

[2] 郭彦林，董全利 . 钢板剪力墙的发展与研究现状[J]. 钢结构，2005(01)：1-6.

[3] Link R A，Elwi A E. Composite concrete-steel plate walls：analysis and behavior[J]. Journal of Structural Engineering，1995，121(2)：260-271.

[4] Emori K. Compressive and shear strength of concrete filled steel box wall[J]. International Journal of Steel Structures，2002，2(1)：29-40.

[5] Ozaki M，Akita S，Osuga H，et al. Study on steel plate reinforced concrete panels subjected to cyclic in-plane shear[J]. Nuclear Engineering and Design，2004，228(1-3)：225-244.

[6] 聂建国，陶慕轩，樊健生，卜凡民，胡红松，马晓伟，李盛勇，刘付钧 . 双钢板-混凝土组合剪力墙研究新进展[J]. 建筑结构，2011，41(12)：52-60.

［7］ 郭兰慧，戎芹，马欣伯，张素梅．两边连接钢板-混凝土组合剪力墙抗震性能试验研究及有限元分析［J］．建筑结构学报，2012，33(06)：59-68.

［8］ 朱立猛，周德源，赫明月．带约束拉杆钢板-混凝土组合剪力墙抗震性能试验研究［J］．建筑结构学报，2013，34(06)：93-102.

［9］ 陈志华，姜玉挺，张晓萌，杨强跃，李文斌，胡立黎，李杰．钢管束组合剪力墙变形性能研究及有限元分析［J］．振动与冲击，2017，36(19)：36-45.

［10］ 汤序霖，丁昌银，左志亮，蔡健，何炳泉，郑旭东．设置加劲肋的双层钢板-混凝土组合剪力墙抗震性能试验研究［J］．建筑结构学报，2017，38(05)：85-91.

［11］ 张文元，王柯，王强，陈勇，周宇，丁玉坤．多腔钢板-混凝土组合剪力墙抗震性能研究［J］．工程力学，2018，35(11)：125-133.

高层装配式钢结构住宅安装技术探讨

樊慧斌　田建宇　孙玉霖

（河南省第二建设集团有限公司，郑州）

摘　要　当今建筑工程行业发展迅速，高层钢结构装配式住宅因其绿色环保、结构性能优越的特点得到逐步推广。在高层钢结构装配式住宅的施工过程中，钢框架结构的安装和新型工艺技术的运用尤为重要，为有效确保钢结构装配式在高层建筑工程中的良好应用，以此来进一步确保整体高层建筑工程的质量与安全，本文特以实际工程为例，对其安装和新型工艺技术进行分析。希望通过本次的分析，可以为后续此类工程技术和质量的保障提供参考。

关键词　高层建筑；钢框架结构；装配式；结构安装

1　工程概况

在高层钢结构装配式住宅建设施工中，其各项安装技术备受关注。尤其是伴随着当今社会科学技术的不断发展，其安装技术更是成为建筑工程领域重点关注的内容。因此，在具体施工中，相关单位一定要对安装技术做到足够重视，通过先进的技术措施来解决传统钢框架结构制作和安装中的技术难题，为安装提供足够便利，促进钢结构装配式在高层建筑工程中的良好应用与发展。

本次所研究的是新乡市金谷东方广场高层住宅工程的建设施工，该项目是新乡市首批"钢框架支撑结构＋轻质墙体"全装配全装修建造体系的装配式建筑示范项目，地上 34 层，高度 98.9m，建筑面积 38358.09m²，用钢量 3150t，由中国建筑科学院研究院牵头设计，项目采用创新性地集成了钢框架-中心支撑体系、免拆底模钢筋桁架楼层板、带饰面轻质外墙板、装配式装饰内墙板、架空地板、装配式卫生间体系、智能配电系统等先进技术为一体的结构体系，装配率达到 80％以上，拟建成二星级绿色高层装配式住宅示范工程，对装配式建筑的发展具有示范引领的作用。

1）项目经济效益显著，户内的有效使用面积增加。由于采用了新型墙材（120mm 厚），厚度比砖墙明显变薄，因此室内空间比传统建筑结构增加 3％～6％。本建筑地上面积约 3.61 万 m²，可增加有效使用面积近 1000m²，每平方米按售价 1 万元计，相当于业主节约投资 1000 万元。

2）建筑总重轻。钢结构住宅比砖混结构和钢筋混凝土结构轻 1/3 左右，可降低基础处理费用 10％～20％。

3）工厂化制作，易于产业化，施工速度快。工期比相应砖混结构和钢混结构缩短 1/3～1/2，加快了资金周转，提高了资金的收益。

4）建筑物抗震性能好。由于钢结构延性好，自重轻，大大提高了住宅的安全可靠性。尤其在遭遇地震、台风等灾害的情况下，能够避免建筑物的倒塌破坏。

5）环保效果好。现场湿法作业大量减少，施工环境好，占用施工场地面积少。当建筑物服务期满需要拆除时，钢材可全部回收利用，可大量减少建筑垃圾。

6）大量绿色建材的使用，施工时可大大减少砂、石灰的用量，减轻对不可再生资源的破坏，可节约耕地约 5 亩。

7）节能减排：由于采用绿色建材而节约的燃煤，可少排放二氧化碳 300t、二氧化硫约 20t、烟尘 110t、灰渣 300t。

该项目实施装配式建筑面积 9.33 万 m^2，装配率达到 80%，节能减排效果显著，具有较好的推广价值，经上报新乡市住房和城乡建设局，同意推荐为住房和城乡建设部装配式项目试点项目，目前正在审批中。

2　钢框架结构安装技术

（1）高强度螺栓连接

在钢框架结构安装中，高强度螺栓连接是一项关键的技术内容。为确保施工质量，在高强度螺栓连接中，施工单位应通过以下几项技术措施来进行安装：

1）在钢构件中的连接头位置，通常需借助于临时性的螺栓或者是冲钉进行定位，在此过程中，为避免因螺纹损伤而改变扭矩系数，不可将高强度螺栓用作临时螺栓。

2）在构件接头，需先对其荷载承受情况进行准确计算，然后再按照计算结果来合理确定临时性螺栓与冲钉数量。

3）安装中，临时性螺栓与冲钉总数应超过安装螺栓总数的一半，且临时性螺栓应控制在两个以上。

4）对于连接位置，冲钉使用数量不可超过临时性螺栓总数的 30%。

5）在普通钢构件接头位置，高强度螺栓需从接头中心位置朝着两端的顺序进行紧固。

6）如果接头是工字钢，安装中，不仅需要根据上述顺序进行高强度螺栓紧固，同时也应该按照钢柱上下翼缘、钢柱侧腹板、钢梁上下翼缘、钢梁侧腹板的顺序进行紧固。

（2）钢结构焊接

在高层建筑工程的钢结构安装施工中，钢结构焊接是最重要的一个部分。因为焊接过程中需要进行金属局部加热，这样的情况便会引起母材膨胀，在周围母材依然处在冷却状态时，钢结构便会在应力作用下发生变形。这样的变形将会对钢构件外形尺寸及其承载力等产生直接影响，进而降低整体工程的施工质量。因此，在具体施工中，为有效避免此类情况发生，施工单位应做好以下几项技术措施的控制：

1）在一柱两层和三层形式的钢梁节点处，需先按照上层钢梁、下层钢梁、中间层钢梁以及上层钢柱的顺序进行焊接，同时也可以在墩开始时进行上下层钢柱焊接。

2）在梁柱节点位置布置的两根对称钢梁，其焊接施工应同时进行，而对于同一根钢梁，则不可对其两端进行同时焊接。

3）对于上下层钢柱接口位置，焊接中，应通过两名焊接工作人员同时相对焊接。

3　新型安装工艺的运用

（1）免拆底模钢筋桁架楼层板

与传统满堂钢管架相比有如下优势。①立杆明显减少（4m 范围内无需搭设立杆），对下层平面施工提供了有利条件，大大增加了施工安全性和工作效率。②底模板材料为水泥纤维板，无需拆除，可直接进行下步装修工作，大大降低了人工成本。③倒三角支撑体系，完全去除立杆的使用，更大程度加大施工效率（图 1～图 3）。

（2）装配式装饰内墙板（ALC）

优势：①保温隔热良好；②隔声良好；③耐火性好（超过一级耐火标准）；④耐久性良好，不易老化，与建筑物使用寿命相匹配；⑤施工速度快，锯、切、刨、钻，施工干作业；⑥具有完善的配套体系，配有专用连接件、勾缝剂、修补粉、界面剂等；⑦造价低，不用抹灰，直接刮腻子喷涂料；⑧表面质量好、不开裂。采用干法施工，表面不存在空鼓裂纹现象（图 4）。

图1 方管架

图2 底模板拆除后

图3 倒三角支撑体系

图4 ALC墙板施工

（3）带饰面轻质外墙板（UHPC超高性能混凝土材料）

①"三高"，即强度高、耐久性高、工作性高；②浅色饰面反射太阳光，减少热辐射，从而节约能源，调节室内温度；③采用吸声材料，提高墙体隔声性能（图5、图6）。

图 5　带饰面墙体

图 6　现场施工

4　结语

　　综上所述，在高层钢结构装配式建筑工程的建设施工过程中，运用到了钢结构与新型墙体、板体系的配套，最终形成了新型的装配式建筑体系。随之带来的是新的材料、新的施工技术的综合运用。良好的钢框架结构安装和新型工艺技术的运用是确保整体工程质量安全的关键。因此在具体施工中，施工单位一定要对其制作和加工技术做到足够了解，并根据实际情况，结合实际需求来进行安装。这样才可以有效确保整体工程的施工质量，进而有效确保整体工程质量与安全，促进当今建筑工程行业与社会经济之间的协调和可持续发展。

高层钢框架外墙挂板施工工艺探讨分析

张永庆　张　旭　樊慧斌

(河南省第二建设集团有限公司，郑州)

摘　要　随着建筑工程技术的发展，钢框架结构在高层建筑中已经得到了良好应用。随着经济的发展和人民物质生活水平的提高，城乡建筑迅速增加，建筑耗能的问题日益突出，建筑节能问题已越来越被政府和社会各界所重视，"建设节约型社会"已成为当今社会广泛关注的一个重要主题。为了适应社会的发展和需求，走环保节能建材之路，国家大力扶持新的节能型建筑和新型建筑材料的开发和研究。因此，针对高层钢结构与装配式外墙挂板应用技术研究具有重要意义，通过对高层钢结构技术的研究旨在推广在各类高层建筑中应用钢结构新体系，扩大应用范围；完善在高层钢结构设计、施工的相关标准，为实现钢结构装配式建筑产业化提供成套技术，研制快速安装、经济适用、安全可靠的钢结构体系，本文特对其施工工艺进行分析，以此来为此类工程施工提供相应的技术参考。

关键词　高层建筑；钢框架结构；施工工艺；装配式施工；外墙挂板

1　工程概况

在高层建筑工程的钢框架结构外墙挂板施工中，施工单位一定要注意其施工工艺的良好应用，以此来确保整体挂板的施工质量。同时，施工单位也应该预防此类结构施工时的安装误差及生产误差以及其他因素，并以此为依据，采取合理的措施来加以防治。这样才可以进一步确保钢框架结构外墙挂板的施工效果，满足其高层建筑工程的实际应用需求，为整体工程质量及其安全提供良好保障。

本次所研究的是新乡市守拙园钢框架住宅项目，地下建筑面积为 2199.17m^2，地上建筑面积为 31896.01m^2。其中 3♯楼钢结构形式为钢框架-偏心支撑结构，主体采用钢框柱＋钢框梁＋柱间支撑的结构形式，电梯井（核心筒）采用装配式钢结构，竖向受力结构全部为纯钢结构形式，外墙采用预制清水钢筋混凝土外挂板（60mm 厚）＋现场复合岩棉板（100mm 厚）＋双层（各 12mm 厚）防火石膏板。地下室 1 层，层高为 5.5m，地上部分 25 层、标准层高为 3.3m，建筑高度为 89.97m。用钢量共计 3700 余吨。本文主要对该装配式建筑工程施工过程中的钢框架结构外墙挂板施工技术具体应用进行分析。

2　高层钢框架结构外墙挂板主要施工工艺分析

（1）测量定位

根据主体结构找到的基准线（轴线、水平标高定位线），复核主体偏差，确定预制清水混凝土挂板安装测量控制点。在此基础上，确定预制清水混凝土挂板水平及垂直分布，并确定预制清水混凝土挂板竖料安装的控制线。采用经纬仪、水准仪和钢丝线测量确定预制清水混凝土挂板楼层定位标高点及其控制线，并确定各层相关轴线控制线及墙板外表面控制线，形成测量控制网格。在此基础上严格进行具体的预制清水混凝土挂板分格，并将分格线画在主体结构上，整个工程的测量依赖于主体结构相配合的一级控制网，各立面的分布测量所建立的二级控制网又依赖于一级控制网。

测量过程中反复检验、核实测量结果，确保准确无误，同时严格控制测量误差。在风力不大于 4 级时进行测量，确保数据准确，水平标高±0.000m、0.500m 等部位闭合一圈，确保垂直标高水平标高相统一。整个测量过程中及时做好记录，测量结果及时提交现场监理，业主确认。

（2）外墙挂板吊装

构件安装前应按吊装流程核对构件编号。安装挂板的连接平面应清理干净，在作业层混凝土顶板及挂板上，弹设控制线以便安装就位；预防挂板起吊离地至就位全过程应防止挂板的边角被撞坏；挂板就位的调节和安装精调可借助专用工具（图1）。

图 1　外挂墙板吊装

1）外挂墙板施工前准备

①外挂墙板安装前应该编制安装方案，确定外挂墙板水平运输、垂直运输的吊装方式，进行设备选型及安装调试。

②在主体结构楼层进行放线定位，然后安排人开始钻孔，外挂板安装之前应对孔洞位置进行校验复核。

③外挂墙板在进场前应进行检查验收，不合格的构件不得安装使用，安装用连接件以及配套材料应进行现场报验，复试合格后方可使用。

④外挂墙板的现场存放应该按照安装顺序排列并采取保护措施。

⑤外挂墙板安装人员应提前进行安装技能和安装培训工作，安装前施工管理人员要做好技术交底和安全交底。

2）外挂墙板的安装与固定

①外挂墙板正式安装之前要根据施工方案要求进行试安装，经过试安装并验收合格后进行正式安装。

②吊装预制混凝土外墙保温板安装到设计位置后，必须按图纸进行固定连接，固定后复查板的位置和垂直度是否符合设计要求，如偏差超过允许值，应重新校正。

③外挂墙板应该按照顺序分层或分段吊装，吊装应采用慢起、稳升、缓放的操作方式，应系好缆风绳控制构件转动；在吊装过程中，应保持稳定，不得偏斜、摇摆和扭转。要采取保证构件稳定的临时固定措施，外挂墙板校核与调整应在允许范围内。

④在构件到达安装位置后停止构件上升，用钩子将牵引绳拉至室内，工人根据楼面所放出的墙板侧边线、端线位置，操作牵引绳对挂板进行就位，就位时起重机司机配合微调。就位前检查地上所标示的聚四氟乙烯垫板厚度与位置是否与实际相符；必须按图纸进行固定连接，固定后复查板的位置和垂直度

是否符合设计要求，根据控制线精确调整外墙板底部，使底部位置和测量放线的位置重合；如出现偏差或偏差超过允许值，应重新校正。

⑤预制外墙挂板安装时，两边应拉垂直线为准来控制板竖向安装，预制外挂板山墙阳角与相邻板的矫正，应以竖缝为主调整。外挂板安装自下而上进行，依据测量放线结果，以横向表面控制线为基准，调整竖向垂直方向、水平方向、前后方向以确定其安装位置，并与埋件用镀锌螺栓固定。待板安装完成后及时进行二次调整、校核，待调整、校正准确无误后，进行安装固定。以竖向每列为单元，对已安装完的竖向整列挂板进行整体调平、校准，待调平、校准无误后，进行钢连接件紧固施工。施工完成后，及时检查螺栓终拧是否满足要求，如有缺陷，即进行处理（图2）。

图2 挂板连接节点

⑥预制外挂墙板拼缝平整的校核，应以楼地面水平线为准调整（图3、图4）。

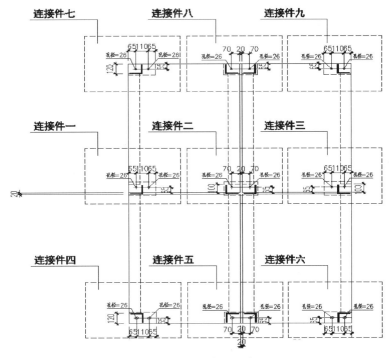

图3 标准挂板布置示意图

图 4　预制外墙挂板安装

2　高层钢框架结构外墙挂板吊装误差分析

（1）误差种类

通常情况下，高层建筑钢框架结构外墙挂板施工误差主要包括以下几种：第一是柱子对接变形，包括焊缝纵向收缩所导致的纵向变形以及横向收缩所导致的横向变形；第二是柱子加工误差，因在安装过程中，由于钢柱制作中有长度偏差，多节柱子对接之后，造成累计误差，导致外排柱子不在一个平面内；第三是生产变形，此类变形多发生在加工厂内，外墙挂板在生产中混凝土受温差、原材料等因素造成扭曲变形等；第四是吊装误差，测量时间不统一，由于受光照的偏差，导致垂直度测量数据不准确。

（2）误差成因

1）柱子对接焊接变形：在钢结构上下柱对接焊接中，第一层焊缝会具有最大的收缩量，第二层收缩量在第一层的 20% 左右，第三层收缩量在第一层的 5%～10% 之间，层数越多，变形量也会越大。相比较连续焊缝而言，断续焊缝所产生的收缩量会更小。在对接焊缝中，横向收缩量会达到纵向收缩量的 3～5 倍。如果焊接次序不合理，便会有很大程度的焊接变形产生。

2）柱子加工误差：柱子在制作生产过程中，下料未严格控制尺寸或胎具不平整影响箱柱长度对角线偏差，拼接面拼装不平整造成垂直度偏差。

3）预制生产误差：模板定位尺寸不准，没有按施工图纸进行施工放线或误差较大；模板的强度和刚度不足，定位措施不可靠，混凝土浇筑过程中移位；模板使用时间过长，出现了不可修复的变形；构件体积太大，混凝土流动性太大，导致浇筑过程模具跑位；构件生产出来后码放、运输不当，导致出现塑性变形。

4）吊装误差：构件位移偏差：安装前构件应标明型号和使用部位，复核放线尺寸进行安装，防止放线误差造成构件偏移。不同气候变化调整量具误差。上层与下层轴线不对应，出现错台，影响构件安装。

3 高层钢结构外墙挂板施工误差的防治分析

（1）柱子对接焊接过程中的合理控制

就整个钢结构框架而言，柱、梁等刚性接头为焊接，应从整个结构的中部施焊，形成框架整体后向四周扩展续施，也就是说：①在平面内：应从建筑平面中心向四周扩展，采取结构对称，节点对称和全方位对称的焊接顺序；②柱梁节头的焊接，一般先焊 H 型钢的下翼缘板，再焊上冀缘板，一根梁的两个端头应先焊接一个端头，待其冷却至正常温度时，再焊接另外一端。对于厚板而言，要先采用焊前预热，反向对称焊接来减少焊接变形，焊接变形主要是热输入量过高引起的，利用对称的焊接方式进行焊接，通过收缩变形来达到控制的目的。

（2）放样下料措施的合理控制

下料接料严格控制尺寸：

1）下料前必须对钢板的不平度进行检查。

2）翼板、腹板的平面度允许偏差：在 1m 长度内不平度在 1mm 以内。

3）发现不平度超差的禁止使用，平直度合格的钢板才能放样、号料和切割。号料划线公差要求见表 1。

4）严禁用手工气割切割下料。

5）划线后应标明基准线、中心线和检验控制点。做记号时不得使用凿子一类的工具，少量的样冲标记其深度应不大于 0.5mm，钢板上不应留下任何永久性的划线痕迹。

划线公差要求表

表 1

项　　目	允许偏差
基准线,孔距位置	≤0.5mm
零件外形尺寸	≤1.0mm

（3）预制生产的合理控制

在生产过程中上下工序需根据《工序自检互检管理办法》进行自检互检，检验合格后填写《随工单》，方可进入下一工序；形成的记录应整洁、清晰、信息正确；生产过程中，相关人员应根据《质量控制点设置清单》进行重点检验，形成《检验记录表》。

（4）吊装过程的合理控制

在构件到达安装位置后停止构件上升，用钩子将牵引绳拉至室内，工人根据楼面所放出的墙板侧边线、端线位置，操作牵引绳对挂板进行就位，就位时起重机司机配合微调。就位前检查地上所标示的聚四氟乙烯垫板厚度与位置是否与实际相符；必须按图纸进行固定连接，固定后复查板的位置和垂直度是否符合设计要求，根据控制线精确调整外墙板底部，使底部位置和测量放线的位置重合；如出现偏差或偏差超过允许值，应重新校正（表 2）。

预制构件安装尺寸的允许偏差及检验方法

表 2

项目		允许偏差（mm）	检验方法
构件中心线对轴线位置	基础	15	尺量检查
	竖向构件（柱、墙板、桁架）	10	
	水平构件（梁、板）	5	

续表

项目			允许偏差（mm）	检验方法
构件标高	梁、底板面或顶面		±5	水准仪或尺量检查
	柱、墙板顶面		±3	
构件垂直度	柱、墙板	＜5m	5	经纬仪量测
		≥5m 且＜10m	10	
		≥10m	20	
构件倾斜度	梁、桁架		5	吊线、钢尺检查
相邻构件平整度	板端面		5	钢尺、塞尺量测
	梁、板下表面	抹灰	3	
		不抹灰	5	
	柱、墙板侧表面	外露	5	
		不外露	10	
构件搁置长度	梁、板		±10	尺量检查
支座、支垫中心位置	板、梁、柱、墙板、桁架		±10	尺量检查
接缝宽度			±5	尺量检查

4　结语

　　高层钢结构与装配式外墙挂板应用技术研究开创性地使用新型外墙与钢结构结合的新体系，进一步地简化外墙节点安装方式，发挥装配式优势。对装配式建筑发展具有重要的意义，为实现钢结构装配式建筑产业化扩充成套技术，补充快速安装、经济适用、安全可靠的钢结构体系，将其合理应用到装配式建筑工程中，以此来发挥其应用优势。

装配式钢结构建筑发展及技术进展

宋潮浪[1,2]　吕　辉[1,2]

(1. 南昌航空大学土木建筑学院，南昌；2. 江西省智慧建筑工程研究中心，南昌)

摘　要　目前，我国建筑行业需要以节能环保的理念来设计建筑，朝着当下所提倡的"碳达峰、碳中和"方向进行改变。随着装配式钢结构技术逐渐成熟，装配式钢结构建筑将成为未来我国建筑中的一个重要组成。本文梳理了装配式建筑国内外的发展现状，对建筑装配式钢结构关键技术中的墙板技术和节点连接技术进行讨论，并提出对未来装配式钢结构建筑的展望。

关键词　装配式钢结构；发展现状；墙板技术；节点连接；碳达峰

1　引言

2020 年初，突如其来的疫情给人们带来了一场梦魇，也把装配式建筑这种建筑体系带到了普通百姓的眼前。随着火神山、雷神山医院分别在 2020 年 1 月 10 日和 2020 年 1 月 18 日内建立起来，人们都对能如此迅速建房的技术产生了兴趣，自此，装配式钢结构建筑慢慢开始受到各界人士的关注。装配式钢结构住宅是指按照一定标准的建筑构件规格，将钢构件在工厂里预先加工制作成住宅单元或者部件，然后再运送到施工现场，通过不同施工方式在现场连接并生产的住宅。与传统施工相比，它有着很多的建造优势和特点，例如标准化程度高、施工简易迅速、建造成本低廉、绿色环保、空间布置灵活等。但是也有着很多需要提高的方面，可以采用一体化建造技术、利用新能源新技术、绿色化发展，以促进此项技术在我国的发展应用。

2　国内外装配式钢结构建筑发展现状

2.1　国外装配式钢结构建筑发展现状

发达国家在装配式钢结构建筑方面相比于国内有着明显的优势。美国的装配式钢结构住宅已经实现集成化，集结构主体、建筑节能、防火隔声以及设计施工一体化为一体，依靠统一制订的设计施工标准，能够高效率地完成建设。日本是世界上较早在工厂里生产住宅的国家，轻钢结构的工业化住宅约占 80%。日本 85% 以上高层集合住宅都采用了预制构件，装配式住宅的比例达 20%～25%。日本对装配式建筑的认定标准严格要求，要求整体预制率要超过三分之二，并且主要结构部分均为工厂生产的规格化部件。虽然有着如此严格的标准，但是日本新增装配式住宅户数依然高速增长，且其中大部分为装配式钢结构住宅。英国钢结构和模块化建筑的新建占比已经达到 70% 以上，而且有较为成熟的供应链管理体系，技术认定体系也较为完整。法国住宅基本采用通用构配件制品和设备。

2.2　国内装配式钢结构建筑发展现状

我国在装配式钢结构建筑方面相比于国外起步更晚，在建筑行业和社会上的推广和认可程度不够。从 2012 年起，我国先后颁布了关于推动装配式钢结构建筑产业的一系列法规和政令文件。

2013 年，住房和城乡建设部发布的《"十二五"绿色建筑和绿色生态区域发展规划》要求推动绿色建筑规模化发展，加快发展绿色建筑产业；加快形成预制装配式钢结构等工业化建筑体系。2013年10月，国务院发布《国务院关于化解产能严重过剩矛盾的指导意见》，提出要推广钢结构在建设领域的应用，提高公共建筑和政府投资建设领域钢结构建筑使用比例。

2015年11月4日国务院常务会议中指出将结合棚改和抗震安居工程等，开展钢结构建筑试点。

2018年全国两会上，在政府工作报告中进一步强调，大力发展钢结构和装配式建筑，加快标准化建设，提高建筑技术水平和工程质量。

2019年，住房和城乡建设部批复了江西、浙江、山东、四川、湖南、河南、青海7个省开展钢结构住宅试点。

2020年以来，重庆提出推行建造方式工业化，整合绿色建筑激励政策，引导实行标准化设计，工厂化生产、装配式施工、一体化装修和信息化管理，确保2020年全市装配式建筑占新建建筑比例达到15%以上，主城区达到30%以上，单体面积超过2万 m^2 的公共建筑，全面应用"钢结构"。装配式建筑发展速度较快的浙江，也在近日提出持续推动装配式建筑发展，积极开展钢结构装配式住宅试点，稳步推进住宅全装修，实现全年新开工装配式建筑占新建建筑面积达到30%以上；累计建成钢结构装配式住宅500万 m^2 以上，其中钢结构装配式农房20万 m^2 以上。

随着近些年来政府政策对建筑单位的引导力度的不断加大、行业人士的不懈努力，社会上的普及和认可程度相比于之前有很大的改观，装配式钢结构建筑的发展受到了较大的推动。目前，我国装配式钢结构建筑主要由主体结构体系、楼板结构体系、围护结构体系三部分构成。其中装配式钢结构建筑主体体系包括低层多层钢结构体系和高层钢结构体系。楼板结构体系划分为钢筋桁架组合楼板、压型钢板组合楼板、预制混凝土叠合楼板结构体系。围护结构体系包含外墙和内隔墙结构。

3 装配式钢结构建筑技术进展

3.1 装配式建筑墙板技术

装配式建筑墙板技术常采用墙板材料组合、墙板防裂、墙板拼接等技术。

(1) 丁浩等对理论实践和工程实践的外墙技术中的墙体材料进行了分类和综合比较，分析结果表明：玻璃幕墙和龙骨体系外墙能够与主体结构有较好的适应度，但不足在玻璃幕墙造价较高、节能消耗较大。龙骨体系符合建筑工业化现场装配式的特点，施工操作简易，但存在厚重感不足、隔声较差的问题；轻质条板类＋保温装饰一体化板是较好的外墙体系，但需要注重其锚固和防渗设计；预制混凝土夹心保温单元式大板应用于装配式钢结构住宅是目前其发展的主流趋势，但迫切需要研发轻型材料降低重量。

(2) 杨培东调研了不同工程项目的ALC墙板填充墙墙体开裂情况，调查了每个工程的ALC墙板龄期、墙体嵌缝时间、嵌缝材料及采取的设计构造措施、施工工艺等，对裂缝出现的常见部位和常见形式进行分析，并对ALC墙板及其墙体进行力学性能试验。试验结果表明：从改进生产工艺、加强施工现场保护、控制粉刷时间三个方面来控制墙板含水率能够有效减少ALC墙板填充墙的变形。

(3) 杨豪就装配式钢结构住宅墙板连接节点的施工技术进行分析，分析结果表明：板材之间连接时常在连接处安装钢龙骨过梁，并且钢龙骨与板材之间安装要留有300mm的间距，加以50mm的自攻螺钉紧密固定；墙板与门窗之间连接需要先把窗框两侧和底部的ALC板安装好，再安装钢骨架，最后安装门窗上部的ALC板，再加以300mm的自攻螺钉固定；外墙板和梁之间连接需要先用机器将板材提升到需要安装的楼层高度，再用缆风绳拉近距离，把L形勾头固定到位，紧接着将保温板材紧密铺设在上面，在内侧安装板材的同时把ALC板与L形勾头稳固连接并填补灰缝。

3.2 装配式节点连接技术

装配式节点连接常采用加强型节点连接技术和削弱型节点连接技术。

(1) 杨松森等提出了一种连接梁柱的装配式外套筒-加强式外伸端板组件节点。该节点设置外套筒将上、下柱进行拼接，在端板设于梁端并通过高强度螺栓与外套筒进行连接；同时为了保证节点传力良好，使用了高强度对拉螺栓。通过对试件进行低周往复加载、单调加载试验，他们分析了新型节点的破坏方式、承载能力、传力机制、延性及抗震耗能能力等性能。研究结果表明：增加外套筒筒壁厚度会增大节点的初始转动刚度；采用外伸端板组件连接可以增加梁端的初始转动刚度和节点的抗震耗能能力；设置高强度对拉螺栓可以增大梁柱相对转角容许值，提高节点的变形能力；加载后期对拉螺栓的较大塑性变形会使节点产生滑移现象，导致滞回曲线由"弓形"转变为"反S形"，降低节点的抗震耗能能力。

（2）马强强等提出一种内套筒全螺栓连接的新型组合节点。该节点是在上、下钢管柱内设置内套筒，通过高强度螺栓和高强度对拉螺栓将梁、柱和内套筒连接起来，使用的整体构造形式与外套筒相似，主要区别于套筒的布置位置。研究结果表明：试件表现为对穿螺栓拉裂和节点域柱壁、外伸端板的屈曲变形破坏；增加内套筒厚度会增大节点域的转动刚度和抗剪能力；滞回曲线整体呈现为"弓形"，具有良好的抗震耗能能力。

（3）Liu 等研究了 H 形梁与方钢管柱的连接方式，在多次试验研究和理论支持下，在全螺栓双夹板连接节点研究上取得较为显著的成果。试验结果表明：全螺栓连接的节点延性较好，最终呈现出的是上下翼缘较大塑性变形导致的局部撕裂破坏；全螺栓连接的节点在加载过程中未表现出明显的滑移现象，破坏的位置是远离柱的，成功将塑性铰外移；节点是对称结构，试验中表现出的力学性能也是一致的；理论计算与试验结果较为一致。

（4）卢林枫等对钢梁进行改进，用波纹形梁腹板代替普通腹板，并进行了弱轴连接节点的分析模型设计和有限元变参分析。柱采用的是 H 型钢，在弱轴方向用 H 型钢梁与蒙皮板连接。试验研究结果表明：弱轴方向的延性系数大于 6.0，塑性转动能力不小于 0.06rad，满足规范延性不小于 3.0 与塑性转动能力不小于 0.03rad 的要求，成功将塑性铰外移；在位移加载过程中，蒙皮板与梁连接的焊缝基本均未屈服，满足了"强柱弱梁""强节点，弱构件"的延性设计理念；文中建议减小深度的参数取值范围，节点会表现出较好的抗震能力。

（5）何浩祥等在原先狗骨式削弱型节点的基础上，在翼缘削弱处采用低屈服点金属材料对原翼缘削弱部分进行填充并进行减震分析。具体步骤是从梁端距离柱 $0.50 \sim 0.75b_f$（b_f 指梁的翼缘宽度）的位置开始开槽，削弱的深度和长度的取值区间分别为 $0.20 \sim 0.25b_f$ 和 $0.65 \sim 0.85h_b$（h_b 指梁截面高度），接着在开槽的圆弧削弱位置填充低材性钢材。拟静力试验结果显示：低屈服点钢对翼缘和腹板进行先削再补的位置会先于其他位置屈服，节点损坏程度相较于其他位置也会降低；选择合理的削弱和填补尺寸，才能更容易成功将塑性铰外移。

4 结语

虽然目前我国钢结构住宅装配化仍有一些问题需要解决，例如缺乏完善的钢结构住宅规范体系、施工现场的装配效率较低、没有办法形成一个完整的装配式建筑体系、预制装配式建筑施工技术尚不发达、施工现场的程序杂乱、缺乏完善的施工验收标准。但是，推进装配式建筑产业化是建筑产业的现代化结构调整和转型的重要途径，是一种变革的建筑建造方式，未来装配式建筑会成为建筑行业发展的领头羊。装配式建筑有着包括零部件生产商品化，现场装配机械运用率高，推进所有结构信息化管理，大幅度减少建筑垃圾的产生，提高施工速度的同时兼具质量，材料回收再利用率高，减少因施工对环境造成的众多不良影响等的众多优势。

在"碳中和"目标的大环境下，各大行业都开始纷纷响应，包括建筑行业。建筑行业的碳排放包括直接排放和间接排放两种，无论两种中的哪一种，要彻底减少建筑业的碳排放，实现"双碳目标"，可以通过提高建筑行业的节能减排标准，通过政策制定等扶持政策加快高效减排技术的推广来实现能源的高利用率和回收率。而装配式建筑正是减少建筑二氧化碳排放、加快建筑在绿色低碳领域发展、推动实现"碳达峰"和"碳中和"的重要途径之一。相信在现阶段绿色可持续发展理念的驱使下，建筑企业也会对钢结构建筑方式进行优化革新，针对当前钢结构建筑现状以及存在的问题，设计出更为绿色节能的钢结构建筑，推进建筑行业持续健康发展。

参考文献

[1] 秦迪，陈进宝. 我国装配式钢结构建筑的发展及现状研究[J]. 智能城市，2017，3(11)：19-21.

[2] 王振. 装配式钢结构建筑围护体系发展现状[J]. 砖瓦，2016(5)：47-49.

[3] 王朝静，胡昊. 推动装配式住宅发展的关键因素[J]. 住宅科技，2016，38(8)：23-26.

[4] 丁浩. 谈装配式钢结构住宅外墙技术的发展与应用[J]. 山西建筑，2021，47(15)：102-103.

[5] 杨培东. ALC 墙板填充墙裂缝成因及防裂关键技术研究[D]. 山东：青岛理工大学，2011.

[6] 杨豪. 浅谈装配式钢结构住宅墙板连接节点施工技术[J]. 低碳世界，2017(14)：137-138.

[7] 杨松森，王燕，马强强. 装配式外套筒-加强式外伸端板组件梁柱连接节点抗震性能试验研究[J]. 土木工程学报，2017(11)：80-90.

[8] 马强强，王燕，杨松森. 装配式梁柱内套筒组合螺栓连接节点的力学性能试验研究[J]. 天津大学学报（自然科学与工程技术版），2017，50(S1)：131-139.

[9] Liu，X. C.，Xu，A. X.，Zhang，A. L.，Ni，Z.，Wang，H. X.，Wu，L.（2015）. Static and seismic experiment for welded joints in modularized prefabricated steel structure[J]. Journal of Constructional Steel Research，Elsevier36（02）：64-76.

[10] 卢林枫，张廷强，吕品. 钢管腹板削弱型梁柱弱轴连接的抗震性能影响因素分析[J]. 建筑钢结构进展，2019，21（03）：77-86.

[11] 何浩祥，陈奎，王小兵. 梁端填充低屈服点钢材的梁柱连接减震性能试验与损伤分析[J]. 建筑结构学报，2017，38(05)：1-10.

[12] 何浩祥，陈奎，李瑞峰. 采用低屈服点金属的可置换式钢节点减震分析[J]. 振动. 测试与诊断，2016，36(06)：1050-1056＋1232-1233.

装配式钢管混凝土组合异形柱框架结构支承体系钢结构住宅的实践与应用

解文博[1]　常连翠[2]　贾义雨[1]

（1. 山东萌山钢构工程有限公司，济宁；2. 嘉祥县住房和城乡建设局，嘉祥）

摘　要　装配式钢结构住宅体系是以工厂生产的钢梁、钢柱作为主要的承重骨架，以具有一定结构性能、防火性能、热工性能、密闭性能、隔声性能和装饰性能的三板体系作为围护结构，在工厂制作后，运到现场进行现场组装的一种住宅体系。本文以山东省济宁市嘉祥县嘉宁小区三期工程5#、6#楼为例介绍了一种装配式方钢管混凝土组合异形柱框架结构支承体系钢结构住宅体系的实践与应用。

关键词　装配式方钢管混凝土组合异形柱框架结构支承体系

1　引言

装配式钢结构建筑作为建筑行业新旧动能转换的"绿色引擎"，其推广和应用得到国家的大力支持，全国31个省、自治区、直辖市均已出台装配式建筑激励措施及保障政策，不少地方更是对装配式建筑的发展提出了明确要求。装配式钢结构住宅体系是以工厂生产的钢梁、钢柱作为主要的承重骨架，以具有一定结构性能、防火性能、热工性能、密闭性能、隔声性能和装饰性能的三板体系作为围护结构建造而成。与传统的住宅建筑有所不同，装配式钢结构住宅是钢构件在工厂制作后，运到现场进行现场组装的一种住宅体系。与其他的结构形式相比，装配式钢结构住宅在设计、施工、使用及节约能源方面主要具有以下优势：

（1）具有良好的抗震性能，可以有效缓解地震灾害所带来的人员财产损失。钢结构的延性好、塑性变形能力强，在地震作用下吸收更多的能量，尤其在高烈度震区，钢结构是更佳的选择。

（2）钢结构质量轻。统计表明，普通钢结构住宅能够减轻结构自重约30%，使基础设计简单化，降低造价，尤其适用于地质条件较差的地区。

（3）施工速度快，钢构件在工厂制作，工业化程度高，施工现场湿作业少。工期比传统结构形式缩短50%～75%，可大大减少资金的占用周期，提高投资效率。

（4）钢结构构件及其配套技术产品基本实现工厂化生产和现场装配化施工，符合住宅产业化的发展思路。

（5）比起传统的结构形式能更好地满足使用上大开间、灵活分隔的要求，使用面积率可提高5%～8%。

（6）钢结构所有材料可回收利用，绿色环保，满足生态环境的要求，终止服役的钢结构，可以用作炼钢的原材料，不产生大量垃圾。

2　工程概况

济宁市嘉祥县嘉宁小区三期工程5#、6#楼位于嘉祥县建设北路东侧，北一路南侧，总建筑面积约 1.18 万 m²，地下 2 层，地上 11 层，建筑高度 32.74m，设计使用年限为 50 年，抗震设防烈度为 7 度，为山东省装配式建筑示范工程。项目由山东诚祥建设集团股份有限公司施工总承包，山东萌山钢构工程有限公司钢结构专业承包，项目三期由 5♯、6♯ 五栋楼组成。建筑结构类型为装配式方钢管混凝土组合异形柱框架结构支承体系，地基采用 CFG 桩复合地基，基础采用钢筋混凝土平板式筏板基础，柱为异形方钢管柱，采用冷弯矩形钢管及部分钢板焊接，内灌高强自密实混凝土，梁为热轧 H 型钢及少量焊接 H 型钢梁，支撑采用冷弯矩形钢管，楼板采用底模可拆且可重复利用的钢筋桁架楼承板，楼梯采用预制混凝土楼梯；填充墙采用蒸压轻质加气混凝土条板及少量蒸压轻质砂加气混凝土砌块，外墙采用 FK 轻型预制外墙板，地下室外墙为钢筋混凝土剪力墙；外窗采用隔热断桥铝合金及 6＋12A＋6 高透低辐射玻璃；与传统钢筋混凝土框架结构相比，具有建筑平面布置更灵活，房间有效使用空间高，抗震性好等特点（图 1）。

图 1　济宁市嘉祥县嘉宁小区 5♯ 楼

3　装配式钢管混凝土异形柱框架结构支承体系

（1）钢管混凝土组合异形柱

在传统装配式结构住宅中，柱子多采用规则截面（如矩形、H 形等），柱体往往凸出墙面，占用一定的室内空间的同时，而且不利于家具物品的摆放，影响使用。如果把凸出住宅房间内的方形或矩形部分柱断面去掉（如角柱采用 L 形截面；边柱采用 T 形截面；中柱采用十字形截面），如图 2 所示，就形成了异形柱结构的住宅建筑。在异形柱结构中，钢管混凝土异形柱既能保证对核心混凝土的约束作用，又能发挥钢结构塑性变形能力强、延性好、抗震性能优良等特性，具有抗弯刚度大、节点连接方便的优点。因此，钢管混凝土异形柱结构在装配式钢结构住宅建筑中具有很好的应用前景，现已受到国内外工程领域的普遍重视。

钢管混凝土组合异形柱的优势主要体现在以下几个方面：

1）承载力高：方钢管混凝土构件在轴向压力作用下，混凝土由于受到方钢管的约束作用而处于三向受压状态，其强度得到进一步提高；而混凝土的存在还可以避免或延缓薄壁钢管过早地发生局部屈服，使得方钢管的承载力得以提高。两者相结合，相互取长补短，充分发挥各自的优势。

2）外形规则：方形截面更利于配合建筑设计，符合人们的传统审美情趣，有利于梁柱连接，便于采取简洁的防火措施。

3）施工方便：与钢骨混凝土柱相比，方钢管混凝土柱省去了支模、拆模工序，且便于采用先进的泵灌混凝土工艺，缩短施工周期，减少对施工用地和环境的污染。

4）利用混凝土吸收热量，从而提高钢柱的防火性能，可降低防火处理费用。

本项目采用了矩形钢管并排焊接而成的 Z 形、T 形、L 形三种异形柱，分别适用于两面墙体转角

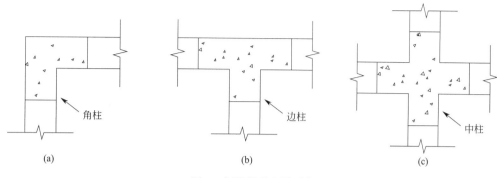

图 2　钢管混凝土异形柱
(a) L 形；(b) T 形；(c) 十字形

位、三面墙体及两面墙体直角位连接处。在安装时，方钢管柱按照每两层一个单位进行安装，在层高三分之一处连接，调直校正后，内灌免振捣混凝土。制作构件时在钢柱上焊接支架，方便快速固定及调直（图 3）。

图 3　钢管混凝土异形柱的安装及混凝土浇筑

（2）H 型钢梁

本项目采用的 H 型钢梁主要包括热轧 H 型钢梁和少量高频焊接 H 型钢梁两类。当梁跨度较大时，若采用普通型 H 型钢梁，因下翼缘截面尺寸较大，梁墙交接处会有一个角伸入房间内，影响住宅使用。在工程中采用上宽下窄翼缘或窄翼缘 H 型钢梁，避免钢梁在室内凸出（图 4）。

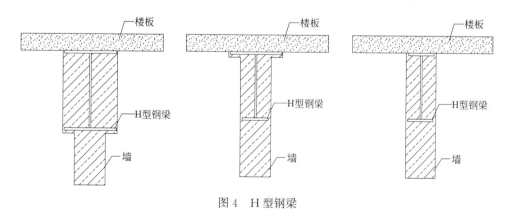

图 4　H 型钢梁

（3）外套管式节点连接

本项目梁柱节点处采用外套管式节点连接，梁柱节点区域直接在柱外侧贴焊钢板，省去了隔板工艺（将钢管柱截断以安装隔板），可提升钢结构加工效率 80％以上，摆脱了传统连接节点费时费事且质量不易保障的缺点，通过一定厚度的外套管使柱腔在无隔板的情况下仍然保持了节点的刚性；因无隔板，柱芯内浇筑混凝土较为密实；节点构造简单，对住宅户内装修影响较小（图 5）。

图 5　外套管连接

4　楼承板体系

本项目采用底模可拆且可重复利用钢筋桁架楼承板，板宽为 590mm，其断面如图 6 所示。地下一层顶板：板厚 180mm，型号 HB5-150 型；夹层及 1～11 层顶板：板厚 100mm，型号 HB1-70 型；11 层及机房顶板：板厚 120mm 型号 HB1-90 型。楼板混凝土强度等级为 C30。钢筋桁架楼承板实现了机械化生产，有利于钢筋排列间距均匀、混凝土保护层厚度一致，提高了楼板的施工质量，并显著减少现场钢筋绑扎工程量，加快施工进度。桁架受力模式也可以提供更大的楼承板刚度，大大减少或无需用施工用临时支撑（图 6）。

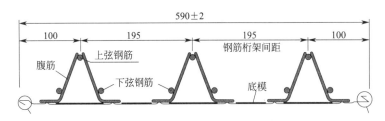

图 6　V 形钢筋桁架楼承板断面图

5　围护结构体系

（1）内墙板体系

项目内隔墙均采用 ALC 蒸压轻质加气混凝土墙板，该墙板是以硅砂、水泥、石灰等为主原料，经过高压蒸汽养护而成的多气孔混凝土成型板材（图 7）。

（2）外墙板体系

外墙采用 FK 轻型预制外墙板。FK 轻型预制外墙板以 C 形轻钢龙骨为支撑骨架，内嵌岩棉板、胶粉聚苯颗粒保温浆料、硬泡聚氨酯板等保温材料，两侧通过自攻螺钉和对拉螺栓方式固定蒸压加气混凝

图 7　ALC 墙板安装

土板（ALC 板）及纤维水泥平板（或硅酸钙板）复合而成的预制外墙板。分为Ⅰ型和Ⅱ型两种构造形式。Ⅰ型室外侧 50mm 厚 ALC 板复合 8mm 厚纤维水泥平板或硅酸钙板，室内侧 50mm 厚 ALC 板；Ⅱ型室外侧 75mm 厚 ALC 板，室内侧 50mm 厚 ALC 板复合 8mm 厚纤维水泥平板或硅酸钙板。其基本构造如图 8、图 9 所示。

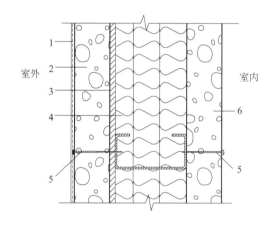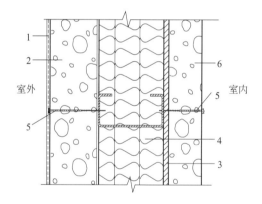

图 8　Ⅰ型 FK 轻型预制外墙板

1—3～5mm 厚抹面胶浆复合耐碱玻纤网；2—50mm
厚 ALC 板（界面处理）；3—8mm 厚纤维水泥平板或
硅酸钙板；4—C 形轻钢龙骨内嵌 100 厚保温材料；
5—自攻螺钉；6—50mm 厚 ALC 板（界面处理）

图 9　Ⅱ型 FK 轻型预制外墙板

1—3～5mm 厚抹面胶浆复合耐碱玻纤网；2—75mm
厚 ALC 板（界面处理）；3—8mm 厚纤维水泥平板或
硅酸钙板；4—C 形轻钢龙骨内嵌 100 厚保温材料；
5—自攻螺钉；6—50mm 厚 ALC 板（界面处理）

（3）梁柱防火处理

项目采用 AAC 防火板包覆的方法对梁柱进行防火处理。梁柱外包裹 50mm 厚 AAC 防火板，通过 L 形角钢托和 M10 螺栓与梁柱连接；AAC 板与其他材料间的缝隙采用填塞 PE 棒并打发泡剂（图 10）。

6　结语

装配式钢结构住宅在节能环保、绿色低碳、防震减灾、工厂化预制、施工效率等方面凸显较大的优势。济宁市嘉祥县嘉宁小区三期工程 5♯、6♯ 楼作为山东省装配式建筑示范工程对完善钢结构住宅体系的理论研究和实践研究做了有益的尝试，并且积累了宝贵的工程实践经验，为今后大面积推广奠定了基础。但不可避免地也存在一些问题，比如由于 FK 轻型预制外墙板在生产过程中，自动化程度较低，

(a)   (b)

图 10 梁柱防火处理

(a) 50mmAAC 防火板包梁；(b) 50mmAAC 防火板包柱

相应的生产成本较高。因此，装配式钢结构住宅体系要想获得大范围的推广应用，钢结构本身不仅要发展，与之配套的其他材料尤其是外围护墙板体系更要下力气搞好研究和开发。

参考文献

[1] 张海霞，郑海涛，李帼昌，张德冰.装配式钢结构住宅主体结构质量控制指标权重研究[J].沈阳建筑大学学报（自然科学版），2015(3)：485-491.

[2] 叶之皓.我国装配式钢结构住宅现状及对策研究[D].南昌大学，2012.

[3] 陈志华，赵炳震，于敬海，闫翔宇，郑培壮，杜青，雷志勇.矩形钢管混凝土组合异形柱框架-剪力墙结构体系住宅设计[J].建筑结构，2017(6)：1-6.

[4] 陈志华.钢结构和组合结构异形柱[J].钢结构，2002(2)：27-30.

钢结构装配式住宅外墙设计的体系创新与工程应用

周一平

（湖南省建筑材料研究设计院有限公司，长沙）

摘　要　本文介绍了钢结构装配式住宅外墙设计的一般原则、设计选型和要求、应当满足的主要物理力学性能以及外墙板与主体结构的连接、外墙板接缝、外墙门窗等细节要求，还明确了外墙设计文件通常包括的内容，并以实际工程案例介绍了一种新型装配式节能墙体的应用。

关键词　钢结构住宅；外墙；设计；应用

1　项目基本情况

为推广钢结构装配式住宅建设，住房和城乡建设部于 2019 年 3 月开始在全国进行试点，2019 年 7 月相继批复山东、湖南、四川、河南、浙江、江西、青海七省市作为试点省份，2020 年 7 月将广东省湛江市、浙江省绍兴市的两个住宅工程列为住房和城乡建设部"钢结构装配式住宅建设试点项目"，2021 年 10 月，中共中央办公厅、国务院办公厅《关于推动城乡建设绿色发展的意见》中明确强调，"大力发展装配式建筑，重点推动钢结构装配式住宅建设"。这些措施为钢结构住宅建设的发展产生了巨大的推动作用。

图 1　小区平面规划图

图 2　小区立体效果图

我们团队于 2017 年 10 月与开发商签订合同，进行钢结构装配式建筑住宅小区的设计，2020 年 1 月调整规划重新设计单体建筑，小区平面规划图如图 1 所示，小区立体效果图如图 2 所示。该小区共有住宅 8 栋，总建筑面积 6.756 万 m²，建筑层数分别为 8 层、11 层、17 层，采用钢框架/钢支撑框架——长尺度悬臂梁组合结构，改进型钢筋桁架楼承板和屋面板，装配式节能墙体，预制钢筋混凝土楼梯板。其中第一栋（8 号栋、试点楼栋）于 2021 年 2 月通过施工图审查，合格证如图 3 所示，2021 年 9 月允许开工，施工许可证如图 4 所示。

图 3　施工图审查合格书

图 4　施工许可证

2　外墙设计的一般原则

在钢结构装配式住宅的设计中，外墙的设计是现阶段的热点，也是需要攻克的关键技术。

（1）钢结构装配式建筑的外墙体与围护系统应采用安全可靠、经济适用、绿色生态和性能优良的建筑材料，提升建筑整体性能和品质。

（2）建筑外墙体应采用节地、节能、利废、性能稳定、无放射性以及对环境无污染的原材料，严禁使用国家明令淘汰限制使用的材料。

（3）装配式钢结构建筑的外墙及围护系统宜采用轻质材料，并宜采用干式工法。

（4）外墙系统设计使用年限应与主体结构设计使用年限相适宜，应满足安全、耐久和防护的要求，并应明确配套防水材料、保温材料、装饰材料的设计使用年限及使用维护、检查及更新要求。

（5）钢结构装配式住宅建筑的外墙系统的性能应满足抗风、抗震、耐撞击、防火等安全性能要求，并应满足水密、气密、隔声、热工等功能性要求和耐久性要求。

（6）外围护系统宜采用建筑、结构、保温、装饰等一体化协同设计，并应与内装部品、设备与管线协调，预留安装条件。

（7）外墙内表面及分户墙表面宜采用满足干式工法施工要求的部品，墙面宜设置空腔层，并应与室内设备管线进行集成设计。

（8）在 50 年重现期的风荷载或多遇地震作用下，外墙板不得因主体结构的弹性层间位移而发生塑性变形、板面开裂、零件脱落等损坏；当主体结构的层间位移角达到 1/100 时，外墙板不得掉落。

（9）计算外围护构件及其连接的风荷载作用及组合，应符合现行国家标准《建筑结构荷载规范》GB 50009 的规定；计算外围护系统构件及其连接地震作用及组合，应符合现行行业标准《非结构构件抗震设计规范》JGJ 339 的规定。

（10）外墙体装饰装修的更新不应影响墙体结构性能。外挂墙板的结构安全性和墙体裂缝防治措施应有试验或工程实践经验验证其可靠性。

（11）保温材料及其厚度、导热系数和蓄热系数应满足钢结构住宅建筑节能设计标准的要求。外围护系统热工性能应符合下列规定：在室内设计温度、湿度条件下，建筑非透光围护结构内表面不得结露；供暖建筑的外墙内部不应产生冷凝；外墙隔热性能应满足现行国家标准《民用建筑热工设计规范》GB 50176 的要求。

（12）外墙部品的保温构造形式，可采用外墙外保温系统构造、外墙夹芯保温系统构造、外墙内保温系统构造和外墙单一材料自保温系统构造等。外墙板宜选用复合保温墙板，外墙保温材料应整体外包钢结构的构件；当外墙板局部存在冷桥时，应采取保温隔热加强措施。

（13）外墙外保温可选用保温装饰一体化板材，其材料及系统性能应符合现行行业标准《外墙保温复合板通用技术要求》JG/T 480 和《保温装饰板外墙外保温系统材料》JG/T 287 的规定。

（14）外墙板的保温层、装饰层等宜在工厂或现场进行集成，保温层、装饰层应连接可靠，满足强度、变形、防火、防水和耐久性等要求。

（15）窗墙面积比、外门窗传热系数、太阳得热系数、可开启面积和气密性条件等应满足钢结构装配式建筑所在地现行节能设计标准的规定，且窗墙比不宜超过 0.5。

（16）外围护系统热桥部位的内表面温度不应低于室内空气露点温度。当不满足要求时，应采取保温断桥构造措施。

3 外墙及围护系统设计

（1）外墙可选用下列类型：

1）预制整体板类外墙，包括空心整体板、实心整体板、复合整体板、冷弯薄壁型钢轻聚合物复合墙体、拼装大板等；

2）轻质条板类外墙，包括轻质混凝土整体条板、蒸压加气混凝土条板、复合夹芯条板；

3）现场组装骨架类外墙，包括钢龙骨复合板组合墙体、泡沫混凝土轻钢龙骨复合墙体、组合骨架夹芯节能墙体、木骨架组合外墙体；

4）干法施工的自保温块材类外墙，包括蒸压加气混凝土精确砌块、带肋砌块、蒸压轻质加气混凝土板-ALC 板、单面金属面夹芯板；

5）建筑幕墙类外墙；

6）一体化组合板类外墙。

（2）外围护系统应根据当地的气候条件、使用功能、抗震设防等综合确定下列性能要求：

1）安全性要求，包括抗风性能、抗震性能、耐撞击性能、防火性能；

2）功能性要求，包括水密性能、气密性能、隔声性能、热工性能；

3）耐久性要求。

（3）装配式钢结构建筑外围护系统设计应符合下列规定：

1）装配式钢结构建筑外围护系统应根据不同的建筑类型及结构形式、制造工艺、施工条件、使用要求和综合成本等因素选择适宜的系统类型，宜满足自保温、非砌筑、装饰一体化的要求。外墙系统与结构系统的连接形式可采用内嵌式、外挂式、嵌挂结合式等，分层悬挂或承托，一般宜采用内嵌式并分层承托。

2）外围护系统的立面设计应综合钢结构装配式建筑的构成条件、装饰颜色与材料质感等设计要求，应与部品构成相协调，宜采用工业化生产、装配化施工的部品，减少非功能性外墙装饰部品，并应便于运输、安装及维护。

3）外围护系统的设计应符合模数协调和标准化要求，并应满足建筑立面效果、制作工艺、运输及施工安装的条件。外围护系统设计应遵循标准化、模块化、通用化的原则，确定外墙单元的型号、规格和排布方式，宜采用建筑、结构、保温、隔声、防火、防水、防腐、装饰等一体化设计，并与结构系统、内装系统、设备及管线系统相协同，预留安装条件。

4）外围护系统宜采用轻量化设计，采用轻质材料和构造，并宜符合因地制宜、就地取材、优化组合的原则；外墙材料宜采用节能绿色环保材料，材料应具有物理和化学稳定性，在气候变化、温度和湿度变化等环境因素影响下，应满足安全性、功能性和耐久性要求，各类材料应符合国家现行有关标准的规定，尤其防水材料性能应符合现行行业标准《建筑外墙防水工程技术规程》JGJ/T 235 的规定，并注明防水透气、耐老化、防开裂等技术参数要求。

5）外围护系统应采用设备管线与主体结构分离的方式，设置在外墙围护系统的户内管线，宜在墙体系统的空腔布置或结合户内装修装饰层设置，避免在施工现场开槽埋设，并应便于检修和更换。

6）外墙板与主体结构宜采用以干式连接为主的可分离方式，采用装配式围护结构干法施工方法，并宜采用隐蔽钢结构梁柱等构件的设计。

4 外围护墙体性能要求

外围护墙体应当满足的主要物理力学性能要求见表1。

外围护墙体主要物理力学性能要求 表 1

序号	技术指标	A 级	B 级	C 级	备注
1	墙体面密度（kg/m²）	≤260	>260		仅限混凝土材质产品检测该指标
2	抗压强度（MPa）	≥8	≥5		
3	抗弯破坏荷载/板自重倍数	2	1.5		
4	抗冲性能（次）	≥10	≥8		所有材质产品均应检测
5	空气声计权隔声量（dB）	≥50	≥45	≥40	
6	耐火极限（h）	>3.0	2.0	1.5	
7	热传导系数 d[（W/m²·K）]	≤1.0	≤2.0	≤2.4	

说明：1. 以上均为单板所体现的指标。

2. 产品其他性能技术指标应当符合相关标准，并有合法检验报告。

5 外墙板与主体结构的连接设计相关规定

（1）连接节点在保证主体结构整体受力的前提下，应牢固可靠、受力明确、传力简捷、构造合理，具有足够的承载力，在设计承载能力极限状态下，连接节点不应发生破坏和失效；当单个连接节点失效时，外墙板不应掉落。

（2）连接节点应具备适应主体结构变形的能力，应采用柔性连接方式。

（3）连接件承载力设计的安全等级应提高一级。

（4）连接方式可采用内嵌式、外挂式、嵌挂结合式等，宜分层悬挂或承托，一般采用内嵌式并宜分层承托。

（5）连接节点设计宜采用标准化和通用化连接件，采用预置预埋或后置方式，通过机械连接固定，并合理设置可调整构造，满足尺寸偏差、现场装配和定位要求。

（6）应采取防止空气渗透和水蒸气渗透的构造措施，并满足气密性和水密性的要求。

（7）金属连接件宜选用不锈钢、高强合金或镀锌钢等，非金属连接件不宜采取再生材料制品。

（8）连接节点宜采用避免连接件外露的隐蔽式设计，并采用断热、隔声和减振处理措施，避免产生冷热桥和声桥效应。

（9）节点设计应便于工厂加工、现场安装就位和调整。

（10）连接件的耐久性应满足设计使用年限要求。

6 外墙板接缝应符合下列规定

（1）围护墙体与钢结构的梁柱连接处应留有缝隙，并采用柔性材料或有可靠依据的砂浆填充。

（2）外墙板的接缝等防水薄弱部位应根据当地气候条件合理选用构造防水、材料防水相结合的防排水措施。接缝宽度及接缝材料应根据外墙板材料、立面分格、结构层间位移、温度变形等综合因素进行设计，并满足构造、热工、防水、防火、隔声、建筑装修和使用年限等要求，连接缝应采取防裂防水防渗漏措施。

（3）外墙板与主体结构的板缝应采取性能匹配的弹性密封材料填塞、封堵；所选用的接缝材料及构造应满足防水、防渗、抗裂、耐久等要求；接缝材料应与外墙板具有相容性；外墙板在正常使用状况下，接缝处的弹性密封材料不应破坏。

（4）接缝处以及与梁、板、柱的连接处应设置防止形成热桥的构造措施。

（5）位于卫生间和厨房等有防水要求的砌体外墙、内嵌式外墙板及水平构件与外墙的交接处，应采取有效的防潮、防水构造措施，且防护高度不小于300mm。

7 外围护系统中的外门窗应符合下列规定

（1）外门窗应采用在工厂生产的标准化系列部品，采用与外墙板一体化设计，宜选用成套化、模块化的门窗部品及带有批水板的外门窗配套系列部品。

（2）应明确所采用门窗的防火、隔声、热工、防水、抗风压等性能要求，以及材质、规格、颜色、开启方向、安装位置、固定方式等要求。

（3）外门窗应与墙体可靠连接，门窗洞口与外门窗框接缝处的气密性能、水密性能和保温性能不应低于外门窗的相关性能。

（4）预制外墙中的外门窗宜采用企口或预埋件等方法固定，外门窗可采用预装法或后装法施工。采用预装法时，外门窗框应在工厂与预制外墙整体成型；采用后装法时，预制外墙的门窗洞口应设置预埋件或预埋副框。

（5）铝合金门窗的设计应符合现行行业标准《铝合金门窗工程技术规范》JGJ 214 的规定，塑料门窗的设计应符合现行行业标准《塑料门窗工程技术规程》JGJ 103 的规定。

8 外围护系统设计文件

外围护系统设计文件应标明系统材料的性能参数、系统构造、计算分析、生产及安装要求、质量控制及施工验收要求。

外围护系统设计文件通常包括下列内容：

（1）外围护系统的技术性能要求。

（2）外围护系统的类型及安全性、功能性、耐久性要求以及采取的相关措施。

（3）外墙板和外门窗的尺寸规格、轴线分布、门窗位置、洞口尺寸，以及规格型号和模数协调等要求。

（4）外墙结构支承构造节点，外墙板连接、接缝、防水及外门窗洞口等构造节点，阳台、空调板、装饰件等连接构造节点。

（5）外围护系统的吊挂或放置重物要求及相应的加强措施。

9 本项目外墙所用墙体

现阶段，在钢结构装配式住宅建筑的外墙中，应用较多的是加气混凝土条板。本工程积极响应国家

"十四五"规划提出的低碳发展、智能建造、循环经济的号召，坚持综合利用资源、保护生态环境的理念，采用了一种创新研发的绿色环保、低碳节能、轻质高强的新型带肋砌块墙体——"SZ装配式节能墙体"。这种新型装配式节能墙体与加气混凝土条板的性能对比见表2。

SZ节能墙体与加气混凝土条板性能对照表　　　　　　　　　　　　　　表2

序号	对比项目	SZ装配式节能墙体		加气混凝土条板
1	墙体厚度	内墙140mm	外墙200mm	200mm
2	材料自重	96kg/m²	110kg/m²	169.6kg/m²
3	抹灰层重	无		120kg/m²
4	墙体总重	96kg/m²	110kg/m²	289.6kg/m²
5	强度	构造肋与面板互联，加上8mm厚刚性抹面抗裂砂浆，整体性优，强度高		加气混凝土条板一般用人工立砌，抹水泥砂浆成型，成品墙整体性差，强度较低
6	墙体构造	外墙保温板与结构柱用拉螺杆连接，有良好的连接性，两面再铺设钢丝网，使之与梁、柱连成一体，无开裂，无空鼓		采用人工砂浆立砌连接，属于无筋砌体结构，需要抹面层连接，容易开裂，面层易脱坑
7	抗震性	墙体与结构框架连接可靠，重量轻，对房屋结构抗震性能有利，效果明显		墙体有条块砌筑成型，整体性差，墙体自重较大，抗震效果差
8	施工工艺	墙体所用材料全部工厂生产，现场安装，一次成型，无废料，不会产生建筑垃圾		人工搭砌后抹面成型，施工效率低，产生的建筑垃圾较多
9	原料	运用磷石膏原渣发泡作保温填充物，面板与肋均为常规材料，价格合适，资源丰富		主要原料粉煤灰日益枯竭，成本过高，更无有效替代品
10	经济性	SZ节能墙体综合价格低于传统加气混凝土条板8％左右		

SZ装配式节能墙体中，配筋混凝土构造肋如图5所示，型钢构造肋如图6所示，墙体如图7所示，墙面围护体系如图8所示，室内成品墙如图9所示，室外成品墙如图10所示，卫生间管线预埋如图11所示，厨房管线预埋如图12所示。

图5　配筋混凝土构造肋

图6　型钢构造肋

图 7　墙体

图 8　墙面围护体系

图 9　室内成品墙

图 10　室外成品墙

图 11　卫生间管线预埋

图 12　厨房管线预埋

一种高层钢结构住宅体系的研究及应用

朱世磊　宋新利　田　磊　董　磊

（河南天丰钢结构建设有限公司，新乡）

摘　要　近几年随着国家大力提倡绿色环保建筑，钢结构体系已经成为民用建筑中的一种绿色环保的新型结构体系。我公司结合所承建的钢结构住宅项目，对高层钢结构住宅的结构体系、设计计算、节点构造、围护体系及新材料的选用等进行了一系列的研究开发，形成我公司特有的高层钢结构住宅体系，并成功应用到新乡市北地块5♯、6♯、8♯楼钢结构住宅工程中。

关键词　钢结构住宅；结构体系；围护体系

1　工程概况

本项目北地块5♯、6♯、8♯楼位于新乡市区内，均为地下三层地上二十六层，标准层层高2.9m；其中5♯楼建筑高度77.35m，建筑面积14084.79m^2。6♯、8♯楼建筑高度75.9m，建筑面积均为17819.74m^2，见图1～图3。本项目地下一层、三层为储藏室，地下二层为非机动车库，地上部分为住宅。

设计基本资料：本工程所在地基本风压0.40kN/m^2，建筑物地面粗糙度按B类选取。承载力设计时候取基本风压的1.1倍。抗震设防烈度为8度，地震加速度为0.2g，设计地震分组为第二组，建筑场地类别为Ⅲ类。建筑结构设计使用年限为50年，建筑结构安全等级为二级，建筑抗震设防为标准类设防。

图1　北块地项目整体效果图

2　结构体系

钢结构建筑体系常用的有框架-支撑体系、框架-钢板剪力墙体系、框架-钢筋混凝土核心筒体系等。高层住宅的特点是：为提高利用率房间布置一般不规整，难以形成贯通的框架；住户对室内"凸柱凸梁"比较敏感。用常规的钢结构体系难以满足人们的预期。以常规的框架-支撑为例，钢柱的截面通常为 400~700mm 的箱形柱，钢梁的翼缘宽度 150~200mm，施工完成后，室内面临严重的"凸梁凸柱"现象，即使通过后期的装修也难以弥补。

图 2　北块地项目 5♯ 楼效果图　　　　　　　图 3　北块地项目 6♯、8♯ 楼效果图

本工程采用矩形钢管混凝土柱 H 型钢梁-钢板剪力墙结构体系进行设计：柱的最小截面为 160mm 宽，常用的截面有 □160×400，□200×500，□300×500 等。钢柱材质以 Q355B 为主，个别钢柱材质为 Q420C；H 型钢梁翼缘宽度以 120mm 为主，钢梁材质均为 Q355B。带加劲肋的钢板剪力墙厚度为 150mm，为 Q235B 级镇静钢。施工完成后在使用房间内的梁、柱、剪力墙都可以"藏"在墙内，符合人们对住宅的感官要求，实用性超过一般的钢框架结构，见图 4。

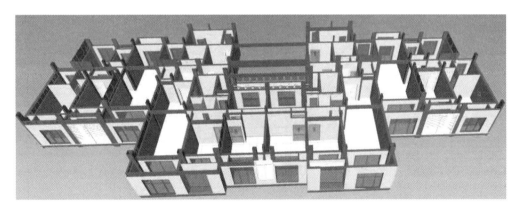

图 4　矩形钢管混凝土柱 H 型钢梁-钢板剪力墙结构体系

3　钢板剪力墙的应用

钢板剪力墙列入《高层民用建筑钢结构技术规程》JGJ 99 很多年，并且《钢板剪力墙技术规程》

JGJ/T 380—2015 也已经颁布实施，但是其应用还是很少。主要原因是：

（1）常规计算软件没有钢板剪力墙这个抗侧力构件供选用；

（2）一般认为钢板墙的造价比常规钢支撑要高。

本项目设计时在 PKPM 中以常规钢支撑的形式参与整体计算分析，计算分析完成后将钢支撑按照理论公式等效换算为相应厚度的钢板剪力墙，并用有限元软件将换算的钢板剪力墙代入进行整体模型验算。

3.1 钢支撑等效成钢板剪力墙的理论计算

（1）按照刚度等效计算的钢板厚度

$$t_{s,刚度} = 5.2 \times \frac{A_{br} \times \cos^2\alpha \times \sin\alpha}{b_s}$$

式中 A_{br}——单根支撑的面积；

$\quad\quad b_s$——扣除钢柱宽度后钢板剪力墙的宽度；

$\quad\quad \alpha$——钢支撑与钢梁的夹角。

（2）按照强度等效计算的钢板厚度

$$t_{s,强度} = 5.2 \times \frac{2 \times \gamma \times F_{br} \times \cos\alpha}{b_s \times \dfrac{f_{gb}}{\sqrt{3}}}$$

式中 γ——承载力抗震调整系数；

$\quad\quad f_{gb}$——钢板抗拉强度设计值；

$\quad\quad F_{br}$——水平力作用下单根支撑轴力标准值。

3.2 钢板剪力墙的整体分析

采用大型通用有限元设计软件 SAP2000 V20 版本模拟钢板剪力墙进行结构的整体计算分析，与 PKPM 计算的整体位移值结果进行对比，两种软件计算的结构整体指标基本相等，结果见图 5～图 8。

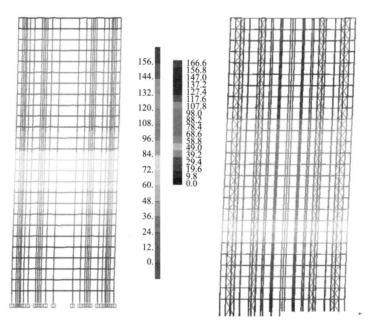

图 5　两种软件计算的 EX 位移

3.3 钢板剪力墙抗侧力体系与钢支撑抗侧力体系对比

（1）与钢框架-支撑结构相比，在相同的侧向刚度下，合理设计的钢板剪力墙用钢量更少。并且钢

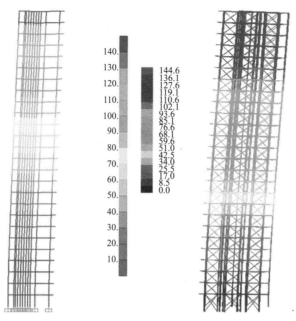

图 6　两种软件计算的 EY 位移

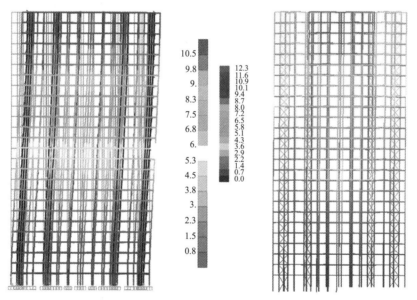

图 7　两种软件计算的 WX 位移

板剪力墙可以随着门、窗洞口灵活布置成开洞钢板剪力墙，满足建筑各类使用需要，而框架-支撑结构布置则相对较为固定。

（2）钢板剪力墙作为抗侧力构件抗震延性要好于支撑，计算需求的钢板墙厚度很薄；而且由于不出现斜向构件，框架构件制作、安装及相应位置的墙体砌筑难度大大降低。

4　围护系统

4.1　外围护墙体介绍

外围护系统作为装配式钢结构建筑的集成系统之一，对建筑功能与性能影响很大。需要根据不同建筑的外立面需求，匹配对应的解决方案：如 ALC 外挂墙板、ALC 条板内嵌、保温结构装饰一体化金属幕墙板、嵌挂组合外墙、钢丝网架自承重保温结构一体化墙体（天丰易板）等。

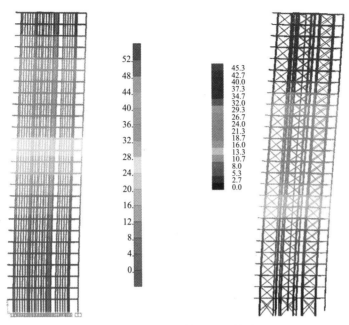

图 8　两种软件计算的 WY 位移

本项目外围护墙体采用天丰易板，该墙体由珍珠岩保温板与其他保温板（EPS \ XPS \ PU）无空腔复合，或者直接在保温板（EPS \ XPS \ PU）一侧或两侧，通过保温板内斜穿的金属腹丝与外侧钢丝网片焊接形成的三维钢丝网架复合保温板，将其内置或外贴在结构主体上，采用机械喷涂水泥砂浆抹面，和各种结构复合到一起的自承重保温结构一体化体系，见图 9。

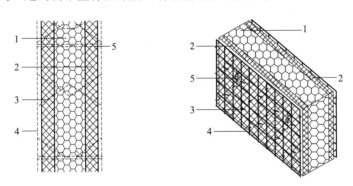

图 9　自承重保温结构一体板构造示意图
1—保温板；2—珍珠岩板；3—斜插金属腹丝；4—金属网片；5—非金属连接件

4.2　天丰易板的优势

（1）耐久时间更长：易板体系采用建筑保温与结构一体化技术，杜绝了传统保温工艺产生的空鼓、脱落、崩裂、使用周期短、重复投资等弊病，打破传统保温层 25 年的设计寿命，实现了保温层与建筑结构同寿命。

（2）保温性更好：易板体系采用复合保温方式，板材由珍珠岩和保温板组成，金属腹丝不插透，无冷桥；珍珠岩具有防火作用的同时具有一定的保温作用，使墙体保温性能更加突出，同等节能要求下，墙体更薄；保温层处于严密的保护之中，保证建筑保温性能不衰减。

（3）施工方便，缩短工期：易板体系采作建筑结构与保温一体化技术，保温与主体一起施工，每块板材均有编号，现场直接对号安装，无需切割，有效缩短工期；板材轻质，方便搬运，减少吊装设备使用；外墙围护结构取消构造柱、板带、过梁、拉结筋、抱口柱等加固措施；外墙围护结构装配式安装，干法作业，不受季节影响。

（4）防火性更好：易板体系符合《建筑设计防火规范》GB 50016—2014 中无空腔复合保温结构体的定义和要求，保温材料置于墙体内部，有效避免了传统外墙外保温引发的火灾风险，珍珠岩板不仅能防火而且隔热性能突出，经检测不同厚度的墙体耐火极限均超过 4h。

（5）性价比高：易板体系与传统建筑墙板相比，不仅减少了外保温工序，而且显著降低荷载、缩短工期，节省空间，实现了墙体保温一体化，使保温层与建筑结构同寿命，免维护。采用结构与保温一体化技术和防热桥技术，可满足近零能耗建筑、被动房的节能要求。因此显著提高了性价比。

4.3 天丰易板系统外围护构造节点

天丰易板与钢柱、钢梁连接构造及与窗洞口的连接示意见图 10、图 11。

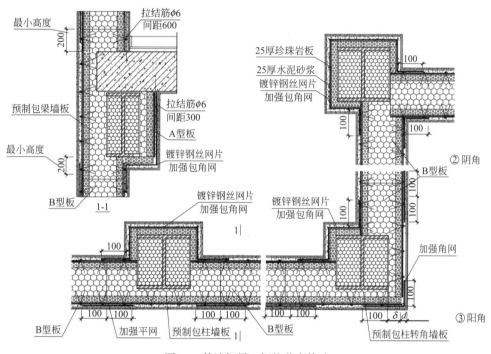

图 10 外墙钢梁、钢柱节点构造

5 楼板结构体系

随着钢结构建筑的快速发展，而传统现浇板的发展相对落后，其施工速度影响了整个项目的进程。同时，由于现浇板的施工仍需要大量的模板和脚手架，这和钢结构的现场施工管理的要求产生很大偏差，从而使整个施工环节产生不匹配现象。楼板已成为制约钢结构建筑建设速度的重要因素。近年来涌现出不同的楼板体系形式，且已经在工程中广泛应用。其中高层钢结构住宅常用的楼板体系主要有钢筋桁架楼承板和装配式可拆卸钢筋桁架楼承板两种形式。

5.1 钢筋桁架楼承板

钢筋桁架楼承板是将楼板中的钢筋在工厂加工成钢筋桁架，并将钢筋桁架与底模连接成一体的组合模板，见图 12。该楼承板生产机械化程度高，且减少了现场钢筋绑扎工作量。当浇筑混凝土形成楼板后，具有现浇板整体刚度大、抗震性能好的优点。用在住宅建筑时，钢筋桁架楼承板底部的钢模板会被撕掉再进行抹灰。撕掉钢模板再抹灰增加了工序和造价，钢模板仅使用一次也造成了资源浪费。

5.2 装配式可拆卸钢筋桁架楼承板

装配式可拆卸钢筋桁架楼承板是将楼板中的受力钢筋在工厂加工成钢筋桁架，并将钢筋桁架通过塑料扣件、自攻钉与模板连接成一体的组合模板，见图 13。在浇筑混凝土达到设计强度后，将底模拆除，

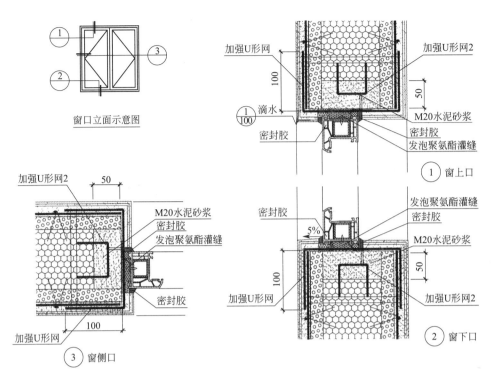

图 11　外墙门窗洞口节点构造

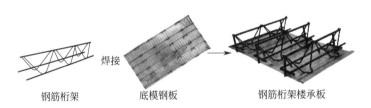

图 12　钢筋桁架楼承板示意

直接抹灰刮腻子或涂料，能形成与现浇钢筋混凝土楼板相一致的板底效果，见图 14。该模板可以循环利用，减少模板木材的使用量，保护有限资源。符合国家节能环保、装配式、产业化的政策要求；本项目采用的楼板体系即为可拆卸钢筋桁架楼承板。

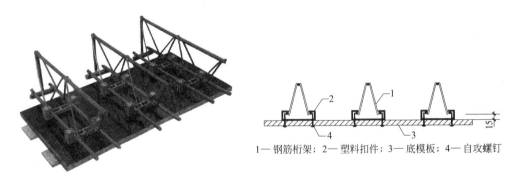

1—钢筋桁架；2—塑料扣件；3—底模板；4—自攻螺钉

图 13　装配式可拆卸钢筋桁架楼承板

5.3　楼面附属构件

楼梯是房屋建筑的重要组成部分，是除了电梯之外人们的主要通道。近年来随着装配式建筑的快速发展，预制楼梯构件以其标准化、集成化的设计，可靠的结构性能，良好的观感质量，快速、便捷的安装效率等优点获得了市场的普遍认可，广泛应用于建筑工程领域，见图 15。

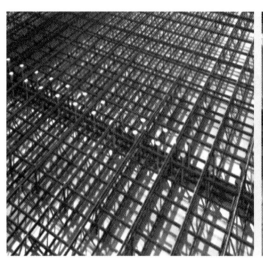

图 14　混凝土浇筑前和拆底模后的楼板

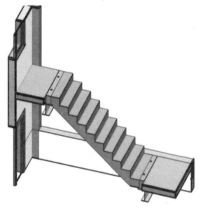

图 15　预制 PC 楼梯与钢结构连接示意

6　结语

（1）钢结构住宅体系容易实现工业化生产，标准化制作，减少现场工作量，缩短施工工期，符合产业化要求和持续化发展战略。但是钢结构住宅技术还不够完善，其性能还不能完全满足用户的需求。通过对本次高层钢结构住宅的研究开发和实际应用，集成创新，形成新的钢结构住宅建筑体系，提高住宅品质；应用高性能、低消耗、可再生循环利用的建筑材料。

（2）采用矩形钢管混凝土柱 H 型钢梁-钢板剪力墙结构体系，梁柱与墙体等宽，梁、柱可藏于墙内，解决露梁露柱的问题，室内主要房间无凸梁凸柱现象，符合人们对住宅的感观要求，符合现行国家标准规范的规定，是一种值得推广的适合高层钢结构住宅的结构体系。

参考文献

[1]　沈金，干钢，童根树．钢板剪力墙设计与施工的工程实例[J]．建筑结构，2013.

西宁市砖厂路棚户区改造项目钢结构住宅研究与应用

冶金智　马浩文　张洪福

（青海西矿杭萧钢构有限公司，西宁）

摘　要　装配式钢结构住宅、钢管混凝土束组合结构住宅体系，具有抗震性能好、产业化率高、施工周期短、质量易于控制、建筑造型丰富、舒适度好、建筑垃圾及粉尘排放少等特点，在建造全过程中采用标准化设计、工厂化生产、装配化施工、精细化管理，实现集约化生产与建造，促进住宅产业转型升级，为提升行业节能减排起到积极的效果。

关键词　钢管束住宅体系；围护结构系统；标准化设计；工厂化生产；装配化施工

1　工程概况

西宁市砖厂路棚户区改造项目位于青海省西宁市城中区砖厂路以北，西塔高速路以东，总用地面积约 38569.59m²，总建筑面积约 196632.73m²，其中商业及配套建筑面积 25849.76m²、住宅建筑面积 107246.11m²、办公楼建筑面积 2193m²、地下建筑面积 61630m²（图1）。住宅总户数 960 户，建筑密度 34.7%，容积率 3.5，绿化率 35%，商住率 24%。

图1　西宁市砖厂路棚户区改造项目效果图

项目分为三个组团，其中 A 组团包含 A2♯楼～A5♯楼（地上 22 层～32 层，地下 2 层），A10～A14 商铺（2 层商业）。B 组团包含 B1♯楼～B4♯楼（地上 23 层～28 层，地下 2 层），B5♯楼（3 层商业），B11、B12 商铺、B21～B23 商铺（2 层商业）。C 组团 C1♯楼～C5♯楼（地上 16 层～32 层，地下 2 层）为钢筋混凝土结构。A、B 组团高层住宅主体采用钢管束混凝土组合剪力墙结构体系、装配式钢筋桁架楼承板、现浇混凝土楼板等，多层商铺及主楼范围以外地下室采用钢框架结构。内墙采用加气混凝土砌块和轻质抹灰石膏，外墙采用钢管束混凝土墙体加保温装饰一体板，商业外墙采用干挂石材装饰。

2　钢结构装配式住宅体系

以砖厂路棚户区改造项目 B 组团 B1♯、B2♯楼为例：B1♯楼地下 3 层，地上 23 层（70.12m），建筑面积：5796.71m²；B2#楼地下 3 层，地上 28 层（84.83m），建筑面积：7963.91m² 采用钢管混凝土束组合结构住宅体系，为毛坯房。其特点如下。

（1）构件承载力高、抗震性能强：由梁柱体系变为剪力墙体系，构件截面展开，承载力更高。

（2）建筑刚度增大：墙体刚度大，容易满足建筑侧移要求，建筑舒适度好。

（3）室内布置灵活：结合建筑平面，利用间隔墙位置来布置钢管束剪力墙，不与建筑使用功能发生矛盾，解决了凸梁凸柱影响使用问题。

（4）建筑体型丰富：框架梁柱体系要求平面布置规则，所以建筑体型较单一，钢管束剪力墙结构可以像混凝土剪力墙一样，满足多变的建筑平面需求。

（5）质量易于控制：工业化程度更高，构件加工简单，易于质量控制。

2.1 标准化设计

（1）竖向构件采用钢管混凝土束墙，由一字形、T 字形、L 形、十字形和 Z 形等多种截面形式组成（图 2），主要分布在外墙、窗间墙、分户墙等处，尽可能做到户内少墙，很好地满足了建筑使用功能的要求。钢束墙厚度：6 层以下为 150mm 厚，7 层及以上为 130mm 厚，材质均为 Q345B。

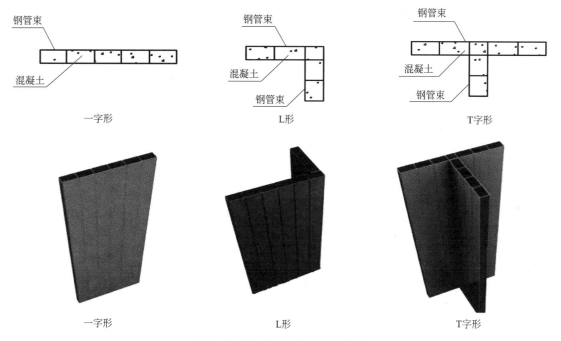

图 2　钢管混凝土束墙体组合形式

（2）梁采用 H 型钢梁，钢梁宽度同钢管混凝土束墙体宽度，主要规格为 H400×150、H400×130，保证室内墙体的平整性。

（3）预制楼梯：楼梯梯段采用现浇混凝土结构。

2.2 围护结构体系

（1）围护结构体系外墙由外墙装饰一体板、保温防火材料和填充墙体组成（图 3）。外墙装饰板材为保温装饰一体板，通过粘铆结合的方式与填充墙连接，采用岩棉保温及防火。钢管混凝土束外墙体与填充墙体综合考虑钢结构建筑防火、防腐、节能保温等构造。

（2）内墙采用加气混凝土砌块和轻质抹灰石膏复合墙体，内墙和内墙相关联的钢管混凝土束墙体采用轴线中心定位的设计，为墙体材料设计、门窗和构造做法等标准化创造了条件（图 4）。

2.3 抗震结构设计

钢管混凝土束组合结构整体延性好，在地震作用下，能吸收较多地震能量，抗震性能卓越，具有良好

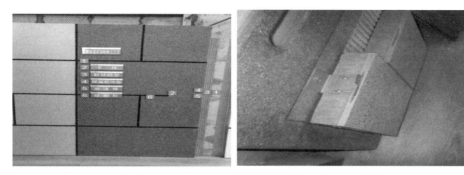

图 3　外墙做法

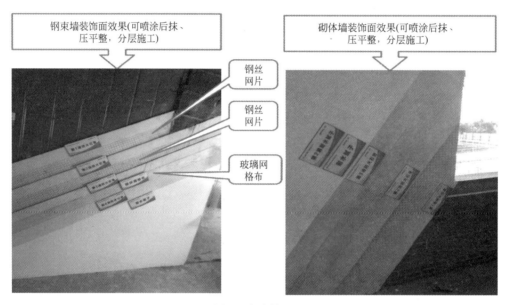

图 4　内墙做法

的抗震性能；钢管混凝土束剪力墙的墙梁刚接节点具有较好的滞回性能，能够满足"强节点弱构件、强墙弱梁"的性能要求；墙梁铰接节点具有足够的承载力和延性，不会先于钢梁发生破坏；钢管混凝土束组合结构住宅体系能充分发挥钢材与混凝土的综合优势，力学性能极大改善，同时结构重量轻、强度高，刚度大，安全性能良好，适用于各种类型的住宅建筑，无凸梁凸柱现象，最大限度地满足建筑功能要求。

2.4　钢管束关键节点设计（图 5～图 7）

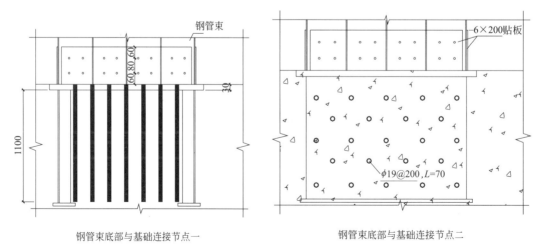

钢管束底部与基础连接节点一　　　　　　钢管束底部与基础连接节点二

图 5　钢管束基础连接节点

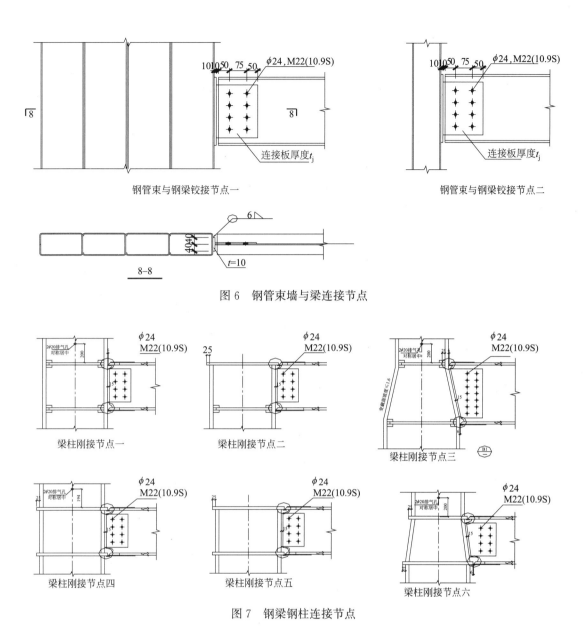

图 6　钢管束墙与梁连接节点

图 7　钢梁钢柱连接节点

3　钢结构加工制作、施工安装新技术

3.1　构件生产新技术应用

（1）钢管束的制作：钢管束均为工厂化标准产品，其制作过程全部实现工厂自动化生产。钢管束是由多个标准化、模数化的部件——U 型钢或 U 型钢与矩形钢管拼装在一起具有多个竖向空腔的结构单元，在车间主要采用数控冷弯成型生产线和数控组焊割生产线（图 8），全自动工业化生产，工业化程度高，生产效率高、产品质量稳定。

（2）矩形钢管柱、H 型钢梁及节点的制作：冷弯高频焊接矩形钢管是对热轧钢带进行连续弯角变形，经高频焊接后形成的产品，具有截面规格灵活，成型焊缝少，同时采用全自动工业化生产工艺、生产效率高、在线同步一级焊缝检测、产品质量稳定，可实现新型建筑工业化钢结构建筑采用包括机器人装配、机器人焊接在内的大规模工业化生产等优点，相比由四块钢板焊接而成的箱形钢管，仅有一条通长焊缝，焊接变形影响范围小，焊接质量稳定，材料损耗少。H 型钢梁：采用高频焊接 H 型钢、普通焊接 H 型钢或热轧 H 型钢，截面尺寸灵活配置，可充分发挥材料承载力，节省钢材，经济性好，产品

图8　钢管束数控组焊割生产线

质量稳定。

（3）装配式钢筋桁架楼承板：将楼板中钢筋在工厂加工成钢筋桁架，再将钢筋桁架与镀锌钢板现场用连接件装配成一体，其上浇筑混凝土，形成钢筋桁架混凝土楼板，下表面平整，底模可以重复利用。装配式钢筋桁架楼承板，钢筋模板支撑一体化产品、整体性好、施工便利、速度快捷、模板周转率高，人工成本、材料成本降低，现场废料少，对环境污染少，混凝土成型质量高，可达到清水混凝土的标准。

3.2　施工安装新技术应用

根据本工程特点钢结构安装从立面上可分为地下室阶段以及地上阶段，共分为A、B、C三个组团施工。具体施工流程如下。

（1）钢板或地脚锚栓预埋、底板钢筋绑扎：根据设计图纸，在钢管束墙体位置在地下室基础位置采用预埋钢板的形式，预埋钢板定位必须精确，标高控制精确，根据图纸进行放样，固定牢固。

（2）钢管束吊装，相应钢梁安装，钢管束内混凝土灌注：钢管束首节进行吊装，首先必须严格按照图纸和规范要求，对其吊装钢管束进行定位。同时安装上相应钢梁形成稳定单体，校正完成后进行焊接，最后进行钢管束内混凝土浇灌。

（3）以相同顺序循环吊装完剩余结构（图9）。

3.3　楼板及内外墙板施工安装新技术应用

（1）楼承板采用"2+1"（每节三层，其中每节下面两层采用现浇钢筋混凝土楼板，上面一层装配式桁架楼承板铺设）模式（图10），下面两层楼板采用现浇混凝土保证外观质量，上面一层桁架楼板保证灌芯安全及安装进度，平均楼板浇筑及上部钢构件安装落差6层～8层。

（2）装配式楼板中钢筋在工厂加工成钢筋桁架，再将钢筋桁架与镀锌钢板用连接件装配成一体，其上浇筑混凝土，形成钢筋桁架楼板，底模可拆卸、重复利用。

（3）装配式钢筋桁架楼承板施工（图11）：减少现场钢筋绑扎量70%左右，缩短施工工期；减少现场模板及脚手架用量；多层楼板可同时浇筑施工，实现立体交叉作业；施工质量易保证，待混凝土达到

图 9　钢管束现场施工照片

图 10　"2+1"楼承板现场施工照片

强度后,下部薄钢板可方便拆除,表面平整,可达到清水混凝土的标准;钢筋模板支撑一体化,整体性能好、施工便利、速度快捷、模板周转率高,人工成本、材料成本降低,现场废料少,对环境污染少。

图 11　装配式钢筋桁架楼承板施工照片

4　钢结构综合防火技术应用

砖厂路项目结合自身结构特点及特殊性,从安全性、经济性、实用性等方面出发,采用了适合本工程的钢管混凝土束结构住宅室内防火保护施工工艺。钢梁部分采用蒸压砂加气混凝土板材填充防火；钢束墙部分采用轻质底层抹灰石膏喷筑防火；砌体部分采用水泥砂浆防火。三种方式结合防火的施工工艺。通过三种防火方式结合加快了现场施工进度，保证了施工质量，有效地解决了装配式钢管束混凝土结构体系中防火施工困难、材料成本及施工成本大的问题。

5 海绵城市系统的铺装及应用

砖厂路棚户区改造项目结合场地的面积、形状、朝向、水资源可利用条件等实行了海绵城市建设系统（图12）。海绵城市可以处理城市地表径流、收集雨水、净化雨水、促进雨水下渗以及水循环再利用等。海绵城市是推动绿色建设、低碳城市发展、韧性城市形成的重要工作，是绿色、低碳、健康、可持续发展的重要表现形式。

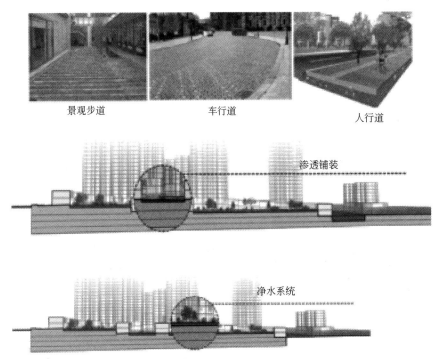

景观步道　　　　　　　　车行道　　　　　　　　人行道

图12 西宁市砖厂路棚户区改造项目海绵城市方案图

6 结语

钢结构装配式住宅具有工厂化生产、装配化施工、缩短工期、降低人力成本，减少施工现场污染排放等优点；钢束墙承重结构充分发挥钢材与混凝土综合优势，承载能力大大提高，刚度增大，有效减少材料用量；保温材料与结构体系集成，围护体系传热系数低，保温隔热性能优越；采光、通风好，节约照明能耗。钢管混凝土束结构体系的应用使装配式住宅建筑从设计、制作、运输、装配到报废处理的整个住宅生命周期中，对环境的影响最小，资源效率最高，使得住宅与建筑的构件体系朝着安全、环保、节能和可持续发展方向发展。

由于青海特殊的自然环境因素、经济状况因素和政策因素造成了青海绿色建筑发展缓慢的状况。在青海绿色建筑的发展过程中，开发商、政府和民众三者对绿色建筑的扶持和认知程度也是造成绿色建筑在青海发展缓慢的直接原因。

首先，从政府层面上来说，应提出更有吸引力的政策，促进和推动开发商投资，可以借鉴其他省市常用的扶持政策并与青海当地的实际情况结合。如提升建筑容积率；返还部分城市配套设施费；建立绿色建筑评审的绿色通道加快建筑的申报审批速度等，促进青海绿色建筑的发展。此外，也应从民众对绿色建筑的积极性入手，给予民众住房政策上的优惠政策以促进购买、调控市场，才能引导绿色建筑在青海进行良性发展。

其次，民众应该更主动、更积极地接触和认知绿色建筑的优势，可以从节约水费和节约取暖费用方面吸引民众，让民众更多地了解绿色建筑的优势，减少民众对绿色建筑的认知障碍。与此同时，提升人民的经济水平，加强购买能力才能增大绿色建筑的交易空间，减少开发商的投资回报时间，从根本上提高青海绿色建筑的发展水平。

最后，开发商在青海开发绿色建筑的同时应兼顾青海的自然特点、经济特点和政策特点，及时向政府反映标准和政策的不足，也应在开发绿色建筑的同时加以宣传，主动吸引民众，推广绿色建筑，使绿色建筑大众化。更重要的是，严格执行绿色建筑的规范和标准，保质保量地完成绿色建筑，以质量和实践说话才能使青海绿色建筑得到更高速的发展。绿色建筑在青海的发展虽然相对缓慢，但依旧在稳定增长。加快青海绿色建筑的发展同时也不能盲目跟进。应始终保持绿色建筑的优越性，研发出符合青海特点的绿色建筑体系和形式才是应有之义。

湛江市东盛路南侧钢结构公租房项目建造技术及应用

李开鹏　陈　杰　冷瀚宇　林新炽

（中建科工集团有限公司，深圳）

摘　要　湛江市东盛路南侧公租房项目是广东省湛江市政府投资建设的保障性公共租赁住房项目，也是粤西地区首个高层钢结构装配式住宅，被列为住房和城乡建设部钢结构装配式住宅建设试点项目。本文介绍了项目的工程特点，从主体结构、结构舒适度控制、钢结构防腐防火、墙板防开裂、建筑防渗及隔声等方面阐述了钢结构装配式住宅技术体系，特别是着重考虑了高风压地区钢结构住宅的舒适度控制措施。项目探索并实现了部品标准化设计、装配化施工，并积极应用建筑机器人，提升建筑现场工业化水平。通过装配式装修样板间及可变空间样板间，实现了装配式装修在钢结构住宅中的应用。本项目的建造技术及应用对于推广高层钢结构住宅具有重要借鉴意义。

关键词　钢结构；舒适度；可变空间；装配式装修；建筑机器人

1　工程概况及特点

1.1　工程概况

湛江市东盛路南侧公租房项目是粤西片区首个钢结构装配式建筑（图1）。公共租赁住房建成后将为湛江市青年教师、青年医生、环卫工人、公交车司机等多层级群体提供住房。工程建设要求满足国家装配式建筑A级标准、国家绿色建筑标准。工程施工过程融合了新理念，对推进沿海台风高发多发地区钢结构装配式体系研发，引领湛江市建筑行业新一轮施工管理变革，具有重要借鉴推广意义。项目获批住房和城乡建设部钢结构装配式住宅建设试点项目，是全国首次获批该试点的两个项目之一。

图1　项目效果图

项目所在地赤坎区位于广东省西南部，雷州半岛东北端，在湛江湾西北岸。项目规划总用地面积 24885.55m² （其中二类居住用地 14594.25m²，市政道路用地面积 10291.30m²），总建筑面积约为 68606.79m²，合同额 28545.96 万元，建设公共租赁房 840 套。项目由三栋高层住宅塔楼和两层商业裙房组成，楼高分别为 32 层（96.5m）、28（84.9m）和 30 层（90.7m），下设 2 层地下室。具体概况见表 1。

工程概况　　　　　　　　　　　　　　　　　　　　表 1

序号	项目	内容
1	工程名称	湛江市东盛路南侧公租房项目
2	装配率	65.8%
3	建设地点	湛江市赤坎区东盛路南侧、东临福田路、西临华田路
4	规划总用地面积	24885.55m²
5	总建筑面积	68606.79m²
6	建筑数量与层数	拟建三栋,地下 2 层 地上分别是 32、28、30 层
7	建筑高度	最高 96.5m
8	公租房套数	840 套
9	建设户型	住宅楼有 3 种户型,其中 2 种为二房二厅一卫,其余为一房两厅一卫,面积均小于 60m²

1.2 项目特点

本项目具有以下 4 大特点。（1）公共租赁住房：是湛江市政府投资建设的民生保障工程；（2）建筑高度近百米：是目前国内应用最为广泛、市场容量最大、最具推广性的产品类型；（3）全过程 EPC 模式：从方案阶段开始的全过程工程总承包模式；（4）钢结构装配式住宅规模化应用：所有建筑单体均采用钢结构装配式建造。

2 钢结构装配式住宅体系介绍

2.1 主体结构

为保障结构舒适度，项目主体结构采用钢框架-钢筋混凝土核心筒结构，2 层地下室为钢筋混凝土框架结构。钢结构主要分布于外框结构，截面类型包括 H 形、箱形，项目每平方米用钢量为 85kg（表 2）。塔楼采用钢梁与钢筋桁架楼承板组合楼盖体系；项目内外墙采用蒸压加气混凝土（ALC）条板和加气混凝土砌块，其中外墙和分户内墙厚度为 150mm、住宅户内隔墙 100mm。外墙饰面采用干挂饰面板系统，避免涂料外墙开裂、渗漏情况的发生（图 2、图 3）。

主体结构概况　　　　　　　　　　　　　　　　　　　表 2

			结构概况			
主体结构	混凝土结构	混凝土强度等级	基础	C50	墙柱	C35 C50
			梁板	C30		
		钢筋型号规格	HRB400,直径:Φ6～Φ28			
	钢结构	材质规格	Q235B、Q355B			
		截面形式	钢柱	箱形	□450×450×20,□450×450×18 □450×450×16,□450×450×14	
			钢梁	H 形	H500×180×10×16,H400×150×10×14 HN400×200×8×13,HN300×150×6.5×9	
				箱形	□400×180×12×12	
		连接方式	焊接、螺栓连接			
		防腐做法	喷砂后喷涂油漆			
		防火做法	厚涂型和薄涂型钢结构防火涂料			

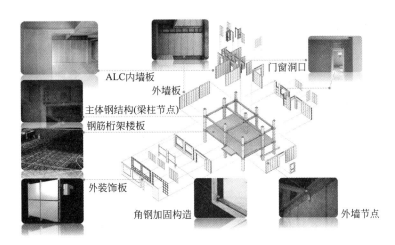

图 2　项目结构体系实景照片　　　　　　　图 3　装配式钢结构技术体系示意图

项目采用《装配式建筑评价标准》GB/T 51129—2017 进行预评价，项目装配率为 65.8%，达到了国标 A 级标准。具体见表 3。

装配率计算　　　　　　　　　　　　　　　　　　表 3

	评价项	国标评价要求	评价说明	评价分值	合计分值
主体结构 (50 分)	柱、支撑、承重墙、延性墙体等竖向构件	35%≤比例≤80%	核心筒装配式模板，外框钢结构	30	$Q_1=45$
	梁、板、楼梯、阳台、空调板等构件	70%≤比例≤80%	水平构件预制占比 75%	15	
围护墙和内隔墙 (20 分)	非承重围护墙非砌筑	比例≥80%	ALC 外墙板比例 81.5%	5	$Q_2=14.8$
	围护墙与保温、隔热、装饰一体化	50%≤比例≤80%	ALC 外墙板＋铝板幕墙一体化比例 77.5%	4.8	
	内隔墙非砌筑	比例≥50%	内隔墙非砌筑比例 54.4%	5	
	内隔墙与管线、装修一体化	50%≤比例≤80%	—	0	
装修和设备管线 (30 分)	全装修	—	全装修	6	$Q_3=6$
	干式工法楼面、地面	比例≥70%	—	0	
	集成厨房	70%≤比例≤90%	—	0	
	集成卫生间	70%≤比例≤90%	—	0	
	管线分离	50%≤比例≤90%	—	0	

注：Q_4 为评价项目中缺少的评价项分值总和，本项目为 0。

2.2　结构舒适度控制

我国的台风影响区域集中在东南沿海经济较发达地区，这些地区同时也是高层及超高层建筑集中分布的地区。本项目结构高度达 96.5m，且处于高风压区（50 年重现期风压 0.8kPa）。相对于地震来说，风致振动对钢结构高层住宅来说是个更大的影响因素。

现行规范标准仅针对不小于 150m 的高层建筑的舒适度提出了要求，且《高层建筑混凝土结构技术规程》JGJ 3—2010 和《高层民用建筑钢结构技术规程》JGJ 99—2015 对住宅公寓结构顶点的顺风向和横风向振动最大加速度计算值限值不同，分别为 0.15m/s^2 和 0.2m/s^2。据研究，人体对舒适度的反应不因建筑高度及结构形式等因素而变化，当建筑物的加速度 $>0.15\text{m/s}^2$ 时，人体对振动有反应，部分人的反应明显，当加速度 $>0.2\text{m/s}^2$ 时，大部分人反应明显。考虑到本项目作为粤西地区的首个高层钢结构住宅，为达到更优的舒适度，本项目结构顶点风致加速度限值统一按照 $0.15\mathrm{m/s^2}$ 进行控制。

本项目在设计阶段，开展数值模拟及风洞试验，确定结构方案，优化经济参数。基于风洞试验（图4），对住宅整体舒适度进行系统分析，通过指标控制和优化措施以保证高层住宅的舒适性。根据风洞试验结果，混合结构的顶点加速度为 $0.147\mathrm{m/s^2}$，纯钢结构顶点加速度则为 $0.164\mathrm{m/s^2}$，超过了 $0.15\mathrm{m/s^2}$ 限值。从施工便利性上来说，混合结构虽然增加了混凝土和钢结构的交叉流水作业，但免除了斜撑，在围护结构施工效率和质量控制上都具有一定的优势，故本项目最终选定了混合结构方案，即钢框架-混凝土核心筒结构（图4）。

风洞试验各楼层质心加速度对比表（单位：m/s²）

层高	钢框架-中心支撑结构		核心筒-钢框架	
	120mm板厚+2％阻尼比		120mm板厚+2％阻尼比	
	X向(m/s²)	Y向(m/s²)	X向(m/s²)	Y向(m/s²)
第30层（H=84.3m）	0.149	0.164	0.108	0.147
第29层（H=81.45m）	0.144	0.159	0.104	0.142
第28层（H=78.6m）	0.139	0.154	0.101	0.137
第27层（H=75.75m）	0.135	0.148	0.097	0.133
第26层（H=72.9m）	0.130	0.143	0.094	0.128
第25层（H=70.05m）	0.125	0.137	0.090	0.123
第24层（H=67.2m）	0.120	0.132	0.087	0.118
第23层（H=64.35m）	0.115	0.127	0.083	0.113
第22层（H=61.5m）	0.110	0.121	0.080	0.109
第21层（H=58.65m）	0.105	0.116	0.076	0.104
第20层（H=55.8m）	0.100	0.111	0.073	0.099
第19层（H=52.95m）	0.096	0.105	0.069	0.094
第18层（H=50.1m）	0.091	0.100	0.066	0.089
第17层（H=47.55m）	0.086	0.094	0.062	0.085

图4　风洞试验

一般来说，建筑结构健康监测主要用在超高层或大跨度的大型公共建筑中，鲜有针对住宅建筑的结构健康监测。为验证设计阶段模型的可靠性，给后续钢结构住宅舒适度设计提供借鉴，本项目设计监测系统从建造到使用阶段持续进行健康监测。该监测系统将从主体结构基本完工后开始运行，采用云端监测平台，通过远程指令将现场传感器采集的数据发送到云平台上进行分析、预警、评估。通过长期监测可得到填充墙体对结构振动特性的影响、结构振动特性的长期变化趋势，以及在地震或大风等外部激励下评估结构自身的受损情况。未来将通过数值模拟、风洞试验、结构监测三项数据的交叉对比，指导后续钢结构住宅结构设计定案和优化（图5）。

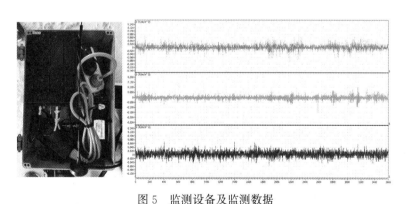

图5　监测设备及监测数据

2.3　钢结构防火与防腐做法

本工程钢结构构件采用3层防腐做法，无机富锌底漆、环氧云铁中间漆在工厂完成，现场补涂封闭漆后进行防火涂料施工。钢柱采用厚涂型防火涂料，涂层厚度32mm，耐火极限3h；钢梁采用薄型防火涂料，涂层厚度3mm，耐火极限2h。具体做法示意如图6和图7所示。

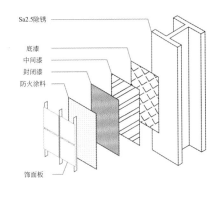

图 6　防腐与防火构造

防腐做法

防腐涂层	油漆类型	涂刷遍数	涂膜厚度	主要功能
底漆	无机富锌漆	三遍	≥80μm	防腐层：防锈、耐高温、耐溶剂
中间漆	环氧云铁漆	三遍	≥110μm	保护层：附着、耐磨
封闭漆	环氧云铁漆	三遍	≥100μm	保护层：附着、耐磨、封闭

防火做法

构件类型	耐火极限	防火涂料类型	防火涂料主要成分	涂刷厚度
钢柱	3h	非膨胀型	膨胀珍珠岩复核水泥	32mm
钢梁	2h	膨胀型	乙酸乙烯 - 季戊四醇	3mm

图 7　防腐与防火做法

2.4　墙板抗裂措施

钢结构装配式住宅通常在各部品连接处易产生裂缝，包括 ALC 与楼板、钢梁、钢柱之间，ALC 板与板之间以及门窗洞口等位置（图8）。

图 8　抗裂重点位置示意图

本项目从整体与细节上采取了以下抗裂措施：

（1）从整体上提升结构刚度。本项目采用了钢框架混凝土核心筒结构，塔楼最大层间位移角为 1/829（图9），有效降低了由于结构变形导致的开裂风险。

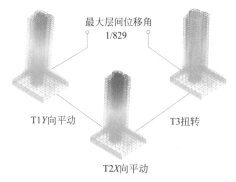

图 9　结构层间位移分析

（2）细节上优选节点形式，通过对多种 ALC 墙板节点形式进行试验比选，确定外墙 ALC 板采用滑动 S 板连接（图 10），内墙 ALC 板采用管卡连接（图 11），可有效减少墙板开裂。

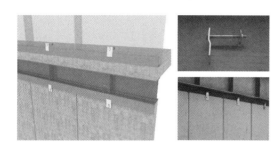

图 10　外墙滑动 S 板节点

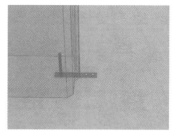
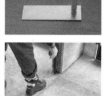

图 11　内墙管卡节点

（3）做好接缝构造处理，墙板与梁柱接缝采用内打发泡胶＋PE 棒＋专用嵌缝剂的构造方式，接缝表面粘贴耐碱玻纤网格布、抗裂纸带，最后采用弹性腻子覆盖（图 12）。此外，本项目创新探索采用双组分 MS 胶（改性硅酮耐候密封胶）替代硬质的嵌缝剂，实现钢框架与围护墙板之间的柔性连接，提升墙板抗裂性能。相对于传统硅酮密封胶和聚氨酯密封胶综合性能更优（图 13）。

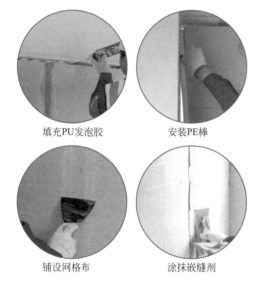

填充PU发泡胶　　安装PE棒

铺设网格布　　涂抹嵌缝剂

图 12　接缝构造处理

图 13　改性硅酮耐候密封胶应用

2.5　防渗构造措施

本项目防渗重点从外围护构造和细部节点处理两方面着手，关注铝板拼缝、门窗周边、墙面孔洞等位置。湛江地区台风频率高、降水量大，为了避免这种气候给外围护体系带来渗漏隐患，在外围护体系上面采用了四层防水构造，即采用铝板＋空气层＋防水界面剂＋ALC 基墙的 4 级构造体系（图 14），应对湛江台风降水的气候特征。

对于关键节点，本项目的铝板拼缝采用硅酮耐候密封胶填充；门窗周边采用一体化成型的 L 形铝板，减少拼缝数量（图 15）。此外，针对防渗，采取墙面孔洞封堵，包括空调冷凝水管穿孔、空调支架穿孔、天然气管道穿孔等所有孔洞；做好铝板幕墙排水，施工完及时清理，确保排水孔不被堵塞。

2.6　隔声措施

本项目的隔声薄弱点包括墙体孔洞、电梯井等位置。针对隔声，采取了以下措施：

（1）在建筑平面布置时，就将居室位置远离电梯设备等声源（图 16）；

（2）做好钢梁梁窝的填充处理，在梁窝内填充双层岩棉，岩棉板错缝不小于 500mm，最后用石膏板遮盖（图 17）；

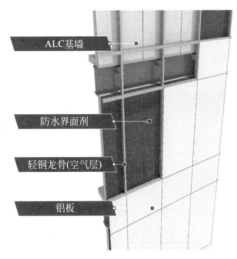

图 14　外围护体系防渗构造

图 15　铝板拼缝和门窗周边节点防渗构造

（3）分户墙位置采用厚度 150mm 的 ALC 墙板，ALC 墙板具有良好的保温、隔热、隔声性能，经检测本项目分户墙（包括装饰面）的隔声量达到了 48dB 以上，实测得到两室之间的标准化声压级差在 48～54dB 之间，空气声隔声单值评价量＋频谱修正量值满足不小于 45dB 的规范要求；

（4）严格控制管线开槽做法，即电器开关盒内嵌隔声板，避免隔墙两边电器盒对装，错位至少 500mm；管线穿墙孔洞内填充 PU 发泡胶密封。

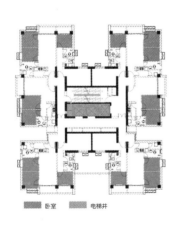 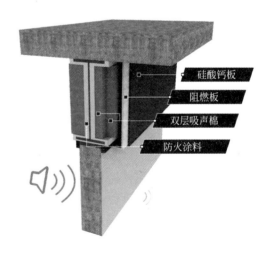

图 16　建筑平面布置隔声措施　　　　　　　图 17　梁窝填充做法

3 部品部件设计及施工

3.1 标准化设计

本项目设计时充分考虑后期制造与施工的影响,各部品部件采用标准化设计,采用少种类多组合原则。重点部位包括:外墙干挂幕墙、空调板、外门窗、钢梁钢柱等。标准层钢截面梁截面类型为 4 种,整体型钢构件应用比例超过 22%(重量比,图 18);围护体系中墙板规格合并,内外墙标准宽度 ALC 板占所有墙体比达 75%(图 19)。

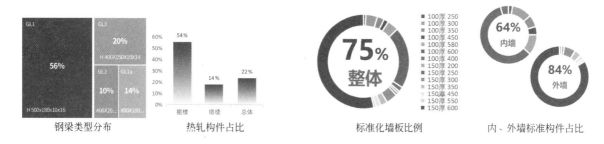

图 18　钢梁截面类型　　　　　　　　　图 19　墙体形式

3.2 装配式施工

本项目装配式施工具有免外架、免构造柱、免支模、免抹灰四大特点。平面上做到平行施工,提高组织效率;立面上核心筒和外框不等高同步施工,形成流水作业。针对钢结构、核心筒、钢筋桁架楼承板、ALC 墙板以及外墙铝板等分项工程关键工序的深化设计,加工制作,现场安装进行识别,严格监管,确保施工质量(图 20)。

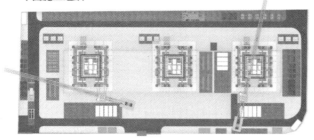

图 20　装配化施工

4 建筑机器人应用

本项目研发应用建筑机器人，替代"危繁脏重"的施工作业，提高工程建设智能化水平。具体研发了墙板安装机器人、分拣机器人和焊接机器人3款机器人。墙板安装机器人具备视觉识别及重量、距离等感知能力，实现了墙板从抓取到安装就位的全过程自动化，并可以自主防撞、防坠，能够有效减少人工，同时提高墙板安装效率（图21）。例如，原本需要6~7人安装的3.5m ALC墙板，采用墙板安装机器人后仅需两人就可完成抓板、运板、装板等全过程施工，单块墙板立板效率提高近200%。分拣机器人采用工业3D视觉识别技术，实现了建筑钢结构非标零件板无序状态下的自动分拣、码垛及搬运。焊接机器人通过激光扫描焊缝信息，系统自动完成焊接轨迹规划和工艺参数匹配，实现厚板焊接智能化，大幅提高机器人焊接的适用性，使机器人真正成为超越人工的焊接大师。

图21 墙板安装机器人应用

另外，项目施工过程中还研发应用了墙板无尘切割设备，可实现板材现场加工的数字化和无尘化，切割精度控制在±1mm，提升板材切割质量的同时，大大减少现场墙板切割产生的粉尘和噪声，保障施工人员的健康（图22）。

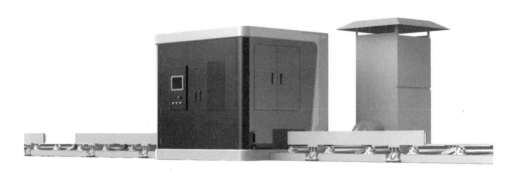

图22 数控无尘切割系统

5 装配式装修

项目积极探索装配式装修在钢结构住宅中的应用，设有装配式装修样板间，该户型采用了一室一厅的布局（图23、图24）。室内墙面和顶棚均采用装配式装修，现场干式工法占比70%以上，所有饰面材料均在工厂根据需求定制后来到现场装配，最大限度减少现场污染并降低碳排。基于装配式钢结构体系，原基墙平整度极高、免抹灰，与装配式装修高度适配。天花墙面等通过龙骨干挂于墙面，饰面层与基层中的间隙空间用于布置水电管线，不仅充分增加了现场作业效率，而且也方便后期对饰面层及管线的更换。整个样板间从材料进场到完工验收共14天。

项目还积极探索可变空间在钢结构住宅中的应用，建设了可变空间样板间（图25、图26），充分发挥钢结构装配式建筑空间灵活多变的优点，室内无隔墙，仅采用家具进行户内分割，并通过移动衣柜及隔断完成空间的隔断、整合与优化，以满足不同使用场景的需求。

图 23　装配式装修——卧室

图 24　装配式装修——客厅

图 25　可变空间样板间——卧室

图 26　可变空间样板间——客厅

6　结语

湛江市东盛路南侧公租房项目是广东省湛江市政府投资建设的保障性公共租赁住房项目，也是粤西地区首个高层钢结构装配式住宅，工程建设将满足装配式建筑A级标准、国家绿色建筑标准。作为应用在高风压潮湿高盐地区的高层钢结构住宅，该项目在环境严苛地区的实体建造和使用，取得了良好的成效。

（1）为确保钢结构体系的舒适度，项目设计阶段通过风洞试验辅助设计定案，并在项目建设过程中和交付使用后进行持续性的结构监测，通过数值模拟、风洞试验、结构监测三者的数据的交叉验证分析，有助于指导后续钢结构装配式住宅设计。

（2）总结了一套标准化、一体化、性能化、精细化设计方法。项目梳理了钢结构住宅工程质量存在的主要风险点，提出了钢结构防火、防腐、防裂、防渗、隔声、保温隔热等方面的解决措施，有效提升了住宅品质。

（3）探索了智能建造技术在钢结构住宅中的应用。研发并应用了墙板安装机器人等，提升了建筑现场工业化水平，实现了现场装配效率和质量的全面提升，为后续钢结构装配式住宅项目工业化建设提供重要经验参考。

（4）实现了装配式装修在钢结构住宅的应用，充分发挥了钢结构装配式建筑空间灵活多变的优点。

通过本项目的试点带动和示范作用，可有效扩大装配式建筑在民用建筑等更广阔市场上的需求，改善社会对钢结构装配式住宅的传统认知误区，提升产品市场认知度，促进钢结构装配式住宅的大规模推广应用。

参考文献

[1] 邹浩，舒兴平 . 风荷载作用下建筑钢结构人体舒适度限值探讨[J]. 工业建筑，2014.

绍兴市越城区官渡 3 号地块钢结构装配式住宅工程项目

李瑞锋

（浙江精工绿筑住宅科技有限公司，上海）

摘　要　官渡 3 号元垄·镜庐工程在项目整体实施过程中采用钢结构装配式住宅的方式进行实施，该工程作为高端房产的商品房项目，项目前期充分结合建筑功能需求、平面功能需求、立面功能需求的基础上综合考虑装配率要求、建造成本的把控、工期的具体要求，统筹选择结构技术方案、楼面技术方案、外墙技术方案、内隔墙技术方案以及装修系统的适宜性等问题；并且需要系统化解决钢结构装配式住宅的防火、防腐、防开裂、防渗水等核心问题。最终采用以 PEC 钢混组合结构成套系统技术、PC 外挂墙板、预应力叠合楼板等技术来解决钢结构的防腐防火问题，墙面开裂渗水问题、保温隔声等需求，经设计阶段采用 BIM 集成化设计与 EPC 工程总承包模式解决了钢结构住宅的一些技术通病和管理通病。

关键词　PEC 钢-混凝土组合结构；PC 外墙；预应力叠合楼板；BIM 技术

1　工程概况及特点

绍兴镜湖官渡 3 号地块钢结构装配式住宅工程位于浙江省绍兴市越城区梅山路与官渡路东北，总规划用地面积 180000m^2，总建筑面积为 341000m^2。其中 40♯、41♯、45♯、46♯、51♯、57♯、58♯共 8 栋，地上 6 层，地下 1 层，地上建筑面积 25150m^2，采用钢结构装配式住宅技术体系进行 BIM 集成设计、智能化的制造和建造实施。该钢结构住宅项目作为一个商业开发类项目，对项目建造的工期、质量、成本都有较高的要求。项目装配率为 80%，根据国标《装配式建筑评价标准》GB/T 51129—2017，本项目获得了装配式 AA 级建筑的评价称号，定位为绿色二星级的钢结构装配式住宅，并被列入 2020 年住房和城乡建设部钢结构装配式住宅建设试点项目（图 1）。

图 1　官渡 3 号元垄·镜庐工程项目鸟瞰图

主体结构采用 PEC 钢-混凝土组合框架结构系统，抗震设防烈度 6 度，场地类别Ⅲ类，抗震设防分组第一组，设计基本地震加速度 $0.05g$；多遇地震作用下弹性层间位移角按照 1/400 控制，大震作用下弹塑性层间位移角按照 1/50 进行控制（图 2）。

图 2　现场施工图

2　钢结构装配式住宅体系系统化集成设计

2.1　PEC 钢混组合结构系统技术

部分包覆钢-混凝土组合结构技术（简称 PEC 结构）是在一个个 H 型钢腔体内焊接钢筋或扁钢，并浇筑混凝土而形成的一种新型钢-混凝土组合结构，包括 PEC 钢-混凝土组合柱、PEC 钢-混凝土组合梁和 PEC 钢-混凝土组合剪力墙。PEC 构件与型钢混凝土构件的截面构成类似，承载机理相近，但其与型钢混凝土构件截面形式的最大区别在于 H 型钢翼缘位于截面外周，对构件的弯曲刚度和受弯承载力的贡献远远高于型钢混凝土中的钢骨，这一材料布置形成了不同于型钢混凝土的受力特点。

PEC 构件的塑性承载能力和变形能力发展与可能达到的程度与主钢件板件宽厚比密切相关，在设计中确定梁柱构件设计原则、选择计算方法时，应当依据主钢件的板件宽厚比及与之有关的截面分类。在设计阶段确定组合构造的类型与规格，达到设计组合要求；对 PEC 构件的组合性能参数与性能评价，完成组合构件的深化设计与验算；混凝土级配方案、和易性、水灰比、添加剂等方案的确定和性能的评价（图 3～图 6）。

图 3　PEC 钢混组合柱　　　图 4　PEC 钢混组合梁　　　图 5　PEC 钢混组合墙

钢混组合结构系统技术较好地将钢与混凝土组合在一起，彼此很好地协同工作，混凝土可提高开口截面钢的局部稳定性，通过增加整个截面的抗弯和抗扭刚度提高纯钢构件的整体稳定性；钢的外包约束一定程度上抑制混凝土裂缝早期开裂。使得构件具有较高的竖向承载力，又具有较好的抗震性能。预制混凝土填充在工字钢腹腔内，起到组合受力的同时，解决了钢结构防火防腐的问题，同时防火防腐年限等同主体结构，有效解决了装配式钢结构住宅的隔声、结构振颤、保温性能、居住舒适性、耐久性及二次装修等棘手问题。

图 6　PEC 钢混组合结构现场施工

本项目地上 6 层，地下 1 层，层高 2.9m，属于多层建筑，依据建筑高度和建筑平面布置需求，选择 PEC 框架结构技术体系，但是框架结构体系柱断面较大，容易造成凸梁凸柱问题，从而影响房间使用功能，为解决凸梁凸柱问题，在此工程中我们采用扁平化的 PEC 钢混柱，柱子截面宽度内墙部分为 180mm，外墙部分为 200mm；PEC 柱中钢龙骨部分深入地下室现浇钢筋混凝土剪力墙中，地下室墙体计算时不考虑钢骨贡献仅起构造插入嵌固作用。

但是扁平化的 PEC 钢-混凝土组合柱的组合效应如何保障，成为本工程的一个难点，H 型钢两侧混凝土较薄，只有 90～100mm。为验证组合效应，通过大批量的试件进行滞回性能试验，基于观察和测试数据分析表明：各试件的极限承载力均达到了全截面塑性承载力。试件并未发生混凝土被钢顶出的破坏现象；各试件的滞回曲线都很饱满，具有较好的耗能能力和延性性能（图 7）。

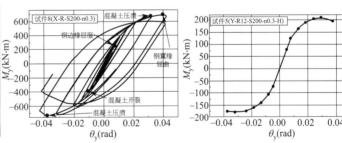

图 7　PEC 钢混组合结构力学性能试验

计算分析时采用多种软件（YJK、ETABS）的计算结果对结构整体计算指标进行控制。采用性能化设计方法，结构整体性能目标按照 C 级控制，其中对于普通结构构件、重要构件、关键构件的具体抗震性能目标依据结构重要性程度适当调整，控制结构周期比不超过 0.85，确保结构拥有足够的抗扭刚度。本工程主要钢混组合柱的截面尺寸为 H300×180×6×8、H350×180×6×10、H400×200×6×14，材质 Q355＋C30；钢混组合梁的截面尺寸为 HN298×149×5.5×8、HN300×150×6.5×9、H300×180×6×14；材质 Q355＋C30。

2.2　外墙系统技术

外墙系统采用外挂内嵌式外墙系统，是以蒸压加气混凝土条板为内侧墙板、以 80mm 预制混凝土板为外板，其中 PC 单板为主要受力系统。PC 外墙板由多个焊接于主体结构的挂点连接，上挂点位于钢梁下翼缘，为拉结作用，下挂点设计在钢梁上翼缘，为墙板主要受力构件，承受墙板重力。待墙板安装调试完成后，下挂点部位会连同楼板叠合层一起浇筑，连接更加稳定可靠。墙板各个挂点组合受力，形成安全可靠的连接节点。

该外墙系统主要特点为：外侧的 PC 单板坚固耐久，抗冻融、抗老化；PC 单板外挂于钢结构外侧，阻断冷热桥；PC 板缝采取材料防水、构造防水相结合，防水可靠；PC 单板集成门窗以及外装饰，集成度高且可免掉外墙的施工脚手架；内侧的 ALC 条板提供节能要求，且质量轻，施工方便（图 8、图 9）。

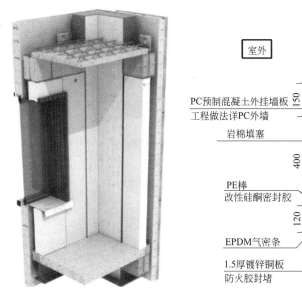

图 8　外挂内嵌 PC 外墙系统

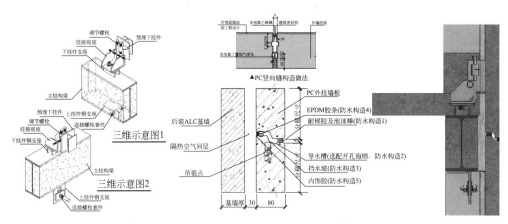

图 9　外挂内嵌 PC 外墙连接构造与防水构造

飘窗作为凸出在建筑墙面之外的一种外窗，可以扩展室内空间，开阔视野、丰富建筑立面，具有采光面积大、视景宽阔和通风效果好的特点，近年来随着人们对居住环境要求的提高，飘窗在民用建筑中得到了越来越广泛的采用。本工程项目北立面采用预制整体式飘窗，然后飘窗与主体结构采用挂接的方式和与楼板一体浇筑成型的两种方式进行连接，即方便现场装配，同时又可解决飘窗的安全问题和防水可靠问题（图 10）。

2.3　楼面系统技术

楼面采用预制预应力混凝土钢管桁架叠合楼板，预应力混凝土钢管桁架叠合板具有厚度薄、重量轻、整体性能好、施工方便、综合经济效益好等特点。

图 10　预制飘窗构造图

　　预应力混凝土钢管桁架叠合楼板，施工快速，整体刚度大，可提供良好的工作环境，叠合层浇筑完成后形成一个整体现浇的楼面系统，降低渗漏、开裂的问题，预应力技术降低底板纵向拼缝开裂的风险，提高了楼面的整体性能。

　　预应力混凝土钢管桁架叠合楼板预制部分厚度为 35mm，有效减少预制部分的厚度，减少运输成本和安装成本，安装效率高，现场浇筑 85mm 后，形成双向叠合板，浇筑完成之后总厚度 120mm；楼板、楼梯、阳台、空调板等构件中预制部分的比例 81.37%（图 11～图 13）。

图 11　预应力钢管混凝土叠合板

图 12　楼面系统的防水构造

2.4　内隔墙系统技术

　　内墙系统采用蒸压加气混凝土条板，现场无湿作业，全干法施工，安装快速灵活。在节点区通过防开裂构造措施，可杜绝墙体开裂。

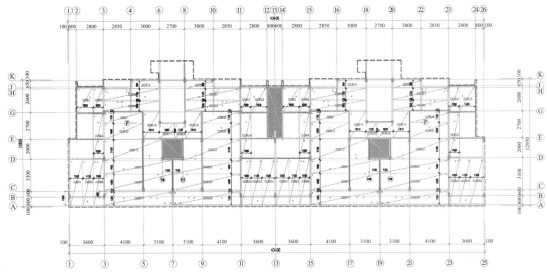

图 13　预应力叠合楼板布置示意图

选择合理的节点构造和板间拼接方式，安装时选用 ALC 墙板专用粘结剂或砌筑砂浆，条板墙体拼接部位使用满铺耐碱玻璃纤维网布加强，其他不同结构材料的交接处应采用不少于 150mm 宽的玻璃纤维网布或热镀锌电焊网作抗裂增强处理。砌块墙面应满挂耐碱玻纤网格布，并用抗裂性能较好的聚合物水泥砂浆找平（图 14）。

2.5　楼梯系统技术

楼梯采用预制装配式混凝土楼梯（PC 楼梯）。PC 楼梯采用工厂化生产和装配式施工，这种施工方法不仅可满足其使用功能还能有效缩短工期。构件生产工厂化使得质量较易保证且节约劳动力、减少建筑垃圾（图 15）。

2.6　装修及集成厨卫系统

根据浙江省《装配式建筑评价标准》DB33/T 1165—2019 等政策文件要求，本项目实施全装修，包括户型及公共区域，集成厨房的橱柜和厨房设备等应全部安装到位。厨房的墙面采用干式工法，吊顶采用石膏板吊顶（干式工法）；所有电气、给水排水管线均已设置管道井时，满足竖向布置管线与墙体分离。

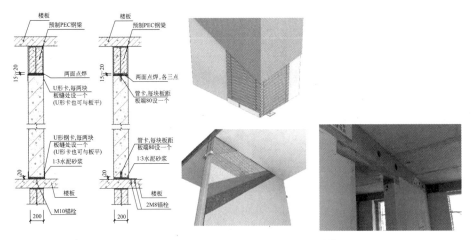

图 14　ALC 内隔墙连接构造图与防开裂措施

图 15　预制 PC 楼梯现场安装

3　PEC 钢-混凝土组合结构智能化制造与装配施工

3.1　PEC 钢-混凝土组合智能化生产线

PEC 钢-混凝土组合构件的生产关键工艺为 H 型钢的焊接、箍筋的焊接、混凝土的浇筑，影响整个构件生产效率的为箍筋的焊接，人工焊接效率很低，质量不可靠，为提高生产效率，针对 PEC 钢-混凝土组合构件的标准化工艺特点，特研发并投入生产的 PEC 钢-混凝土组合构件的钢筋焊接设备。

整条焊接线主要由 2 条箍筋自动输送线、1 套输送小车、1 套焊接工作站、1 套翻转输出工作站和 1 套输入混道及液压、气动电控等辅助设备组成。

箍筋自动输送线包括 1 台自动弯箍机、1 套分拣机械手、1 套箍筋输送线、1 套自动上料机、1 个设备平台组成。自动翻转输出工作站包括 1 套输送辊道和 2 台移动翻转机组成（图 16）。

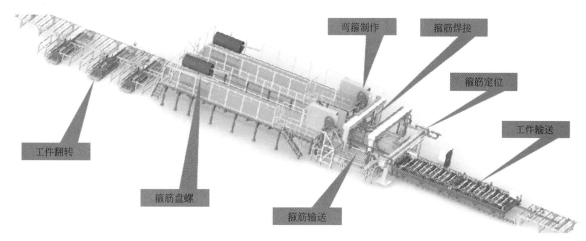

图 16　PEC 钢混组合智能化生产线

3.2　加工制造阶段实施要点

PEC 构件制作主要分为钢结构制造、钢筋布置和混凝土浇筑三大工序，钢筋布置和混凝土浇筑均在上一步工序完成后进行。为了实现 PEC 构件预期性能，必须控制每一步工序的加工质量。钢筋布置除考虑钢筋直径、间距、数量等因素外，还需确保和钢构件的有效连接。混凝土浇筑除了考虑自身级配方案、和易性、水灰比等因素外还需确保与钢筋、钢结构的有效结合。加工制造阶段需要对钢结构抛丸除锈与钢结构外露面的质量、混凝土的振捣与构件反转强度、组合构造钢筋的焊接质量与绑扎钢筋等隐蔽工程的质量、后浇筑节点区域工艺的质量进行控制。

3.3　施工安装阶段实施要点

PEC 构件的施工技术由 PEC 钢骨施工技术、PEC 构件后浇节点施工技术组成。PEC 竖向构件在吊装后用安装耳板和缆风绳进行临时定位，并对腹板拼接板上的高强度螺栓进行临时固定，待钢梁安装完成后对柱梁进行最终调正，调正后对节点进行施拧和施焊，调正后施焊遵循"减少焊接残余应力，控制结构变形，保证焊接质量"的原则，其目的在于"保证钢骨拼接的强度刚度的同时，保证竖向构件的垂直度和水平构件的平整度"。

节点连接构造包括钢结构节点和节点区域后浇筑混凝土两种工艺组成。PEC组合柱施工过程中的竖向拼接区域和梁的两端区域的后浇混凝土，应先浇筑竖向拼接区域，再浇筑梁的两端区域。

待节点区钢骨、附加纵筋、节点区箍筋施焊完毕并隐蔽工程验收合格后，对节点后浇区混凝土进行浇筑，采用专用浇筑模具和设备进行有压浇筑，并设置溢浆孔，其目的在于保证节点后浇区混凝土的密实度，防止后浇混凝土与预制混凝土之间出现裂纹。保证竖向材料之间的连续性（图17、图18）。

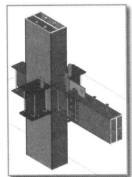

图 17　PEC钢-混凝土组合结构构件节点构造

图 18　PEC钢-混凝土组合构件吊装

本工程主体结构采用预制的PEC钢混组合结构，混凝土在工厂内与H型钢预制一体，现场作业只有钢结构的连接，同时楼板施工无需模板作业，外墙采用"外挂内嵌"PC外墙系统和整体预制飘窗，现场安装效率大大提升。

主体结构施工实现2～3天一个标准层，楼板吊装一天可以施工一个标准层，只是在叠合楼板现场钢筋绑扎与管线预埋施工效率有所影响，基本上需要3～4天一层楼板浇筑完成，但是不影响主体结构的施工与预制PC外墙施工安装，预制PC外墙可以同步与主体结构、楼面板进行穿插施工，总体施工效率相比传统钢筋混凝土结构提高约40%左右。

4　试点工程内外墙系统与楼面系统施工安装技术

4.1　PC外墙系统施工安装技术

（1）对工厂生产的预制构件，进场时应检查其质量证明文件和表面标识。预制构件的质量、标识应符合设计要求及现行国家相关标准规定。

（2）预制构件外观质量不应有严重缺陷，且不应有影响结构性能和安装、使用功能的尺寸偏差。

（3）预制构件采用焊接或螺栓连接时，连接材料的性能及施工质量应符合国家现行标准《钢结构设计标准》GB 50017 和《钢结构工程施工质量验收标准》GB 50205 的有关规定。

（4）装配式结构预制构件连接接缝处防水材料应符合设计要求，并具有合格证、厂家检测报告及进场复试报告。外墙板接缝的防水性能应符合设计要求。

（5）预制构件表面预贴饰面砖、石材等饰面与混凝土的粘结性能应符合设计和国家现行有关标准的规定。

PC外墙构件安装工艺：施工准备→外墙板进场验收→安装吊钩→安装缆风绳、起吊→试吊→吊运→静停→就位安装→粘贴防水卷材（图19）。

图 19　PC外墙安装

4.2　预应力叠合楼板施工安装技术

钢管桁架预应力混凝土预制底板的安装应进行支撑设计，就位前应设置好支撑。

（1）板端支撑：预应力叠合楼板搁置在PEC钢混组合梁上搁置长度不得小于40mm，并采用有效措施保障搁置长度及限位措施；

（2）跨内支撑布置应按计算确定，板端外挑不大于0.5m；

（3）全部支撑需要进行承载力、稳定性计算；

（4）支撑顶面应可靠抄平，以保证底板底面平整；支撑横梁要有足够的刚度并保证平直；应优先选用方木、工字铝、工字钢、铝矩形管、钢矩形管，严禁使用圆钢管；

（5）支撑拆除时，后浇混凝土同条件养护的混凝土立方体抗压强度应达到设计值的100%。

叠合板构件安装工艺：进场复验→施工准备→角部处理→预应力→叠合楼板吊装→板缝及边模板处理→附加钢筋铺设、管线敷设→自检及报验→混凝土浇筑→模板拆除（图20）。

图 20　预应力叠合楼板安装

4.3　ALC内隔墙施工安装技术

ALC内隔墙施工安装工艺比较成熟，但是在应用与钢结构住宅当中，需要特别关注ALC与钢柱钢梁的连接构造和门窗洞口的连接构造。洞口上方板小于300mm时，应采用现浇过梁，以防止开裂，具体施工安装工艺如下：

（1）ALC墙板底部间隙捣入细石混凝土挤压密实，墙板顶缝用聚合物水泥砂浆填实。墙板间连接处留10~20mm的缝隙，用聚合物水泥砂浆灌缝。

（2）U形钢卡等固定件应涂刷防锈漆进行防锈处理，必须按要求的数量、规格、型号牢靠固定，不得少放、漏放和松动。ALC墙板安装必须牢固,墙板间、墙板与周边结构连接必须可靠。

(3)为保证板缝的密实性,相邻板安装前板缝内先湿润,再灌聚合物水泥砂浆,以保证板缝密实、饱满、不空漏,并及时将板拼缝斜口上的砂浆清理干净。在板缝内的填充砂浆未完全硬化以前,不应使板受到振动和冲击。

(4)板材安装就位调整,就位时要慢速轻放;撬动时用宽幅小撬棍慢慢拨动;微调用橡皮锤或加枕木敲击,不得盲目瞎干,损伤板材。

(5)在ALC墙板上钻孔切锯时,应严格遵循规定,均应采用专用工具,不得任意切凿。在墙板上切槽时不宜横向切槽。通风管、桥架等均从门洞口上端两加强柱中穿过,尽量避免直接在整板上开洞穿过。

(6)ALC板安装毕后,对缺棱掉角、开槽(孔)凹陷部位进行修补,修补剂应用ALC板专用修补砂浆。

5 试点工程机电设备及装饰一体化技术应用

结构装配式住宅平面设计应着重强调模数协调、套型尺寸和种类优化、配套部品构件的标准化、系列化、通用化,以提升工程质量,降低建造成本。选用大空间的布局方式,合理布置竖向受力构件及设备管井、管线位置,实现住宅建筑全寿命周期的空间适应性及可变性。在立面设计方面钢结构装配式住宅立面设计应利用标准化、模块化、系统化的套型组合特点,预制外墙板可采用不同饰面材料展现不同肌理与色彩变化,通过不同外墙构件的灵活组合,实现富有产业化建筑特征的立面效果。立面装饰材料可结合预制外墙板在工厂内进行一体化设计、加工。本次设计8栋钢结构住宅,全部为6层洋房类产品,层高2.9m,户型分为(125+125)m² (41#、46#、52#、57#)、(125+139)m² (33#)、(139+139)m² (40#、45#、51#)三种。

试点工程机电设备与装饰一体化技术主要应用为机电设备与钢梁钢柱的关系、机电设备留洞与楼面系统关系构造、机电设备在内隔墙和外墙中留设构造等,在设计阶段采用BIM集成化设计,充分考虑机电设备管线与主体结构、外墙、楼面、内隔墙直接的关系,结合内装点位要求和结构规范要求进行洞口的提前留设。

6 结语

浙江省作为全国七个钢结构装配式住宅试点省份之一,并且在钢结构综合产业能力方面处于全国的领先地位,具有一批在钢结构设计、研发、加工制造、工程施工的领先企业,所以浙江省也在积极推进钢结构装配式建筑的应用,通过钢结构装配式建筑技术与管理创新和示范工程的打造,来促进浙江省建筑业企业能力的提升和整体的转型升级,实现浙江在钢结构建筑行业的领先地位。所以发展装配式钢结构建筑,特别是钢结构装配式住宅的应用,对浙江的建筑业可持续的高品质发展具有重要意义。

通过钢结构装配式住宅示范工程的实施,不断地提升企业的研发能力和管理能力,把一些成熟的钢结构住宅的技术与工程实践经验,向全行业进行推广,提升钢结构装配式住宅的品质与价值,满足老百姓对钢结构住宅的认知与认同,促进钢结构住宅向全国进行推广。

(1)数字化智能建造的管理与技术在钢结构住宅的应用与推广

钢结构装配式住宅通过数字化技术在设计阶段充分利用BIM技术实现装配式建筑的协同设计、参数化设计及虚拟建造来提升装配式建筑的设计质量和智能化、数字化应用水平。

钢结构装配式住宅的部品部件的采购、加工制造、仓储、物流利用数字化、智能化的技术和管理平台,并结合数控化加工设备进行智能化的计划运营、质量、安全、成本、效率的管理,提升在工业化制造的管理能力和管理效益。

钢结构装配式住宅在施工和装配现场,利用人工智能、云计算、5G、大数据等的数字化智能技术,对作业工人、施工机械、部品部件等进行质量、安全、工效、进度的数字化智能管理。

(2)成套集成技术在钢结构住宅的应用与推广

　　积极推进钢结构与预制混凝土混合技术和组合技术在钢结构住宅的研究与应用，同时提升钢结构与装配式外墙技术、装配式内墙技术、装配式楼面技术等方面的系统性与集成性研究与应用，保证钢结构装配式住宅在防水、防开裂、防腐、舒适性等构造性能的保障，满足钢结构装配式住宅的品质要求。

　　（3）工程总承包 EPC 在钢结构住宅的应用与推广

　　积极推行工程总承包的建造管理模式在装配式钢结构住宅在建造管理中对工程质量、施工效率、安全控制、成本控制等方面在设计、加工制造、施工方面进行管理协同与技术协同来提高钢结构住宅的建造管理能力和品质。

参考文献

[1]　赵根田，武志勇，侯敏乐 . H 型钢部分包裹混凝土组合短柱偏心受力性能研究[J]. 内蒙古科技大学学报，2009，
　　　28(4)：347.

二、钢结构装配式住宅体系研究及应用

钢结构装配式高层住宅体系与应用

孙 一 周 瑜 张耀林 张 伟

(中建科工集团有限公司，武汉)

摘 要 目前国家正在大力推广钢结构装配式建筑，国内主要以对结构体系的研发为主，少有对钢结构装配式建筑，尤其是钢结构装配式高层住宅建筑体系进行系统的研发。而对于钢结构装配式住宅建筑而言，重点在于选择适合的三板体系和最佳的施工方法。本文以武汉市蔡甸经济开发区岽山街产城融合示范新区一期项目 8# 楼为工程实例，结合与各部品厂家的沟通和调研的结论，以及相关标准、图集与规范，形成了一套以钢框架-支撑结构作为主体结构的钢结构装配式高层住宅结构体系，并采用可拆卸式钢筋桁架楼层板、ALC 条板、保温装饰一体板作为三板体系。该体系的组成构架清晰，同时相关部品材料均具备规范和图集文件的指导，使住宅达到了防水、保温的性能和居住舒适性的要求，具备良好的经济效益和社会效益。

关键词 钢框架-支撑结构；可拆卸式钢筋桁架楼层板；ALC 条板；保温装饰一体板

1 工程概况

蔡甸经济开发区岽山街产城融合示范新区一期项目，位于湖北省武汉市蔡甸区岽山街，北临常福大道，东依黄星大道。项目由 16 栋 26 层、32 层高层住宅及配套商业、幼儿园组成，工程总建筑面积约 49 万 m²。

本项目 8# 楼为钢结构装配式高层住宅，建筑高度 78.45m，地下 1 层，地上 26 层，建筑面积 2.26 万 m²，居住套数 208 套。其主体为钢结构-框架结构体系，钢柱为矩形柱，钢梁采用窄翼缘的 H 型钢，局部位置采用方管作斜撑，钢结构用量约 2500t，钢柱内灌 C55、C50 高强度自密实混凝土，三板体系分别为可拆卸式钢筋桁架楼层板、ALC 条板、保温装饰一体板。根据武汉市装配式评价标准，8# 楼评定为 AA 级装配式建筑，装配率 76.5%（图 1）。

图 1 8# 楼钢结构装配式
高层住宅设计效果图

2 技术特点

2.1 可拆卸式钢筋桁架楼层板施工技术

该技术结合了钢结构装配式住宅的自身特点，运用可拆卸式钢筋桁架楼层板技术，发挥其支撑结构少、木模重复利用、可实现快速安拆的优点，大大促进了装配式项目楼板技术的发展。

2.2 ALC 条板施工技术

该技术发挥了 ALC 条板在装配式项目中整体装配式安装施工的优势，其具有湿作业少、成型面平整、免抹灰的特点。ALC 条板与钢梁、楼层板采用管卡和滑动 S 板的连接方式，与钢柱采用嵌缝剂、PU聚氨酯、PE棒、耐候密封胶的柔性连接缝方式，进一步降低了ALC墙体开裂和渗水的风险。

2.3 保温装饰一体板施工技术

该技术应用了集保温、防水、装饰等功能于一体的保温装饰一体板材料，与钢结构装配式住宅结构采用粘锚和龙骨干挂两种连接方式，增强了墙体的保温、防水作用，提升了外墙整体美观度。

3 钢结构装配式高层住宅体系

钢结构装配式高层住宅的建造工法，其中包含了整个住宅建筑体系中多个部品的施工工艺，主体结构为钢框架结构，楼板为底模可拆卸式钢筋桁架楼层板，基墙体为ALC条板和砌块，外围护结构为保温装饰一体板。每个部品按照主体结构→楼板→基墙体→外围护结构的顺序和各自的施工工艺形成流水施工，依次完成所有部品的施工（图2）。

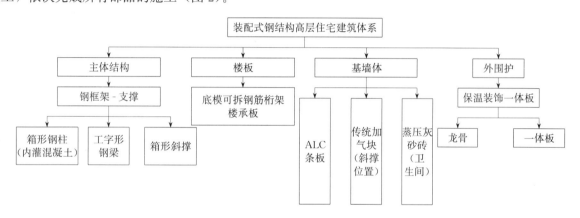

图2　钢结构装配式高层住宅建筑体系

3.1 主体结构

8#楼地下室钢柱采用内灌外包混凝土，地上结构主体结构采用钢框架-支撑结构体系（图3），钢柱为箱形钢柱，钢梁为H型钢，材料等级为Q345B，结构安全等级为二级，钢结构抗震等级为四级。该结构体系结构刚度高，在规定水平作用力和风荷载作用下最大层间位移角为1/487（图4），且用钢量低，经济性好。

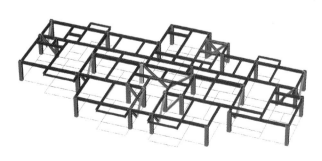

图3　钢框架-支撑结构体系

振型、周期、周期比

振型号	周期	平动系数（X+Y）	扭转系数	周期比
1	3.9920	0.97	0.03	
2	3.5921	0.91	0.09	0.83
3	3.3167	0.12	0.88	

规定水平力作用和风荷载下的结构位移参数

作用	位移角及位移比值	X向	Y向
规定水平力作用	最大层间位移角	1/1017	1/895
	最大位移与层平均位移比值最大值	1.11	1.31
	最大层间位移与平均层间位移比值最大值	1.11	1.33
风荷载	最大层间位移角	1/694	1/487
	最大位移与层平均位移比值最大值	1.06	1.08

振型1 (T₁=3.99s)　振型2 (T₁=3.59s)　振型3 (T₁=3.31s)

图 4　钢框架支撑结构刚度计算图

箱形钢柱主要截面尺寸为 400mm×400mm、450mm×450mm、500mm×400mm，根据现场塔式起重机吊装性能和运输情况按 2 层或 3 层高度划分节段，并在钢结构制造厂内进行工业化生产，现场进行吊装、焊接。

8#楼地上部分主要节点有梁柱节点、箱形支撑与框架柱节点、箱形支撑与结构梁节点等。根据设计图纸要求，钢柱壁厚 t≥16mm 时采用焊接钢柱，t<16mm 时采用冷弯型钢柱，其不同钢柱类型的相关节点存在差异。主要节点形式见图 5。

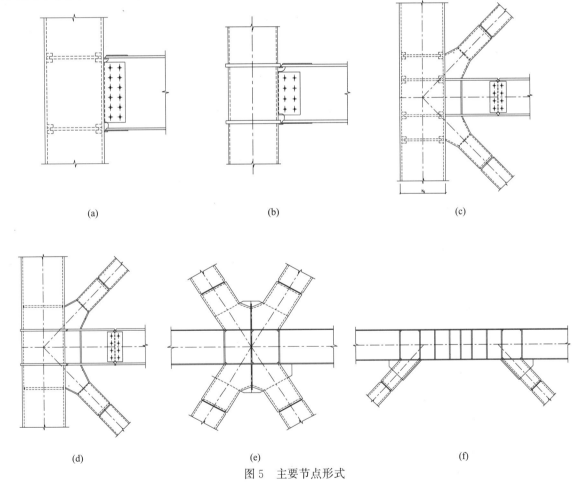

(a)　(b)　(c)

(d)　(e)　(f)

图 5　主要节点形式

（a）梁柱刚接节点示意图一（箱形焊接柱）；（b）梁柱刚接节点示意图二（冷弯成型箱柱）；
（c）支撑与框架柱连接节点一（柱/支撑为焊接箱形截面）；（d）支撑与框架柱连接节点二（柱/支撑为冷弯成型截面）；
（e）中心支撑与框架梁节点；（f）偏心支撑与框架梁连接节点

3.2 底模可拆卸式钢筋桁架楼承板

底模可拆卸式钢筋桁架楼承板采用胶合木模板，通过特制塑料扣件、螺栓和 U 形加固件将底模与钢筋桁架连接成整体，待混凝土浇筑完成并达到强度后将底模拆除并循环使用（图 6）。

上弦钢筋
扣件
底模
下弦钢筋

图 6 底模可拆卸式钢筋桁架楼承板

楼承板的相关型号参数见表 1。

楼承板的相关型号参数表　　　　　　　　　　　　　表 1

楼承板型号	上弦钢筋（mm）	下弦钢筋（mm）	腹杆钢筋（mm）	h_t	底模板（mm）	施工阶段最大无支撑跨度（m）	
						简支板	连续板
TD1-70	8	8	4.5	70	15	1.8	2.4
TD1-80	8	8	4.5	80	15	1.9	2.6
TD2-90	10	10	5.0	90	15	2.1	2.8
TD1-110	8	8	4.5	110	15	3.0	3.3

注：1. 上、下弦钢筋采用热轧钢筋 HRB400 级，腹杆钢筋采用冷轧光圆钢筋；

　　2. 底模板满足自承重要求，后期混凝土形成强度后可拆卸并循环周转使用；

　　3. 当板跨度超过楼承板施工阶段最大无支撑跨度时需在跨中加设一道线性临时支撑。

相关典型节点见图 7。

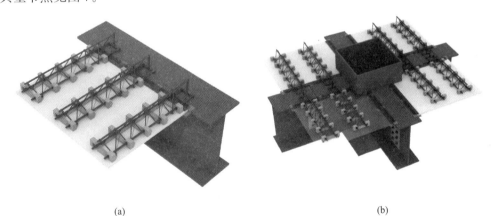

(a) 　　　　　　　　　　　　　　　　　　(b)

图 7 楼承板的相关典型节点

（a）楼承板与钢梁连接节点；（b）楼承板与钢柱连接节点

3.3 ALC 板

ALC 条板（蒸压砂加气混凝土板材）是以硅砂、水泥、生石灰、石膏为原料，用铝粉为发泡剂，经一系列工艺过程（配料、配筋、发泡、切割），最后经高温、高压蒸汽养护获得的多孔硅酸盐制品，有别于以粉煤灰为原料的传统加气混凝土，其密度型号均为 B05（强度等级不小于 A3.5）。宽度定尺 600mm，本项目条板厚度内墙 100mm，外墙 150mm，长度最

图 8 ALC 条板实物图

大 2540mm（图 8）。

ALC 条板与两侧钢柱、顶部钢梁均应采用柔性连接节点（柔性材料包括 PU 聚氨酯、PE 棒、密封胶等），相关部分典型连接节点示意见图 9。

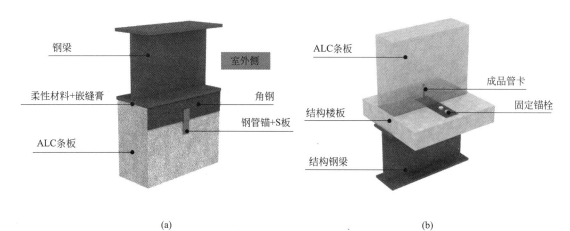

(a)　　　　　　　　　　　　　(b)

图 9　ALC 条板安装相关节点

(a) 外墙 ALC 条板与钢梁连接节点；(b) 内墙 ALC 条板与楼板连接节点

3.4　保温装饰一体板

保温装饰一体板是由预先做好装饰层的面板（硅酸钙板、水泥纤维板、金属面板等）和保温层材料复合而成，集保温、防水、饰面等功能于一体，工厂化生产，现场施工（主要有粘锚和龙骨干挂两种方式）的集成材料，是一种既可以满足当前房屋建筑功能与美观需求，又提高现场施工整体工业化水平的材料。相关材料见图 10。

(a)　　　　　　　　　　　　　(b)

图 10　保温装饰一体板样品

(a) 保温装饰一体板（面板硅酸钙板）；(b) 保温装饰一体板（面板薄铝板）

8#楼 1～5 层采用面板水泥基材料的保温装饰一体板，60mm 厚岩棉 A 级，主要设计分格尺寸为 600mm×800mm，现场为粘锚施工节点，钢结构梁柱部位使用水泥纤维板单板干挂并填充 35mm 厚岩棉。6～26 层采用面层为 0.8mm 厚铝板辊涂氟碳漆，其氟碳树脂的含量大于 75%，厚度大于 25μm，芯材采用 40mm 厚保温岩棉，0.5mm 厚水泥基卷材贴面，经热压成型的保温装饰一体化的预制板材，板材标准尺寸：590mm×L（L 为现场实际尺寸长度），现场为钢龙骨干挂施工节点，龙骨采用热浸镀锌 50mm×30mm×2.5mm 矩形钢管、L40mm×3mm 角钢和 L50mm×4mm 角钢（图 11）。

（a）　　　　　　　　　　　　　　（b）

图 11　保温装饰一体板连接节点做法
（a）粘锚一体板典型连接节点；（b）干挂一体板典型连接节点

4　三板体系施工工艺

4.1　底板可拆卸式钢筋桁架楼承板施工工艺

主要施工流程为：材料进场、吊装→对铺板起始边安装第一块板→依次安装相邻板→板缝之间铁皮封堵→水平支座筋与钢梁焊接→非标板收尾→栓钉焊接→管线预埋→绑扎附加筋→超免支撑跨搭设线性支撑→验收。相关施工要求如下：

（1）底模可拆卸式钢筋桁架楼承板施工前，将各捆楼承板调运到各安装区域，明确起始点及板的铺设方向（图 12）；

图 12　底板可拆卸式钢筋桁架楼承板现场照片

（2）悬挑处楼承板，平行桁架方向悬挑长度小于 7 倍的桁架高度，无需加设支撑；

（3）楼承板铺设前，应按深化图所示的起始位置安装第一块板，并以此板定位为基准安装其他板，最后采用非标准板进行收尾，桁架长度方向上在钢梁上的搭接长度不宜小于 $5d$（d 为钢筋桁架下弦钢筋直径）及 50mm 中的较大值，并应满足设计需求；

（4）可拆底模要对接严密，当板间缝隙较大时，可以采用薄铁皮或双面泡沫胶对板间缝隙进行封堵，避免后期浇筑漏浆；

（5）楼承板铺设时应随铺设随点焊，将楼承板支座水平筋与钢梁翼缘点焊固定；

（6）严格按照图纸及相应规范的要求来调整钢筋桁架楼承板的位置，板的直线度误差为 10mm，板的错口误差要求＜5mm。

4.2 ALC 条板施工工艺

ALC 条板施工前需要先进行深化设计，深化完成并确认图纸之后，方可下料加工并发运现场。现场主要施工流程为：放置预埋件→弹线放样→设定 ALC 板安装控制线→检查和验收板材→板材的场内运输→板材的破损修补→焊接加固角钢（外墙）→安装板材→板片校正与固定→板缝处理→现场清理→验收。相关施工要求如下：

（1）板材进入施工现场前应提供产品合格证和产品性能检测报告，并对全部板材进行外观检查；

（2）板材宜采用专业工具平稳装卸，吊装应采用宽度不小于 50mm 的尼龙吊带兜底起吊，严禁使用钢丝绳吊装。运输过程中宜侧立竖直堆放，多块打包捆扎牢固，尽量不采用平放；

（3）垫木长约 900mm，截面尺寸 100mm×100mm，每点设置 2 根，设置点距板宽不超过 600mm，应分层设置垫木，每层高度不超过 1m；

（4）板材安装时的含水率：严寒及寒冷地区，上墙含水率宜控制在 15％～20％；其他地区宜控制在 30％左右；

（5）板材安装前应保证基层地面平整，如不平整可先做 1：3 水泥砂浆找平层再安装板材；

（6）板材安装前应符合板材尺寸和实际尺寸，板材和主体结构之间应预留缝隙，宜采用柔性连接，并满足结构设计要求；

（7）板材间涂抹粘结剂前应先将基层清理干净，粘结剂灰缝应饱满均匀，厚度不应大于 5mm，饱满度应大于 80％；

（8）内墙板的安装顺序应从门窗洞口处向两端依次进行，门洞两侧宜用整块板材，无门洞口的墙体应从一端向另一端顺序安装；

（9）当内墙板较多或纵横交错时，应避免十字墙或丁字墙两个方向同时安装，应先安装其中一个方向的墙板，待粘结剂达到设计强度后再安装另一方向的墙板（图 13）。

图 13　ALC 条板现场照片

4.3 保温装饰一体板施工工艺

（1）粘锚施工

硅酸钙板一体板粘锚施工时，首先需要进行基层处理，对于平整度较好的 ALC 墙板，可直接进行粘结砂浆涂抹工序，对于平整度较差的 ALC 墙板或砌体墙板，则需要考虑砂浆找平。随后一体板一方面通过扣件＋膨胀螺钉的连接节点，一方面通过背板与基层墙体粘结的双重方式，将一体板与基墙体有效连接，板与板拼缝位置处依次布设 PE 棒和耐候密封胶。现场主要施工流程为：基层处理→成品倒运→尺寸放样切割→基层墙体放线→基层上安装锚固件→一体板与基层粘锚结合→板间缝隙处理→验收。相关施工要求如下：

1）一体板下料切割时，需要在切割完毕后，进行现场开槽加工。用专用的开槽设备，按照设计要求及产品技术规程中规定的位置，在板侧进行开槽加工，槽深规定不小于 10mm，宽度为 2mm，长度为 60～80mm。

2）应按专用粘结砂浆的配比要求配置。在砂浆搅拌机中搅拌或在便捷式胶桶中用电动搅拌器搅拌 3～5min，静止 5～10min 后，再次拌匀后使用，专用粘结砂浆稠度控制在 70～100mm。搅拌好的专用粘结砂浆应在 2.0h 内使用完，严禁将已超过使用时间的专用粘结砂浆予以二次搅拌再用。

3）首层一体板施工前，应按设计或施工放线位置用冲击钻或电锤对基层墙体钻孔后，用锚固件预装可调托架件，钻孔深度应大于有效锚固深度 10mm。

4）专用粘结剂均匀地点涂在保温装饰板的背面，每个涂点的直径＞200mm，高度不应低于实际粘贴厚度的 1.5 倍，每平方米不得少于 10 个涂点。

5）一般为板缝宽度的 1.2～1.5cm，填缝应紧密，嵌缝条与板面深度以 4～6mm 为宜。嵌缝条应完整、清洁，表面不得有破损、污染；施工时嵌缝条应均匀嵌入板缝，不得生拉硬扯，避免嵌缝条产生回缩现象。

6）排水管的主要作用是排出墙体和保温装饰一体化系统间的水分，设置部位在勒脚，排水管的设置宜为每 10m 一个，其材质为不锈钢，内径为 10mm。安装在板与地面的交接缝中，并做好四周密封处理。

（2）干挂施工

主体框架为钢框架，先在龙骨相应位置钢梁上翼缘布设 L 形角钢连接件（在楼板混凝土浇筑前预设，或焊接在钢梁翼缘下），并与钢梁上翼缘焊接固定。后期龙骨直接与预设的角钢焊接固定连接。龙骨布设完成后，龙骨与一体板之间通过沉头自钻自攻螺钉进行固定连接。螺钉的规格与间距满足相关设计要求。一体板安装完成后，对一体板的拼缝进行处理，该处先安装 PE 棒（泡沫棒），然后在泡沫棒外侧填充耐候密封胶。现场主要施工流程为：基层验收及处理→测量放线→主辅材料预加工→龙骨安装→板材安装→填缝密封→板面清理→验收。相关施工要求如下：

1）保温装饰板的现场加工应在施工现场的清洁车间或工棚中进行，加工的工序及作业内容主要为保温装饰板裁切、刨槽、折弯和固定。板材储存时应以 10°内倾斜放置，底板需用厚木板垫底，才不至于产生弯曲现象。

2）板间接缝宽度为按设计要求预留，安装板前要在施工作业面两垂直边上拉出两根通线，定好板间接缝的位置，按线的位置安装板材。拉线时要使用弹性小的线，以保证板缝整齐。保温装饰板定位以后，用自攻螺丝将安装固定边固定到龙骨基层上。

3）保温装饰板安装时，冷凝水排出管及附件应与土建预留孔装饰留槽、孔口连接严密，出水孔连接处应设橡胶密封条；其他通气留槽孔及雨水排出口等应按设计施工，不得遗漏（图 14）。

图 14　保温装饰一体板现场照片

4）胶粘剂调配使用干净的塑料桶倒入 6kg 的净水，加入 25kg 的胶粘剂，并用低速搅拌器搅拌成稠度适中的胶浆，净置 5min。使用前再搅拌一次。调好的胶浆宜在 4h 内用完。

5）注密封胶时，应用胶纸保护胶缝两侧的材料，使之不受污染。在易受污染部位用胶纸做防污保护或用塑料薄膜覆盖保护；在易被划碰的部位，应设安全护栏保护。清洁中所使用的清洁剂应用铝塑板专用清洗剂。

5 结语

本项目采用的钢结构-框架装配式高层住宅体系采用了"标准化设计、工厂化生产、装配化施工、信息化管理、智能化应用"的现代工业化生产方式，其结构具有强度高、自重轻、抗震性能好、施工速度快、工业化程度高、有效使用面积大等优点，与其他结构体系相比，建造钢结构建筑的钢材是可以回收再利用的，可以实现传统建筑的转型升级。

建造过程减少了混凝土现浇量，因此工地现场的养护用水、冲洗用水明显减少。大幅度减少工地现场的混凝土浇捣作业，减少模板、砌块和钢筋切割作业，减少现场支模、拆模作业量。装配式建筑免抹灰工艺减少灰尘及施工的噪声污染，建筑垃圾产生。钢构件、ALC、可拆卸式钢筋桁架楼承板、保温装饰一体板等预制构件为工厂制作，更容易实现高品质，构件的高品质反推现场施工的质量提升，真正意义上实现保温一体化，防水一体化，延长建筑物的使用寿命。通过该项目的实践和总结，形成一整套全专业成体系的钢结构装配式高层住宅施工技术工艺和方案，为推广装配式建筑提供了参考和依据。

参考文献

[1] 池伟. 钢结构装配式住宅的研究及应用[J]. 钢结构与绿色建筑技术应用，2019.
[2] 和金兰. 钢结构装配式住宅关键建造技术分析[J]. 住宅与房地产，2018.

"和筑"装配式钢结构体系的工程应用

崔清树[1]　祝晨光[1]　刘志光[2]　张跃峰[1]　吕海娜[1]

(1. 北京和筑科技有限公司，北京；2. 大元建业集团股份有限公司，沧州)

摘　要　"和筑"装配式体系已在十多个工程中得到应用，本文以问题为导向，将应用中的心得和出现的问题做一个梳理，供大家参考。

关键词　钢结构住宅；混凝土剪力墙；浅波钢板组合墙；加劲钢板墙；多腔异形钢管混凝土组合柱

1　前言

装配式钢结构住宅从 1999 年开始实践，至 2009 年大概完成 800 万 m²。最近的 10 年完成的工程面积更多，但形成的固定体系却凤毛麟角，由于没有权威的发布，到目前为止一些地方和企业还在原始的问题上打转转，比如说防腐和防火问题、位移角 1/250 会不会引起非结构构件破坏等。美国 20 世纪 30 年代的钢结构住宅至今依然在交易，说明保险公司对钢结构住宅建筑的功能都是认可的，认为其是安全的。

"和筑"装配式体系三年来通过十多个工程实践已得到市场的认可，第一个施工完成的"罗湖·四季花语北区 10♯楼"荣获"中国钢结构金奖"，"湘德住宅项目 A 区 7♯楼"位于抗震烈度 8 度地区，这些都是"和筑"装配式体系的工程应用实践。

2　体系简介

"和筑"装配式体系已在《钢结构、木结构工程技术创新与应用》一书中详细介绍，题目为"和筑多腔装配式钢结构技术体系"。主要内容包括多腔钢管混凝土组合柱、梁柱局部内隔板节点、设计配套软件和浅波钢板混凝土组合墙的应用。

3　体系中的抗侧力结构应用

"和筑多腔装配式钢结构技术体系"已详细介绍了"和筑"装配式体系中的"浅波钢板混凝土组合墙"，根据建筑的层数和抗震烈度，我们也可以选择钢支撑、加劲钢板剪力墙和（装配式固模）混凝土剪力墙，其目标都是围绕经济去选择抗侧力结构的形式。

3.1　混凝土剪力墙

沧州天成装配式钢结构住宅项目位于河北省沧州市，总建筑面积 37266.99m²，地上建筑面积 33514.29m²，地下建筑面积 3752.70m²。该项目共包括 10 栋住宅，其中 7♯楼（图 1）采用装配式钢结构体系，地上 27 层，地下 3 层，层高 2.9m，建筑高度 78.6m。采用矩形钢管混凝土框架＋现浇混凝土核心筒体系。项目设防烈度 7 度（0.136g）；场地类别 Ⅲ 类，设计地震分组第二组，场地特征周期 0.55s。

主体结构采用矩形钢管混凝土框架＋现浇混凝土核心筒，为组合结构体系（图 2）。框架柱采用钢

(a)　　　　　　　　　　　　　　(b)

图 1　天成钢结构住宅 7♯ 楼

(a) 效果图；(b) 施工中现场（2020 年 8 月 21 日拍摄）

管混凝土柱浇筑混凝土，框架梁与支撑采用 H 型钢，楼板采用钢筋桁架楼承板。矩形钢管中浇筑 C50 自密实混凝土，采用 Q345B 级钢管。竖向交通核采用现浇混凝土核心筒，交通核所占面积比例小于 20%。

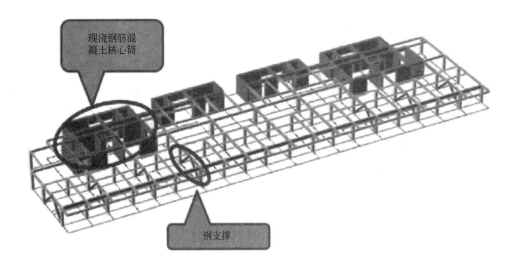

图 2　三维结构标准层模型

根据《装配式建筑评价标准》GB/T 51129—2017 表 4.0.1 中各项目的应用情况，统计各分项分值，计算得出的装配率为 71%（不得分项表中未列出），大于装配率 50% 的要求，应被认定为装配式建筑，其明细见表 1。本项目打分存在争论的地方就是混凝土核心筒部分，如果扣除核心筒部分的面积 20%，其得分约为 57 分，同样大于装配率 50% 的要求。

装配式建筑评分表 表1

评价项		应用比例（%）	自评得分
Q₁ 主体结构 （50分）	柱、支撑、承重墙、延性墙板等竖向构件	100.0	30
	板、楼梯、阳台、空调板等构件	80.5	20
Q₂ 围护墙和内隔墙（20分）	非承重围护墙 非砌筑	94.1	5
	围护墙与保温、隔热、装饰一体化	94.1	5
	内隔墙 非砌筑	58.8	5
Q₃ 装修和设备	全装修	100.0	6
装配率（%）		71	

对于 27 层的住宅，如果采用混凝土剪力墙，其计算用钢量比全钢结构高 20～30kg/m²。河北、四川以及中国工程标准化协会等部门发布了《装配式固模剪力墙及楼承板结构技术标准》（各地名称差不多），并配有构造图集，如果"固模"混凝土剪力墙在计算装配率中计分，那么 18 层以上的高层装配式钢结构住宅和高抗震烈度地区的中、高层装配式钢结构住宅的价格会降低 300 元/m²左右。

3.2 钢板组合墙

（1）一般介绍

行业里钢板组合墙已有四种，即平钢板组合墙（执行标准为《钢板剪力墙技术规程》JGJ/T 380）、钢管混凝土束组合墙（执行标准为《钢管混凝土束结构技术标准》T/CECS 546）、波形钢板组合墙（执行标准为《波形钢板组合结构技术规程》T/CECS 624）和桁架式钢板组合墙（执行标准为《桁架式多腔体钢板组合剪力墙结构技术规程》报批中），这四种组合墙的构造如图 3 所示。

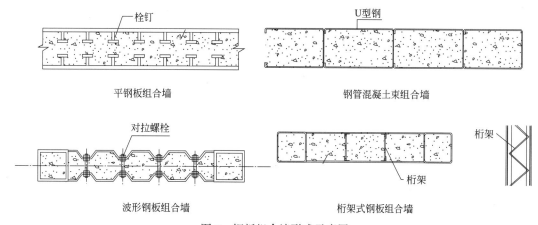

图 3 钢板组合墙形式示意图

从形式上看这四种组合墙都是两层钢板中间浇筑混凝土，不同的是两层钢板的拉结形式不同，所以受力形式基本一样，其计算方法也应该大同小异。

从钢板的最小厚度要求去看，平钢板组合墙的钢板最小厚度为 10mm，其他 3 种钢板最小厚度为 4mm，这就是后三种形式研究和应用的根本原因。至于个别企业和院校尝试将平钢板组合墙的钢板最小厚度降低到 6mm，其工程应用并不成功，现场钢板的平整度得不到保证，由于钢板比较薄，现场焊接翘曲变形较大。

（2）浅波钢板剪力墙的研究和应用

1）浅波钢板剪力墙的由来

波形腹板构件在我国桥梁上较早得到应用，其加工形式为折弯和冲压两种，最早的加工形式为折弯，近些年才发展到冲压形式。冲压钢板的厚度从 8～30mm 不等，波高也从 40～200mm 不等，显然这个厚度和波高不在民用建筑钢板剪力墙范围内，但它的计算假定、设计理论和构造节点形式可以从中借鉴。

2002年上海通用钢构公司北京分公司就把这种波形腹板H型钢介绍到中国，并进行了技术评估，后来山东华兴集团等单位开始制造波形腹板H型钢的焊接机械设备，波形腹板H型钢这种构件才渐渐被房屋建筑界认识，大多数用在荷载较大的门式刚架轻型房屋中。由于波形钢板具有较大的面外刚度且能承担较高的抗剪屈曲荷载，克服了平钢板的面外刚度弱，构件在制作与运输过程中易产生较大的扭转、变形等缺点，于是就将波形钢板"从波形腹板H型钢"延伸到波形钢板组合墙。

"和筑"科技公司在进一步研究中发现，在一定范围内波高对波形钢板组合墙的承载能力影响较小，而波高的大小对机械加工所需的传送能量影响却较大。如果从钢板厚度的角度出发，原来能加工6mm厚深波纹钢板的机械改加工浅波钢板，其最大厚度可达8mm，而8mm的浅波钢板组合墙可将住宅设计到120m以上，因此研发浅波钢板组合墙就显得非常重要。

2）浅波钢板混凝土组合墙的设计

浅波钢板混凝土组合墙（图4）由浅波钢板、边缘构件以及连接件组成，形成的空腔内填混凝土，其截面形式包括一字形、L形、T形、十字形等。

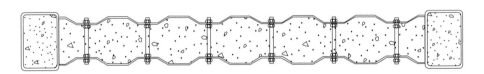

图4　浅波钢板混凝土组合墙示意图

把平板压成浅波形，主要解决钢板最小应用厚度，因为《钢板剪力墙技术规程》JGJ/T 380—2015要求最小厚度10mm，而浅波钢板最小厚度可降低至3mm。浅波钢板为等波钢板，便于生产与安装；波高不大于25mm，加工成本具有较大优势。

这种墙肢结构有其独特的组成和受力特点，其具体为：墙肢结构常由多个墙肢组成，每一个墙肢由浅波钢板包裹混凝土组成，外侧钢板与内置混凝土之间通过对拉螺栓连接，在螺杆内侧设置内锁装置以精确控制和调整外侧钢板之间的距离。待混凝土浇筑完成且凝固后，对对拉螺栓施加预紧力，形成对混凝土的侧向约束，进而提高混凝土的强度。由于浅波钢板本身具有的波形特征，使得波在竖向设置的浅波钢板能够有效提高其竖向受压承载力。浅波钢板又受到混凝土的约束，使其在受压、受弯、受剪屈曲时向内屈曲变形完全受到混凝土约束，向外侧变形又受到对拉螺栓的有效约束，这种双向约束作用极大地提高了浅波钢板的抗屈曲荷载以及对应的稳定系数。

3）浅波钢板组合墙的工程应用

目前浅波钢板组合墙已应用于下列10个工程中（表2）。

浅波钢板组合墙工程应用项目　　　　　　　　　　　　表2

序号	工程名称	层数	建筑高度（m）	建筑面积（m²）	设防烈度	用钢量（kg/m²）
1	罗湖·四季花语北区10#楼	18/—1	52.1	13165.73	7度(0.15g)	77
2	锦绣学府2#楼	34/—1	98.5	15302.30	7度(0.10g)	116
3	荣盛名邸13#楼	33/—2	95.9	18589.17	7度(0.10g)	105
4	沧兴·青海一品3#楼	27/—3	78.5	16857.60	7度(0.10g)	85
5	中梁·观沧海15#楼	18/—1	52.55	6425.88	7度(0.10g)	78.5
6	荣盛·君兰苑11#楼	18/—1	52.7	8747.11	7度(0.10g)	79

序号	工程名称	层数	建筑高度(m)	建筑面积(m²)	设防烈度	用钢量(kg/m²)
7	湘德住宅项目A区7♯楼	31/-1	89.9	23278.56	8度(0.30g)	165
8	东华锦园小区8♯楼	18/-2	52.4	7397.90	7度(0.10g)	77
9	锦绣书苑小区1♯楼	17/-1	50.05	7615.91	7度(0.10g)	95.5
10	荣盛和府11♯楼	18/-1	54.0	11465.64	7度(0.15g)	84

上述项目中，罗湖·四季花语北区10♯楼获得"中国钢结构金奖"（图5），湘德住宅项目A区7♯楼为浅波钢板剪力墙在高烈度区［8度（0.30g）］首次应用（图6），目前已施工至地上4层。

图5　罗湖·四季花语北区10♯楼

图6　湘德住宅项目A区7♯楼

4）浅波钢板组合墙的优点

通过项目实践，可发现浅波钢板剪力墙有以下优点。

① 生产效率高：辊轧成型，避免大量焊接；

② 承载能力高：承载力高且节约材料；

③ 抗震性能好：延性及耗能能力优；

④ 水平力传递：浅波的截面形式有利于传递楼面水平力；

⑤ 舒适性优越：不露竖向构件；

⑥ 质量易保证：墙体为通腔体，混凝土浇筑质量易保证；

⑦ 综合成本低：可有效节约项目用钢量，降低结构成本。

3.3 加劲钢板剪力墙

（1）加劲钢板墙的特点

框架-钢板剪力墙结构体系是高层建筑常用的结构体系之一，具有良好的抗侧能力。钢板剪力墙作为主要的抗侧力构件，具有良好的延性。但钢板剪力墙尤其是薄钢板剪力墙容易因为屈曲而丧失承载力，采用厚的钢板剪力墙不经济，因此在实际工程中可以通过在钢板剪力墙两侧设置加劲肋，形成加劲肋钢板剪力墙，限制钢板剪力墙发生平面外屈曲。加劲钢板剪力墙墙身全部使用钢材，可以实现工厂智能一体化制造，免去现场浇筑混凝土的过程，与其他双层钢板组合墙相比施工更快捷、更绿色。

但同时由于劲钢板墙自身不能承担竖向荷载的缺点，会导致端柱过大影响建筑布置。靠增加钢板剪力墙钢板厚度可解决端柱截面过大问题，但是不经济。高层钢结构住宅楼项目中，在柱距不是很大的情况下，加劲钢板剪力墙两端用扁柱连接，扁柱在满足承载能力的前提下，还可以实现不露梁不露柱，这在河南天丰新乡亿通住宅楼项目已经得到成功应用，如图7所示。

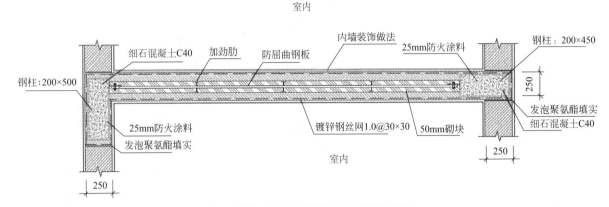

图 7　端柱为扁柱钢板剪力墙建筑节点图

（2）工程应用

某工程位于邢台市，建筑高度58m，地上18层，地下1层，层高2.95m，主体结构采用钢框架-剪力墙结构体系。项目设防烈度7度（0.1g），场地类别Ⅲ类，设计地震分组第一组，场地特征周期0.45s。

本项目用盈建科软件建模，结构采用钢框架-剪力墙结构（图8～图10）。剪力墙分别采用：双层浅波钢板组合剪力墙、端柱带肋钢板剪力墙、部分加劲钢板剪力墙建模分析。其中竖向加劲钢板剪力墙等代成交叉支撑200mm×300mm×10mm。对三种不同钢板剪力墙形式，进行用钢量比较和地震作用下最大层间位移角比较，结果见表3。

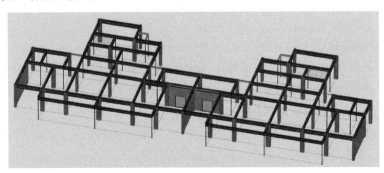

图 8　端柱带肋钢板剪力墙

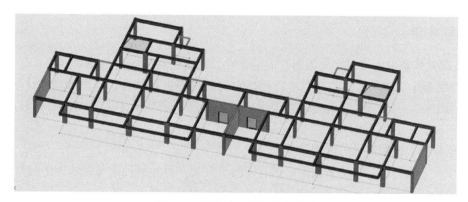

图 9　双层浅波钢板组合剪力墙

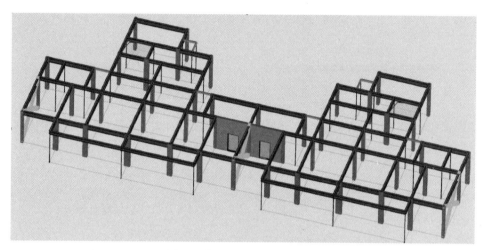

图 10　部分（纵向）交叉支撑

三种钢板剪力墙对比表　　　　　　　　　　　　　　　　　　　　　　　　　表 3

钢板剪力墙形式	层间位移角（地震）	用钢量明细(t)		总用钢(t)
双层钢板剪力墙 $T=150mm$；$t=4mm$	$X=1/344$ $Y=1/425$	墙：64		482
		梁：194		
		柱：223		
端柱带肋钢板墙 $T=30mm$； $T_1=5mm$；肋厚$=8mm$； 肋间距$=550mm$	$X=1/346$ $Y=1/387$	墙：49		470
		梁：196		
		柱：224		
交叉支撑 $200mm×300mm×10mm$	$X=1/346$ $Y=1/387$	墙：49		482
		梁：194		
		柱：222		
		斜杆：17		

3.4　钢支撑

钢支撑也是层数在 18 层以下和低抗震烈度地区的钢结构住宅的一种经济的选择，我们通常遇到的问题是在房屋的纵向没有地方布置支撑，如果有地方布置，况且刚度中心偏移质量中心不大，那么该结构方案就是个不错的选择。至于不是耗能支撑或者不利于墙板安装等问题，只要不是规范禁止的就应大胆采用。

4 体系中的柱应用

"和筑"装配式体系中的柱基本上为钢管混凝土柱,高宽比在 1.5 以内为最经济。其次为高宽比在 2.5 以内的钢管混凝土扁柱,再大的高宽比就要按专门的规程进行设计。一般钢结构住宅超过 20 层以上的,扁柱作为中柱就不能满足现有规范的要求或者不经济,需要采用 T 形柱、L 形柱和十字形异形多腔钢管混凝土柱。

(1)多腔钢异形管混凝土柱的应用

以某工程中一个柱为例,如果采用矩形钢管混凝土柱,并且达到柱隐藏在墙体中的目标,计算要采用 200mm×500mm×25mm[见图 11(a),柱中浇筑 C50 细石混凝土]的矩形钢管混凝土柱,如果采用图 11(b)所示的 L 形柱,那么厚度 12mm 就满足计算要求,两种情况下钢构件的截面面积相差[(32500 -22900)/32500]×100%=30%。因此选择异形钢管混凝土柱在特定的条件下还是较为省钢的。

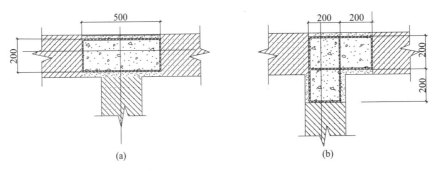

图 11 柱布置图
(a)一字形柱;(b)L 形柱

包括地方标准在内,现在有 6 本标准涉及异形钢管混凝土柱的计算方法,"和筑"钢结构住宅体系采用的是《波形钢板组合结构技术规程》T/CECS 624—2019 中第 6 章介绍的设计方法,并配有自主开发的柱截面惯性矩 M_u 的计算软件,详细计算方法在"和筑多腔装配式钢结构技术体系"中已经介绍,这里就不再赘述。

(2)一般管混凝土柱的应用

还是以上一节的工程实例为例,如果采用一般管混凝土柱其截面为 350mm×350mm×16mm(面积 A_s=21400mm^2),尽管和上面 L 形柱的用钢量相差不大,但加工难度相差很大,一些小规模的加工厂难以保证质量。如果一个区域要同时完成十万平米以上的异形柱钢框架,那么资源调配和施工管理会成为主要矛盾,因为某些钢构件加工难度大,制作过程出力不出活,因此结构设计中的结构构件应尽量简化以便于加工。

如何利用建筑布置的特殊位置设计一般管混凝土柱,例如利用管道井[图 12(a)]、电梯前室[图 12(b),在柱露出 150mm 以内也可以露在电梯井内]、阳台[图 12(c)]以至于厨房和卫生间[图 12 (d),实线部分是柱露在厨房,虚线柱是露在厕所]等位置,布置的原则是在不影响建筑功能的条件下兼顾室内的美观。

在选择一般管混凝土柱时,高宽比在 1.5 以内的钢管混凝土柱在弱轴方向计算承载能力容易满足,图 12 所示的柱都不是一栋建筑里较大竖向承载的地方,对于 100m 高(或者 33 层)的住宅选择 250mm×350mm 的截面基本上就能满足了,而这些部位的墙宽大多数为 200mm,考虑到预留 25mm 的厚型防火涂料的位置,最终露出墙的尺寸为 250-200+25+25=100mm,这个尺寸和建筑专业商量很有说服力。

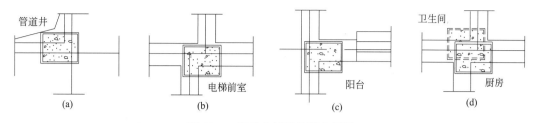

图 12　一般柱在特殊位置布置图

5　体系中的梁应用

"和筑"装配式体系中的梁基本上都是翼缘宽度为 150mm，梁高度在 250～450mm 以内的钢梁，梁翼缘的厚度在 8～16mm，归纳起来见表 4。

梁截面尺寸						表 4
		梁 翼 缘 厚(mm)				备注
		8	10	12	14	16	

梁高(mm)	250	√	√	—			梁宽 150mm，梁腹板厚根据要求
	300	√	√	√	—		
	350	√	√	√	√	—	
	400	√	√	√	√	√	
	450	√	√	√	√	√	

特殊位置的梁可能超过表 4 内尺寸，但除地下室以外表内涵盖了住宅钢结构里面 90% 左右的梁尺寸。

6　体系中楼板和围护墙板的应用

"和筑"装配式体系中的楼板和围护墙板的应用已在《钢结构、木结构工程技术创新与应用》一书中详细介绍，题目为"和筑多腔装配式钢结构技术体系"。由于篇幅较长，这里就不重复介绍。

天津大学钢结构住宅结构体系研究

陈志华　许嘉航　周　婷　刘佳迪　杜颜胜

（天津大学建筑工程学院，天津）

摘　要　装配式钢结构住宅体系的推动是社会和时代的要求，其主要包括装配式钢管混凝土柱体系、装配式钢管混凝土组合异形柱体系、装配式模块建筑体系等。天津大学对这三种体系展开了系统的研究，分析了不同体系的力学性能，并将研究成果应用于工程实例，极大推动了装配式钢结构住宅体系的发展。本文系统总结了三种体系的特点、研究进展和工程应用。

关键词　钢管混凝土柱体系；钢管混凝土组合异形柱体系；模块建筑体系

1　前言

装配式钢结构住宅是指建筑结构系统由钢（构件）构成的，且钢（构件）在工厂中生产，施工现场通过组装连接而成的建筑形式。其具有周期短、质量高；自重轻、抗震性能优越、空间布置灵活、集成化程度高等优点，具有十分广阔的应用市场和发展前景。

装配式钢结构住宅的推动是社会和时代的需求。自 2015 年来，我国多次出台政策，制定装配式建筑的发展目标与愿景，推出了一系列政策措施引导我国装配式建筑健康快速的发展。2016 年《中共中央国务院关于进一步加强城市规划建设管理工作的若干意见》中要求"发展新型建造方式，大力推广装配式建筑，减少建筑垃圾和扬尘污染，缩短建造工期，提升工程质量。建设国家级装配式建筑生产基地。加大政策支持力度，力争用 10 年左右的时间，使装配式建筑占新建建筑的比例达到 30％。积极稳妥推广钢结构建筑"。2017 年 3 月，我国发布了《"十三五"装配式建筑行动方案》，提出了培育装配式建筑示范城市、装配式建筑产业基地、装配式建筑示范工程以及装配式建筑科技创新基地，充分发挥示范引领和带动作用，促进装配式建筑在我国的发展。除国家层面的政策外，各地政府也积极配合国家的政策，各自颁布了一系列当地规范和鼓励措施，进一步推动装配式建筑在本地生根发芽。

天津大学致力于装配式钢结构住宅体系的开发和研究，目前已形成较为完备的研究体系，其中装配式钢管混凝土柱体系、装配式钢管混凝土组合异形柱体系、装配式模块建筑体系的相关研究已较为成熟且得到了广泛的工程应用。本文主要介绍了三种体系的特点、研究进展和工程实例。

2　装配式钢管混凝土柱体系应用

2.1　体系简介

装配式钢管混凝土柱结构体系是以矩形钢管混凝土柱为主要竖向承重构件，配合使用常规 H 型钢梁、装配式楼承板等结构构件形成结构体系。钢管混凝土柱作为一种钢混组合结构，有着许多独特优势，其不仅能够弥补钢管和混凝土这两种材料各自单独的缺点，同时能够充分发挥两者的优点。在工作状态下，钢管能够对核心混凝土提供约束效应，从而使混凝土由传统的单轴应力状态转变为三向应力状态，提高了混凝土的强度以及延性，同时核心混凝土可以有效地延缓甚至避免钢管的局部屈曲，防止局部失稳破坏，从而能使钢材充分发挥自己的强度特性。整体来看，钢管混凝土柱具有承载力高、塑性和韧性好、施工方便、耐火性能好和经济效果好等优点。因此在现代工程结构中，尤其是高层、超高层建筑，高耸建筑，大跨度建筑以及特殊环境下的建筑，钢管混凝土柱正得到更为广泛的应用。目前，钢混组合结构（包括钢管混凝土柱）已被列入我国国家科技成果重点推广项目。我国现已建成的典型地标式建筑中，有许多都采用了钢管混凝土结构，如天津津湾广场9号楼（图1）、天津泰达广场（图2）等，均取得了良好的建筑效果与经济效益。可以说，钢管混凝土的突出优点适应着当前我国建筑结构的发展要求，具有广阔的发展前景，钢管混凝土结构技术的研究与应用势必会为我国土建事业的进步与发展起到巨大的推动作用。

图1 天津津湾广场9号楼

图2 天津泰达广场

按照截面形式划分，钢管混凝土柱可以分为圆钢管混凝土柱、矩形及方形钢管混凝土柱和多边形钢管混凝土柱。在以往的工程实践中，因圆形截面钢管对核心混凝土的约束效应较好，大多采用了圆钢管混凝土柱。但随着社会经济的发展，建筑方面的要求越来越得到重视，矩形钢管混凝土在室内布置更为方便，能较好地满足建筑需求，同时梁柱节点连接也更好处理，因此矩形钢管混凝土柱逐渐受到重视。

从构件层面，矩形钢管混凝土柱存在着约束不均匀、受力复杂、设计理论不够完备、结构体系不完善等问题。为解决矩形钢管混凝土柱现存问题完成以下研究：

（1）钢管与内部混凝土粘结性能：对矩形钢管混凝土柱深入研究，通过钢管混凝土柱推出试验，明确了界面承载力中不同的比例成分，建立并完善矩形钢管混凝土柱承载力计算叠加理论。

（2）高强矩形钢管混凝土柱：现有标准局限于普通强度钢和混凝土的钢管混凝土研究，缺乏高强矩形钢管混凝土研究，通过高强矩形钢管混凝土柱的试验研究和分析，创建了高强矩形钢管高强混凝土柱的理论计算新方法，拓宽了选用钢材强度的范围，为今后高强钢材的住宅应用奠定了理论基础。

（3）配螺旋箍筋的矩形钢管混凝土柱：发明了一种配螺旋箍筋的高性能矩形钢管混凝土柱，在一定程度上解决了矩形钢管混凝土柱截面受力不均匀的问题，如图3所示。

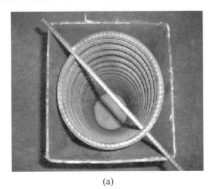

(a)

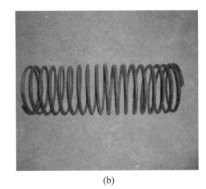

(b)

图3 配螺旋箍筋的矩形钢管混凝土柱

（a）配螺旋箍筋方钢管；（b）螺旋箍筋

（4）FRP 约束高强钢管混凝土柱：采用 FRP 增强了矩形高强钢管混凝土柱的力学性能，并开展了轴压性能和抗震性能试验研究，如图 4 所示。用 FRP 包裹钢管限制钢管的向外屈曲，在不增大截面面积、不加大高强钢材用钢量的前提下，提高构件的受力性能，充分发挥材料的轻质高强优势。

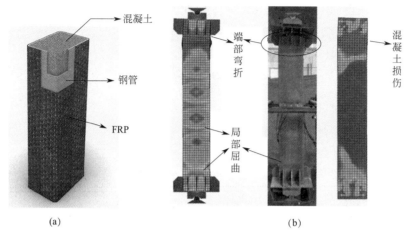

图 4　FRP 约束矩形高强钢管混凝土柱力学性能试验研究

（a）组成形式；（b）端部无约束的轴压试验

矩形钢管混凝土柱与 H 型钢梁连接节点是研究钢结构住宅体系的关键及难点；目前现有的内隔板节点容易导致柱壁沿 Z 向（即厚度方向）撕裂。外环板节点力学性能可以满足基本要求，然而用钢量较大，而且由于环板的尺寸问题影响整体结构的美观，还会增加节点处其他非结构构件的构造复杂程度。因此为推广应用装配式钢管混凝土柱住宅结构体系，提出多种节点连接形式，为装配式钢管混凝土柱与 H 型钢梁的连接提供了多种解决方案；新型节点形式如图 5、图 6 所示。通过提出新的隔板贯通节点形式，妥善解决了内隔板的焊接困难，以及翼缘和隔板焊接处易发生脆性断裂的问题；全螺栓节点形式，解决了现场焊接量大的问题；下栓上焊式节点解决了传统栓焊节点变形能力小、焊缝易断裂、抗震延性差等问题。

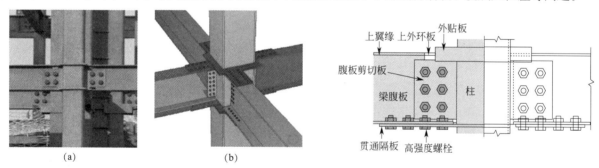

图 5　隔板贯通节点

（a）全焊接式；（b）全螺栓式

图 6　下栓上焊节点

通过对提高矩形钢管混凝土柱力学性能的深入研究，以及开发的多种形式的梁柱节点类型可以组成装配式钢管混凝土柱框架结构体系、钢管混凝土柱框架支撑结构体系等多种结构类型，钢材种类应用范围从普通强度的 Q235、Q345 钢到高强的 Q460、Q550 不等，以下为基于以上研究的结构体系构成。

（1）矩形钢管混凝土柱框架结构体系：该体系由矩形钢管混凝土柱、H 型钢梁、预制钢筋混凝土楼板或现浇楼板组成结构框架；墙板、隔热、隔声等非结构构件可以采用市场常规构造做法，该体系的优势在于预制矩形钢管混凝土柱的钢管、节点连接钢材、H 型钢梁等构件，施工现场只需要对构件进行拼接、焊接、螺栓连接，最后对混凝土部分进行浇筑，钢管混凝土柱自成模板，节省了施工工期，提高了装配效率。

（2）矩形钢管混凝土柱框架支撑结构体系：该体系是在矩形钢管混凝土柱框架基础上，通过在框架内添加支撑杆件，从而提高结构的抗震性能。该体系由矩形钢管混凝土柱、H 型钢梁、预制钢筋混凝土楼板或现浇楼板、支撑杆件组成框架结构，支撑杆件使得框架可以提供较高的抗侧刚度，从而使该体系能够适用于高层住宅建筑。

（3）矩形钢管混凝土柱框架-钢板剪力墙结构体系：为了进一步提高矩形钢管混凝土柱框架的抗侧承载力与刚度，以便适应更高要求的设计指标，将框架内部支撑进而替换为整面钢板形成矩形钢管混凝土柱框架-钢板剪力墙体系。该体系由矩形钢管混凝土柱、H 型钢梁、预制钢筋混凝土楼板或现浇楼板组成框架结构，钢板剪力墙与框架通过鱼尾板进行焊接或者螺栓连接，钢板作为耗能构件不承担竖向荷载，因此结构体系可以进一步提高构件的抗震耗能能力，满足更高的抗震设防要求。

2.2 工程应用

（1）天津泰达广场塔楼建筑工程

天津泰达广场 A、B 区共 4 个塔楼，其中，A 区建筑为两栋超高层办公楼，地上为 27 层，标准层层高 4.4m，地上总高度为 123m（主屋面高度）。整体结构采用了装配式钢管混凝土柱-H 型钢梁框架结构体系，节点应用了外肋环板节点和隔板贯通节点，如图 7 所示。该结构体系施工简便，有效缩短施工工期。

(a) (b)

图 7 天津泰达广场塔楼钢结构

（a）整体结构；（b）隔板贯通节点

（2）天津国贸中心大厦工程

此次工程 A 塔楼地下 3 层，地上 57 层，高度达 235m，主体钢结构采用矩形钢管混凝土柱框架-支撑结构体系，节点采用全焊式隔板贯通节点，框架支撑采用 H 型钢作为支撑杆件，如图 8 所示。该结构体系具有较好的抗侧刚度，完全满足该超高层建筑的抗震设防要求以及正常使用舒适度等要求。

(a) (b)

图 8 天津国贸中心大厦钢结构

（a）整体结构；（b）框架支撑

3 装配式钢管混凝土组合异形柱体系应用

3.1 体系简介

天津大学首次提出的方钢管混凝土组合异形柱体系是以方钢管混凝土柱组合异形柱，H型钢梁为主要受力构件，通过异形柱外肋环板节点进行装配连接的结构体系，如图9所示是几种常用类型的异形柱结构体系。将住宅结构中的钢管混凝土柱（Concrete-filled steel tubes，简称 CFST 柱）构件设计为 L 形、T 形或十字形等异形截面（图10），可以分别作为结构的角柱、边柱和中柱，不仅能将结构柱隐藏于墙内，避免了传统方、矩形钢管混凝土的"凸梁露柱"的问题，而且可以节省室内空间，有利于家居的摆放。

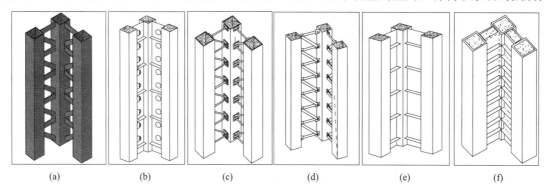

图 9　常见的异形柱结构体系类型

（a）焊接缀条连接式；（b）焊接钢板连接式；（c）直接装配式；（d）间接装配式；（e）无孔钢板连接式；（f）双钢板连接式

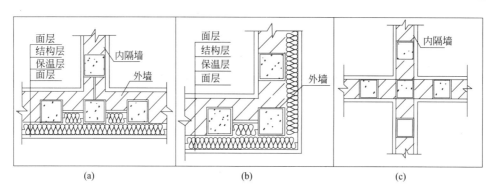

图 10　钢管混凝土异形柱截面

（a）T 形柱作为建筑边柱；（b）L 形柱作为建筑角柱；（c）十字形柱作为建筑中柱

方钢管混凝土组合异形柱结构体系的优势主要表现在以下几个方面：

（1）建筑室内效果好：组合钢柱采取防火保护后与墙体同厚度，室内不露柱脚；

（2）结构布置灵活：方钢管混凝土柱和连接板的尺寸可以根据实际需要进行调整，形成不等肢 SCFST 柱，以适应建筑需求；

（3）融合了纯钢与混凝土材料的优势：钢管混凝土柱充分发挥了钢材受拉强度好和混凝土抗压性能高的特点，减小了柱截面尺寸，塑性和韧性好，抗震性能强，各单肢通过缀件连接形成的格构式空间桁架结构形式，进一步提高了组合柱的抗侧力能力。

3.2 工程应用

（1）沧州市福康家园公共租赁住房住宅项目

沧州市福康家园是全国首个采用钢管混凝土组合异形柱技术的高层钢结构住宅小区，建筑高度最高达 76.4m。项目位于河北省沧州市，其中地上建筑面积为 117953.04m²，地下建筑面积为 25129.81m²。工程采用方钢管混凝土组合异形柱-H 型钢框架-钢支撑体系和方钢管混凝土组合异形柱-H 型钢框架-剪力墙体系（图 11）。

图 11　沧州市福康家园公共租赁住房住宅项目示意图

该项目已竣工并荣获 2019 年行业优秀勘察设计奖建筑结构二等奖、2019 "海河杯" 天津市优秀勘察设计住宅与住宅小区一等奖等多个奖项。

（2）汶川映秀镇渔子溪村灾后重建项目

渔子溪村重建工程于 2009 年 5 月 12 日地震一周年之际开工，是汶川映秀镇灾后重建的第一个村落。此次重建工程包括 241 户住宅，10 个户型，每户面积 90～150m²，均采用了钢管混凝土异形柱与 H 型钢梁结构，节点采用外肋环板节点。单柱与 H 型钢梁的连接采用隔板贯通节点（图 12）。

图 12　汶川映秀镇渔子溪村建成后图片

（3）联合研究院三层示范楼工程

该项目位于天津市，天津市钢结构住宅产业化联合研究院三层示范楼工程位于天津市建工工程总承包有限公司院内，采用方钢管混凝土组合异形柱结构体系，异形柱节点采用外肋环板节点，单柱采用隔板贯通节点（图 13、图 14）。

图 13　主体结构　　　　　　　　　　　　　　　　图 14　建成后图片

（4）廊坊上善颐园

该项目位于河北省廊坊市，建筑面积 13000m²。项目主体采用方钢管混凝土组合异形柱框架-支承体系，包含 2 栋住宅楼。原结构形式为混凝土剪力墙结构，应政府对装配式建筑的要求，改为钢结构装配式建筑（图 15、图 16）。

图 15　建筑效果图　　　　　　　　　　　　　　　　图 16　施工现场图

4　装配式模块建筑体系应用

4.1　体系简介

模块建筑是指将一个三维的模块单元作为基本的预制部件在工厂加工，然后运输至现场进行安装而成的建筑体系，典型模块建筑建造过程如图 17 所示，在工厂内首先完成钢模块单元框架结构中梁、柱、墙板等构件的加工及拼装，然后进行模块单元内围护系统及管线系统的安装，最后完成模块单元内装修及家具、家电等布置。完成工厂内的加工制作工作后，将完备的模块单元运输至施工现场，进行钢结构模块单元的拼接组装，最后完成建筑外延装修装饰（图 17）。

图 17　典型模块建筑建造过程

模块建筑将大部分工作放置于工厂中完成，最大限度地减少现场施工作业量，其优势具体体现在以下几个方面。

（1）缩短工期，改善施工环境。模块单元作为一种装配式建筑高端产品，在工厂内进行流水线加工，有利于保障模块单元加工质量，且工厂内环境可控不受外界天气的制约，也为施工人员提供良好的作业环境。在模块单元加工制造同时可以进行现场的基础施工作业，实现工厂和现场并行作业，极大提高了建造效率，减少了施工周期，有利于更好更快地收回投资成本。

（2）绿色环保，质量优良。模块建筑实现了工厂与现场作业量比重的重新分配，较小的现场作业量有利于减少建筑垃圾，减少建造过程中产生的粉尘和施工噪声对周边居住环境的影响。尤其是采用钢结构模块建筑，材料绿色环保，且便于安装及拆卸，实现循环利用，符合可持续发展的战略要求。

（3）节约人力物力，优化资源配置。模块建筑由于在工厂中实现了机械化生产，现场仅需吊装拼接，极大地节约了人工成本，此外，由于工厂中便于形成产业链，有利于整合资源及优化资源配置。

模块建筑可根据抗侧力体系的不同，分为纯模块结构、模块-钢框架混合结构、模块-钢框架支撑混合结构和模块-筒体混合结构等结构体系。纯模块结构体系（又称叠箱结构体系）是指全部由模块单元连接而成的模块建筑，如图 18 所示，其抗侧力由钢结构模块单元承担并由连接节点进行传递，该结构体系多用于低层模块建筑，但若采用带支撑模块单元和类集装箱模块单元，将有效增强纯模块结构体系抗侧性能，扩大应用层数范围，但此时要求模块单元之间的连接节点也需要相应加强。

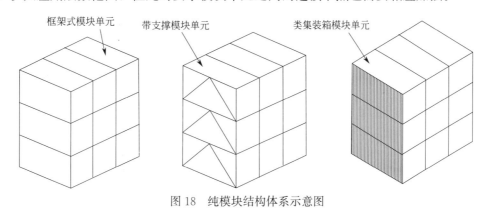

图 18　纯模块结构体系示意图

模块-钢框架混合结构是指由模块单元与钢框架共同组成抗侧力体系的模块建筑。钢框架可以根据抗侧力的需求灵活调整柱截面尺寸，进而弥补纯钢结构模块单元抗侧力不足的缺点，此外，钢框架由于布置灵活、跨度大更便于满足大空间的建筑设计要求，该体系适用于低、多层模块建筑。模块-钢框架支撑混合结构体系是在上述模块-钢框架混合结构体系基础上，在框架中引入支撑共同组成抗侧力体系的模块建筑，如图 19（a）所示。钢框架支撑结构将承担更多的水平力，进而适用于更高层数或有更大抗侧力需求的模块建筑。此时，模块单元既可以与框架支撑结构相连接共同承担水平力，也可以根据建筑设计需要仅作为功能模块单元，嵌入到框架支撑结构中作为荷载考虑。

模块-筒体混合结构体系是指由模块单元与筒体或者剪力墙结构共同组成抗侧力体系的模块建筑，如图 19（b）所示。水平力主要由筒体结构承担，且筒体一般设置在建筑中心，模块单元可以灵活布置在筒体四周，该体系可以用于高层模块建筑。

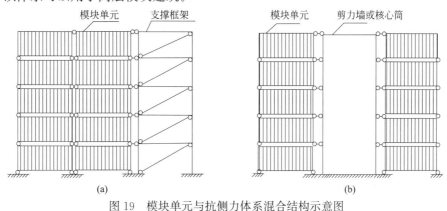

图 19　模块单元与抗侧力体系混合结构示意图
（a）模块-钢框架支撑混合结构；（b）模块-筒体混合结构

4.2 工程应用

模块建筑具有施工速度快、使用面积大、材料用量省、建筑自重轻等突出优点,广泛应用于住宅、宿舍、旅馆、办公用房及临时建筑等房屋建筑。最早的模块建筑是1901年俄国在世界上第一次尝试用木头建造盒子房屋,随后模块建筑在世界各地逐渐得到发展和应用,典型的模块建筑是"住宅67"模块化项目,如图20所示,该项目采用纯模块结构体系,共计采用了365个模块单元。1972年日本著名建筑大师黑川纪章设计了东京中银舱体楼,该工程采用核心筒-模块混合结构体系,如图21所示。位于澳大利亚墨尔本市区的8层"小英雄"公寓大厦于2010年6月份竣工,是澳大利亚最早的多高层模块化建筑典型代表之一,如图22所示。澳大利亚墨尔本"One9公寓"是一栋10层的模块建筑,已于2013年建成投入使用,共计34套公寓,如图23所示。美国布鲁克林B2住宅大厦采用模块-钢框架支撑混合结构体系,层高为32层,共计加工并使用了930个预制钢结构模块单元,是目前世界上第二高的模块建筑,如图24所示。此外,目前世界上最高的模块建筑为澳大利亚墨尔本市区拉筹伯塔住宅大厦,如图25所示,该项目于2016年竣工完成,层高为44层,高度133m,共计206套公寓。

图20 "住宅67"现场吊装图

图21 东京中银舱体楼建成图

图22 "小英雄"公寓大厦

图23 "One9公寓"

图 24 B2 住宅大厦现场图

图 25 拉筹伯塔住宅大厦现场图

模块建筑因其在施工效率、绿色环保、节约成本等方面的突出优势，在国内的工程应用也日益增加。镇江港南路公租房项目包括 10 栋 18 层公租房，均采用模块-筒体混合结构体系，模块单元采用钢龙骨墙承重模块单元，每个住宅套型由 2～3 个模块单元构成，如图 26 所示。雄安市民服务中心项目总建筑面积为 105399.41m²，采用纯模块结构体系，已于 2018 年竣工并投入使用，整个施工过程仅用了 112d 便完成了建设，如图 27 所示。天津市静海子牙尚林苑（白领宿舍）一期工程，均采用模块-钢框架支撑混合结构体系，总计使用了 314 个钢结构模块单元，该工程是全国首个获得正式行政审批的多层模块化居住项目，如图 28 所示。河北浩石集成房屋有限公司 5 层模块化房屋办公楼，采用纯模块结构体系，共计使用 69 个钢结构模块单元，整体建筑安装仅用了 6d 时间，充分发挥了模块化建筑的快速建造优势，如图 29 所示。深圳前海创新商务中心采用了模块化钢结构体系，项目由 500 多个箱体拼装而成，是目前国内采用集成模块化方式建造的体量最大的办公类建筑，如图 30 所示。此外，在 2020 年突发的新冠疫情期间，湖北武汉"火神山"和"雷神山"等应急医院建设均采用集成打包箱式房屋体系，实现了快速建造，发挥了模块建筑应急处置的基础性作用，如图 31 所示。

图 26 镇江港南路公租房项目

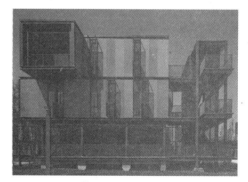

图 27 雄安市民服务中心建成图

图 28 静海子牙尚林苑（白领宿舍）

图 29 浩石模块化房屋办公楼

图 30　深圳前海创新商务中心　　　　　　　图 31　"火神山"和"雷神山"应急医院建设

5　结论

（1）装配式钢管混凝土柱结构体系是通过高性能矩形钢管混凝土柱配合常规 H 型钢梁、钢筋混凝土楼板等结构构件组成的装配式钢结构住宅体系，其优势在于可以实现构件工厂化生产、装配化施工，其所需型材皆为市场化产品，结合新技术推广能够快速实现新体系的应用。装配式钢管混凝土柱结构体系可分为矩形钢管混凝土柱框架结构体系、矩形钢管混凝土柱框架-支撑结构体系、矩形钢管混凝土柱框架-钢板剪力墙结构体系，配合性能良好创新型节点能够为体系推广提供全面的技术支持。此外装配式钢管混凝土柱结构体系不仅具有钢结构良好的延性和抗震性能，还具有混凝土结构良好的结构稳定性和舒适度。现有研究以提高矩形钢管混凝土的性能以及减小柱截面为研究目标，为建筑设计提供更好的外观和使用空间；通过提出新型梁柱节点，大大提高了该体系的装配效率。

（2）装配式方钢管混凝土组合异形柱体系是由天津大学首次提出并研究的钢结构住宅体系，将住宅结构中的钢管混凝土柱构件设计为 L 形、T 形或十字形等异形截面。解决了建筑结构中"凸梁露柱"的问题，具有建筑室内效果好、结构布置灵活等优点。目前装配式方钢管混凝土组合异形柱体系已较为广泛地应用于工程实践，具有广阔的发展前景。

（3）模块建筑作为装配式建筑的高端终极产品，有着施工周期短、施工过程绿色环保、节省人力物力等突出优势。模块结构体系可以分为纯模块结构、模块-钢框架混合结构、模块-钢框架支撑混合结构和模块-筒体混合结构等结构体系。目前模块结构的研究内容集中在模块单元构件、模块单元间连接节点和模块结构体系三个层面。模块结构的构件具有明显的非连续性，现有研究致力于探明模块单元内构件的力学性能，建立了适用于模块建筑的分析设计理论。模块单元间连接节点对整体结构的安全性和施工的便捷性起到了至关重要的作用，现有研究以发明力学性能更优越、连接更高效便捷的单元间连接节点为目标，提出节点设计方法。模块结构体系的现有研究中均以足尺模块框架为研究对象，研究模块结构的抗震性能和破坏机制，建立抗震设计方法。

参考文献

[1]　钟善桐．钢管混凝土结构（第 3 版）[M]．北京：清华大学出版社，2003．

[2]　蔡绍怀．我国钢管混凝土结构技术的最新进展[J]．土木工程学报，1999（04）：16-26．

[3]　韩林海．钢管混凝土结构-理论与实践（第 3 版）[M]．北京：科学出版社，2016．

[4]　陈志华，杜颜胜，吴辽，等．矩形钢管混凝土结构研究综述[J]．建筑结构，2015，45（16）：40-46＋76．

[5]　陈志华，杜颜胜，周婷．配螺旋箍筋方钢管混凝土柱力学性能研究[J]．建筑结构，2015（20）：28-33．

[6]　Chen Z，Dong S，Du Y．Experimental study and numerical analysis on seismic performance of FRP confined high-strength rectangular concrete-filled steel tube columns[J]．Thin-Walled Structures，2021，162（9）．

［7］ Du Yansheng，Zhang Yutong，Chen Zhihua，Yan Jia-Bao，Zheng Zihan. Axial compressive performance of CFRP confined rectangular CFST columns using high-strength materials with moderate slenderness［J］. Construction and Building Materials，2021，299：

［8］ 周婷. 方钢管混凝土组合异形柱结构力学性能与工程应用研究［D］. 天津：天津大学，2012.

［9］ Ting Zhou，Zhihua Chen，Hongbo Liu. Nonlinear finite element analysis of concrete-filled steel tubular column［C］. 2011 International Conference on Electric Technology and Civil Engineering，ICETCE 2011-Proceedings，2011，2396-2399.

［10］ Gibb A. G. F.，Off-site Fabrication：Prefabrication，Pre-assembly and Modularisation ［M］. Whittles Publishing，Scotland，UK，1999.

［11］ Lawson R. M.，Ogden R. G.，Bergin R.，Application of Modular Construction in High-Rise Buildings ［J］. Joural of Architectural Engineering，2012，18(2)：148-154.

［12］ Ferdous W.，Bai Y.，Ngo T. D.，Manalo A.，Mendis P.，New advancements，challenges and opportunities of multi-storey modular buildings – A state-of-the-art review ［J］. Engineering Structures，2019，183：883-893.

［13］ 李乃昌，张香在. 盒子建筑设计与工程实践 ［J］. 建筑学报，1992，(12)：22-27.

［14］ 曲媛媛. 模块化建筑空间设计的发展研究 ［D］. 苏州：苏州大学，2009.

装配式钢结构住宅建设过程中常见问题及解决建议

景　亭

（杭州铁木辛柯工程设计有限公司，杭州）

摘　要　装配式钢结构住宅在国内的应用方兴未艾，技术发展、工程实践近些年都得到快速的推进。在具体项目实践中，也存在一些有待进一步解决优化的问题。结合近些年在钢结构住宅领域的实践经验，作者针对当前钢结构住宅建设过程中存在的一些常见问题，从钢结构住宅的设计、材料部品采购、建造技术、成本等四个方面进行剖析，分享目前的普遍做法以及后续的解决建议，供建设单位、设计单位、施工单位以及主管部门的技术人员参考。

关键词　装配式；钢结构住宅；建设过程；常见问题；解决建议

1　引言

近些年，国家大力推广绿色建筑、装配式建筑，钢结构住宅是其中重要的组成部分。浙江省作为钢结构住宅试点七省之一，近两年大量钢结构住宅项目在杭州、宁波、绍兴落地实施；海南省因其对绿色发展和绿色建造的要求，各开发商在整小区中采用钢结构住宅。铁木辛柯近年合作的主流开发商多达三十余家，既包含了绿城、龙湖、万科、融创、旭辉、滨江等一线开发商，也有各市区城投、城建等平台公司。经过多个住宅项目和各类合作开发单位的实践，钢结构住宅在这两年也遇到很多新的问题、新的技术革新、新的发展体会。针对当前钢结构住宅建设过程中存在的一些常见问题，本文从钢结构住宅的设计、材料部品采购、建造技术、成本四个方面进行剖析，对常见问题分享目前的普遍做法以及后续的解决建议，供大家参考。

2　设计中常见问题

2.1　建筑户型设计与标准化

根据目前的钢结构住宅推广案例发现，很多开发商的钢结构住宅项目，建筑设计的户型布局仍采用传统混凝土住宅的思路，根本原因一是户型方案设计者对钢结构不了解，二是整小区只有局部少量采用钢结构方式建造，主要部分仍是混凝土结构。钢结构有其自身的特点，按照混凝土思路布置的户型布局并没有考虑钢结构的布置特点，给后续钢结构构件的布置、构件数量优化、构件规格的标准化设计带来困难。图1是常见不适用于钢结构的混凝土户型布局示例，图2是适用于钢结构的户型布局示例。

从开发商角度考虑，希望钢结构与混凝土结构最终的成型效果保持一致，所以无论是户型布局，还是各种建筑构造细节，混凝土在先，钢结构介入比较滞后，仍需要钢结构跟随混凝土的要求走。

未来钢结构住宅项目，建议整小区采用钢结构，这样就不存在同一个小区有钢结构和混凝土两种产品的对比情况，目前一些地方政府也采纳了这个建议，在土地出让环节就要求全部做钢结构住宅。另外，从开发商角度来看，项目前期规划方案阶段确定采用钢结构后，在方案、户型确定时，需要钢结构专业介入进来，或者通过培训建筑师，或者请有钢结构住宅设计经验的建筑师参加。如果等建筑师仍根据混凝土的思路排好户型、立面等并报规通过，后面钢结构再调就比较困难了。

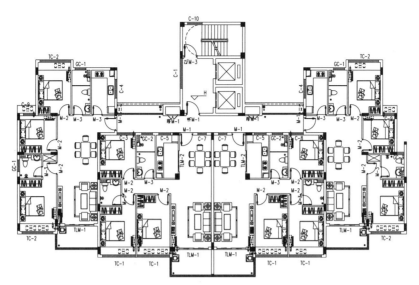

图 1　常见不适用于钢结构的混凝土户型布局示例

图 2　适用于钢结构的户型布局示例

2.2　结构体系的选择

已有规范上的传统结构体系，有钢框架＋支撑、钢框架＋钢板剪力墙、钢框架＋延性墙板三种结构体系，构件主要采用钢管混凝土柱、H 型钢梁。由于横隔板受力和灌注混凝土开孔的原因，使得柱截面较大，存在室内凸柱凸梁的现象。

国内很多科研院所、钢结构企业对结构体系进行了技术创新，发明了异形柱、多种形式的钢板组合剪力墙以及混凝土包覆钢结构的 PEC 体系等，或将传统钢管混凝土柱进行优化，采用隐式框架的方式，都已经很好地解决了凸柱凸梁问题。

目前建筑适应性已不再是钢结构住宅应用的障碍，影响结构体系选择的主要问题是进一步的应用需求，不同结构体系向后端的生产制造延伸具有不同的难度，应加大研究标准化型材供应、自动化生产线，确保市场推开后的产能供应。

2.3　设备、装修等专业的设计配合

装配式钢结构住宅，除了钢结构和建筑围护部品外，还有设备管线和装配式装修的要求，涉及设备专业与钢结构的碰撞、穿孔、固定等多专业配合，需要前端设计做好协调（图 3）。

钢结构住宅在国内主要开发商项目中的应用，多集中在绿城、滨江、金茂、龙湖、万科、融创、旭辉、保利、大家、祥生等大房产公司，今年其他一些知名开发商品牌也陆续进入。浙江省杭州地区房价相对较高，开发商对产品定位相对高端，都采用精装修的方式处理。在前期设计时，设备专业与钢结构

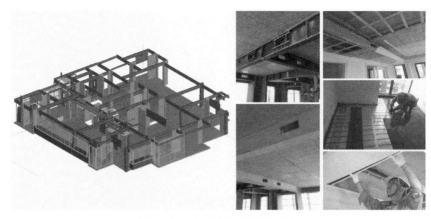

图3 设备与钢结构的提前配合

的配合，多采用BIM模型或现场实物样板的方式，来研究钢梁穿孔、设备定位、管线布设等，目前取得较好的应用效果。在宁波一些项目档次普通的项目中，有开发商不确定是否精装修交房，设计时也考虑了后期二次装修的问题。在国内其他地区，不同产品定位对设备装修的配合方式存在一些差异。

钢结构住宅，无论是否精装修交房，都会面临未来二次装修的问题。目前市场上的装修队伍对钢结构还不熟悉，需要给二次装修、后期运营维护提供技术支撑，可以采用产品说明书的方式，或者类似汽车4S店的做法，指定钢结构住宅装修承包服务单位。

2.4 钢结构的防腐蚀处理

材料腐蚀是钢结构的一个缺点，需要做防腐蚀处理，这是行业内已有的共识。钢结构的防腐蚀材料、施工工艺、耐腐蚀年限等，已经有多年的研究应用经验，在公共建筑中应用已经成熟。但在住宅中，提起来钢结构，建设单位、非钢结构专业的技术人员、小用户等一般都会担心腐蚀问题。

钢结构的防腐蚀问题，对于钢结构专业的技术人员来说，这不是一个问题，只是非专业的人员不清楚具体的技术细节，有些担心而已。在国内一些钢结构大省、强省，比如浙江省，钢结构应用项目很多，政府主管部门、审图专家、钢结构从业人员对此都有较为清醒的认知，在项目应用中未遇到对钢结构防腐蚀提出意见的情况。对于其他钢结构应用较少的省份，主管部门和从业者仍存在不同程度的疑虑。

对于建设单位、小用户、非钢结构专业的从业技术人员，需要做好技术解释、技术培训和宣贯工作，用翔实的资料打消用户和市场的疑虑。可以通过技术宣讲会、专家讲座、技术资料发放等方式进行。

2.5 钢结构的防火处理

防火问题是钢结构固有的缺点，市场上常用做法是喷涂防火涂料。在钢结构公共建筑中，防火涂料产品应用非常成熟。钢结构的抗火计算、材料选用、施工验收等，都有完善的国家规范标准。

传统防火涂料材质疏松、强度低，需要外侧采用装修包覆的做法。在住宅中，由于室内空间紧凑，钢结构表面空间有限，没有包覆空间，需要新材料、新构造、新工艺（图4）。

国内主流开发商项目中，常用的防火做法大致有两种。一是通过筛选国内防火涂料品牌参数，找一些高强度指标的厂家来供货，防火涂料外侧可以直接抹灰，达到住宅应用的

图4 新型防火材料与构造

参数指标。二是研究应用新型石膏基防火装饰一体化材料，目前研究成果已经得到应用，效果良好。

新型石膏基防火装饰一体化材料，是钢结构住宅中防火保护的未来发展方向，浙江省有多家企业在创新应用，国内科研院所已经注意到这类产品的应用，正在编制相应的产品规范。目前技术应用基本没有问题，只是在项目落地过程中，未来需要各地政府在新产品成果鉴定、技术标准制定、工程项目推广应用中多加支持，扫清一些非技术障碍。

钢结构住宅的防火保护，也有一些新的探索，比如有些研究单位采用墙体和传统砂浆进行复合型防火。近期已发表的文献显示，钢构件在填充墙体遮挡之后，其吸热性对钢结构的防火有帮助。新的创新和研究成果经过验证后，也会逐步在工程中应用并形成相关的规范标准。

3 材料部品采购问题

3.1 钢结构型材的原材料选用与采购

在设计源头，针对钢结构住宅大规模应用的标准化设计需求已经引起行业、主管部门、设计单位的广泛关注，钢结构住宅的一些设计头部企业，也已经在很多项目中有意引导标准化型材的规格归并和单品应用规模。但是反映在原材料供货的厂家方面，仍未做好产业链的配合准备，目前仍采用传统的方式，按提交的订单生产供货，需要一定的订货周期，这无形中延长了钢结构住宅现场构件的供货时间。

国内钢结构住宅的设计，多遵从传统钢结构思路，对标准化型材的重视度不高，多数仍采用钢板组焊截面为主。浙江、海南等钢结构住宅项目中，结构设计已经很注重标准化型材的应用，项目中的型材原材料采购仍以天津、江苏等外省供货为主。一些企业开始着手全产业链的引导和建设，通过与原材料供货商洽谈合作的方式，引导市场根据未来需求，着手相关产业的布局。

住房和城乡建设部科技与产业化发展中心已经主编了《钢结构住宅主要构件尺寸指南》，从住宅结构用钢梁、钢柱、支撑构件等给予了标准化指导。长远来看，需要更多的产品标准、部品标准，来引导设计的标准化，通过标准化给源头的厂商提供批量的需求，源头厂商才能涉足标准化型材的规模生产、库存建立、集中采购等业务的开发，市场才能有效的快速联动起来。

3.2 配套楼板部品的选用与采购

钢结构施工速度快，钢构件多层同时安装施工，需要有与钢结构配套的楼承板产品。目前市场上常用的有预制混凝土叠合楼板、钢筋桁架楼承板、可拆底模的装配式钢筋桁架楼承板等产品。不同厂家的产品，技术水平、产品质量、综合价格等有差异，给用户选择带来困惑（图5）。

图 5 市场上常见的装配式楼承板产品

在浙江省龙湖紫金上城、金茂府等项目中，采用了浙江企业的可拆底模的钢筋桁架楼承板，应用效果较好，但是价格比焊接金属底模的钢筋桁架楼承板贵几十元。在海南省、国内其他省市，钢结构住宅中也应用不同类型的装配式楼承板产品。

2020 年以来，因为装配率计算的原因，杭州市、宁波市的大多数钢结构住宅项目巧妙地规避了楼板的装配式要求，多采用传统的现浇混凝土楼板，仍采用钢管脚手架、方木、木模板的方式，逐层施工。从装配式钢结构的发展角度来看，这是一种倒退，但是按照现有政策要求，甲方采用传统支模的现浇混凝土楼板，仍有办法刚好把装配率凑够政策要求的 50%。

从建筑工业化的角度来说，未来的装配率仍需要提高，装配式楼板部品的应用是必需的。未来的发展，可拆底模的装配式钢筋桁架楼承板是主要方向，今年浙江省已经立项了该类产品的地方标准编制工作，希望通过此标准能统一各家的技术参数，为未来市场选择提供参照。

主管部门在出台的政策中，通过要求楼板必须做装配式的方式，带来市场应用的需求，让这些创新的楼承板厂家有业务、有利润、有改进、降成本，真正地将可拆底模的装配式钢筋桁架楼承板推广开来。

3.3 配套墙板部品的选用与采购

对于内隔墙，市场上主要以加气混凝土条板为主，应用比较成熟了（图 6）。对于外墙，目前市场上可供选用的产品仍然有限，给用户带来了困惑。

图 6 常用的加气混凝土内隔墙条板

开发商的住宅项目中，大多数外墙仍以砌块外墙为主，计算装配率的时候，不考虑外墙的得分。或部分采用砌块，部分采用条板，通过外墙干挂幕墙的方式消除可能的外墙渗漏隐患。

宁波的市场比较特别，政策要求外墙采用大板有容积率奖励，所以很多项目中，开发商采用了预拼装条板大板外墙和预制 PC 外墙大板。其中预制 PC 外墙大板与钢结构的连接，多采用刚性连接的方式，大板与钢结构预留空隙，然后现浇混凝土接缝。

外墙板的装配式做法，有两个方向。一个方向是采用条板＋干挂幕墙的方式，其中条板类似于内墙的做法，可以考虑通过条板保温或在干挂幕墙内做外墙保温，两者皆可。第二个方向是集成大板外墙，将保温、隔声、防火、防水、抗风、外立面装饰等外墙所有的功能需求集中在一块大板内解决。

总体判断，第一个方向较为容易实现，集成大板仍有较多的技术问题需要解决。需要更多的部品厂家介入共同推进技术进步。

3.4 配套设备与装修部品的选用与采购

无论是否采用精装修交房，不可忽视的是，现代住宅的设备种类和产品功能都越来越复杂，对管线的布设、设备的吊挂等要求较高。传统混凝土住宅中做法比较成熟，钢结构住宅对设备、装修有哪些特殊的要求。

钢结构住宅在完成主体结构、二次结构、钢结构防护等工序后，与混凝土结构相比，提供给精装修的工作界面并无太大的区别。目前的住宅用设备与结构材料关系不大，设备与结构的连接仍可采用传统的方式，区别是钢梁的穿孔是预留好的。

目前的一些项目应用案例中，精装修并没有遇到太多问题（图7）。

图 7　一些精装修钢结构住宅项目案例

4　建造过程中的问题

4.1　钢结构的制作技术

传统钢结构的制作水平落后，手工制作为主，型材利用率低，产能有限，无法大规模高速度的供货，无法适应开发商大面积应用时的高周转需求。

国内钢结构的制造技术水平仍采用传统的制造方式，全国没有太大的差别。对于钢结构住宅的未来需求，国内大多数钢结构企业仍没有做好准备。

一些企业已经关注了未来的需求，已经着手布局智能切割机器人、智能焊接机器人、自动化挂链、除锈、喷涂、烘干一体化设备等，研究以标准化型材、标准化小料配送为基础的当天或隔天出货的快速流转加工模式。

未来钢结构在住宅中大规模应用时，一定是以标准化为基础的自动化生产线制造与供货模式，这样才能满足现场的需求。

主管部门可以多支持行业在生产制造方面的创新课题立项、科技成果鉴定、科技奖励以及项目推广应用。

4.2　土建部分的施工

钢结构住宅的基础、楼板、柱内混凝土、二次结构的构造柱等，仍存在较多的土建现浇混凝土湿作业做法。

目前常见的钢结构住宅项目中，正负零以下仍采用混凝土结构，出地面以后采用钢结构。按照目前的技术发展，未来可预见的一段时期，地下室仍以混凝土结构为主，地下室的施工仍需要由土建来主导。

目前楼板采用完全预制板的项目几乎没有，无论楼板是采用传统支模板方式，还是采用装配式钢筋桁架楼承板方式，混凝土楼板的成型几乎全部采用现浇的方式来实现。混凝土楼板采用现浇仍是最优技术方式。可以在装配式的楼承板创新、多层同时施工工艺、楼承板的综合成本降低等方面进行进一步的研究。

钢结构住宅项目中，采用纯钢柱的几乎没有，多采用钢管混凝土组合结构，内部混凝土在现场灌筑。

一些二次结构采用砌体的方式，构造柱、过梁、卫生间混凝土翻边、外墙混凝土翻边等，仍采用现浇的方式。对于室内的二次结构部分，随着装配式条板墙以及其他创新的装配式部品研发，现浇混凝土湿作业会逐步消失。

4.3　钢结构的施工安装

钢结构的施工安装已经相对成熟，装配式施工工法也符合装配式建筑的要求。目前的问题是劳务队伍的技术水平参差不齐、高水平的劳务队伍少、现场钢结构施工与其他专业交叉带来的管理低效等问题。

国内目前的做法仍是总包＋分包的模式为主。整个项目由土建总承包单位主导，钢结构部分分包给专业公司来施工，部分项目总包和分包是一家，协调相对容易，比如龙湖紫金上城项目，中天建设来总包，中天钢构来钢结构分包，效果很好。

大多项目中，总包和分包的协调需要融合、提升效率，表现在场地工作面、塔式起重机、工序交叉等方面。

由于钢结构自身供货跟不上、发货不配套等原因，造成的现场施工进度受影响，也是目前常见的问题。

与施工组织管理有关的问题，可以通过承包组织模式优化、加强生产计划协调、现场精细化管理等来提升。尤其是未来大规模钢结构项目的实施，更需要提升管理的技术水平，可以通过一些智能化的手段来辅助，比如近期较热的智能建造平台软件、硬件的开发与应用等。

与生产工人有关的瓶颈，只能通过项目逐步历练。市场也有自动引导的功能，随着国家重视产业工人的培养，以及现场人工工资的增加，加上装配式钢结构总承包企业的越来越多，现场生产技术工人的问题，会逐步得到补充和完善。也可以通过短期的培训班，为一些特殊项目提供应急技术支持。

4.4 配套楼板、墙板、设备与装修的施工安装

配套的部品施工，多由专业厂家来提供，目前的问题是专业厂家的选择有限，未来大规模应用的话，产能与供应可能受限。

装配式部品仍由企业在主导。装配式楼承板的创新，国内多家企业在引领行业发展，装配式墙板的应用也比较多。南方经济较为发达的城市中，精装修在开发商项目中应用也比较多，装配式装修的应用正在发展。

这部分需要由市场自发的逐步迭代完善，主管部门可以跟踪技术的市场应用进展，给予必要的鼓励和支持。

4.5 钢结构的防水防渗漏处理

钢结构防水防渗漏分为外墙、屋顶、卫生间等几个位置。外墙防水集中在钢梁底、钢柱边；屋顶防水集中在出屋面的钢构件处；卫生间防水集中在竖向构件处。国内大多项目中，已经对钢结构的防水防渗漏有较好的处理方法，并通过了开发商的认可，并在很多项目中得到应用。

对于外墙处的防水防渗漏，有些项目通过干挂幕墙得到一劳永逸的解决。有些项目采用外侧钢梁外包混凝土的方式，这需要现场支模板，有一定的施工麻烦。钢柱边与填充墙的拼缝处，无干挂幕墙的项目中，多采用多道防水构造的措施，比如采用整体防水砂浆＋聚氨酯防水涂膜的做法。建议经济较为发达的省份，有条件地推广干挂幕墙的做法，这既可以解决常见的外墙保温材料引发火灾、外墙薄抹灰脱落伤人的痼疾，也可以提升住宅产品的品质，同时也一劳永逸地解决了外墙的防水防渗漏问题。外墙的保温可以与干挂幕墙集成，或者采用自保温的条板墙，都可以通过设计来解决。

对于卫生间的防水，采用设置止水钢板、膨胀止水条、设置整体浇筑的混凝土翻边等构造，得到了妥善的解决。如果未来集成厨卫得到大量的推广，防水问题可以在集成厨卫中形成第一道防线，比现在的处理方法更可靠，也减少了工艺复杂度。目前的防水构造措施虽然较为麻烦，但是也能有效地解决卫生间的防水防渗漏问题，只是工业化程度、装配化程度仍然比较低。

对于屋面防水，已经有了较好的处理方法，一些节点的创新成果得到了较好的应用，目前已不成问题。

5 成本问题

5.1 钢结构本身的材料成本

与混凝土结构相比，钢结构项目中钢材用量较大，这是客观存在的事实。用户非常关心项目设计中

单方钢材用量的问题，尤其是钢材价格上涨的时候，这直接决定了成本的上升。目前政府在推广钢结构，除了钢材成本外，还要考虑河沙、石子的开采限制，人工成本的逐步增加，未来建筑工业化带来的节能环保等问题。

住宅项目中的钢材用量问题，与建筑高度、地震烈度、风荷载、建筑户型布局等因素有关，也与采用的结构体系、设计团队的技术水平有关。

发达地区的设计技术水平较高，加上住宅产品的品质档次较高，对钢结构中的材料成本增加200元左右，开发商目前都能够接受，在应用中并没有太多的阻碍。较为落后地区，房价较低，住宅品质上不去，对价格较为敏感。

应综合地看待钢材用量增加带来的成本问题。从国家政策角度，采用钢结构是消化过剩产能、提高建筑生产的工业化水平、节能环保的生产方式体现。从技术发展角度，未来标准化型材采购、自动焊接机器人、自动化生产线的研发与应用，将带来制作成本的大幅降低，与混凝土结构大量的现场人工相比，会逐渐显示出综合成本的优势。

5.2 配套部品的成本

目前业内对钢结构住宅有如下印象：与传统的现浇混凝土楼板相比，钢筋桁架楼承板价格较高；与传统的砌块相比，条板墙的价格较高；与同品质的传统装修相比，装配式装修的价格较高。

可拆底模的装配式钢筋桁架楼承板方面，国内多家企业研发力度很大，也在努力地降成本，产品在项目中的应用很积极，成本比现浇混凝土楼板贵也确实是现阶段无法回避的现状。只有通过市场规模扩大、引进更多的厂家竞争、推动技术成熟、降低综合成本这一条路径，需要慢慢地培育市场。

条板内墙方面，内墙基本可以做到与砌块持平。虽然条板内墙的材料成本比砌块高，但是条板墙的施工安装效率高，施工人工成本比砌块墙要低。目前在很多公共建筑中、混凝土建筑中、钢结构建筑中，加气混凝土条板内隔墙都得到了充分的应用。

条板外墙方面，由于与外墙外保温做法有关，在工程项目中的应用有限。外墙应用条板的主要难点在连接节点、施工安装效率、外侧防水保温做法等。对于外墙，如果采用干挂幕墙的方式，则可以解决内侧条板墙对防水、抗风等的疑虑，类似于内墙的做法。外墙常用的外保温＋薄抹灰真石漆的做法，由于存在脱落伤人的隐患，在很多地方已经禁止采用，这不是未来的发展方向。

装配式装修方面，国内几家大的房产商都在试点应用。绿城在吊顶方面完全做到了装配式装修，但是墙面和地面还是传统的居多。其他家也做到了精装修，品质也较好，但是离装配式装修还有一定的距离。装配式装修的发展，仍需要企业的不断努力研发，也需要市场慢慢适应和接受。

5.3 新技术的效率成本

混凝土建筑中传统成熟的工艺做法，市场上经过多年培育，已经有大量的产业工人、技术管理人员，对相应工艺工法、质量控制点、可能的问题、技术质量验收等，都能熟练地应用，相对生产效率很高，成本可控。

而对于钢结构住宅，很多工艺做法属于新技术，市场上有经验的技术工人、技术管理人员较少，建设单位、施工总包单位都不熟悉甚至没见过，只有专业的分包知晓。另外，钢结构与土建、装配式部品之间的交界面多，防火、防水等交叉工序多。这些新技术的应用，尚未经过大量的工程应用，没有积累充分的经验和熟练度，无形中给施工效率带来了一定的阻碍，无形中增加了新技术应用的成本。

在市场发展的前期，国内各应用主体都面临这个问题。建设单位、总包单位、监理单位都有反馈工效和综合成本的问题。目前已经走在全国前列的省份，很多问题都已经在着手解决，并且取得了一定的经验，工程质量控制得也很好。落后的省份，仍无法化解效率成本的问题。

新技术的成熟应用需要项目的逐步积累，这不是一蹴而就的事情，需要市场慢慢培育。只有市场上有足够的项目经验和熟练技术工人，总的效率成本才会降下来。项目数量这两年在大幅地增加，未来几年会形成一定的规模。对于技术工人的培养，如果通过开设培训班的方式，效率不一定很好，建议通过项目逐步培养。对于技术管理人员，建议以项目为载体，多集中交流，或多宣贯培训，随着应用项目的增多，大家会慢慢熟悉起来的。

5.4 开发商附加的成本

开发商附加的成本，是指由于开发商对一些做法有疑虑，为了品质保证而增加的附加保险做法带来的成本增加。比如钢结构与填充墙的结合处，开发商担心这里会漏水，在钢结构表面涂刷界面剂，在拼缝处增设多道防水构造和涂膜，然后仍不放心，再在外侧干挂铝板或石材幕墙包覆等。

较为发达地区，比如浙江省的住宅项目前两年集中在杭州，2020 年开始宁波、绍兴也开始逐步应用。目前很多项目在设计阶段，从开发商反馈的问题来看，开发商倾向于通过更多的措施在增加安全保障，规避可能的风险。开发商主要担心的地方集中在：外墙的防水防渗漏、外侧钢梁的混凝土包覆、钢结构的防火做法等。

较为落后的地区，钢结构住宅建设方仍焦虑成本的增加，并没有做过多附加的措施。根据事物的发展规律，在新技术应用前期，大家的过多关注和担心是正常的。很多前期关注的问题，随着应用越来越多，会逐步被市场接受并认可，一些问题随着技术逐步应用成熟，会逐步变得不成问题。开发商附加的成本，短期内可能是一个存在的现状，未来一定会逐步消失。

6 总结

本文从建筑户型设计与标准化、结构体系的选择、设备装修等专业的设计配套以及钢结构的防腐蚀防火处理几个方面对钢结构住宅设计中的问题给予了分析，从钢结构构件型材、配套楼板墙板、设备与装修等方面对部品部件的采购问题与建议进行了论述，从钢结构的制作、土建部分的施工、配套部品安装和防水防渗漏处理等角度对建造过程中的问题提出了建议，对于钢结构的成本问题，从钢结构材料成本、配套部品成本、新技术效率成本和开发商附加成本等方面进行了详细的分析。通过本文的论述与分析，以及提出的后续建议，希望为钢结构住宅应用中的各参与单位提供参考。

参考文献

[1] 中国施工企业管理协会．多高层钢结构住宅工程建造指南[M]．北京：中国建筑工业出版社，2020．
[2] 住房和城乡建设部科技与产业化发展中心．钢结构住宅主要构件尺寸指南[M]．北京：中国建筑工业出版社，2020．
[3] 王彦超．钢结构住宅工程建设全过程技术与管理要点解读[A]．钢结构、木结构工程技术创新与应用[M]．北京：中国建筑工业出版社，2021．
[4] 应姗姗，王彦超，邵平，袁为国，付波．石膏基钢结构防火保护材料及界面剂研究[J]．消防科学与技术，2019．

钢结构装配式住宅建筑体系及工程实践

苏 磊 曹计栓

［北京建谊投资发展（集团）有限公司，北京］

摘 要 通过对装配式钢结构住宅的建筑设计、结构系统、外围护系统、内装系统、设备与管线系统等深入研究形成标准化的钢结构住宅体系，经过工程实践，实现部品部件快速装配，充分发挥了装配式钢结构住宅标准化部品高效建造的特点，为推广装配式钢结构住宅标准化的设计、装配化的施工提供借鉴。

关键词 装配式；钢结构；工程实践

1 引言

"十三五"期间，国家相关部委陆续出台了二十多项发展装配式建筑的相关政策，其中重点提到了大力发展装配式钢结构建筑，这是建筑业推进"供给侧结构性改革"的重要举措，是"藏钢于民"、完善战略储备、拉动经济发展的重要抓手，是推进建筑业转型升级发展的有效路径。钢结构建筑具有安全、高效、绿色、可重复利用的优势，是当前装配式建筑"三足鼎立"发展的重要支撑。目前，我国各地积极参与这一体系的研究和实践，并有了一批钢结构住宅试点工程的建设经验和科技成果，北京建谊集团通过标准化的设计，总结出了标准化的装配式钢结构住宅体系，满足了建筑工业化生产建造要求，经过在北京市首钢二通厂南区（1615-681 地块）棚改定向安置房项目的实践应用，实现了装配化的建造过程。

2 工程概况

2.1 基本信息

项目名称：首钢二通厂南区棚改定向安置房项目（1615-681 地块）工程；

项目地点：北京市丰台区吴家村路原首钢二通厂区内；

开发单位：北京首钢二通建设投资有限公司；

设计单位：北京首钢国际工程技术有限公司；

施工单位：北京建谊建筑工程有限公司；

预制构件生产单位：北京君诚轻钢彩板有限公司、北京宝丰钢结构工程有限公司、北京多维联合集团香河建材有限公司、北京金隅加气混凝土有限公司、北京住总万科建筑工业化科技股份有限公司；

工程承包模式：项目采用 EPC 工程总承包管理模式，由北京建谊建筑工程有限公司＋北京首钢国际工程技术有限公司组成联合体，北京首钢国际工程技术有限公司负责施工图设计，北京建谊建筑工程有限公司负责采购与施工。

2.2 项目概况

首钢二通厂南区棚改定向安置房项目（1615-681 地块）工程，位于梅市口路与张仪村东五路交汇处东北侧，规划用地面积 3.0 万 m²，建筑面积 83091.33m²。由 4 栋高层住宅及相关配套设施组成，其中 3-1♯楼地下 2 层，地上 24 层，3-2♯楼地下 4 层，地上 24 层，3-3♯楼地下 2 层，地上 21 层，3-4♯楼地下 2 层，地上 22 层，地上住宅部分层高为 2.9m，地下一层和地下二层层高均为 3.3m。装配率约 95％，车库地下三层（含人防），配套为幼儿园、小学、养老所等；项目规划效果如图 1 所示。

图 1　项目规划效果图

3　钢结构装配式住宅体系

3.1　建筑设计

本项目设计为建筑、结构、外围护、内装、设备与管线一体化设计，户型及方案设计时充分考虑钢结构特点，通过各专业协同设计，调整结构布置，外柱外偏，增强建筑外立面造型效果，如图 2 所示，中柱偏向次要空间，室内不露梁、柱，增加室内空间利用率，如图 3 所示，得房率提升 10％～12％。柱网横平竖直，简洁合理，减少构件数量种类，预制构件规格统一，提高标准化水平，降低用钢量，同时减少加工成本和安装成本。模型重复使用，使装配率达到 90％以上，打造安全、环保、舒适、经济适用的装配式钢结构住宅建筑产品。

图 2　立面图

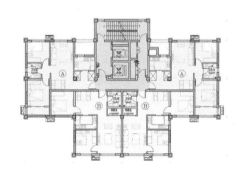

图 3　户型平面图

3.2　结构系统

基础为筏板基础，设计使用年限为 50 年，结构的安全等级为二级，抗震设防类别为丙类，基础设计等级为二级，钢结构地下一层及上部抗震等级均为一级，地下二层抗震等级为二级，地下室防水等级为一级。

住宅楼地下室外墙为现浇混凝土墙体，其余均为钢管混凝土柱-防屈曲钢板剪力墙结构体系。柱采用矩形钢管混凝土，梁采用热轧 H 型钢，钢柱、钢梁焊接全部采用全熔透坡口焊，主要钢构件材质为 Q345C、Q345B，钢柱截面尺寸□400×400×30（10、12、14、16、20、25）×30（10、12、14、16、20、25），钢梁截面尺寸 H500×200×12×20、HN400×200×8×13、HN400×150×16×20、H400×200×10×16、H400×300×12×25、H350×200×8×14、H300×200×10×20、H300×200×10×25、H300×200×8×16。

楼板采用桁架楼承板，剪力墙采用防屈曲钢板剪力墙，符合结构抗震安全要求。楼梯采用预制混凝土楼梯，现场免去湿作业，增加整体装配率，安装便捷，减少施工工期。该结构形式符合标准化设计、工厂化生产、装配化施工的基本特征。

本工程的高强度螺栓采用摩擦型高强度螺栓，等级为 10.9 级，采用扭剪型，工程所采用的锚栓材质为 Q345B，栓钉采用圆柱头焊钉。

结构系统设计如图 4 所示。

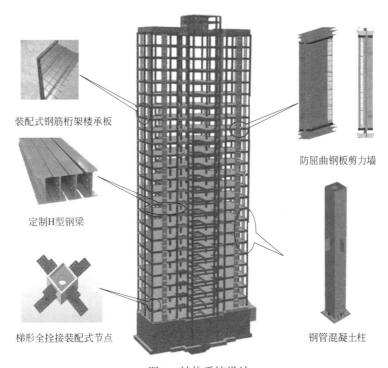

装配式钢筋桁架楼承板

定制H型钢梁

梯形全拴接装配式节点

防屈曲钢板剪力墙

钢管混凝土柱

图 4　结构系统设计

（1）梁柱连接节点

本项目框架梁柱连接节点采用高强度螺栓和焊接结合的复合形式，既照顾了装配化施工的要求，相比全螺栓连接也降低了造价，如图 5 所示。

为解决钢结构建筑"窗上口受钢梁制约，窗下口受安全高度制约"问题，住宅外圈设计"王"字形梁，有效增大外窗高度。以层高 2.9m 为例，无"王"字形梁，外窗最高做到 1280mm；有"王"字形梁，外窗高度可以做到 1500mm，如图 6 所示；通过轧制"王"字形钢梁截面，可达到降低梁板组合高度、节约净空的目的，一般可节约 90～120mm。

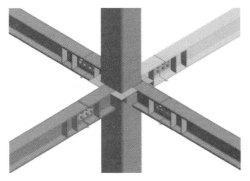

图 5　梁柱节点

图 6　"王"字形钢梁 BIM 模型

（2）抗侧力构件

本项目抗侧力构件为防屈曲钢板剪力墙，防屈曲钢板剪力墙两侧为混凝土预制盖板，中间为钢板，用对拉螺栓将三块板材拼接固定，钢板剪力墙上下采用双夹板与钢梁焊接固定，如图 7、图 8 所示防屈曲钢板剪力墙增强结构抗震性能，布置灵活，现场安装便捷、高效。

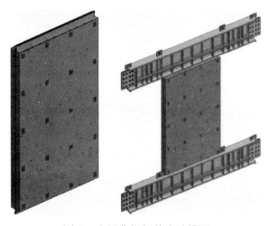

图 7　防屈曲钢板剪力墙模型

图 8　防屈曲钢板剪力墙现场安装

（3）楼梯

本项目楼梯采用预制混凝土楼梯，如图 9、图 10 所示，现场免去湿作业，增加整体装配率，安装便捷，减少施工工期。

图 9　预制混凝土楼梯

图 10　预制混凝土楼梯现场安装

（4）楼板

本项目楼板采用钢筋桁架楼承板，如图 11、图 12 所示，无底模、免支撑，比传统脚手架支模现浇楼板节省 40% 以上的工期，大大提高了楼屋面板的施工效率。

图 11　钢筋桁架楼承板模型

图 12　钢筋桁架楼承板钢筋安装

3.3 外围护系统

本项目外墙采用 200mm 厚 ALC 蒸压轻质加气混凝土条板，如图 13 所示，加气墙板强度为 A3.5 级，密度为 B50。具有良好的耐火、防火、隔声、隔热、保温等性能，ALC 条板做墙体，满足非砌筑条件，外墙保温采用保温装饰一体板（4mm 背板＋80mm 岩棉保温＋8mm 面板），如图 14 所示，防火等级为 A 级。保温装饰一体板采用粘锚结合的方式固定。锚固件由塑料胀栓＋卡扣式组合扣件组成，由专业施工队伍安装施工。

图 13　蒸压轻质砂加气混凝土条板外墙

图 14　外墙保温采用保温装饰一体板

3.4 内装系统

（1）工业化装配式 SI 内装设计理念

1）空间可变

采用轻质隔墙作为户内隔墙，便于安装及拆改，在不破坏原有住宅承重结构的基础上，使空间的设计更具灵活性和活力，可满足广大家庭不同阶段不同的功能需要而改变空间形式的需求。

2）干式技术

采用装配式的安装工艺，通过架空地面、墙体，将建筑骨架与内部使用空间分离，即住宅的结构体（Skeleton）和居住体（Infill）完全分离，使装修作业不破坏建筑结构，便于水、暖、电安装敷设，增加建筑寿命，缩短工期，提高工程质量。

3）部品部件

运用标准化的 BIM 信息模型将装修地面、整体卫生间、整体厨房等装修部件进行拆分，以独立构件做为最小部品单元，实现工厂化预制生产，使之能进行"搭积木"式的简捷装配安装。

（2）内隔墙

本项目分户墙、电梯井周围墙体、楼梯隔墙采用 200mm 厚蒸压轻质砂加气混凝土条板，如图 15 所示。卧室隔墙和厨房内墙采用厚度 100mm 轻骨料轻质混凝土板，俗称圆孔板，如图 16 所示。在安装进户箱或管线穿插等位置采用厚度大于 200mm 陶粒复合板（浮石板），如图 17 所示。内墙饰面（厨卫间除外）均为石膏打底、面层涂料饰面，解决了进户电箱安装，管线穿插、墙面抗裂等一系列问题。

（3）架空地板

地面采用架空地板（可调支座＋5mm 隔声垫＋20mm 硅酸钙板＋复合木地板、踢脚线为仿石材 PVC 踢脚），如图 18、图 19 所示，架空空间可用于管线铺设，维修方便；支撑脚高度可调，地面无需找平；具有优越的隔声性能和振动吸收性能；全过程干式作业，无污染、无飞尘。

图15 蒸压轻质砂加气混凝土条板墙体　图16 轻骨料轻质混凝土板内墙　图17 陶粒复合板（浮石板）内墙

 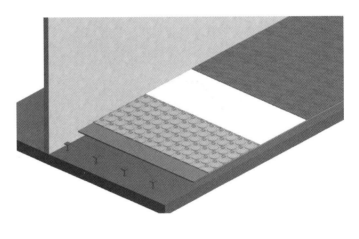

图18 可调支座　　　　　　　　图19 架空地板

（4）整体卫浴

整体卫生间由标准套型＋防水底盘＋集成墙板＋集成吊顶＋集成卫浴部品组成，如图20所示，底盘采用SMC材料一体模压而成，自带防水反边、导流槽和地漏孔，有良好的防渗漏功能，无需再做防水处理；天花板也是采用SMC材料模压而成，通过拼装组成浴室天花。天花自带500×500检修口，主要用于检修天花以外的电气、给水接口等。

整体卫浴排水及排污方式为同层排水，下水支管不穿越结构楼板，便于改动；提高排水安全性，不贯穿楼板，方便检修，降低渗漏到楼下的几率。

（5）整体厨房

整体厨房由装配式墙面＋装配式地面＋集成吊顶＋整体橱柜＋五金电器组成，如图21所示，整体厨房的整体性比较好，可以将所有烹饪用具和厨房电器收纳到一个空间，实行整体配备、整体设计、整体施工，方便人们使用，可以使厨房环境更

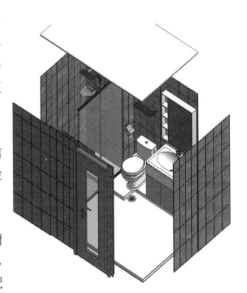

图20 整体卫浴模型

加整洁干净、美观大方（图22）。

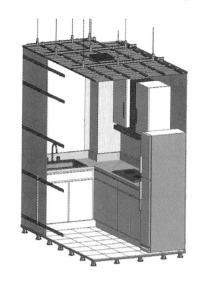

图21　整体厨房模型

图22　整体厨房实景

3.5　设备与管线系统

项目设备管线体系采用预制机电系统，运用BIM技术进行虚拟建造，管线综合技术，综合考虑土建、机电、装修各个专业情况，进行综合碰撞检测与管线优化调整，优化机电管线排布方案，如图23所示，对建筑物最终的竖向设计空间进行检测分析，并给出最优的净空高度，按照模型数据在工厂进行标准化预制件生产，然后运到施工现场直接组装，通过综合支吊架技术，进行整体安装，施工精准度高，效果整洁美观。

结构施工期间桁架楼承板内预埋管线，隔墙板安装后二次预埋管线，水电管井内设备与管线支架固定，地面和厨卫间管线均在架空层内干法施工安装，卫生间采用同层排水。

图23　机电管线综合优化过程

171

4 钢部件快速装配新技术

4.1 钢柱（一柱四层）快速安装

经过优化构件拆分，施工过程采用一柱四层，每 8 个工作时可以完成全部 22 根钢柱的安装。

（1）钢柱起吊安装

钢柱采用"旋转法"吊装，提升时应边起钩、边旋转，将钢柱垂直吊起，如图 24 所示，当钢柱吊离地面 500mm 时停止提升，人员上前将钢柱扶稳，在平稳将柱子吊至下节柱柱顶，待上、下柱距离 50mm 时，将夹板穿在上节柱耳板上，然后缓慢落钩，待夹板螺栓孔与下节钢柱耳板螺栓孔重叠时，穿入紧固螺丝。将螺丝拧紧，撤去绳索，钢柱起吊就位后，应及时在柱顶搭设装配式操作平台，以便工人操作。

（2）钢柱校正

1）柱身扭转微调：柱身的扭转调整通过上下的耳板在不同侧夹入垫板，在上连接板拧紧大六角头螺栓来调整。每次调整扭转在 3mm 以内，若偏差过大则可分成 2～3 次调整。当偏差较大时可通过在柱身侧面临时安装千斤顶对钢柱接头的扭转偏差进行校正，如图 25 所示。

图 24 钢柱起吊

2）柱身垂直度调整：在柱的偏斜一侧打入钢楔或用顶升千斤顶，采用两台经纬仪在柱的两个方向同时进行观测控制方法，如图 26 所示，在保证单节柱垂直度不超标的前提下，注意预留焊缝收缩对垂直度的影响，将柱顶轴线偏移控制到规定范围内，最后拧紧临时连接耳板的大六角头高强度螺栓至额定扭矩并将钢楔与耳板固定。

图 25 钢柱校正

图 26 钢柱校正

（3）钢柱焊接

由两名焊工在相对称位置以逆时针方向在距柱角 50mm 处起焊。焊完一层后，第二层及以后各层均在离前一层起焊点 30～50mm 处起焊。每焊一遍应认真检查清渣，焊到柱角处要稍放慢焊条移动速度，使柱角焊成方角，且焊缝饱满。最后一遍盖面焊缝可采用直径较小的焊条和较小的电流进行焊接。

（4）焊缝检测

一级焊缝：动荷载或静荷载受拉，要求与母材等强焊接。100％超声波探伤，评定等级Ⅱ，检验等级 B 级。

二级焊缝：动荷载或静荷载受压，要求与母材等强焊接。25％超声波探伤，评定等级Ⅲ，检验等级 B 级。

4.2 钢梁串吊（一吊四根）快速安装

经过工程实践钢梁采用串吊的方法一次性吊装 4 根梁，如图 27 所示，每 8 个工作时可完成 60 根钢梁的安装。

（1）钢梁安装顺序

钢梁总体随钢柱的安装顺序进行，相邻钢柱安装完毕后，及时连接之间的钢梁使安装的构件形成稳定的框架，并且每天安装完的钢柱必须用钢梁连接起来，不能及时连接的应拉设缆风绳进行临时稳固。按先主梁后次梁，先下层后上层的安装顺序进行安装。

（2）钢梁起吊

在塔式起重机的起重能力范围内高层钢结构的钢梁吊装采用一机串吊的方式来减少吊次，提高工效。凡串吊的梁在相邻的不同楼层时，梁与梁之间距离必须保证两楼层距离再加上 1.5m 左右。安装柱和柱之间的主梁时，应根据焊缝收缩量预留焊缝变形值，并做好书面记录。

图 27　钢梁串吊

（3）钢梁连接

1）按施工图进行就位，并要注意钢梁的轴线位置和正反方向。钢梁就位时，先用冲钉将梁两端孔对位，然后用安装螺栓拧紧，如图 28 所示。

图 28　钢梁连接示意图

对于同一层梁来讲，先拧主梁高强度螺栓，后拧次梁高强度螺栓。对于同一个节点的高强度螺栓，顺序为从中心向四周扩散逐个拧紧。扭剪型高强度螺栓的施拧分为初拧和终拧，大型节点分为初拧、复拧、终拧，初拧扭矩取施工终拧扭矩的 50%，复拧扭矩值等于初拧扭矩值。

2）主梁高强度螺栓安装，是在主梁吊装就位之后，每端用 2 个冲钉将连接板栓孔与梁栓孔对正，装入安装螺栓，摘钩。随后由专职工人将其余孔穿入高强度螺栓，用扳手拧紧，再将安装螺栓换成高强度螺栓。

3）次梁高强度螺栓在次梁安装到位后，用二冲钉将连接板栓孔与梁栓孔对正，一次性投放高强度螺栓，用扳手拧紧，摘钩后取出冲钉，安装剩余高强度螺栓。

4）各楼层高强度螺栓竖直方向拧紧顺序为先上层梁，后下层梁。待三个节间全部终拧完成后方可进行焊接。高强度螺栓的初拧及终拧必须在 24h 内完成。

5）当钢框架梁与柱接头为腹板栓接、翼缘焊接时，宜按先栓后焊的方式进行施工。梁柱接头的焊缝，应先焊梁的下翼缘板，再焊上翼缘板，先焊梁的一端，待其焊缝冷却至常温后，再焊接另一端。

6）梁与柱、梁与梁的连接形式及焊缝等级应满足设计要求。

4.3 防屈曲钢板剪力墙与钢梁组合吊装

本防屈曲钢板剪力墙安装技术已获得 2020 年度北京市工程建设工法。

（1）钢板与鱼尾板工厂预拼装

钢板和鱼尾板均在钢结构工厂加工制作，钢板表面刷防锈漆，开孔直径和间距均满足设计要求，钢板和鱼尾板制作验收合格后进行焊接组装，每块钢板的上下部位均用两块鱼尾板拼夹，鱼尾板采用单面角焊缝与钢板焊接，如图29和图30所示。

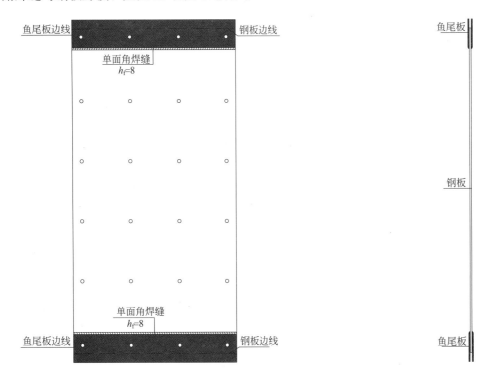

图 29　钢板与鱼尾板预拼装立面图　　　　　　图 30　钢板与鱼尾板预拼装侧面图

（2）施工现场搭设胎架将预制混凝土板与钢板组装

施工现场用 H 型钢制作胎架，利用塔式起重机首先吊装第一块预制混凝土板平放在胎架上，其次在预制混凝土板上面放置钢板并将钢板开孔与预制混凝土板预埋钢套管中心对正，再次吊装第二款预制混凝土板，将第二块预制混凝土板预埋钢套管与钢板开孔对正，最后利用对拉沉头螺栓配螺母将预制混凝土板与钢板固定，如图31～图33所示。

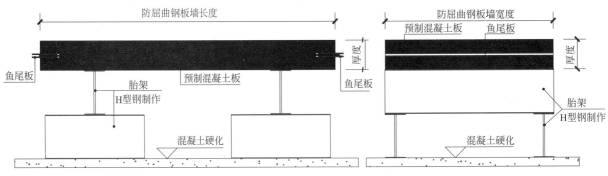

图 31　搭设胎架将钢板与预制混凝土板拼装图示

（3）防屈曲钢板剪力墙与上部钢框架焊接组装

钢板墙组装验收合格后搭设胎架与上部钢框架梁焊接组装，钢板墙的鱼尾板与钢框架下翼缘采用全熔透焊连接；如图34～图36所示。

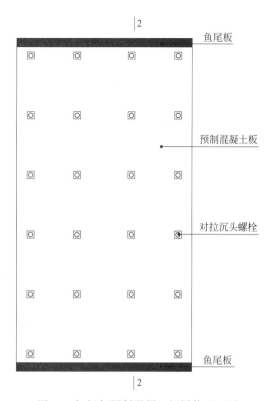

图 32　钢板与预制混凝土板拼装立面图

图 33　钢板与预制混凝土板拼装剖面图

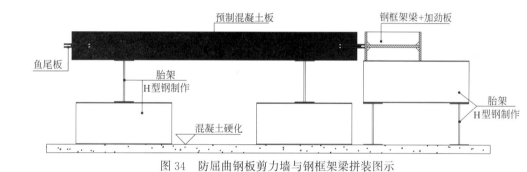

图 34　防屈曲钢板剪力墙与钢框架梁拼装图示

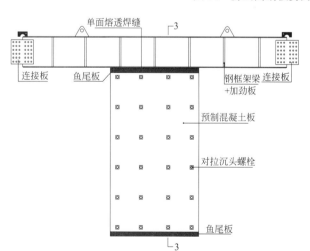

图 35　防屈曲钢板剪力墙与钢框架梁拼装立面图

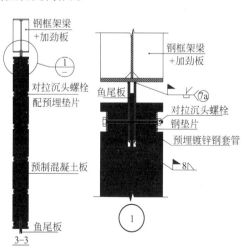

图 36　防屈曲钢板剪力墙与钢框架梁拼装剖面图

（4）起吊安装带有钢框架梁的钢板剪力墙

将塔式起重机吊钩加铁扁担配双根钢丝绳吊索及配套卡环穿钢梁吊耳将带有钢框架梁的钢板剪力墙缓缓吊起，吊至距离地面 500mm 高度停止起吊，检查钢丝绳的松紧度，注意钢丝绳与钢梁的角度不小于 60°，如图 37 所示。

（5）钢框架梁与两侧钢柱初步连接

带有钢框架梁的钢板剪力墙起吊下降至指定位置 300mm 高度时，人工辅助将钢梁缓慢下降，将钢梁与两侧钢柱上的梁柱接头拼缝对准，并用冲钉临时固定，装入安装螺栓数量不少于该节点总数的 1/3，且不少于 2 个，安装螺栓安装后卸掉塔式起重机钢丝绳，如图 38 和图 39 所示。

（6）钢框架梁高强度螺栓连接和钢板墙下部鱼尾板焊接

在梁柱接头空间位置安装钢梁挂篮，每个梁柱接头位置配专职装配工人站立在挂篮内各自从中心向四周扩散逐个用电动扳手拧紧高强度螺栓，然后再将安装螺栓换成高强度螺栓逐个拧紧。高强度螺栓的施拧分为初拧和终拧，初拧扭矩取施工终拧扭矩的 50%，高强度螺栓连接完成后将钢框梁的翼缘采取 V 形坡口焊连接。按照设计要求待主体结构封顶后结构自重变形已充分释放，再利用钢吊篮配置焊工按楼层从上到下的顺序将钢板墙下部的鱼尾板与对应的钢框架上翼缘采用单面熔透焊连接，如图 40 和图 41 所示。

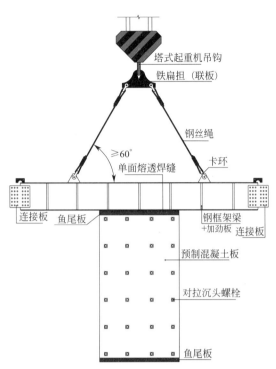

图 37 带有钢框架梁的钢板剪力墙起吊示意图

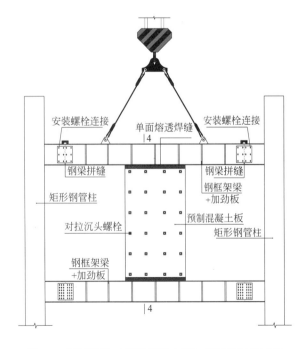

图 38 钢框架梁（带钢板剪力墙）与钢柱初步连接

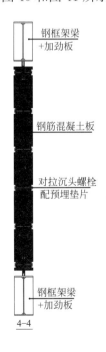

图 39 钢板剪力墙与钢框架梁连接

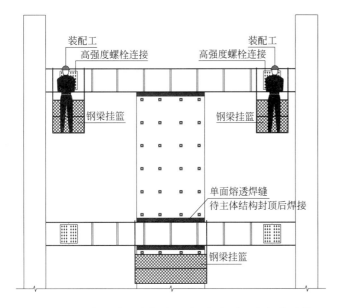

图 40　钢框架梁高强度螺栓连接和钢板墙下部焊接连接

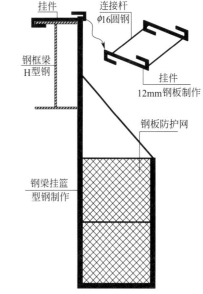

图 41　钢框挂篮示意图

（7）填塞弹性封堵材料

钢板剪力墙鱼尾板与钢框架梁焊接连接后，对焊缝进行检测，焊缝检测合格后将混凝土盖板与钢框架梁之间的间隙采用隔声的弹性材料填充，并用轻型金属架及耐火板材覆盖，如图 42 和图 43 所示。

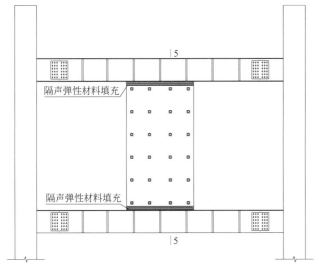

图 42　钢板剪力墙连接端材料填充立面图

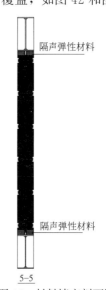

图 43　材料填充剖面图

5　外墙板、内墙板、楼板的施工安装技术

5.1　ALC 板安装

（1）基层清理及测量放线

1）墙板的安装基层应清理干净，凹凸不平的地方用砂浆找平，对需要处理的光滑地面应进行凿毛处理；

2）根据排板图和现场定位轴线，在钢柱和楼板面上用墨线弹出每块板材和门窗洞口的安装平面线、水平控制线，以控制整个墙面的垂直度、平整度以及门窗洞口的标高。

（2）安装连接卡件

1）内墙采用 U 形卡固定，按照弹好的墙体位置线安装 U 形卡，每块板用一只 U 形卡与钢梁焊接，U 形卡的中间位置尽量对着板与板的拼缝，卡住板材的高需≥20mm。固定 U 形卡的方式如果是钉固定，则不得少于 2 个固定点；如果是点焊固定，不得少 4 个固定点。

2）外墙采用内嵌方式配连接角钢与条板钩头螺栓固定，先通过钢梁焊接固定角钢，再固定钩头螺栓。

（3）条板安装及校正

1）墙板采用竖放安装方式，门窗过梁及窗台板可采用竖放或横放安装方式，隔墙长度尺寸宜满足 600mm 模数，门窗洞口两侧宜用整板。

2）条板从钢柱的一端向另一端按顺序安装；当有内墙有门洞口时，从门洞口向两侧安装。

3）在条板下部打入木楔，并应楔紧，且木楔的位置应选择在条板的实心肋。利用木楔调整位置，两个木楔为一组，使条板就位，将板垂直向上挤压，顶紧梁、板底部，调整好板的垂直度后再固定。

4）按顺序安装条板，将板榫槽对准榫头拼接，条板与条板之间应紧密连接；应调整好垂直度和相邻板面的平整度，并应待条板的垂直度、平整度检验合格后，再安装下一块。

5）外墙条板安装时先就位、对准墨线靠紧通长角钢，从条板里面将钩头螺栓穿入孔中，使钩头钩在通长角钢上，在螺丝一端放上 $\phi50$ 圆垫片，拧紧螺母，将钩头螺栓和角钢的接触面焊接起来，接触面上下满焊。如图 44 所示。

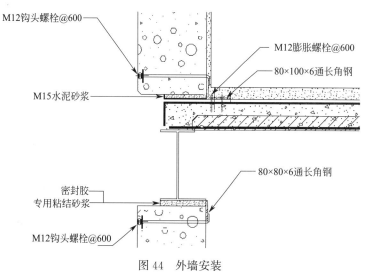

图 44　外墙安装

当外墙有窗洞时，按照从窗洞口向两侧安装，具体如图 45 所示。

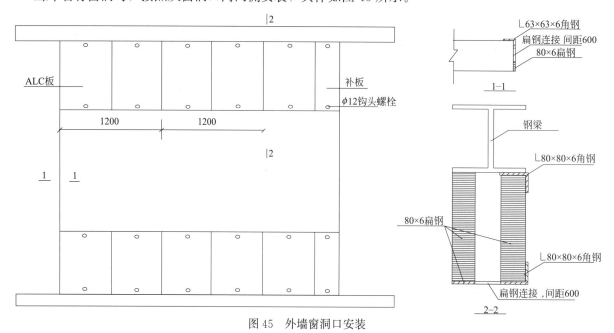

图 45　外墙窗洞口安装

（4）底部水平缝处理

单面墙体安装完成后，板材底部与楼板之间的间隙均填充 1:3 水泥砂浆或干硬性细石混凝土。一般 3～5d 后可拔出木楔，并对木楔洞补入水泥砂浆或细石混凝土。

（5）竖向板缝处理及验收

板缝及两种材料相邻处缝隙处理：用聚合抗裂砂浆先将板缝批实批平，然后在板缝处批入宽 100～200mm，厚 5～10mm 聚合物抗裂砂浆，并压入耐碱玻纤网格布，如图 46 所示。

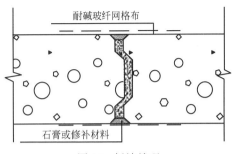

图 46　板缝处理

5.2　桁架楼承板安装

（1）测量放线定位

按图纸所示的起始位置在支撑梁或墙上弹设基准线，并检查钢筋桁架模板的拉钩是否变形，变形处可以用自制的矫正器械进行矫正。

（2）楼承板铺设及端部封堵

1）对准基准线，安装第一块板，钢筋桁架模板的铺设宜从起始位置向一个方向铺设。钢筋桁架模板铺设时，现场需要 3～4 人将每块钢筋桁架模板倒运到其铺设部位，铺设工人在铺板时应有 4 人，在模板的两头各一人，中间均匀分布两人。当模板初步扣合时，中间的两人需按紧拉钩处，两头的人再用力将模板完全扣合。楼承板安装时板与板之间扣合应紧密，防止混凝土浇筑时漏浆。

2）钢筋桁架楼承板在钢梁上的搭接，桁架长度方向搭接长度不宜小于 5d（d 为钢筋桁架下弦钢筋直径）及 50mm 中的较大值；板宽度方向底模与钢梁的搭接长度不宜小于 30mm，确保在浇筑混凝土时不漏浆，如图 47 所示。

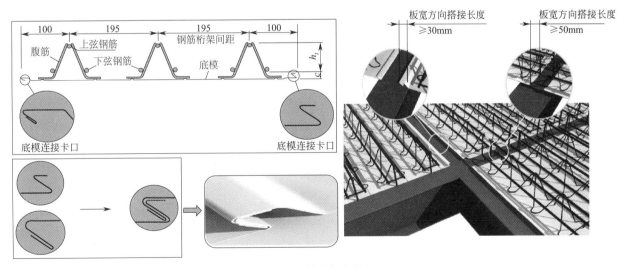

图 47　楼承板安装

3）钢筋桁架楼承板与钢梁搭接时，支座竖筋必须全部与钢梁焊接，宽度方向需沿板边每隔 300mm 与钢梁点焊固定。

4）当设计要求设置临时支撑时，应按照设计要求在相应的位置设置临时支撑，临时支撑必须与钢梁上表面标高一致。临时支撑不得采用孤立的点支撑，应设置木材和钢板等带状水平支撑，带状水平支撑与楼承板接触面宽度不应小于 100mm。

5）垂直和平行于钢梁的楼承板端部均设置 L 形边模，边模的固定方式如图 48、图 49 所示。

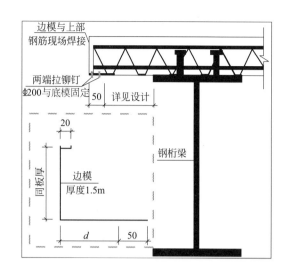

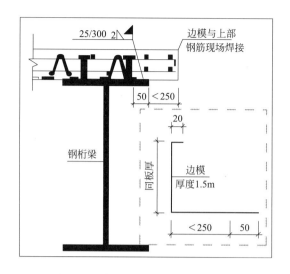

图 48 平行于钢梁的板端边模示意图　　　　图 49 垂直于钢梁的板端边模示意图

（3）栓钉焊接

1）钢筋桁架楼承板铺设完毕以后，根据设计图纸进行栓钉的焊接。为保证栓钉的焊接质量，焊接前需对完成的钢筋桁架楼承板面灰尘、油污进行清理。钢筋桁架楼承板与母材的间隙应控制在 1.0mm 以内以保证良好的栓钉焊接质量。

2）抗剪连接栓钉部分直接焊在钢梁顶面上，为非穿透焊；部分钢梁与栓钉中间夹有压型钢板，为穿透焊。栓钉 30°的弯曲试验，其焊缝及热影响区不得有肉眼可见的裂缝。

（4）设置附加钢筋

1）附加钢筋的施工顺序为：设置下部附加钢筋→设置洞边附加筋→设置上部附加钢筋→设置连接钢筋→设置支座负弯矩钢筋。

2）钢筋桁架楼承板开洞口应通过设计认可，现场进行放线定位。必须按设计要求设置洞口边加强筋，当洞边长小于 1000mm 时，沿着铺设板的方向设置 4Φ12 钢筋，钢筋伸入钢梁，垂直于板的方向设置 4Φ12 钢筋，钢筋设置在钢筋桁架面筋之下。

3）当孔洞边有较大集中荷载或洞边长度大于 1000mm 时，应在孔洞周边设置边梁。

6 结语

经过对装配式钢结构住宅的结构系统、外围护系统、内装系统、设备与管线系统设计探索与实践应用，通过设计与施工的紧密协同、创新优化部品部件安装工艺，总结出了一套可推广应用的装配式钢结构住宅系统及建造方案，可为今后装配式钢结构住宅的大面积推广提供参考。

参考文献

[1] 北京建谊投资发展（集团）有限公司. 装配式钢结构住宅防屈曲钢板剪力墙安装技术[J]. 施工技术，2020，49(16)：31-35.

装配式钢结构住宅外挂夹心保温混凝土墙板抗震性能试验研究

完海鹰　陈安英

（合肥工业大学土木与水利工程学院，合肥）

摘　要　为研究装配式钢结构住宅外挂夹心保温混凝土墙板的抗震性能，设计带外挂墙板钢框架进行低周反复荷载试验。考虑梁的跨度、墙板类型、螺栓类型等因素，结合试件破坏特征，分析结构的滞回曲线、骨架曲线、强度退化曲线、刚度退化曲线、延性系数及耗能能力等，以此评价整体结构的抗震性能。结果表明：带墙板钢框架的破坏模式主要为墙板开裂和预埋件处混凝土压碎剥落、部分螺栓断裂、焊缝撕裂以及梁端翼缘屈曲；在弹性加载阶段墙板的存在能够提高框架体系的侧向受力性能，增强其侧向刚度和承载力，而在破坏阶段连接节点保证了结构整体的柔性变形能力，使墙板与框架可以协同变形。

关键词　钢框架；外挂墙板；低周反复加载；破坏特征；滞回性能

1　引言

随着国家经济转型以及建筑行业生产模式的逐步升级，装配式建筑已逐步成为主流的建筑形式之一。装配式建筑以钢结构为主，而围护墙体系则是钢结构建筑重要的组成部分。外带墙板的装配式钢框架结构建筑不仅装配率高、施工快捷，而且具有优良的抗震性能，在如今装配式建筑市场中具有良好的前景。

近年来，针对带墙板钢框架结构的研究工作已有一定进展，如文献［1-5］分别通过试验、有限元模拟以及理论分析方法研究了带墙板钢框架结构。由于我国是地震多发国家，抗震性能是钢框架结构设计时必须重点考虑的内容，国内学者主要利用模拟地震作用以及低周反复荷载开展相关方面的研究，并得出了许多有益结论。需指出，钢框架的受力性能受到许多因素影响，如柱截面形状、柱轴压比和梁柱线刚度比等。此外，研究还指出，与钢框架协同受力的围护墙结构在外部荷载下会对钢框架的受力性能产生不同程度的影响，如不同的墙板类型、外形尺寸等均会影响墙体的承载力与变形能力，进而影响整体结构的受力性能。目前，地震作用下外挂复合墙板与钢框架共同作用和抗震方面的研究尚不多见，试验数据与理论依据的缺乏滞缓了该结构的实际应用。

开展无墙板钢框架和带复合墙板钢框架低周反复荷载试验，并考虑不同梁的跨径、墙板形式以及螺栓类型。通过观察结构的破坏现象，并分析滞回曲线、骨架曲线、刚度退化曲线、延性系数和耗散能力等，分析地震作用下钢框架的侧向受力及墙板影响钢框架受力，力求为此类结构的工程应用提供参考。

2　试验概况

2.1　试件设计

本次试验共设计五榀足尺的单层单跨方钢管柱-H 型钢梁框架试件，其中三个为带外挂复合墙板钢框架，两个为空钢框架，见表 1。柱使用方钢管，截面尺寸是□200mm×200mm×10mm，高度为 3100mm；梁采用 H 型钢，截面尺寸 $h_b×t_w×t_f×b_f$ 均为 300mm×180mm×6mm×10mm。框架及加载示意如图 1 所示。上、下节点通过螺栓分别连接在试件钢梁下翼缘以及地梁上翼缘处，其中下节点均采用 10.9 级高强度螺栓，而上节点连接为探究不同类型螺栓对试件性能的影响采用了两种不同类型的螺栓（表 1），其中高强度螺栓为 10.9 级、普通螺栓为 4.8 级。外挂预制墙板通过上、下节点连接在钢框架上，墙板底部放在下节点托板上，墙板内侧的 4 个预埋件各采用一根 10.9 级高强度螺栓连接在对应的节点，组成一个整体（图 2）。

试件尺寸表　　　　　　　　　　表 1

试件编号	梁长 L (mm)	墙板尺寸 $b \times h$ (mm×mm)	开洞尺寸 $b_1 \times h_1$ (mm×mm)	上节点螺栓类型
GKJ1	2000	—	—	
GKJ2	2000	1880×2920	600×1500	高强度螺栓
GKJ3	2800	—	—	
GKJ4	2800	2760×2920	—	高强度螺栓
GKJ5	2800	2760×2920	—	普通螺栓

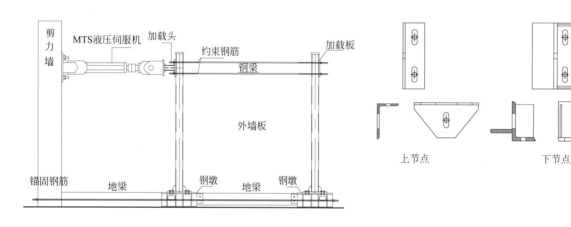

图 1　试件示意图　　　　　　　　　　图 2　节点示意图

2.2　加载方案

试验利用位移控制对试件施以水平低周往复荷载，加载示意图如图 1 所示。MTS 液压伺服机位于反力墙，钢框架柱脚使用地锚安装于地槽的钢墩。同时为了确保试件的平面外稳定，在钢梁两侧设置 4 根直径 32mm 的约束钢筋，用以避免构件出现平面外失稳的情况。

首先对试件预加载来判断加载及测试系统能够工作。预加载的方法是对试件进行两个循环、幅度为 5mm 的加载，每个循环内先施加 5mm 的压位移后卸载至零、继续施加 5mm 的拉位移后再卸载至零。正式加载采用美国 ATC-24（1992）位移加载制度，控制位移取为结构的屈服位移 Δ_y。在试件未屈服时，使用 $0.25\Delta_y$、$0.5\Delta_y$、$0.7\Delta_y$ 的加载等级，每级循环 2 次；加载到屈服位移 Δ_y 后，等级为 $1\Delta_y$、$1.5\Delta_y$、$2\Delta_y$、$3\Delta_y$、$5\Delta_y$、$7\Delta_y$、$8\Delta_y$…其中 $1\Delta_y$、$1.5\Delta_y$、$2\Delta_y$ 各循环三次，之后每级循环两次。位移加载制度示意如图 3 所示。

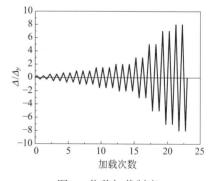

图 3　位移加载制度

加载过程中试件反力在峰值 85% 以下或试件破坏时即不继续加载。当试件发生以下部分情况时可判定试件已破坏：钢框架发生较大的局部屈曲或梁柱节点焊缝撕裂；上、下节点变形过大；墙板预埋件周围的混凝土被压碎；墙板表面出现严重裂缝；螺栓剪断。

2.3 测量方案

根据试验研究目的，确定了以下测量内容及测量方案：

（1）试件加载位置处的水平荷载与位移。试验过程中 MTS 液压伺服系统的控制端将自动采集加载位置的水平荷载（P）-水平位移（Δ）数据。

（2）关键部位的应变。利用 JM3813 多功能静态应变测试系统采集在试验过程中的试件应变，应变片的布置在柱脚、梁柱连接处、梁中部、连接节点以及墙板四角。

（3）关键部位的位移变化。利用 JM3813 多功能静态应变测试系统和位移计采集关键部位的位移变化，包括试件底部位移、试件平面外位移和上节点与钢梁相对位移三个部分。

3 试件破坏特征分析

试验后试件的破坏形态如图 4 所示。通过观察各试件的破坏特征，总结出破坏形式主要有：纯钢框架试件 GKJ1、GKJ3 的主要失效模式为钢梁端部翼缘屈服屈曲和梁柱连接焊缝断裂。外挂墙板与钢框架试件 GKJ2、GKJ4 和 GKJ5 优先出现墙板混凝土表面出现裂缝并开始发展，随后出现钢框架梁柱连接焊缝撕裂以及钢梁端部翼缘的屈曲，在试验加载后期 GKJ2 和 GKJ5 开始有连接外挂墙板与上节点的高强度螺栓被剪断的现象。

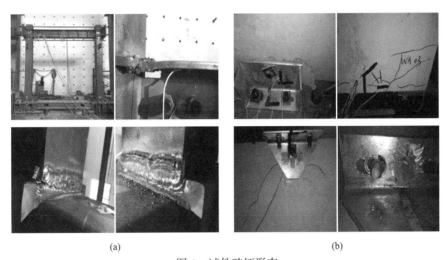

(a)　　　　　　　　　　　　　　(b)

图 4　试件破坏形态

(a) GKJ1；(b) GKJ5

试验现象分析如下：

（1）带外挂墙板钢框架体系的破坏模式为附属结构先发生破坏，这种破坏形式可以保护主体结构的安全性，且在试验后期的破坏现象中只有钢梁存在破坏现象而框架柱并未产生明显的破坏。

（2）墙板破坏现象最严重的区域主要集中在与下节点连接处，上节点连接处也存在混凝土开裂但程度较轻，外挂墙板的整体性很好。试件 GKJ2 的外挂墙板除有以上的破坏形式，在洞口四角处有向连接节点相外发展的裂缝，说明洞口的存在加剧了外挂墙板的破坏、削弱了墙板的整体性。

（3）弹性阶段在同样的加载位移下，带外挂墙板比纯钢框架有更高的承载力，说明此连接方式下外挂墙板可与主体结构共同受力，进而提高了结构的抗侧性能。

（4）在试验中连接墙板和节点的螺栓在试验中可以发生相对滑动，表明这种连接形式可以允许外挂墙板和钢框架的相对滑移、协调两者的变形。

（5）试验中上节点出现了螺栓断裂的情况，说明这种结构形式在经受地震作用时上节点是重要的受力部位。

4 试验结果分析

4.1 滞回曲线

为研究试件的刚度、弹塑性、承载力、耗能能力等性能，根据 MTS 液压伺服机采集到的水平荷载（P）-水平位移（Δ）数据绘制出各个试件的 P-Δ 滞回曲线，如图 5 所示。

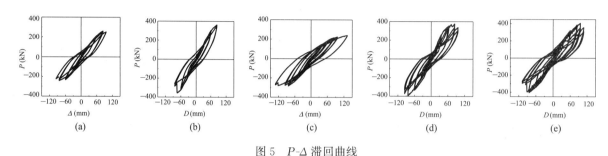

图 5 P-Δ 滞回曲线

（a）GKJ1；（b）GKJ2；（c）GKJ3；（d）GKJ4；（e）GKJ5

可得出如下结论：

（1）带外挂墙板的钢框架相比于纯钢框架滞回曲线饱满程度有所下降，滞回曲线中部出现了轻微的捏缩现象，且 GKJ4、GKJ5 后期的滞回曲线呈现出锯齿形状，这表明相比于纯钢钢架的优良抗震性能，外挂墙板钢框架在地震作用下有较大的滑移影响。推测这一现象是由荷载作用下混凝土墙板的脆性破坏、框架梁柱节点区域的焊缝撕裂以及连接节点的相对滑移所致。其中试件 GKJ2、GKJ5 滞回曲线在反向加载后期存在较大波动，结合试验现象推测是由连接螺栓断裂导致结构承载能力降低所致。总结得出试验 5 榀框架滞回曲线较饱满，拥有较好的抗震性能。

（2）对比试件滞回曲线峰值，采用带墙板框架的荷载相比于纯钢框架试件在试验初期有所提高。表明通过连接节点连接外挂墙板后在前期可以有效参与结构的共同受力，使得钢框架与外挂墙板能够协同变形。

（3）对比试件 GKJ4、GKJ5 滞回曲线，两者曲线外观大致相同、荷载峰值也相近，表明上节点螺栓类型对结构极限承载力影响不大。

4.2 骨架曲线

图 6 为根据图 5 得出的各试件骨架曲线，根据骨架曲线可得出以下结论：

（1）试件 GKJ2 与 GKJ1 相比，正向弹性刚度与极限承载力分别提高 24.7% 和 39.4%，反向弹性刚度与极限承载力分别增强 33.3% 和 17.8%，得出外挂混凝土复合墙板加大了结构的极限承载力和弹性刚度，外挂墙板的存在提高了结构在地震作用下的抗侧力性能。

（2）试件 GKJ4、GKJ5 比 GKJ3 的提高程度较 GKJ2 比 GKJ1 更多，说明在一定程度内结构跨高比越大，外挂墙板越提升结构的极限承载力和弹性刚度。

（3）对比试件 GKJ3 与试件 GKJ1 的骨架曲线，在弹性阶段两者曲线基本重合，塑性阶段 GKJ1 的承载力明显超过 GKJ3，这说明高跨比的减小施加结构弹性阶段的刚度与承载力较小变化，而会大量降低结构的塑性性能。

（4）试件 GKJ2 骨架曲线被包裹于 GKJ1 骨架曲线，即相同位移下，GKJ2 的承载能力高于 GKJ1，这是因为墙板的存在提高了结构的侧向刚度。

运用"通用弯矩屈服法"利用骨架曲线得出各构件的

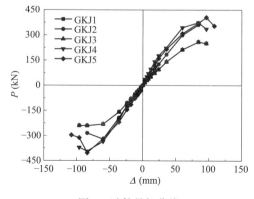

图 6 试件骨架曲线

屈服点，计算出的各骨架曲线特征点见表 2。可以看出：

（1）采用连接节点的带外挂墙板钢框架相比于纯钢框架在各特征点的承载力均有不同程度的明显提升，如 GKJ2 的负向 P_y 相比于 GKJ1 提升约 47.2%，GKJ4、GKJ5 的正向 P_y 相比于 GKJ3 分别提高 58%、68.5%；采用柔性弹簧节点的带外挂墙板钢框架相比于纯钢框架在各特征点的承载力没有显著变化。

（2）试件 GKJ2、GKJ4 和 GKJ5 的特征位移基本小于 GKJ1、GKJ2，这说明在地震作用下框架体系的位移能力被削弱。

（3）对比试件 GKJ3 与 GKJ1，高跨比减小后的 GKJ3 的特征位移均大于 GKJ1。

试件骨架曲线特征值 表 2

试件编号	屈服点		极限点		破坏点	
	Δ_y(mm)	P_y(kN)	Δ_{max}(mm)	P_{max}(kN)	Δ_u(mm)	P_u(kN)
GKJ1	67.0	232.7	86.8	259.6	111.3	220.7
GKJ2	63.5	332.9	70.3	343.0	87.2	291.6
GKJ3	78.8	205.4	100.4	224.7	130.1	191.0
GKJ4	56.1	324.5	80.0	381.3	104.0	324.1
GKJ5	69.4	346.2	92.7	389.9	120.3	331.4

4.3 强度退化

强度退化系数 $\lambda_i = \dfrac{F_j^i}{F_j^{i-1}}$。根据 P-Δ 数据，计算出各个试件的强度退化曲线，如图 7 所示，其中 P 和 N 分别表示正向加载和反向加载。

可以得出试件 GKJ1～GKJ5 的正向同级荷载强度退化系数基本在 0.86～1.14 内，基本在 1 左右浮动，且变化幅度较小；反向同级荷载强度退化系数也主要在 −1 左右。这意味着所有试件的强度退化程度较小，在相同级别位移荷载下可稳定承载。其中前期的几级加载中强度退化系数数据偏移量较大，分析是由于框架底部没有完全固定。

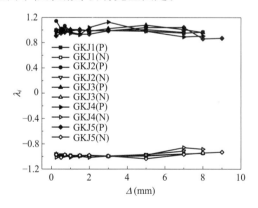

图 7 同级荷载强度退化曲线

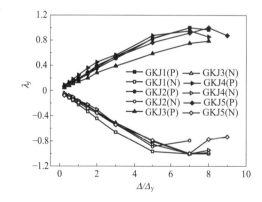

图 8 总体荷载强度退化曲线

总体荷载退化系数 $\lambda_j = \dfrac{P_j}{P_{max}}$，计算各试件的总体荷载退化曲线如图 8 所示。

由图 8 结果可得，试件的总体荷载强度退化系数在加载前期逐渐增大，在试件位移接近极限位移时趋于平稳，甚至有下降趋势，说明试件开始降低抗力，可靠性逐渐降低。总结得出，试件 GKJ2 总体荷载强度退化系数曲线发生大的下降是因为螺栓剪断，在墙板出现裂缝以及墙板发生较大破坏时，总体荷载强度退化系数未下降，表明墙板在试验中一直提供着侧向刚度，对框架整体抗震贡献较高；试件 GKJ4 和 GKJ5 在加载到 $7\Delta_y$ 之前墙体有开裂现象，但总体荷载强度退化系数未下降，试件整体性较好，共同抵抗水平荷载；当试件 GKJ4 和 GKJ5 墙体的连接件发生螺栓剪断以及预埋件有发生较大破坏时，总体荷载强度退化系数发生大的下降，之后墙板与框架无法一起抵抗外荷载。

4.4 刚度退化

刚度退化中的参数割线刚度 K_i 见式（1）：

$$K_i = \frac{|+F_i| + |-F_i|}{|+X_i| + |-X_i|} \tag{1}$$

以各试件的滞回数据为基础，利用各级加载的峰值点计算出各试件对应于各级加载时的割线刚度 K_i，所得结果如图 9 所示。可以得出：

（1）试件 GKJ1～GKJ5 的初始割线刚度分别为 5.11kN/mm、7.07kN/mm、4.37kN/mm、9.13kN/mm、9.85kN/mm，最终割线刚度为 2.56kN/mm、3.85kN/mm、2.26kN/mm、3.69kN/mm、3.01kN/mm。从初始刚度来看，GKJ4 和 GKJ5 分别为 GKJ3 的 2.09 倍和 2.25 倍，GKJ2 为 GKJ1 的 1.38 倍，这说明带有外挂墙板的钢框架刚度在整个受力过程中一直高于纯钢框架，墙板有利于增强整体结构的刚度。

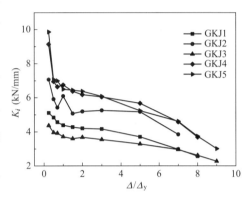

图 9 刚度退化曲线

（2）试件 GKJ3 与 GKJ1 割线刚度不大于 1，说明框架的刚度的降低是高跨比减小所致。

（3）试验加载前期各试件的割线刚度曲线均有下降趋势，但带有外挂墙板的钢框架体系刚度下降程度相比于纯钢框架更明显。比如，前三次加载后，试件 GKJ2、GKJ4 和 GKJ5 分别下降了 23.3%、27.4% 和 29.1%，而试件 GKJ1 和 GKJ2 仅下降了 10.7% 和 10.1%。这是因为外挂墙板与钢框架连接的上节点此时发生了相对滑移使得墙板暂未与框架共同受力。进入加载后期时，钢梁的焊缝撕裂及端部翼缘屈曲、连接螺栓断裂的破坏会使得结构刚度开始快速下降。纯钢框架在整个加载过程有着较为平缓的下降。

4.5 延性系数

试件延性采用线位移延性系数和角位移延性系数来判断。线位移延性系数 $\mu = \dfrac{\Delta_u}{\Delta_y}$。角位移延性系数 $\mu_\theta = \dfrac{\theta_u}{\theta_y}$。由于结构的破坏位移角 θ_u 和屈服位移角 θ_y 均较小，可近似认为 $\theta_u = \arctan(\Delta_u/H)$，$\theta_y = \arctan(\Delta_y/H)$。根据表 2，得到各试件的相关系数，见表 3。

我国《建筑抗震设计规范》GB 50011—2010 规定：多高层钢结构的弹性层间位移角限值 $[\theta_e] = 1/250 \approx 4\ \mathrm{mrad}$，弹塑性层间位移角限值 $[\theta_p] = 1/50 \approx 20\ \mathrm{mrad}$。各试件的计算结果表明，五榀框架的位移延性系数在 1.37～1.85，各试件的位移角限值无论在弹性阶段或在塑性阶段极限位移角都远超限值。这说明此次试验的构件柔性较高，试验中的钢框架体系具有良好的变形能力且变形余量充足，满足规范要求。

试件的延性系数 表 3

试件编号	屈服位移角 θ_y(mrad)	破坏位移角 θ_u(mrad)	位移延性系数 μ	位移角延性系数 μ_θ
GKJ1	17.42	38.32	1.66	1.66
GKJ2	21.78	33.99	1.37	1.37
GKJ3	24.30	34.89	1.65	1.65
GKJ4	18.07	30.54	1.85	1.85
GKJ5	23.38	34.89	1.73	1.73

4.6 耗能能力

等效黏滞阻尼系数 ξ_e 由式 (2) 计算：

$$\xi_e = \frac{1}{2\pi} \frac{S_{ABC} + S_{CDA}}{S_{OBE} + S_{ODF}}$$

（2）

利用上式可得出各个试件的等效黏滞阻尼曲线，如图 10 所示。

从图 10 中可以看出：

（1）试件 GKJ1～GKJ5 的等效黏滞阻尼系数 ξ_e 基本在 Δ/Δ_y 为 2 时最小。试件 GKJ1 和试件 GKJ3 在加载初期的变化并不明显，在达到最小值之后随加载位移的增大逐渐增长；其他钢框架在加载初期的等效黏滞阻尼系数急速下降，部分有 50% 的下降幅度，这可能是因为钢框架与墙板间发生错动而致使摩擦效应逐渐减弱。

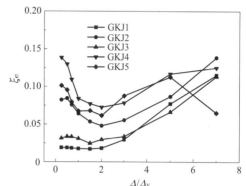

（2）在试验后期（$\Delta/\Delta_y > 2$ 时），各试件等效黏滞阻尼系数 ξ_e 提高速度较快，表明试件耗能量较多较快。试件 GKJ5 在 $\Delta/\Delta_y \geqslant 6$ 时 ξ_e 迅速降低，分析是由于上节点与外挂墙板连接用高强度螺栓的剪断使得试件承载力降低、耗能能力降低。

图 10 各试件 ξ_e 与加载位移 Δ/Δ_y 关系

（3）在同级加载位移，外挂墙板钢框架的等效黏滞阻尼系数大多不小于纯钢框架体系，尤其初期加载，表明结构整体的耗能能力因墙板有所提高。

（4）由试件 GKJ4 和 GKJ5 对比可知，高强度螺栓能够提高结构加载前期的耗能能力。

5 工程应用

安徽阜阳市颍泉区棚户区改造抱龙安置区一期工程位于颍泉区抱龙路南侧，济东路西侧，临近济河，基地平坦。总建筑面积约 27 万 m^2，容积率 2.5，建筑密度 18%，绿地率不小于 42%，工程主体结构采用钢管混凝土框架支撑结构，外围护系统采用试验研究的 150mm 厚 PC 外挂墙板，墙板与主体结构采用试验所采用的挂件节点进行连接，极大地提高了围护体系安装效率，具有良好的装配性（图 11）。

图 11 工程现场

6 结论

（1）纯钢框架的破坏模式有梁柱焊缝撕裂同时有梁端部翼缘屈曲。带外挂墙板钢框架的破坏特征有：混凝土墙板开裂，甚至局部混凝土压碎剥落；部分试件上连接节点螺栓断裂；梁柱焊缝撕裂及梁端翼缘局部屈曲，但其程度不如纯钢框架严重。加载结束后所有墙板都未从框架脱落，保证了较好的整体性。

（2）本文采用的墙板与框架的连接节点受力良好、连接可靠，并能提供一定的柔性变形能力，较好地保持了墙板与框架的协同受力。上节点采用不同类型的螺栓在弹性加载阶段对结构的承载能力影响甚微，但高强度螺栓能够提高结构加载前期的耗能能力并且采用高强度螺栓连接外挂墙板与钢框架的承载力较之普通螺栓要高。

（3）外挂墙板可以显著提高框架体系在低周反复荷载下的抗震性能，能增强框架的刚度和承载能力，但墙板开洞在一定程度上会削弱结构的整体性。此外，五榀框架的滞回曲线均较为饱满，表明所有框架都具有良好的抗震性能，且带外挂墙板框架的滞回曲线饱满程度稍许下降。

（4）带墙板钢框架的延性系数远大于规范要求，表明带外挂墙板钢框架体系延性较好，满足抗震需求；带墙板钢框架的等效黏滞阻尼系数都经历了先下降后逐渐上升的过程，基本分布在 $\xi_e = 0.048 \sim 0.179$ 范围内。

参考文献

[1] 孙国华，顾强，方有珍，等. 半刚接钢框架内填 RC 墙结构滞回性能试验——整体性能分析[J]. 土木工程学报，2010，43(1)：35-46.

[2] 孙国华，何若全，郁银泉，等. 半刚接钢框架内填 RC 墙结构滞回性能试验——局部性能分析[J]. 土木工程学报，2010，43(1)：47-55.

[3] 郑文豪. 填充墙-钢框架结构地震易损性分析[J]. 特种结构，2019，36(2)：100-107.

[4] 辛忠欣，戴素娟，张树辉，等. 填充墙对钢框架 RBS 节点翼缘削弱深度的影响分析[J]. 工程设计，2018，33(239)：73-76+64.

[5] EI-Dakhakhni W W, Elgaaly M, Hamid A A. Three strut model for concrete masonry-infilled steel frames[J]. Journal of Structural Engineering, 2003, 129(2)：177-185.

[6] 李国强，赵欣，孙飞飞，等. 钢结构住宅体系墙板及墙板节点足尺模型振动台试验研究[J]. 地震工程与工程结构，2003，23(1)：64-70.

[7] 史三元，昝歆，吴超. 填充墙对钢框架结构影响的地震台试验分析[J]. 建筑结构，2014，44(23)：71-84.

[8] 杨奕，马宁，李卢钰，等. 带填充墙的防屈曲支撑钢框架结构抗震性能分析[J]. 建筑结构，2013，43(S1)：1213-1217.

[9] 李国强，王城. 外挂式和内嵌式 ALC 墙板钢框架结构滞回性能试验研究[J]. 钢结构，2005，20(1)：52-56.

[10] 王文达，韩林梅，陶忠. 钢管混凝土柱-钢梁平面框架抗震性能的实验研究[J]. 建筑结构学报，2006，27(3)：48-58.

[11] 王先秩，郝际平，周观根，等. 方钢管混凝土柱-钢梁平面框架抗震性能试验研究[J]. 建筑结构学报，2010，31(8)：8-14.

[12] 邹昀，张鹏飞，王强. 带填充墙的钢框架受力性能分析[J]. 工程力学，2013，30(s)：120-124.

[13] 刘玉姝，李国强. 带填充墙钢框架结构抗侧力性能试验及理论研究[J]. 建筑结构学报，2005，26(3)：78-84.

[14] 田金，马林，王堃. 开洞填充墙钢框架抗震性能分析[J]. 重庆科技学院学报，2013，15(3)：115-119.

[15] 王静峰，李响，龚旭东. 带轻质墙板钢管混凝土框架的低周反复荷载试验研究[J]. 土木工程学报，2013，46(S2)：172-177.

[16] 冯静，郭剑飞，何文跃. 轻钢框架住宅轻质填充墙体系的性能探讨[J]. 新型建筑材料，2016，43(9)：58-61.

[17] ATC-24 Guidelines for cyclic seismic testing of components of steel structures [S]. Redwood City (CA)：Applied Technology Council, 1992.

[18] 姚谦峰，陈平. 土木工程结构试验[M]. 北京：中国建筑工业出版社，2001.

钢结构装配式住宅施工建造技术浅析

杨镇州　　盛林峰

（上海市机械施工集团有限公司，上海）

摘　要　浦东新区惠南新市镇 25 号单元（宣桥）05-02 地块钢结构住宅工程，是以钢框架结构为主体结构并搭配混凝土预制构件组成，该工程连接节点多样、涉及专业单位较多，并需满足快速施工的需求，对施工组织、技术路线和施工工艺有较高要求。本文对钢结构装配式住宅施工流程搭接、多专业 BIM 合模技术进行阐述，对类似工程的施工具有借鉴作用。

1　引言

本文以浦东新区惠南新市镇 25 号单元（宣桥）05-02 地块钢结构住宅工程为例，对钢结构装配式住宅建造技术进行了简要分析与总结。

2　工程概况

浦东新区惠南新市镇 25 号单元（宣桥）05-02 地块钢结构住宅工程建筑面积约 5950m²，建筑高度为 43.6m，为 14 层小高层住宅（图 1）。本住宅楼工程为钢结构装配式住宅，是以钢结构为载体，搭配混凝土预制构件组合而成，预制率 74.9%，其主体结构形式为钢框架-支撑结构（图 2）。

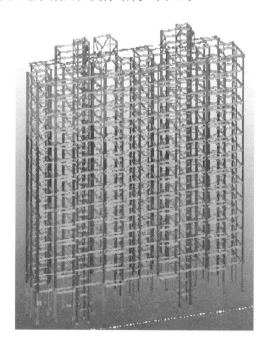

图 1　钢结构住宅建筑立面图　　　　　　　图 2　钢框架-支撑结构图

本住宅楼工程结构支撑体系为钢框架-支撑结构，如图 2 所示，工程钢结构总量约 820t，构件数量约 2025 根，其中钢梁共计 1540 根，钢柱共计 399 根，斜撑共计 86 根，钢材材质为 Q345B。钢柱均为焊接箱形，主要截面尺寸为□800×800×28、□450×180×22×22、□400×180×18×18、□320×300×28×28、□350×300×30×30、□350×180×22×22、□180×180×22×22 等；钢梁分为 H 形梁及箱形梁，钢梁主要截面尺寸为 H350×180×8×20、H1350×180×10×25、B350×150×8×8、H350×180×8×20 等。

混凝土预制构件可分为叠合楼板、预制楼梯、预制外墙板、预制阳台，预制外墙板与钢梁通过调节螺栓连接，总数共计约 672 块；叠合楼板连接方式为楼板搭接至钢梁上翼缘 20mm，绑扎钢筋后现浇混凝土，共计 572 块。楼梯、阳台等混凝土预制构件为直接搁置于钢梁上翼缘位置。

作为商品住宅楼，对住宅建筑立面要求较高，因此全预制保温外墙板在现场的安装精度决定建筑外观效果。本工程采用的全预制保温外墙板为工厂内将内页、外页及夹心保温层一次成型，施工现场无其他现浇作业，同时因为主体结构为钢框架，因此如何将混凝土预制构件与钢结构可靠连接以及如何做到施工便捷，是本类工程施工的重点。

3 施工技术难点

（1）钢结构及混凝土预制构件数量较多，且钢结构连接多以焊接为主，如何高效且快速地施工是需要考虑的重要问题。

（2）钢结构装配式住宅内含专业较多，民用住宅使用要求较常规公共建筑更高，如何整合各专业施工交界面并简化现场施工工序是需解决的重要问题。

（3）主体钢结构截面形式多为焊接箱形，截面小、规格多，传统加工制作工艺较为耗时耗力。

（4）全预制保温外墙板安装精度要求较高，如何做到安全、经济、高效、精准的安装是需要解决的技术难题。

4 研究对策

（1）细化钢结构及混凝土预制构件施工流程，根据不同连接形式及构件类型确定施工顺序，通过紧密的施工流水搭接解决快速施工的问题。

（2）通过多专业 BIM 合模技术，整合各专业模型，明确机电管线、水管的走向，协调钢结构与室内装修相互关系，于钢结构深化阶段完成管线开孔及装饰节点预留的工作，简化现场施工工艺。

（3）研究形成钢结构自动化生产流水线，摆脱传统钢结构加工生产模式，形成小截面钢构件的高精度、高效率、标准化制作，包括下料、组装、焊接等。

（4）通过采取"连接节点优化、安装工艺简化"的技术手段解决全预制保温外墙板安全、经济、高效、精准安装的技术难题。

4.1 细化施工流程，紧密搭接

相比于传统混凝土装配式住宅施工，钢结构装配式住宅在施工流程上有一定的优势，其主体结构为钢框架-支撑结构，同时搭配外挂形式的预制外墙板，因此在施工过程中可以做到主体结构先行，围护结构独立施工。

通过不同类型构件的连接形式，对整体的施工流程进一步细化并紧密搭接。利用钢结构焊接时间完成预制叠合楼板、预制楼梯的安装工作，钢结构安装始终领先叠合楼板及预制楼梯一层，同时预制外墙板采用外挂形式，无需跟随主体结构层层施工，可在主体结构施工数层后，通过钢结构焊接所产生的时间差及增设辅助吊装机械完成安装，如图 3 所示。穿插施工，合理分配劳动力，实行精细化进度管理，最终达到减少人工和总工期优化的效果。

图 3　主体结构与围护结构错层施工

4.2　多专业 BIM 合模技术

基于 BIM 建模、合模的技术，对钢结构装配式住宅工程中多专业的施工内容进行整合。例如通过机电模型与钢结构模型的合模，确定电管、水管等管线的走向及规格，在钢结构深化设计阶段完成开洞工作，如图 4 所示。同时也可根据 BIM 模型的整合，在设计阶段优化室内装修方案，并做模型碰撞检查，如图 5 所示。

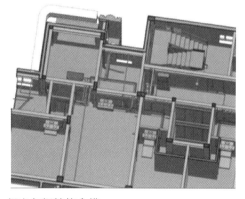

图 4　机电与钢结构合模

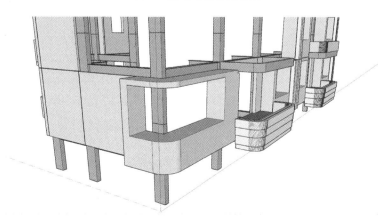

图 5　预制外墙板与钢结构合模

4.3 钢结构自动化生产流水线

创建信息化加工平台，全程监控构件生产状态。箱形梁、柱生产创立自动化组装、焊接生产流水线，生产线分为三个区域：箱形构件组立成形区域、箱形构件自动打底焊区域、箱形构件自动焊接区域，如图6所示。

箱形构件组立成型区域设置数控龙门式箱形组合机及六轴机器人，通过该设备实现箱形、H形梁构件快速组立成形，达到构件外形尺寸一致。

箱形构件自动打底焊区域设置数控龙门式箱形焊接机及自动焊接机器人，由自动焊接机器人进行气体保护打底焊接，实现智能快捷，质量稳定。可以通过垂直电渣焊机对内隔板进行焊接。

箱形构件自动焊接区域设置数控龙门式箱形自动埋弧焊机，由双头自动埋弧焊机进行焊接，实现自动埋弧焊，防止焊接变形。

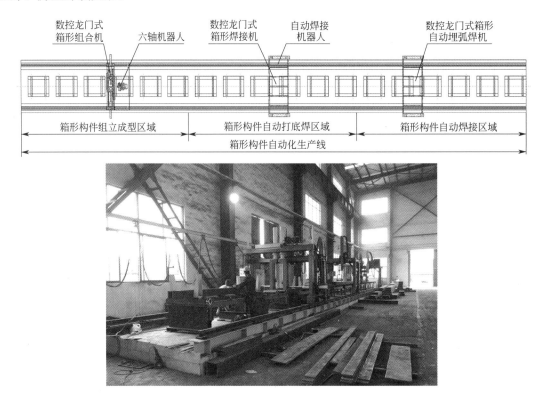

图6 箱形梁、柱自动组装、焊接生产线

4.4 连接节点优化、安装工艺简化

全预制保温外墙板与钢框架之间通过连接铁件连接，满足规范要求，如图7所示，连接铁件分为上节点连接件及下节点连接件。为满足墙板安装过程中的微调需求，连接件均设有调节余量。上下节点连接件均由两部分组成：板内预埋铁件及钢梁翼缘连接支座。

外墙板的安装调节为本工程施工的重点，根据外墙板连接节点的特点及形式，需对外墙板的空间位置进行微调。如图8所示，外墙板由吊点（吊装螺栓套筒）、上连接节点、下连接节点、脱模套筒组成，在外墙板安装后，需对板子的 X、Y、Z 三个方向进行微调。

外墙板安装步骤：

（1）步骤1：上节点支座焊接，需对上节点支座进行三维放线，即 X、Y、Z 方向均需确定位置后才可固定，如图9所示。

（2）步骤2：外墙板吊装就位，上节点固定，下节点预埋铁件落位，此阶段调节外墙板 Z 方向位置，如图10所示。

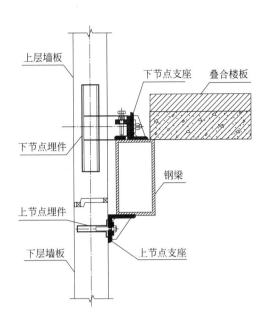

图 7　连接节点示意图

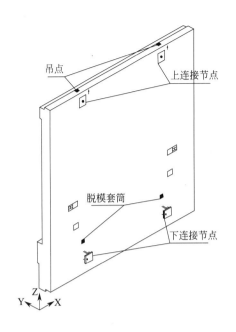

图 8　全预制保温外墙板示意图

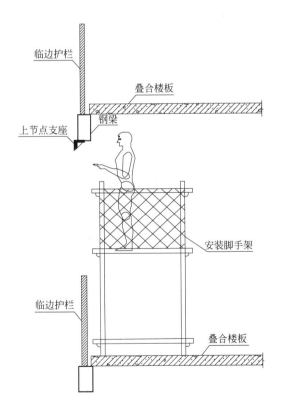

图 9　上节点支座安装示意图

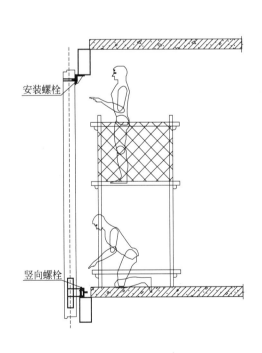

图 10　Z 向调节示意图

（3）步骤三：X、Y 方向微调，如图 11 所示，使用捯链对外墙板 Y 方向即垂直度进行微调，如图 12 所示，使用千斤顶对外墙板 X 方向进行微调。

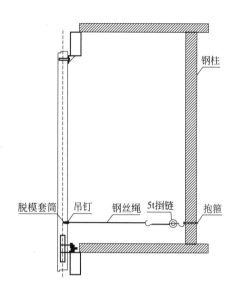

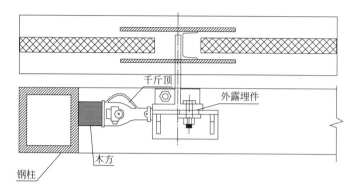

图 11　Y 向调节示意图　　　　　　　　　　　　图 12　X 向调节示意图

5　结语

采取细化施工流程，紧密流水搭接的手段，可以最大化缩短施工周期，提高施工效率。通过多专业 BIM 合模技术，在设计阶段完成多专业的提资要求整合，并可同步做到钢结构深化施工一体化，简化施工现场工序，清晰明确各专业施工交界面。研究形成箱形梁、柱自动组装、焊接生产线，提高构件加工精度及质量，进一步实现钢构件生产自动化、现场施工装配化、施工管理精细化目标，符合建筑工业化发展绿色建筑的理念。

建筑工业化、绿色建筑和建筑一体化信息管理已经成为我国建筑行业实现产业升级的三大重要战略方向。随着产业化政策、市场、效益驱动下的不断发展，作为产业化的最终产品，钢结构建筑、结构、设备和装修的一体化、集成化建造必将在建筑市场中得到广泛的使用并承担更大的社会责任，引领建筑市场向绿色、节约型方向稳步迈进。

目前宣桥钢结构住宅工程已完成主体钢结构及混凝土预制构件的安装工作，现场施工效率较高，自动化生产的箱形构件加工精度高，焊缝饱满，且后续的机电安装、室内装修等工作过程未存在碰撞情况，上述施工技术的使用取得良好效果，可为类似工程提供一定借鉴作用。

适合西北地区装配式钢结构住宅体系研究及应用

马张永

（甘肃省科工建设集团有限公司，兰州）

摘　要　本文根据国家及各地政府推广装配式钢结构住宅方面的指导性政策，结合西北地区地域宽广，但建筑用地有限，建造高层、超高层住宅是必然趋势，又由于西北地区抗震设防烈度高等地域条件，开展适合该地区的装配式钢结构住宅体系研究非常必要，特别适合"承载能力强、抗震性能好"的钢结构建筑体系充分发挥作用，实现"以人为本"的发展理念。通过确立科研课题、解决项目重难点问题、开展试点项目等总结了新型装配式钢结构住宅体系、新型建筑材料的研发及应用技术，为同类工程施工提供参考，为我国装配式钢结构住宅的发展做出自己的贡献。

关键词　钢结构住宅；施工工艺；BIM 技术

1　技术研究背景

西北地区发展装配式钢结构住宅具有重要意义。传统混凝土住宅的劣势比较明显，生产过程耗能高，垃圾回收率低，建筑垃圾太多，占用大量耕地，如何处理垃圾是个问题，而且震后修复比较困难。钢结构建筑与传统混凝土结构建筑相比，能节省用工 30％、节省施工占地 50％、节省水泥 33％、节水 60％、节省施工用电 30％，木材消耗降低近 80％。另外，采用钢结构建筑，建筑垃圾将减少 80％以上，可回收材料增加 60％以上，钢结构住宅有利于节能环保。西北地区地域宽广，但建筑用地有限，建造高层、超高层住宅是必然趋势，而西北地区抗震设防烈度高，特别适合"承载能力强、抗震性能好"的钢结构建筑体系充分发挥作用，实现"以人为本"的发展理念。同样面临建筑业转型升级的西部地区，发展钢结构住宅，积极推动建筑工业化，培养建筑业的"工匠"，不仅有利于化解西部地区的钢铁产能，更能促进西部地区建筑业的"高质量发展"和"绿色发展"，在这一轮产业升级中，能够紧跟东部地区的步伐。

开展适合西北地区的装配式钢结构住宅体系研究非常必要。国内不同的区域均开展了钢结构住宅的试点及项目，国家也颁布了《装配式钢结构建筑技术标准》GB/T 51232 和《装配式建筑评价标准》GB/T 51129，但是，标准对于结构和技术体系都没有明确的规定，由于钢结构住宅推广的不同区域在住宅体系、建筑功能要求、建筑环境、施工技术、产品供应产业链上的差别，目前国内没有一个能够推广的、普遍适用的装配式钢结构住宅体系，各个地区需要结合自身的实际情况，研发适合本地区的装配式建筑体系和相应的施工技术。因此，西北地区要推动装配式钢结构住宅的发展，必须开展适合本地区的"装配式钢结构住宅体系"的研发。

2　研究内容及结果

2.1　新型装配式钢结构住宅体系的研发

结合我公司的研发设计实力、设备加工能力、甘肃省内装配式钢结构住宅配套部品部件的供应情况和施工工艺水平，充分研究了甘肃省装配式钢结构住宅必须满足抗震性能好、装配速度快、保温性能好、适应较大温差、紫外线强和气候干燥的特点，经过三年的实践和探索，分别开发了适合于新农村建设的低层装配式钢结构住宅和适合于城市建设的高层装配式钢结构住宅新体系。低层装配式钢结构住宅可分为两种结构体系，分别是钢框架＋冷弯薄壁型钢轻型住宅体系和 ALC 条板承重体系。高层装配式钢结构住宅体系共开发了两代，第一代是钢框架-支撑结构承重体系＋蒸压砂加气砌块＋乳胶漆面保温装饰一体板外墙围护体系。第二代为钢框架＋密肋钢板剪力墙承重结构体系＋轻质预制构件围护体系。

（1）低层装配式钢结构住宅体系

1）钢框架＋冷弯薄壁型钢轻型住宅体系（图1）

该新型体系由全螺栓装配钢框架和现浇混凝土楼板作为主承重结构，抗震性能好，施工速度快；屋面采用冷弯薄壁型钢屋架和石膏板吊顶，配以玻璃丝棉和岩棉构造，建筑自重轻，全装配施工速度快，保温、隔热、隔声效果好；外墙采用 90mm 水泥发泡复合板＋空气层＋90mm 水泥发泡复合板的构造形式，装配速度快，保温、隔热、隔声、防水、防火和耐久性俱佳；内隔墙采用 120mm 厚水泥发泡复合板，条板施工速度快，施工工艺简单，成品条板质量好，保温、隔声满足使用要求。总之，低层装配式钢结构住宅体系抗震性能好，施工速度快，造价合理，技术门槛低，使用性能好，特别适合在新农村建设中采用。

图1　钢框架＋冷弯薄壁型钢轻型住宅体系　　　　图2　ALC 条板承重体系

2）ALC 条板承重体系（图2）

该体系由不小于 200mm 厚度的蒸压砂加气条板（ALC）作为承重体系，条板之间采用由我们自主研发的钢插片连接（专利号：ZL2016 2 0380319.6），条板的顶部由 100mm×3.0mm 的通长扁钢作为圈梁，通过@300mm 空心钉将扁钢固定在墙体顶部，屋面系统采用冷弯薄壁型钢体系，通过 L 形镀锌连接件将圈梁和组装好的屋架进行连接（专利号：ZL2016 2 0398683.5）。屋面使用石膏板进行吊顶，中间用 100mm 厚的岩棉和 75mm 厚的玻璃丝棉做保温层，屋顶先设置 OSB 板，再用树脂瓦作为屋面防水材料；卫生间采用集成卫浴，直接吊装进去即可完成安装；厨房采用整体厨房。ALC 条板承重体系建筑无梁、柱，钢筋混凝土平板基础，ALC 墙体承重，采用新型材料，施工工期短，施工方法简便，质量易控制，安全易保证，技术较先进，且符合安全文明施工的要求，属于典型绿色环保建筑。可大量使用于低烈度地区单层房屋建设，结构优化后可大量使用于国内新农村建设，单层 ALC 墙板承重房屋具有广阔的推广前景。

（2）高层装配式钢结构住宅新体系（图3）

1）钢框架-支撑结构承重体系＋蒸压砂加气砌块＋乳胶漆面保温装饰一体板外墙围护体系

本体系采用钢管混凝土框架-屈曲约束支撑体系，屈曲约束支撑采用自主研发的方管套圆管的构造形式，代替成品支撑，降低了造价，在试点项目中，采用了全螺栓形式的端板连接，现场全装配，楼板采用悬挂式模板支撑体系现浇板（专利号：ZL2015 2 0698006.0 和 ZL2016 2 0091143.2），这种结构体系，抗震性能好，体系成熟，造价低，施工速度快，自重轻，基础成本低，技术门槛相对较低，推广相对容易。外墙采用优等品蒸压砂加气砌块＋适合西北地区的保温装饰一体板（专利号：ZL2017 2 0202435.3），优等品蒸压砂加气砌块尺寸精度高，质量轻，保温隔热性能好，砌筑完成可以达到免抹灰，成型效果非常好，保温装饰一体板代替传统的薄抹灰系统，具有产品稳定性好、寿命长、绿色节能、施工周期短、安全可靠等优点，特别是采用针对西北地区昼夜温差大、气候干燥、紫外线强开发了新型乳胶漆面层保温装饰一体板（专利号：ZL2017 2 0202435.3；2016年兰州市人才创新创业项目：新型节能保温装饰一体板）。内墙采用90mm蒸压砂加气条板，质量轻，施工速度快，产品性能稳定，隔声效果好。楼梯采用钢楼梯＋薄混凝土面层，钢楼梯可以在工厂由机器人加工，现场直接吊装，薄混凝土面层成本低，成型效果好。

2）钢框架＋密肋钢板剪力墙承重结构体系＋轻质预制构件围护体系

采用 H 型钢柱-密肋钢板剪力墙结构承重体系，这种结构体系由于采用了密肋钢板剪力墙，结构自重大大降低，抗侧性能得到了大幅提高，结构的耗能能力增强，经过振动台试验研究，这种结构的力学性能和抗震性能良好，针对这种钢板剪力墙的研究论文成果"Shaking-table test of a novel buckling-restrained multi-stiffened low-yield-point steel plate shear wall"发表在了 Journal of constrational steel research 第 145 卷上（SCI 收录）；外墙采用 ALC 条板＋保温装饰一体板，这种外围护墙体施工速度快，装配率高，由于两种材料均为工业化产品，能够很好地满足"防水，保温，隔热，隔声，抗震，抗风"的要求。内墙采用"带预埋管线的水泥基复合夹心墙板"，利用 BIM 技术提前确定好管线的位置，在墙板生产工厂内提前预埋好管线，这种墙体工业化程度高，施工速度快，隔声性能好，表面成型效果好，避免了二次装修的开槽；楼板采用预应力叠合板，免支模，节省造价，条板铺装完成后浇筑面层，施工速度快。钢框架＋密肋钢板剪力墙承重结构体系＋轻质预制构件围护体系，结构性能好，外墙、内墙、楼板均采用预制的轻型材料，装配率高，造价合理，符合国家对装配式建筑发展的要求。

图 3　甘肃省首个装配式钢结构住宅小区

2.2　新型建筑材料的研发

适合西北地区的新型装配式钢结构住宅体系包含了新型保温装饰一体板和带预埋件的水泥基复合夹芯板两种新型材料。

（1）新型乳胶漆面层的保温装饰一体板

这种乳胶漆面层的一体板饰面效果好，成本低廉，与油漆生产厂商联合开发了耐紫外线、耐干燥气候、耐高温差的乳胶漆及其工厂加工工艺，在这种类型一体板中得到了很好的应用，经检测，完全符合

197

相关技术标准要求，并且取得了专利"一种保温装饰一体板连接构件"（专利号：ZL2016 2 0907650.9）和"一种乳胶漆面保温装饰一体板"（专利号：ZL2017 2 0202435.3）。

（2）带预埋管线的水泥基复合夹芯墙板

这种墙板为工厂化生产的产品，由于内部含有发泡水泥，条板的自重减轻，强度高，保温、隔声性能提高，而且发泡水泥和水泥面层为同一种材料，克服了水泥发泡复合板两种不同材料复合引起的开裂问题。利用BIM技术，提前确定好水电管线的位置，在工厂加工阶段将管线提前预埋到条板中，大大提高了现场的施工效率，避免了后期墙体开槽，墙体成型效果良好。

根据国家及各地政府推广装配式钢结构住宅方面的指导性政策，结合西北地区地域宽广，但建筑用地有限的特点，建造高层、超高层住宅是必然趋势，开展适合西北地区的装配式钢结构住宅体系研究非常必要，特别适合"承载能力强、抗震性能好"的钢结构建筑体系充分发挥作用，实现"以人为本"的发展理念。通过确立科研课题、解决项目重难点问题、开展试点项目等总结了新型装配式钢结构住宅体系、新型建筑材料的研究及应用技术，为同类工程施工提供参考，为我国装配式钢结构住宅的发展做出自己的贡献。

参考文献

[1] 付春光. 多高层钢结构住宅结构体系及其工程实践 [J]. 工程建设与设计，2013，（08）：46-48.

[2] 杨煦. 钢结构住宅结构体系应用研究 [D]. 北京：北京交通大学，2014.

[3] 沈祖炎，李元齐，姚行友. 低层冷弯薄壁型钢龙骨体系房屋结构设计关键技术 [J]. 工业建筑，2011（增刊）.

[4] 周旭红，石宇，周天华，刘永健，周期石，狄谨，卢林枫. 低层冷弯薄壁型钢结构住宅体系 [J]. 建筑科学与工程学报，2005（2）.

钢结构装配式建筑中轻质条板隔墙的裂缝问题分析

刘兴才　张海宾　王　洋

（山东高速莱钢绿建发展有限公司，青岛）

摘　要　轻质条板隔墙在钢结构装配式建筑中应用较为广泛，而在实际工程中，条板隔墙的裂缝逐渐成为制约其发展的质量通病。本文结合山东高速莱钢多年工程实践经验，主要就轻质条板隔墙裂缝产生的根源进行逐一排查，并对其中的主要因素进行了概括和分析。

关键词　钢结构装配式建筑；轻质条板隔墙；裂缝问题

1　引言

轻质条板是指面密度不大于 $190kg/m^2$，长宽比不小于 2.5，采用轻质材料或大孔洞轻型构件制作的，用于非承重内隔墙的预制条板。它是一种新型节能墙材料，由无害化磷石膏、轻质钢渣、粉煤灰等多种工业废渣组成，经变频蒸汽加压养护而成；两边有公、母榫槽，安装时只需将板材立起，公、母榫涂上少量嵌缝砂浆后对拼装起来即可。轻质条板隔墙具有质量轻、强度高、多重环保、保温隔热、隔声、防火、快速施工、降低墙体成本等优点，有利于建筑工业化施工，提高使用面积和减少湿作业的效果。

但由于与新型材料相应的标准、施工操作规程不完善及施工不规范等原因，导致轻质墙板类间隔墙、填充墙施工后容易出现开裂现象，虽然不影响主体结构安全，但造成使用不便，影响用户观感。裂缝已成为轻质隔墙板墙体在建筑工程中的质量通病，是业主入住后投诉最多的一个问题。这种现象对轻质墙板生产企业、施工安装单位、建设单位和业主都带来很多负面的影响，甚至影响轻质墙板板材的推广应用。如何解决轻质隔墙板材的裂缝问题已成为业界人士急需解决的一个重要问题。本文结合了山东高速莱钢建设多项工程施工经验，逐项列出轻质板隔墙裂缝产生的各种原因，并对其中的主要因素进行了概括和分析。

2　自身材料因素

原材料质量控制不严格。条板自身材料引起的开裂主要表现在条板的变形开裂，墙板在高低温交替、空气干湿变化的环境中使用时，膨胀和收缩是无法避免的；其中，条板材料干燥收缩率是非常重要的，是控制墙体开裂的关键因素。《建筑隔墙用轻质条板通用技术要求》JG/T 169—2016 中，物理力学性能之干燥收缩值要求水泥、石膏条板 $\leqslant0.6mm/m$，混凝土复合条板 $\leqslant0.5mm/m$。对生产板材的原材料（如胶凝材料、增强材料、填充材料）质量控制不严，有的小型工厂没有试验室等检测设施，只凭经验来判断原材料是否合格，这样生产出来的产品肯定不合格。生产厂家应严格控制板材的原料选择，避免不合格原料流入工厂。

材料配比不合理。当条板材料本身不含有体积不安定的成分时，引起变形开裂的主要原因是条板的干燥收缩变形；比如影响混凝土条板收缩变形的因素有混凝土密度、水泥品种、水泥强度等级、骨料与含气量之比、水泥与骨料比例、水灰比、用料品种、搅拌与捣实状况、养护等。

生产工艺不达标。有的板材生产企业生产工艺达不到国家标准，对轻质隔墙板材国家有生产标准，生产工艺不当，会造成产品吸水率过大，干燥收缩值超标。板材内部配筋除锈不彻底；板材现场撬开后发现内部钢筋出现不同程度锈蚀，如配筋除锈不彻底，钢筋的锈蚀亦会导致板材出现裂缝。

养护措施不到位。生产过程中由于养护措施不到位，使板材水化不彻底，强度达不到国家标准，导致轻质隔墙板自身产生裂缝。有些轻质隔墙板生产企业由于规模小，生产能力和堆放场地有限，当承接到大项目时，为满足施工安装工期，就将龄期不足的墙板运送到工地现场，湿板上墙，墙板在安装后继续水化收缩，造成墙体裂缝。

3　配套材料因素

轻质条板企口处隔离剂污染。板材接缝企口处油污染，板材在生产过程中，为脱模方便，在板材模具侧边涂刷隔离剂，为降低成本，隔离剂经常采用废机油，废机油严重削弱了板材与嵌缝砂浆之间的粘结效果。粘结嵌缝材料不符合标准；拼装接缝常用的粘结、密封、防裂、盖缝材料的选用，与墙体开裂、防水、隔声等性能有着密切关系，有举足轻重的作用，直接影响施工效果。

玻纤网格布强度不达标。玻璃纤维网格布可以改善面层的机械强度，保证饰面层的抗力连续性，分散面层的收缩压力和保温应力，避免应力集中，抵抗自然界温、湿度变化及意外撞击所引起的面层开裂。由此耐碱玻纤网格布在外保温系统中起着重要的功能与作用，所以选用好的玻纤网格布也是保证外保温系统综合质量的重要组成部分。在使用前须对采购的玻璃纤维网格布进行合格确认。

连接钢卡件防腐不到位。配合安装使用的镀锌钢卡和普通钢卡、销钉，拉结钢筋、钢板预埋件等应符合建筑用钢材标准的规定；钢卡厚度不宜小于2mm，普通钢卡应做防锈处理。卡件锈蚀严重时，亦会导致板材出现开裂隐患。

板材与粘结材料强度差别过大。条板之间接缝采用过强的粘结料连接形成一个整体强度较好的大板，如两端处的条板与柱边连接较弱，当整体墙板收缩变形，裂缝易集中于边缝的薄弱处。因此条板安装时，板缝粘结料的强度应适当；过大的粘结强度不利于收缩值的分散。

4　设计选用因素

建筑结构体系与条板变形不协调。一是框架结构变形引起，二是墙体变形引起，因轻板墙体多为填充墙，是在主体结构稳定后再安装铺板，两者收缩不同步，当墙板发生收缩，会引起条板与主体结构结合处的开裂；当墙体尺寸稳定，而梁、柱主体结构在应力作用下发生变形，也会引起墙体裂缝。

节点设计选择不合理。现行国标图集《蒸压加气混凝土砌块、板材构造》13J 104中要求：内墙板顶部及侧面与其他结构、其他墙柱梁交接的两侧板缝应采用柔性连接，板缝内应设置弹性嵌缝材料。而在现场施工中，很多单位往往忽视这部分内容。

墙体过长，累积变形过大。墙体的设计不合理，尤其是长墙连续安装，一些框架结构大开间的建筑，内墙很长，在施工安装时如果一次连续安装，由于安装后的墙体各种收缩因素的累积，必然产生一定的收缩应力。墙体长度越长，累积的收缩应力就越大，将在某些局部造成破坏，产生裂缝释放应力。

5　构造措施因素

门窗洞口构造不合理。门框上部倒八字裂缝，各种轻质建筑条板安装中经常产生门框上部倒八字裂缝，其原因是门框上部墙体和抹灰层是连续的，而门框下部墙体是断开的，门框上部墙体产生的收缩应力是一种限制收缩。而门框下部的墙体是自由收缩，因此门窗框上下部墙体产生收缩应力差，从而发生倒八字裂缝。

拼缝未做防开裂处理。这种裂缝多为竖向裂缝，是条板中最常见的裂缝，轻者为间断细微裂纹，严重者裂缝穿透，既影响美观，也影响隔声和使用。在薄弱拼缝等位置，蔽盖40～50mm宽的防裂网布，可以将集中的裂缝分散成肉眼不可辨的微裂纹。板间缝隙过大或过小,条板接缝过宽,粘结收缩值过大都会导致开裂。应量准尺寸,裁取适当宽度的补板,使拼缝尺寸最适宜。

6 施工管理因素

技术管理不到位,未进行严格施工技术交底。安装企业应对安装工人进行培训,培训合格后方可上岗。培训内容包含专业知识和安装技能,并根据工地现场工程特点对工人进行技术交底,确保安装质量。

板底的支撑木楔未拆除。轻质隔墙安装时,支撑在板底的木楔未拆除,再加上板底的缝隙处理不认真,造成条板在木楔支撑下产生挤压变形,而影响墙面开裂。

嵌缝砂浆不饱满。由于嵌缝砂浆不饱满,普通水泥砂浆与板材粘结效果差和嵌缝砂浆硬化时自身收缩,就可能造成板材安装后沿着安装缝开裂。

排板施工顺序错误。应按排板图安装条板,一般从主体墙柱的一端向另一端顺序安装;有门洞口时,从门洞口向两侧安装。

此外,管线随意开槽、凿洞;轻质隔墙板面孔、洞开凿及处理不认真,填孔洞的材料与尺寸不规范,都会造成孔洞周边的材料收缩开裂。

7 使用维护因素

敲击打凿引起条板损伤。应做好成品保护工作,避免勾缝砂浆及墙面抹灰风干过快,减少轻质隔墙板材安装固定后的撞击振动。

内置管线固定不牢,水流振动或共振。预埋的管线应牢固,不能松动。防止水管发生水流振动或共振,引起板的振动。管在板内跳动会对槽壁产生冲击力。

墙板运输存储吊装时未侧立放置。墙板运输存储吊装时均应侧放,墙板平放亦容易造成裂缝产生。

未做防雨、防水、防潮措施。环境湿度的变化也会造成轻质条板的湿胀,随着湿度的降低,轻质条板的含水率也逐渐降低,便会产生一定的干燥收缩,如果在潮湿的状态下进行安装,则安装后的墙板材料很容易产生变形,出现裂缝。

8 结 语

轻质条板隔墙产生裂缝是多种因素造成的,因此必须采用系统性、综合性的措施来解决。从墙板自身材料、配套材料、设计方案、构造措施、施工管理、使用围护等多个方面着手,才能把轻质墙板墙的裂缝问题最终解决掉。随着建筑业的不断发展,墙板材料也会不断更新,轻质条板内隔墙也将逐步完善并得到大力推广,具有广阔的发展前景。

参考文献

[1] 孟新瑞. 浅谈轻质条板隔墙的裂缝控制 [J]. 山西建筑,2010.
[2] 周国森,吴兴涛,陈琛,王阳,吴群威. ALC轻质隔墙板裂缝防治技术研究 [J]. 建筑技术开发,2016.
[3] 薄利波,杨苏,刘清斌,邱春雨. 轻质隔墙裂缝产生原因及防治措施 [J]. 建筑技术,2018.

钢结构被动式住宅的应用实践

杨玉栋

（大同泰瑞集团股份有限公司，大同）

摘　要　大同泰瑞集团开发建设的瑞湖云山府项目是一项钢结构被动式住宅项目，在建设过程中，充分发挥了早期布局的装配式建筑生产基地的产品保障功能，组建了装配式、被动式科研团队进行科研攻关，使用 BIM 技术从设计、制造、安装全过程进行有效管理，培养出了钢结构制造安装、被动式保温性、气密性施工等专业团队，在实施过程中精益求精、一丝不苟，使得工程有序顺利进行。

关键词　钢结构；被动式；BIM 技术；标准化；钢管束

1　云山府钢结构被动房的基本情况

2019 年，泰瑞集团响应政府号召，在云山府住宅项目上按照装配式、被动式、绿色三星的高标准实施。云山府项目，总建筑面积为 30.07 万 m^2，地上有 22 栋 7~18 层被动式住宅，1108 户，7 种户型，面积为 130~320m^2，其中被动式住宅建筑面积为 18.94 万 m^2。主体结构为全装配钢结构，竖向受力构件为钢管混凝土束，水平结构构件为工字型钢梁，楼板为钢筋桁架楼承板，楼梯、阳台、空调板均为钢构件。虽然我们在装配式钢管束结构上已经有了一定的经验，但是在近零能耗被动式住宅方面，这是首次开展，把钢管束的钢结构应用到被动式住宅项目上，这在山西省和全国来说都是第一次。

近年来，被动房在各地兴起，它是以节能和舒适为标志的革命性建筑。它有强大的外保温系统，气密性极佳的三玻两腔被动窗，严格的节能构造和断热桥技术，可以做到房子密不透风，达到超低能耗的要求。然而它又设置了具有良好热交换功能的新风系统，用来把室外的新鲜空气送入室内，将室内的污浊空气排出，室外的冷空气进入室内时可以预加热，室内的热空气排出室外时可以收集热量，它的过滤膜可以使空气中 PM2.5 达标，得到清新舒适的环境。它采用可再生的屋顶太阳能光伏发电系统，可以大大地减少传统能源的消耗。被动房要求室内温度达到 20~26℃，室内相对湿度达到 30%~60%，室内二氧化碳不大于 1000ppm，卧室、起居室噪声不大于 30dB，围护结构内表面温度不低于室内温度 3℃等，这些都保证了它的舒适性和节能性。这是一个全新的建筑形式，对于我们建设团队来说也是一次严峻的考验。

2　打造装配建筑产业基地，为装配建筑提供可靠保障

早在 2016 年，《关于大力发展装配式建筑的指导意见》（国办发〔2016〕71 号）中就指出：按照适用、经济、安全、绿色、美观的要求，推动建造方式创新，大力发展装配式混凝土建筑和钢结构建筑，在具备条件的地方倡导发展现代木结构建筑。就在这一年，泰瑞集团创建了建筑装配园区，并在省、市政府的支持下，与杭萧钢构签订合作协议，投资建设钢管束车间，当年设计，次年施工完成 4.5 万 m^2 厂房。在 2018 年，采用钢管束结构形式，完成了大同市体育运动学校 3 栋宿舍楼的建造，这个项目在

2020 年获得了国家优质工程奖。随后又建设了 3.7 万 m² 重钢车间。这两个钢结构车间的建设，极大地保证了公司钢结构业务的工厂化制造能力，也推动了全市装配式建筑事业的发展。目前这个园区已经完成，包括钢结构车间、门窗车间、环保型混凝土搅拌站、科技研发楼、培训学校、职工食堂、宿舍楼等，正在紧张建设中的混凝土预制装配车间、筹划中的管线一体化车间和轻钢装配车间，总面积有 20 万 m²，年产值 8 亿元。为了配合云山府项目，把园区职工宿舍的一部分做成了钢管混凝土束结构被动式宿舍，以此作为被动式建筑的试验样板，从中积累了钢结构被动房的实践经验。

由于本地混凝土装配制造业发展滞后，很多建设项目在设计时就避开了主体结构，仅在水平受力构件楼板和诸如楼梯、空调隔板、阳台板部品部件上采取预制装配，竖向结构构件的柱和墙一直没有实质性进展。虽然我们雄心勃勃，比较早地为装配式建筑建起钢管束制造车间和重钢车间，实际上在云山府项目开工前，钢管束生产处于停滞状态，在住宅方面的使用几乎为零。目前园区已经成为国家级装配式建筑产业园区，公司也成为钢结构加工国家级特级制造企业，已经建立起比较完善的钢结构体系。这些年我们不仅在加工生产设备上做足了准备，而且在人才、技术上也取得了非常大的进步，通过项目的实践，补齐了短板，取得了经验，这就为今后的装配式建筑工作奠定了坚实的基础，为实现 2025 年装配率达到 30% 的节能减排任务，随时可以整装出发。

3 建立企业科研团队，为装配式、被动式建筑提供可靠依据

在决定开发建设"云山府被动房"项目之后，我们就组织了精干的科研团队，从考察学习开始，在钢管束、桁架楼承板、内外墙板的安装；被动窗、外保温的安装；新风系统的选择等方面；了解和掌握最新的被动式建造技术和产品。为了解决钢管束上固定保温层的问题，我们甚至一直跟踪跑到四川山沟里一家兵工厂，希望采用枪弹射击的方法，击穿钢管束的钢板，进而进入内部混凝土进行锚固。在访问和学习过程中，也看到了很多企业的创新理念，如回风口巧妙地镶嵌在门套处；厨房抽油烟机与补风设施联动等非常好的创新技术。室内外遮阳设施、太阳能热水装置，直至中水利用、垃圾处理等都给了我们许多启发。地域区别，条件不同，我们不照搬照抄，而是因地制宜选择适用的技术，改进或摒弃那些不适应的和落后的技术，在学习过程中不断进步。

3.1 钢板填充混凝土组合钢楼梯

如图 1 所示，这是我们研究的一种适合于装配式钢结构或其他结构形式的楼梯，它具有钢楼梯重量轻，便于吊装的优点，又具备踏面为混凝土，刚度大，脚感舒适的特点，是一种与钢结构配合使用的钢结构部品部件。在最初的研制过程中，我们做了一个实体模型，通过现场用砖块堆载去验证楼梯的受力性能。在实体模型上均匀加砖，按楼梯设计活荷载 350kg/m²，一次性加满，并逐步加至 600kg/m²，观察楼梯的变形情况，这就为进一步研究提供了最基础的数据。在此基础上，我们联合太原理工大学，建立起装配式填充组合楼梯结构模型进行分析。通过不断调整钢板厚度，并不断在构造上做出尝试后，终于研究出一套适用于装配式住宅和公共建筑各种层高的多种宽度的楼梯标准图，成为装配钢结构领域里一种新型的结构部品部件，现已获得国家专利认证（专利号：ZL2017

图 1 钢板填充混凝土组合楼梯

2 1340404.0）。为此我们编制了企业标准，"云山府被动式住宅"全部采用这种楼梯形式，这种钢楼梯也得到很多建筑结构设计人员的认可。

3.2 钢结构装配式被动房 250mm 厚外墙保温板固定试验

一般钢筋混凝土剪力墙住宅的保温层安装，已经有很多成熟的经验。在"云山府被动式住宅"项目

上，主体结构为钢管混凝土束剪力墙体系，外保温设计为250mm厚石墨聚苯板。钢管混凝土束结构墙，外边是钢板腔体，内部灌筑混凝土，一般尺寸为200mm×130mm，通过组焊形成，钢板厚有4～6mm。如何在钢管束上固定两层共250mm厚的保温板，这是一个新的课题。开始我们采用冲击钻，先击穿约4mm厚的钢板，然后更换钻头，再在混凝土芯上打孔固定，在反复试验之后，我们发现在冲击钻打穿钢板过程中产生的振动，会对孔洞周边10cm左右范围形成钢与混凝土的空鼓剥离现象，这将会影响钢管束的受力性能。后来我们又试验了在钢管束加工过程中，按照将来保温板布置的需求，提前在工厂对钢管束一侧预打孔，这样可以避免出现钢管束混凝土的剥离，但实际操作起来也非常麻烦，预留孔需要在混凝土浇筑之后插入钢筋标识，后期利用钢筋去寻找锚钉位置，同样不好找。我们也在研究一种在钢管束上焊接小直径螺栓钉的方法。最终，通过反复研究，选择了可以一次性打孔、穿透钢板和混凝土的合金钻头来锚固保温板的方法。在现场分别在钢管束、加气混凝土上进行了多组拉拔试验，验证了这种新的保温固定锚栓的高可靠性，为保温工程施工找到既安全牢固又操作方便的方法。

3.3 被动窗钢辅助框的研究

被动式房屋窗户不同于普通窗户，一般情况下都是外挂安装，用以保证窗户的气密性和切断热桥。我们选择的被动式窗为三玻两腔木包铝，重量比较大，大约有80kg/m²。对于全装配式钢结构房子，如果窗户紧靠钢管束，窗户挂件可以直接连接，没什么问题。在钢管束被动房的设计中，结构师会根据结构计算，设置经济的剪力墙尺寸，建筑师会根据采光和通风原则设计最小断面的窗户，这时窗户一边或两边会出现加气混凝土外墙板。如果窗户紧靠的是加气混凝土墙板，窗户外挂在墙板上，受力会存在问题。于是，我们就在外墙板边上设置了钢制辅助边框，用以承担窗户的重量，这种辅助框类似于钢管束，尺寸一般为130mm×130mm，内灌轻质混凝土，如图2所示。辅助框根据实际情况设计有H形、F形等几种形式，

图2　被动窗钢辅助框

上下两端与钢梁焊接。这时，窗户两侧和下沿就可以与钢管束或辅助框连接，窗户的上沿与钢梁连接。钢梁是工字型钢，不便直接连接，我们就在窗户连接的地方设计了一个槽钢构件，焊接在工字型钢梁上，用一连接件，将窗户牢牢地固定在槽钢构件上，达到安全的目的，实现被动窗的使用功能。这里注意挂件与钢管束或与辅助框连接的时候，它们之间应有隔热垫，阻断热量的传递。由于窗户外挂安装容易产生许多安全和质量问题，我们正试图将窗户外挂安装升级为内嵌安装，这就需要首先解决内嵌产生的保温隔热问题及保温隔热材料的强度等问题。

4　建立BIM技术团队，参与设计制造安装全过程

4.1　被动房是一个新鲜事物，是近几年才发展起来的新的建筑形式

我们所研究的项目是一个全装配式钢结构项目，没有经验可循，大家都在摸索前进。好在我们之前已经做了两个钢管混凝土束被动房宿舍项目，取得了很多第一手资料。但是，住宅项目与宿舍比较起来，钢管束的布置比宿舍楼复杂，新风系统也比宿舍难度要大。在设计院还没有使用BIM技术进行设计的条件下，施工建设方必须充分利用BIM技术进行深化设计，结合已有经验，找出设计上可能存在的一些不合理或是不正确的东西，在施工前就把它改正过来，避免在施工中出现问题，造成返工浪费。在这方面我们做了一些有益的尝试。

4.2　BIM是一种应用于工程设计、建造、管理的数据化工具

作为施工单位经常会运用BIM技术进行建筑施工管线综合优化设计。在被动房项目里，特别是钢

结构及被动房项目上，BIM 的应用还有更多不同的方面。虽然被动房中新风空调系统并不很复杂，但考虑到钢结构上开洞等因素，利用 BIM 技术就显得非常有必要了，在这一方面，我们做了很多工作。新风系统在钢管束开洞需要提前在工厂定制。以云山府 4 号楼为例，它是以 130m² 户型为主的，层数为18 层，总建筑面积 10412m²，两单元组合，层高 2.95m。钢梁为工字型钢，梁高为 380mm，楼承板为200mm，梁下仅有 2.37m。新风系统的室外机与室内的连接需要穿过墙体，新风管道在室内需要穿过各个房间，层高所限，只有穿梁通过才能保证室内的层高要求。如果是轻质墙板，墙上开洞相对容易一些，钢管混凝土束墙体穿墙就比较复杂了。新风系统要在钢管混凝土束墙上开洞连接室外机，在现场开洞，不能对钢板做出加强处理，且会对钢板造成严重损伤，对后期钢管束受力产生很不利的影响。钢管束混凝土墙留洞必须在工厂加工的时候预留。

首先在 BIM 条件下，根据新风系统布置提前确定洞口在钢管束上的准确位置，在工厂对钢管束做出加强处理后，留出管道孔位。这时还必须注意留孔位置不能影响腔内灌筑混凝土。被动式新风系统出户管道需要保温，预埋套管与管道之间需要充填密封材料，这样下来直径接近 200mm，如果把洞口留在其中一个钢管腔上，就会造成这一个钢管无法灌筑混凝土，预留孔洞下面形成空洞，这是不能容许的。一般地，应该选择预留在两个钢管腔之间，使每一个钢管束都可以有混凝土灌筑通道，不致引起钢管腔内混凝土的空洞事故。这样预留出的洞口管道如图 3 所示。

4.3　有利于开洞和碰撞设计

同样，钢梁在工厂下料加工前，利用 BIM 三维图形，按照新风系统管道排布，预先在钢梁上策划出管道孔洞位置大小来。层高为 2.95m 是比较小的层高，与设计沟通后也不能增加。如果是钢筋混凝土剪力墙结构体系，新风系统可以在混凝土墙上相对比较自由地预留或后凿开洞。但在钢结构被动房条件下，每一道墙上都有钢梁支撑，争取在较小层高下完成新风系统的布置，就必须提前在钢梁上开洞，才能尽最大可能提高空调设备管道的净高，保证住宅基本净高的实现。在工厂预留孔洞要遵循钢结构相关规范的要求，并在工厂做好加强措施。

在钢梁上开洞，必须遵守《钢结构设计标准》GB 50017—2017。钢梁上留洞必须设定在梁高 1/2的位置上，对于高度为 350~400mm 的工字型钢梁，洞口留置高度应≤200mm，这也是对风管高度的限制要求。对于风管水平布置来说，装修的要求是越靠近墙边越好，又不要太宽。但是靠近墙边的梁端部又有用于连接的螺栓节点板，单排螺栓宽为 70mm，双排螺栓宽为 80mm，开洞离开节点板的距离应大于洞口高度。这从 BIM 图上可以看得很清楚，开洞区须避开这个位置（图 4），这就意味着吊顶宽度将受管道离墙位置影响，这个问题可以在装修期间解决。除此之外还必须按钢结构设计要求对洞口进行加强处理，必须遵守诸如洞口最大长度≤750mm，双洞口之间的距离不小于梁高等要求，这样才能不影响工字型钢梁的受力。

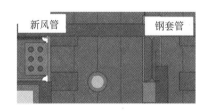

图 3　钢管束开洞图

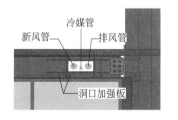

图 4　BIM 梁上开洞图

4.4　用 BIM 技术进行新风管道综合布置有许多优势

对于被动式住宅来说，每户都要独立设置新风系统，使用一体机或是多联机空调系统管线布置，都不算是很复杂。如果用 BIM 将管线呈现出来后就更加容易识别，准确无误。一般来说多联机空调系统管线少有交叉形式出现，比较容易布置，一体机则不同，送风管和排风管之间会有交叉，新风管与冷凝管会有交叉，用BIM工具把新风系统管道呈现出来之后，就可以很方便地看出问题，对这些交叉点进行合理调整排布，非常直观，可以达到非常好的效果。我们呈现给大家的就是经过调整后的管道图（图5），这样对于预控和指导施工是非常有利的。

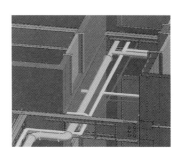

图5　局部三维管线图

5　"被动区非被动区划分"概念具有非常重要的意义

在被动式住宅建设实践中有许多需要解决的问题，其中被动式住宅中被动区与非被动区的划分就是一个很突出的问题。通过对被动式住宅建筑的分析，有效地解决了住宅中非被动区与被动区的矛盾冲突，既保证了被动区的严格指标要求，又不致把非被动区纳入被动区形成气密性问题或造成加大造价的结果。在被动式住宅中，被动区与非被动区的划分看起来不复杂，但对于被动式住宅所涉及的保温、气密性、门窗系统、新风系统等都具有重要的意义，它是所有这些功能需求的基础性理念。合理划分被动区、非被动区，设置"被动缓冲区"是一个首先要解决的技术问题。

每一栋住宅都含有一层或两层地下室，地下室一般为车库，车库是不需要按被动式安排的。如果光是地面上的建筑安排被动式，那么楼、电梯间与地下室又是相通的，是无法封闭隔离的，这样地面上的被动房也就不能成立。如何解决，有两种方案：一种是将每户入户门设置为被动门，门内为被动式区域，门外（包括楼、电梯间）为非被动区。看起来被动空间小，投资较少，但楼、电梯厅是与地下车库相通的，需要在每层的楼、电梯厅部位设置保温墙体，以区别户内与户外的不同，这势必影响厅内使用空间，加大构造成本。另一种是把地下室楼、电梯对应的部位纳入被动区内，使地面以上全部面积都成为被动区（包括楼、电梯间）。这就需要在地下室楼、电梯厅外围墙体范围，按照外保温要求和气密性要求去完善，一次性地在地下部分解决了楼、电梯厅的被动问题，这样在地上的楼、电梯厅间也就成为被动区，看起来被动区域扩大了，但被动区设立所需的总成本则降低了。一次性地将地下室的楼、电梯纳入被动区，也就相当于将所有楼、电梯厅全部纳入被动区，简单实用，成本低。这里需要对首层对应的楼、电梯厅以外的地下室部分，做首层顶棚的保温处理。因为地下室除电梯厅外其余部分并不是被动区。

尽管我们将楼、电梯及共用前室列为被动区，但是在这个区域并没有安装可以进行热交换的新风系统，仅是在保温、外窗和气密性方面做到与住户内的标准一致。在这个区域里通过楼、电梯各层均连成一个大空间，气密性难以保证。在这种情况下，借用人防工程里"缓冲区"的概念，将楼、电梯及其前室作为被动和非被动之间的一个过渡阶段，叫作"被动缓冲区"，完全按被动房的要求去实施，但不设热回收装置的通风系统，在气密性方面也可以放松一些要求。从而保证了住户内的气密性，对住户内的被动性功能起到更加有力的保障。因此，我们也应该将原"楼、电梯地下室"部分由"被动区"改名为"被动缓冲区"。

被动区与非被动区做出明确划分之后，就应按照要求在分界处安装被动门窗、粘贴保温层，在不同材料间粘贴隔汽膜、透气膜、在开洞处做封闭处理，所有这些工作都不能马虎。举一个例子，我们做的一个单层的样板间，有地下室但没有纳入被动区，施工中地下室顶棚做了保温，但梁和钢管束的保温没有完全包裹，在用红外线热成像仪检查时发现，在屋内地面，地下室梁的位置处，温度比其他地方低 2～3℃，而在地下室梁、柱上的温度比其他位置高出 2～3℃。钢的传热系数是混凝土的十多倍，这个结果直观地反映了钢结构传热的性能。

需要注意的是，每一个主楼地下室只有部分纳入"被动缓冲区"，其中有的钢管束剪力墙，一部分在被动区内，一部分在被动区外，那么由于钢管束的导热性很强，因此必须将整个钢管束一起进行包裹，形成完整的保护层，才能达到保温的目的。钢梁同样存在这样的问题。另一个需要注意的问题是，按标准，混凝土结构外墙保温层向下延伸应大于1m或大于冻深，但对于钢管束结构，考虑它的传热性能，就应该全高包覆。

6 标准化和专业化是装配式、被动式建筑的关键

标准化是装配式建筑的前提，需要从设计开始。工程中，选择钢管束断面 200mm×130mm×4mm 作为标准尺寸，在生产线上加工，从钢板卷材开始，卷边、成型、打孔、组焊一次完成。钢梁为配合钢管束上下翼缘宽度采用 130mm。在钢管束上采用新型水泥基防火涂料，仅有 15mm 厚。内外墙板根据墙和梁的尺寸选择 150mm、120mm、100mm 几种厚度规格。由于采用标准化构件，从加工到安装都非常顺畅，节约了工期和材料。桁架楼承板的加工制作更体现了标准化的优势。

云山府项目楼板开始考虑过使用叠合板，但是，混凝土叠合板种类多，设计、加工、安装都相当费事，最后决定采用桁架楼承板。在体校项目上用的是不可拆镀锌薄钢板；在园区职工宿舍项目上用的是可拆镀锌薄钢板，云山府项目改用竹胶板，它的刚度大，支撑条件好，重复使用率高，现场调整时裁剪方便，比叠合板和镀锌钢板桁架楼承板有更多优势。在使用过程中，我们又将竹胶板的塑料支撑卡扣改进为条形金属

图 6 竹胶板桁架楼承板

扣件，如图 6 所示。钢筋桁架支撑条件得到改善，更稳固结实，安装更方便，同时，条形金属扣件可以代替部分分布式钢筋，更有利于钢筋保护层的控制。

每一个户型，它的楼板的长度都有十多种类型，为了工厂化生产的需要，我们将竹胶板简化为标准板＋组合板，标准板长为 2400mm（刚好是一块竹胶板的标准长度），组合板根据板的跨度决定长度，一般有 300mm、400mm、500mm、600mm 等各种尺寸，可以组合成各种长度。板宽一般为 600mm，在宽度方向上，不足部分同样可以用组合板的方法去解决。这样，标准板可以不间断地生产，在制作成品时只需要根据设计条件，制作相应尺寸的组合板就可以了，如图 7 所示。由于采用了这种标准板＋组合板的近似标准化的方案，使得原本板长类型较多的情况得到改善，更利于工厂化生产，安装也更加便利，这样也有效地降低了模板损耗。为了节约材料，一方面我们努力提高模板周转率，另一方面还把废旧模板利用起来作为组合板使用。

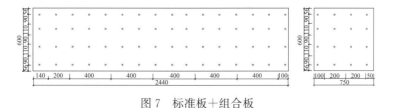

图 7 标准板＋组合板

装配式、被动式建筑的技术含量都远大于普通建筑，为了能够完成任务，我们在这方面及早组织培训了一批专业人员。采取请进来和走出去的办法，从理论到实践，全面加强培训，持证上岗，按工艺要求实施，精益求精，不打折扣，保质保量，在节点构造上注重细节不马虎，踏踏实实按规范要求完成工

作，不留死角，及时检查及时修复，不放过任何偏差。每一个环节都有跟踪检查，在实战中不断磨炼茁壮成长。在钢结构安装调试、桁架楼承板的安拆、外保温的安装施工、外门窗的安装调试、隔汽膜和透气膜的粘贴等方面都有专门人才。例如，我们在钢结构安装方面，通过反复查找偏差问题，已经掌握了如何控制每一个构件的生产精度，在不产生累积误差的情况下，保证每一层的安装误差和总体误差都控制在容许范围之内。隔汽膜和透气膜都是价格比较昂贵的产品，我们的安装人员完全能够根据基本原理去判断，确定在需要的地方安排粘贴，既保证建筑的整体气密性，又不致造成浪费。

7 结语

随着全国节能减排、碳达峰、碳中和形势的发展，装配式、被动式建筑将更突显出它的优势。目前，我们这个项目按计划正常进行，前期虽然解决了很多棘手问题，现在仍然存在一些需要解决的问题，比如被动窗有没有可能改变外挂安装为内嵌安装，使得安装更加安全；钢管束的防火问题有没有更好的解决办法，在保证防火要求的前提下节约空间；这些都需要做进一步的研究。我们在不断地探究新的课题，力争把这样一个新的建筑形式做得更加完美，这是我们的目标，也需要大家一起努力，集思广益，把装配式、被动式的工作推向一个新的高度。

参考文献

[1] 中国建筑标准设计研究院. 被动式低能耗建筑——严寒和寒冷地区居住建筑 [S]. 16J908-8.
[2] 任旭红，杨玉栋. 新型钢板填充混凝土组合楼梯的创新实践 [J]. 施工技术，2020 (12)：49.
[3] 杨玉栋，刘海宾. 钢结构施工现场实验的启示 [J]. 施工技术，2020 (9)：49.
[4] 刘海宾，杨玉栋. 被动式住宅中被动区与非被动区划分的探讨 [J]. 建筑技术开发，2021 (1).
[5] 韩志强，杨玉栋. 云山府钢管混凝土束被动房住宅深化设计细节探讨 [J]. 门窗，2021 (6).

睢宁县新建村（社区）综合服务
中心一期工程施工技术

董　晨　吴　锋

（徐州中煤百甲重钢科技股份有限公司，徐州）

摘　要　睢宁县新建村（社区）综合服务中心一期工程项目，是县委县政府为农村发展批量
　　　　建设标准化办公楼，采用装配式钢结构建筑，42 栋办公楼，共两种类型，一体化设
　　　　计有效提高了办公楼标准化建设模式，在钢结构构件、墙板、内外装饰等各方面体
　　　　现了其优越性。

关键词　装配式钢结构办公楼；蒸压加气混凝土轻质墙板；整体屋架屋面

1　项目概况

睢宁县新建村（社区）综合服务中心一期工程项目是由县委组织部组织，集中建设的一项党群
服务中心建设项目，一期 42 栋，建筑有二层和三层两种，其建设意义重大，是由徐州中煤百甲重钢
科技股份有限公司牵头的 EPC 建设项目，工程项目责任主体明确，可将设计、采购、加工、施工等
等环节有机连接在一起，有助于项目的品质提升和成本节约，由此专门制订了各个环节相关产品，
特别是配套的墙板、门窗、装饰构件、水电等标准部件，做到了有序入库，及时配套发货，在整个
项目建设过程中，形成了一个良性循环，达到了预期经济指标，整体装配率为 64.29%（图 1、
图 2）。

图 1　二层办公楼效果图

图 2　三层办公楼效果图

2　钢结构装配式体系

2.1　结构体系

本工程采用钢框架结构，钢柱采用方管柱，钢梁采用热轧 H 型钢梁，如图 3 所示。

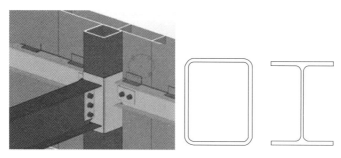

图 3 钢框架节点图

2.2 三板体系选用

（1）楼板采用钢筋桁架楼承板、叠合楼板，标准房间使用叠合楼板，走廊、卫生间使用钢筋桁架楼承板，现浇混凝土保证卫生间的防水功能，如图 4 所示。

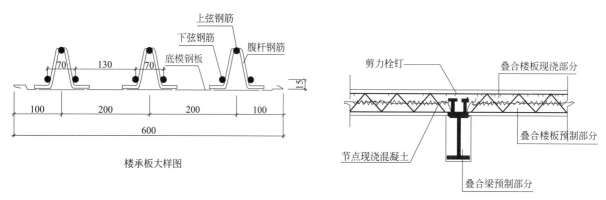

图 4 两种钢筋桁架楼承板

（2）外墙板系统。

外墙选用蒸压加气混凝土条板＋外墙保温系统＋真石漆（图 5），其优点有：

1）自重轻、保温性能高，外观美；

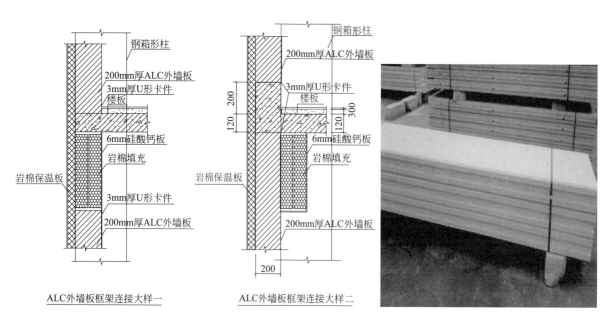

图 5 外墙节点图

2）工厂内加工制作可与主体施工同时进行；

3）现场主要以安装为主，无湿作业；工序简单，施工速度快；

4）现场高空作业次数少，安全隐患大大降低；

5）主体结构挂件可实现工厂化安装，减少现场施工难度，加快施工进度。

（3）内墙板系统：

内墙聚苯颗粒混凝土轻质条板，如图6所示。其优点有：

1）轻质高强性；

2）保温、隔声性能好；

3）防火性能好；

4）安装便捷。

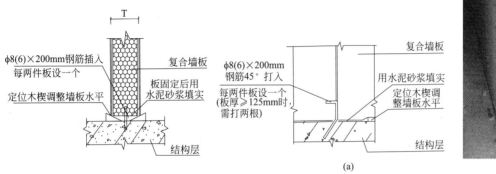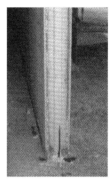

(a)

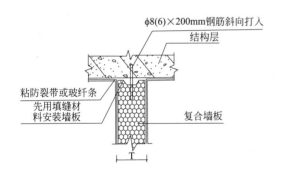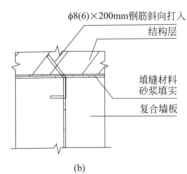

(b)

图 6　内墙节点图及施工中图片

（a）墙板底部与地面连接；（b）墙板与顶面连接

2.3　预制板式楼梯

本项目选用预制板式混凝土楼梯（图7），从预制成本上单栋建筑是不能选用预制混凝土楼梯的，模具费用要远远高于现浇楼梯，由于项目组织有序，集中建设42套，所以使用预制楼梯，大大降低了成本，施工进度和质量都能得到很好控制。

2.4　钢屋架整体吊装体系

双坡屋面由标准钢屋架、屋面檩条、水平支撑、竖向支撑组合而成，支撑系统保证了整个屋面的刚度，强度，在这个基础上实现了整体吊装的施工方案，它的优点尤为

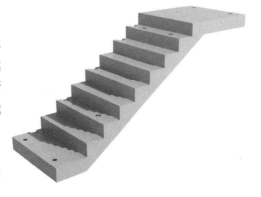

图 7　预制板式楼梯

突出，在地面拼装，施工速度大大加快，施工人员的安全有保证，屋面的质量、观感都能按照既定标准实现，是一个十分优秀施工组织设计（图8）。

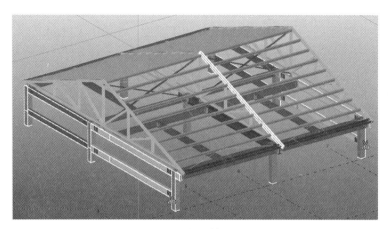

图8　钢屋架整体吊装图

3　结语

在整个项目实施过程中，公司紧紧抓住装配式这个中心，从方案、施工图、施工组织设计、施工技术方案等多维度、深层次做好钢结构装配式，根据办公楼的公建特点选用了框架结构体系，从外围护建筑的立面特点，选用了蒸压加气混凝土条板，预制混凝土楼梯、轻钢屋面的选用、整体吊装施工技术方案等都体现了钢结构装配式的优势，在实施过程中，对于内外墙面装饰、节点处理、构件之间的配合仍然需要继续提高。

浅析轻钢结构在多层住宅建筑体系中的应用

张　睿　高华鹏　佟　宇　于　藏

（沈阳三新实业有限公司，沈阳）

摘　要　由于我国的住宅建筑施工起步晚发展快，部分施工技术仍然还存在着一定问题，随着 BIM 技术的推广，其已逐步融入建筑行业中，并将建筑行业多年积累下来的弊病一一解决，从而推动装配式钢结构住宅的相关技术不断完善，因此，只有不断加强对装配式钢结构住宅体系发展过程的分析，才能有效完善建筑行业中的缺陷。

关键词　钢结构；住宅；BIM 技术

1　引言

近些年来，因钢结构具有施工周期短、抗震效果好、自重轻等优势被不断应用在住宅建筑领域中，在很大程度上推动我国建筑事业的发展。本文将分析轻钢结构在多层住宅建筑体系中的应用，旨在为住宅建筑施工作业提供参考。

2　钢结构装配式住宅体系及工程实例

2.1　工程概况及特点

本工程总建筑面积 $3462.08m^2$，一层占地面积为 $1154m^2$，建筑层数为地上三层，均为住宅，建筑高为 14m。本工程建筑设计施工年限类别为 3 类，主体结构使用年限为 50 年，结构体系为装配式钢结构体系（图 1）。

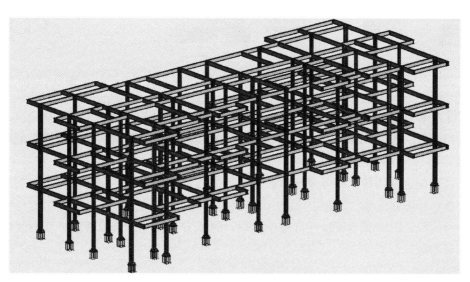

图 1　多层住宅轻钢结构体系效果图

本工程主体结构采用装配式轻钢结构体系，墙面采用 ALC 轻质装配式墙板体系，设计应用 BIM 全过程管理方式，使得本项目在其全生命周期具有非常完备的技术保障。

2.2 轻钢结构体系介绍

钢结构在应用时，柱子的结构主要有 H 形、十字形等，且截面大多数均为箱形，除对施工有特殊要求的钢梁外，剩余的钢梁均为 H 形，本项目柱子结构形式主要有 L 形、T 形及十字形。钢梁为常规 H 形（图 2～图 7）。

项目施工人员在安装钢结构前，需对结构各焊接接头使用的材料、规格大小等明确规定，最好列明梁与柱、梁与梁等各结构间的焊接工作，例如，施工前以高强度螺栓进行连接，同时选用焊接连接的技术，在焊接前，准确测量各连接孔的具体位置等。

本项目结构类型采用独特的轻钢结构异形柱体系，能够保证室内"无梁无柱"，增加室内空间，提高整体观感，且可随意变换户型，使百变户型成为现实。

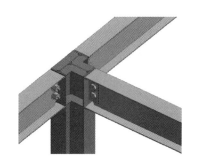 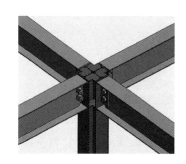 

图 2　T 形柱顶部连接　　　　图 3　十字形柱顶部连接　　　　图 4　十字形柱顶部

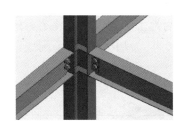 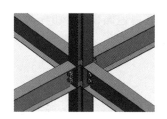 

图 5　T 形柱中部连接　　　　图 6　十字形柱中部连接　　　　图 7　十字形柱底部

2.3 引入 BIM 技术，为建筑提供技术保障

引入建筑行业中成熟的 BIM 技术，保证项目在方案阶段、设计阶段、施工阶段都能够非常顺利有序地进行。

譬如在设计阶段，BIM 技术可以进行参数化设计、日照能耗分析、交通线规划、管线优化、结构分析、风向分析、环境分析等（图 8）。

在施工建设阶段，BIM 技术可以进行施工模拟、施工方案优化、进度控制、实时反馈、供应链管理、场地布局规划等。

2.4 有利于节能环保，实现建筑工程绿色发展

我国建筑业能耗占到全国能耗的 1/3，现场施工的扬尘、噪声、尾气对周围的环境污染严重。装配式施工方式，现场作业少，环境影响小，噪声、烟尘污染也远远小于现场施工。推广装配式钢结构建

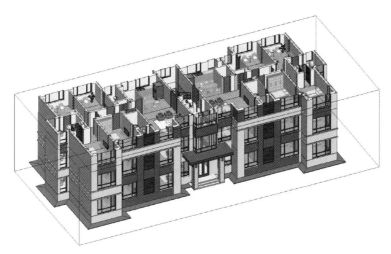

图 8　多层住宅轻钢结构建筑效果图

筑，也是实行绿色施工，推动建设工程绿色发展的重要举措。

3　提升轻钢结构建筑施工效率的经验

3.1　改善吊装技术应用的必要性

钢结构技术在住宅建筑施工过程中，比较关键的一个阶段就是吊装技术的应用，其安装质量的好坏、安装速度快慢等，均会影响整个工程项目的施工效果及施工质量。因此，住宅建筑项目在施工之前，各施工人员需做好详细规划，严格查看吊装结构安装区和具体的吊装施工流程，并在施工之前做好施工规划，根据整个工程项目设计图纸、平面示意图等，对工程项目的外部结构、内部构造、塔式起重机的数量等进行全面、仔细地研究，以使吊装技术应用效果发挥到最佳，从而提升钢结构技术在住宅建筑施工中的应用效果。

3.2　通过焊接工艺提升施工安全性

焊接施工程序是：第一，对于一些住宅建筑平面以对称性标准进行施工时，可保证建筑物钢结构、节点的对称性，从而确保施工的安全性；第二，保证整个住宅建筑各项目的焊接温度、焊接速度一致，使施工人员在焊接温度、焊接速度两方面完成各项焊接工作，从而确保焊接高度一致；第三，对钢结构的梁柱节头进行焊接施工时，先焊接 H 型钢的下缘部位，之后根据操作流程由两边开始焊接，这样可确保所焊接结构完整。

3.3　严格勘测、核查施工现场

第一，住宅建筑施工人员将钢结构技术应用于其中时，需仔细勘测施工数据和实际的施工现场情况是否一致，且在进行土建施工前，设计人员应该到现场勘测并且收集有关数据。然而实际施工中，勘察设计里面标注的具体工程地质条件往往和现场实际情况会存在出入，这就使施工组织设计缺乏科学性，对施工技术选用、施工进度等产生严重的影响。因此，土建施工单位一定要安排专业人员对施工现场进行勘测，并进行反复核查，尽量确保施工技术、施工进度相符。

第二，根据住宅建筑项目选用合适的钢结构施工技术，避免技术失误，这是因为住宅建筑自身具有很高的复杂性及技术性，在实际施工期间很容易出现技术变更等方面的失误。尽管施工技术失误具有必然性，可住宅建筑施工单位应该在实际施工前，对相关的施工设计图纸进行严格会审，提高施工设计所具有的技术性以及可行性。

4　结语

综上所述，轻钢结构住宅建筑在进行施工时，比较核心的一个环节就是施工技术的应用，此次以钢结构技术作为研究对象，分析其具体应用情况，并经技术人员、施工人员、管理人员互相配合，进一步提升钢结构技术的应用效果，以便为住宅建筑的施工水平、施工质量带来有效的保障，这对今后促进钢结构技术在住宅建筑施工中的应用具有重要参考意义。

参考文献

[1] 张亦静. 发展轻钢结构存在的问题与对策 [J]. 株洲工学院学报，2001，15（5）：79-80.

[2] 颜宏亮，马林. 墙体改革与轻钢结构住宅体系的发展 [J]. 住宅科技，2001（8）：39-41.

大数据智慧谷钢结构装配式工程建造技术

吴 锋 董 晨

（徐州中煤百甲重钢科技股份有限公司，徐州）

摘 要 大数据智慧谷是徐州市经济开发区重点工程建设项目，是徐州市重点建设的钢结构装配式项目，工程采用先进装配式钢结构理念，在结构体系整合应用，内外墙板部件应用都有十分突出表现，被评为江苏省装钢结构配式示范项目。

关键词 装配式钢结构建筑；中煤嵌入式墙板；外墙条板

1 项目概况

大数据智慧谷项目位于徐州经济技术开发区软件园内，项目周边 1.5km 内有包括徐州东站、徐淮高速出入口在内的多个交通枢纽，西南向可远眺金龙湖风景区，北侧徐海高架连接市内外交通，如图 1 所示。

项目包括 A2、A3、D2、D3 楼，共 4 栋主楼，5 栋裙楼，D3 楼为图书馆、文化馆、青少年活动中心和工会活动中心，是经开区标志性建筑，其余 3 栋楼为商务办公楼。主楼 12～22 层，最大高度 81.3m；裙楼高度 4 层，最大高度 20.3m。总建筑面积 96636.46m²，其中 A2：31417.6m²，A3：25194m²，D2：21489.16m²，D3：18535.7m²，均按钢结构装配式建筑设计施工。A2、A3 和 D2 楼采用钢框架支撑结构，D3 楼采用钢框架结构体系，地下结构采用型钢混凝土柱、型钢混凝土梁，地上部分钢柱采用箱形或圆管柱，部分灌筑混凝土；钢梁采用热轧 H 型钢或焊接 H 型钢，个别为型钢混凝土梁。楼板采用钢筋桁架楼承板混凝土现浇楼面，外墙采用 ALC 预制墙板和玻璃幕墙，内墙采用 ALC 预制墙板。该工程全装修，综合评定等级为三级，绿色星级目标二星，A2 预制装配率为 72.3%，A3 预制装配率为 70.6%，D2 预制装配率为 70.6%，D3 预制装配率为 70.2%（图 2）。

图 1 地理位置

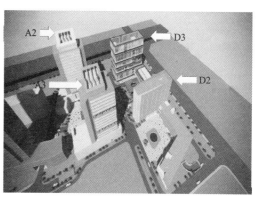

图 2 整体效果

2 钢结构装配式体系

本工程主体结构采用钢框架支撑结构体系，围护采用 HT 整体墙板和 ALC 板材，楼盖采用钢筋桁架板体系，楼梯为钢筋混凝土楼梯。

2.1 建筑的设计特点

采用与建筑功能相协调的结构布置，尤其是在设置抗侧力构件时更应与建筑功能互相协调。

2.2 钢结构设计中分析方法的应用

（1）薄弱层验算如图 3 所示。

A2 裙房薄弱层验算

1、A2 右裙房薄弱层计算

****

框架结构按简化算法得到的弹塑性薄弱层验算结果

****

************罕遇地震作用下楼层弹性剪力************************

Vx, Vy ---- 罕遇地震作用下楼层弹性剪力

VxV, VyV---- 楼层受剪承载力

Floor	Tower	Vx (kN)	Vy (kN)	VxV (kN)	VyV (kN)
5	1	413	478	5.55E+003	5.55E+003
4	1	5.47E+003	5.76E+003	2.59E+004	2.58E+004
3	1	8.06E+003	8.52E+003	2.53E+004	2.53E+004
2	1	9.98E+003	1.06E+004	2.41E+004	2.41E+004
1	1	1.15E+004	1.21E+004	2.34E+004	2.34E+004

Dxsp,Dysp ---- 弹塑性层间位移

X 向地震作用下弹塑性位移计算结果

Floor	Tower	Dx (mm)	Dxs (mm)	Atpx	Dxsp (mm)	Dxsp/h	h (m)
5	1	121.82	7.52	1.50	11.27	1/ 284	3.20
4	1	120.37	21.27	2.07	44.13	1/ 88	3.90
3	1	100.77	31.49	1.50	47.24	1/ 83	3.90
2	1	70.56	37.82	1.50	56.73	1/ 69	3.90
1	1	33.03	33.03	1.50	49.55	1/ 94	4.65

Y 向地震作用下弹塑性位移计算结果

Floor	Tower	Dy (mm)	Dys (mm)	Atpy	Dysp (mm)	Dysp/h	h (m)
5	1	126.46	9.44	1.50	14.16	1/ 226	3.20
4	1	118.91	20.77	1.96	40.82	1/ 96	3.90
3	1	99.88	30.92	1.50	46.39	1/ 84	3.90
2	1	70.21	37.41	1.50	56.12	1/ 69	3.90
1	1	33.09	33.09	1.50	49.63	1/ 94	4.65

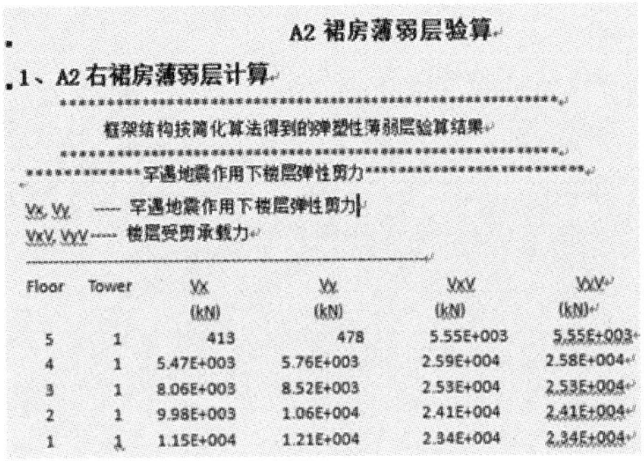

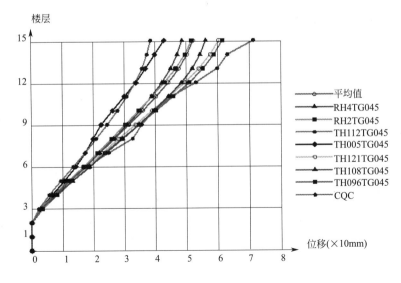

图 3 薄弱层验算

（2）时程分析：D2 楼顶层（12 层）抽柱形成了空旷房间，须进行弹性时程分析，地震作用放大系数见表 1，计算结果如图 4、图 5 所示。

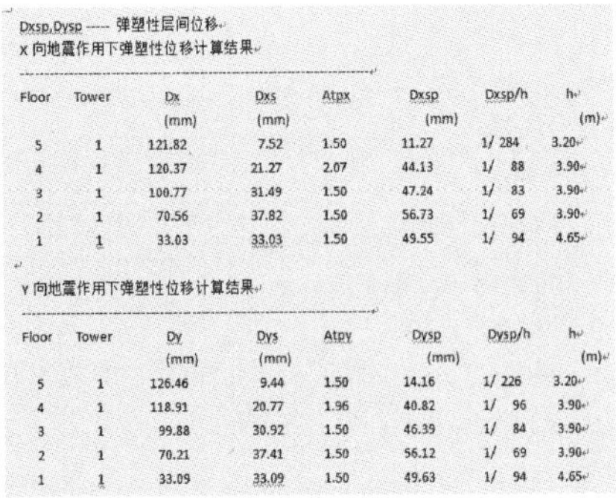

地震内力放大系数 **表 1**

层号	X 向地震作用放大系数	Y 向地震作用放大系数	层号	X 向地震作用放大系数	Y 向地震作用放大系数
15	1.216	1.312	11	1.043	1.115
14	1.218	1.328	10	1.001	1.031
13	1.178	1.260	1～9	1	1
12	1.106	1.172			

楼层
15
12
9
6
3
1
0
1
2
3
4
5
6
7
8
位移(×10mm)
平均值
RH4TG045
RH2TG045
TH112TG045
TH005TG045
TH121TG045
TH108TG045
TH096TG045
CQC

图 4 时程分析的计算结果

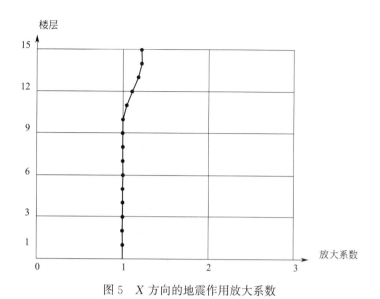

图 5　X 方向的地震作用放大系数

（3）罕遇地震作用下弹塑性变形验算如图 6、图 7 所示。

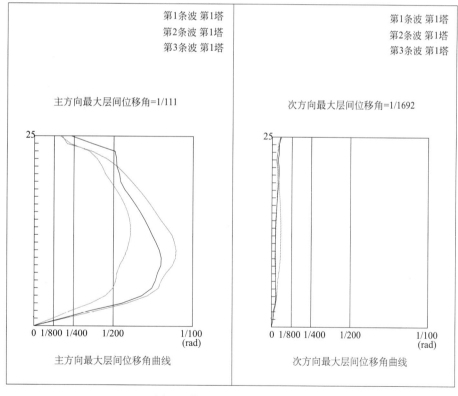

图 6　弹塑性层间位移角（一）

（4）截面选用特点。

地上部分：钢框架结构、框架支撑结构，柱子的受力特点为双向受力构件，宜选用箱形柱、钢管混凝土柱，如图 8、图 9 所示。

地下结构：结合地下室混凝土结构的特点，选用型钢混凝土柱、钢管混凝土柱，如图 10、图 11 所示。

梁：根据受弯构件的特点，选用热轧 H 型钢、焊接 H 形钢、箱形梁、混凝土梁、型钢混凝土梁。

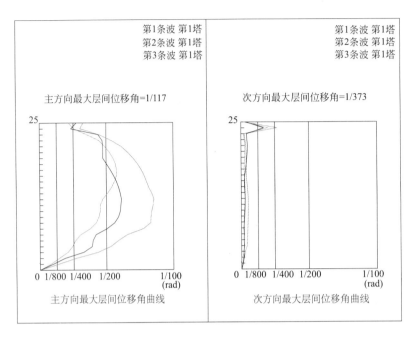

图 7 弹塑性层间位移角（二）

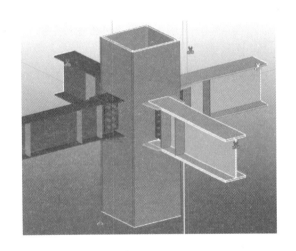

图 8 箱形柱

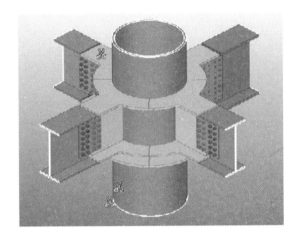

图 9 钢管混凝土柱

图 10 型钢混凝土柱

图 11 钢管混凝土柱

3 外墙围护体系特点

3.1 外墙类型一

（1）200mm 厚 ALC 条板，如图 12、图 13 所示。

图 12　ALC 条板排板

图 13　ALC 墙板安装实景图

（2）外墙板 ALC 专用设计连接件。根据《轻质内隔墙构造图集》苏 29—2019 第 58 页结合《蒸压加气混凝土砌块、板材构造》13J104 专门定制 U 形连接件，如图 14、图 15 所示，形成外墙板标准化施工图。

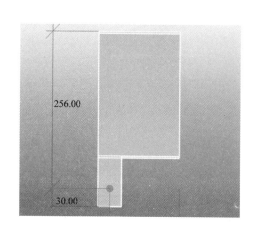

图 14　ALC 专用连接件顶视图

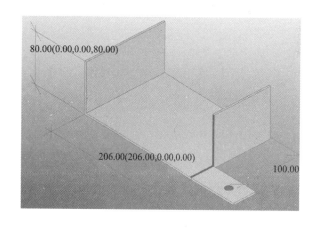

图 15　ALC 专用连接件透视图

3.2 外墙类型二

（1）产品介绍

HT 整体墙板是中煤嵌入式整体外墙板产品之一，是徐州中煤汉泰建筑工业化有限公司研发的轻质保温外墙板，主要由轻骨料混凝土、保温材料、钢筋网片、水泥纤维板和轻钢龙骨复合而成的外墙大板。本产品包括标准外墙板、窗口外墙板、门洞外墙板、门联窗外墙板等。这些墙板都是在工厂采用机械化生产，外观平直、棱角完整，具有质量轻、强度高、不燃烧、安装效率高、整体性能好、集围护和保温于一体等优点。该产品适用于钢结构装配式建筑的外墙。

（2）产品优势

1）轻质、保温、高强

墙板的体积密度为 $800\sim1200kg/m^3$，比普通混凝土降低近一半；由于墙体内部采用挤塑板或者聚氨酯夹心，保温隔热性能极其优越；墙体材料采用陶粒混凝土，强度为 15MPa 以上，强度高于一般填充外墙和 ALC 加气混凝土板外墙。

2）整体性能好

墙体外边缘采用 C 型钢框进行包裹，C 型钢框形成稳固外包，增强墙板整体牢固性，钢丝网与 C 型钢内侧紧密焊接，使板面整体牢固不开裂。又由于和梁、柱连接采用的是栓接和焊接相结合的方式，整体结构稳固性能非常好。

3）绿色环保

生产原料及生产过程无污染，该墙板的所有材料都不含放射物质和对人体有害的物质，符合《建筑材料放射性核素限量》GB 6566—2010 标准，是绿色环保产品。

4）施工方便、效率高

由于是装配式施工，而且墙板双面光滑无需再抹灰，与砌筑墙体施工比较，效率提高了 3 倍，只要放线准确，无论大工小工都能安装，安装后就能装修使用，3m 以上的墙体可用错缝拼接方式；板和梁、柱连接采用栓接和焊接相结合的方式，非常便捷（图16～图18）。

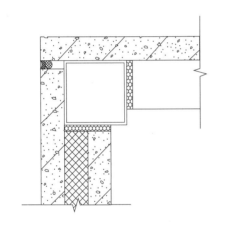

图16　外墙节点1

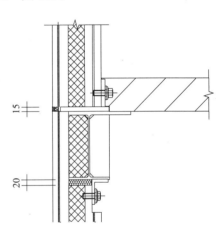

图17　外墙节点2

图18　整体墙板安装实景图

钢梁、柱间支撑与钢柱偏心连接对结构性能的影响分析

童 敏[1] 朱 华[2]

(1. 安徽富煌建筑设计研究有限公司，巢湖 2. 安徽省钢结构协会，合肥)

摘 要 装配式钢结构体系相比传统的钢筋混凝土结构体系具有其独特的优点，现今越来越多地运用在各类民用建筑项目中。在节点设计中梁、柱及支撑遵循传统结构的中心对称原则。而在装配式钢结构住宅的实际工程中，往往为了满足建筑功能等需求会造成轴线偏心的情况，从结构合理性来说往往是不利的。本文主要对钢梁、柱间支撑与钢柱偏心连接对结构性能的影响进行分析，并得出一定结论。

关键词 装配式钢结构；柱间支撑；偏心连接

为了对钢梁及支撑轴线与柱轴线偏心的情况加以研究，现借助有限元软件 Ansys 对带支撑的偏心钢框架在水平荷载作用下的结构应力及变形进行计算，并且与非偏心钢框架进行比较，分析偏心连接对带支撑的钢框架结构性能的影响。

有限元模型取一榀钢框架，净跨 3.6m，层高 2.9m，矩形方钢管混凝土柱，方钢管的壁厚为 12mm，混凝土的强度等级为 C40，有限元模型中不考虑钢管混凝土柱中混凝土与钢管之间的滑移作用，为简化模型钢管用 shell181 单元，混凝土采用 solide65 单元，混凝土与钢管柱之间采用 MPC 建立约束方程。钢梁为 H 型钢，梁截面 400×200×8×14，考虑到交叉斜支撑只承受拉、压轴力，有限元模型在建立十字支撑的时候用 link180 单元进行模拟。建立有限元模型如图 1 所示。

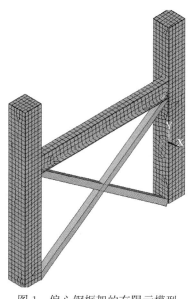

图 1 偏心钢框架的有限元模型

根据拟建 28 层钢框架支撑结构住宅项目结构计算分析，结构在最大水平荷载作用下，交叉斜支撑的轴力设计值为 798.53kN。在本次有限元软件计算时，按照支撑轴力为 800kN 控制施加在主体结构上的水平向荷载，进而通过有限元软件分析带支撑的偏心钢框架在水平荷载作用下的结构的受力及变形情况（图 2）。从有限元软件模拟的结果能够看出最大挠度出现在荷载作用平面内，钢管混凝土柱发生荷载作用平面内的弯曲变形（图 3），变形值为 1.66mm，小于层高的 1/300（约 9.67mm）。在水平荷载作用下，结构应力最大值为 171.40MPa，应力主要集中出现在与作用力逆向的斜向支撑上（图 4、图 5），进一步说明斜支撑在水平荷载作用下是主要的抗侧力构件。

图 2　偏心钢框架的结构变形

图 3　偏心钢框架的结构应力云图

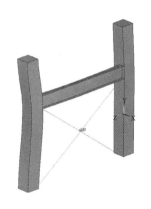

图 4　偏心钢框架支撑的应力云图

```
 - ---    ------       ------
 9464 -0.83492E+06     0.0000
 9465  0.22388E+06     0.0000

MINIMUM VALUES
ELEM          9464         2854
VALUE   -0.83492E+06    -220.50

MAXIMUM VALUES
ELEM          9465         4096
VALUE    0.22388E+06     178.81
```

图 5　偏心钢框架支撑的单元轴力表

偏心钢框架在荷载作用下，因为偏心节点核心区的附加弯矩会对钢结构的梁、柱产生较大影响，通过增加节点核心区的刚度提高节点"抗力"，这种附加的扭矩对钢梁钢柱的影响就会大大减弱。对于带支撑的钢框架而言，钢管节点处增加横隔板，钢管内部浇筑混凝土除了提高钢结构节点核心区域的刚度以外同时增加了钢柱本身的力学性能。有限元软件分析过程中，通过对比非偏心钢框架的应力及变形图，没有发现除荷载作用平面内的弯曲变形外的其他影响结构性能的变形情况。

为进一步确定偏心连接对钢框架结构的影响，笔者补充分析了钢管与混凝土之间的粘结与滑移作用对结构的影响。钢管与混凝土之间的粘结与滑移作用，前文采用了 MPC 约束方程的方法，模型计算过程中认为钢管与混凝土之间连接牢固，在水平力作用下钢管与混凝土共同受力。为了进一步验证这种假设计算出来的结果与考虑钢管-混凝土之间的粘结与滑移作用之间的差异，笔者对一根钢管混凝土柱进行建模分析，分别建立 A、B 两种模型，A 模型考虑这种粘结与滑移作用，B 模型采用 MPC 约束方程，即不考虑粘结与滑移作用，认为混凝土与钢管之间连接可靠并共同受力。

A 模型中为了考虑钢管与混凝土之间的粘结与滑移作用，在钢管节点与混凝土节点之间用 combination39 单元进行连接，为了真实地模拟混凝土与钢管在三个方向的粘结滑移作用，混凝土与钢管每组节点之间建立 X、Y、Z 三个方向的弹簧单元。控制弹簧单元的荷载-位移（F-D）曲线的实常数如图 6 所示。

Displacement-force curve data	D	F
Data set 1	0	0
Data set 2	5e-006	4497.6
Data set 3	1e-005	7126.36
Data set 4	1.5e-005	8567.28
Data set 5	2e-005	9324.77
Data set 6	2.5e-005	9726.64
Data set 7	3e-005	9924.14
Data set 8	3.5e-005	9891.92
Data set 9	4e-005	9428.07
Data set 10	4.5e-005	8154.07
Data set 11	5e-005	5514.84
Data set 12	0	0

图 6　荷载-位移（F-D）曲线的实常数

比较 A、B 两种模型应力、应变及位移，计算如图 7 所示。

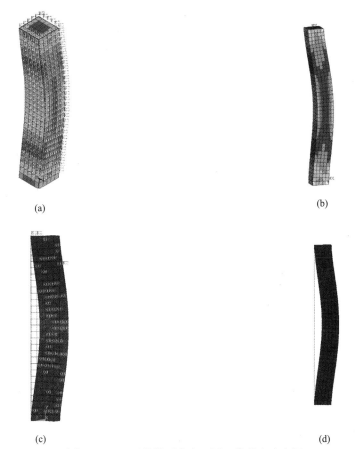

(a)　　　　　　　　　　　　　　　　(b)

(c)　　　　　　　　　　　　　　　　(d)

图 7　A、B 两种模型应力云图、位移和应变图（一）

（a）A 模型应力云图；（b）B 模型应力云图；（c）A 模型位移图；（d）B 模型位移图

(e)   (f)

图 7 A、B 两种模型应力云图、位移和应变图（续）

（e）A 模型应变图；（f）B 模型应变图

通过模型比较可以看出，两种模型变形状态相同。A 模型最大应力为 313.029MPa，B 模型最大应力 348.928MPa。A 模型最大位移 11.328mm，B 模型最大位移为 20.69mm。A 模型最大应变是 0.0095mm，B 模型最大应变 0.0116mm。通过比较我们可以很明显地看出，钢管混凝土柱在弹性阶段混凝土与钢管之间的粘结是比较牢固的，利用 MPC 建模与考虑粘结滑移结果相似。

参考文献

[1] 胡心一，董晓岚. 装配式钢混组合框架超高建筑结构设计要点分析 [J]. 中国建筑金属结构，2021，9（06）：68-69.

[2] 施亮. 装配式钢结构高层住宅设计与施工 [J]. 建筑施工，2021，8（43）：1520-1523.

[3] 张淳. 装配式钢结构梁柱连接节点研究 [J]. 建筑技术开发，2021，2（04）：5-6.

[4] 薛皓，马军，陈晓虎. 钢框架装配式节点研究进展 [J]. 甘肃科技，2020，12（08）：92-95＋83.

山西省首例钢结构装配式高层住宅工程实践与探索

王 磊 程俊鑫

(山西二建集团有限公司，太原)

摘 要 山西省首例装配式钢结构高层住宅晋建·迎曦园项目1#楼，该楼设计全装配化，相比于普通钢结构，装配式钢结构隐式框架体系用钢量更为经济，其户型适应性强、空间更灵活、钢梁和宽钢管柱尺寸较小，便于隐藏在建筑墙体内，建筑空间灵活多变，室内无凸梁凸柱。构件截面尺寸小，填充墙体薄，可增加室内有效使用面积5%以上。构件工业化生产，制作简单、质量可控。施工速度快，可缩短开发周期，节约综合成本，符合国家绿色建筑发展要求。

关键词 装配式钢结构高层住宅；隐式框架；绿色建筑

1 钢结构装配式住宅体系

晋建·迎曦园1#楼是山西省首例装配式钢结构高层住宅，地下2层，地上34层，建筑高度99.80m。该项目的成功实施，为装配式钢结构住宅设计、施工积累了宝贵的经验，特别是对类似山西等8度抗震设防和寒冷地区，在装配式钢结构建筑技术体系、三板配套体系及装配式装修体系等方面积累了基础数据。该项目是集成化设计、工厂化生产、装配化施工、一体化装修和信息化技术应用的成功案例，实现了各专业、全生命周期的协同和集成，为工程设计、施工、验收等标准的制订和预算定额的确定奠定了基础。

1.1 结构类型

（1）晋建·迎曦园项目1#楼采用隐式框架钢结构住宅体系，如图1所示，由矩形钢管混凝土柱、钢梁、钢支撑和钢板剪力墙组成主要受力框架，梁柱节点采用无隔板刚接节点，宽钢管混凝土柱采用标准冷弯成型高频焊接矩形钢管型材，钢梁采用窄翼缘热轧H型钢。

（2）楼板采用可拆卸木模钢筋桁架楼承板，围护及分隔墙采用蒸压加气混凝土条板（ALC板），钢梁及钢板剪力墙侧面均采用蒸压加气混凝土薄板贴面。

（3）装饰装修外墙采用保温装饰一体板，内装修采用干法作业、管线分离、集成墙地面、集成厨卫等，实现了住宅建筑各组成部分的全装配化。

（4）该体系主要优点体现在：轻质高强、施工工期短、抗震性能好、节能环保、建筑适应性好、标准化程度高、工厂制作简便、配套产品成熟、综合成本可控等。

1.2 结构构造

（1）楼体四角及中间部位采用L形及T形柱，异形柱截面形式灵活，可根据实际工程需求，灵活调整单肢柱的间距，既增大了房屋的使用空间，又提高了建筑室内空间美感。建筑效果好，可隐藏于墙体内部，室内不露柱子凸角。

（2）钢柱、钢梁均采用Q355B钢板及钢管加工，大部分采用宽钢管柱，梁柱节点采用端板式节点，如图2所示，无隔板、无牛腿，大大降低加工难度，减少运输、堆放空间，提高了劳动生产效率，提高

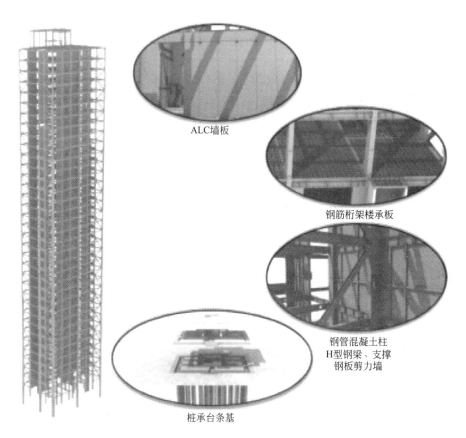

ALC墙板

钢筋桁架楼承板

钢管混凝土柱
H型钢梁、支撑
钢板剪力墙

桩承台条基

图1　隐式框架钢结构体系

了构件安装的容错能力，有效降低了产品成本。

图2　端板式节点

图3　钢板剪力墙

（3）局部空间大的区域采用钢板剪力墙如图3所示，具有较大的弹性初始刚度、大变形能力和良好的塑性性能、稳定的滞回特性等。

2 钢结构的加工制作、安装及技术创新

2.1 钢结构加工制作

（1）钢结构加工制作中，在对三维深化设计及详图编制时，应用 Tekla 软件对工程进行详图深化。主要考虑了以下技术细节：设计蓝图、会审纪要、施工技术、各专业的交叉等细节要求；确定构件分段定位，坡口设计，焊缝收缩量、安装变形量化补偿等；考虑现场拼装焊接的坡口方向、连接板、灌浆孔等。

（2）利用 BIM 技术对主体钢结构进行三维建模，经碰撞校核、节点优化完成主体钢结构二次深化设计，编制各部构件加工详图及零件自动化 NC 编码。

（3）采用程控自动化下料，如图 4 所示，经气割、机械切割（剪切、锯切）、等离子切割等方法进行下料分离。对已下料完成的钢板刨去 2～4mm 预留余量以消除切割所造成的边缘硬化，按焊接工艺要求将钢板焊接边刨成各类型坡口用以保证焊缝质量，对钢板进行刨直或铣平用以保证装配的准确性及压力的传递。

图 4　程控自动化下料

（4）依据已编制完成的构件加工详图，利用成套加工设备或一定的工装模具把板材或型钢通过冷弯和热弯制成预定形状。通过外力或加热作用迫使钢材反变形，将钢材在存放、运输、吊运和加工成型过程中产生的变形进行矫正。构件上铆钉孔、螺栓孔采用机加工成孔。较薄钢板、型钢使用冲孔机冲压成孔，较厚钢板及型材采用钻孔机成孔。依据已编制完成的构件加工详图要求，把已加工完成的各零件和半成品构件装配成独立的成品。

（5）箱形构件与 H 形构件均采用机器人二氧化碳打底焊接。从焊接工艺数据库中合理选择焊接工艺参数，全自动完成整条焊缝的焊接，避免人为因素的影响，确保了焊缝符合全熔透要求。箱形构件与 H 形构件均使用悬臂式双丝埋弧焊机对构件的主焊缝进行焊接。设备具有激光跟踪装置，确保了焊缝的质量及美观。同时，自动化设备的使用，极大提高了生产效率。对受力较大的柱或支座底板进行端部铣平，确保铣平端面与轴线垂直。对各完成构件进行抛丸除锈处理后转运至涂装车间进行防腐，烘干处理。构件涂装完成后，按照构件加工详图对部件进行编号。

2.2 钢结构施工安装

（1）钢结构安装进入标准层施工时，每节钢柱为三层，常规做法是首先安装中部六根钢柱，拉设缆风绳，进行临时固定。随即安装柱间钢梁，形成钢框架单元后，以其为基本单元，安装其他钢柱钢梁。钢柱钢梁校正后焊接柱边角钢，设置必要支撑，按基准线顺序，吊装钢筋桁架楼层板，反支座竖筋与梁点焊，穿板底钢筋，安装管线，磁环烘焙栓钉焊接，绑扎附加钢筋，孔洞边模安装，浇筑混凝土。

（2）按照常规做法，不能穿插施工，工作量大，造成施工速度慢，施工效率低，且存在钢结构主体

工人在施工完钢柱钢梁后，需等三层钢筋桁架楼承板施工完成后，才能进行上部钢柱钢梁施工的情况。为了解决上述问题，通过实践，项目大胆尝试并成功实施了一种钢结构高层住宅逆作法施工方法，如图5所示，在本节钢柱安装完成后，先安装顶层钢梁，随即安装顶层楼承板并浇筑混凝土，下面两层钢梁、钢板墙采用卷扬机安装。达到了装配式钢结构主体施工平均每3.5d一层，实现了交叉施工，流水作业，显著加快了施工速度，提高了施工效率，增加了施工现场的安全保障。

图5　钢结构高层住宅逆作法施工

3　三板体系的安装施工技术

3.1　内外墙板施工安装技术

（1）内外墙板采用ALC条板，该体系具有科学合理的节点设计和安装方法，在保证节点强度的基础上确保墙体在平面外的稳定性、安全性。同时，在平面内通过墙板具有的可转动性，使墙体在平面内具有适应较大水平位移的随动性。这样可以保证建筑物围护结构在大风或地震作用下不会发生大的损坏，具有较强的抗震性能。

（2）在施工中，ALC板用于内墙时，采用U形卡，上下部位使用射钉进行固定。ALC板在外墙使用时，常采用角钢钩头螺栓连接，但这种连接方式不适用于高层，且造价很高。本工程外墙ALC板采用内嵌式布置，ALC板重量由结构楼层支撑，只需考虑外墙位移及抗震安全，可参照内墙安装技术，考虑安全要求，将连接件与ALC板内钢筋连接。对ALC板的生产工艺进行补充，在ALC板内钢筋网片上焊接预埋板，如图6所示，运输至施工现场后，将ALC板内预埋件凿开，安装上部时，使用角码与预埋件焊接后，角码和H型钢梁再次焊接连接，下部预埋件和角码焊接连接后使用螺栓与混凝土进行固定。

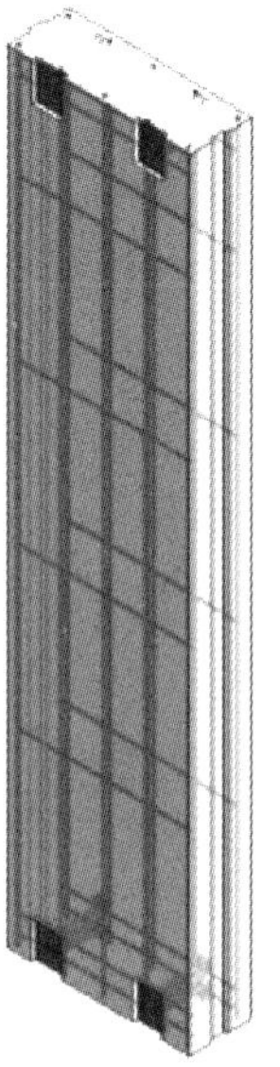

3.2　楼板施工安装技术

本工程楼板采用了可拆木模钢筋桁架楼承板，如图7所示，底模螺丝连接，拼缝采用承插式镀锌钢管。实现了机械化生产，有利于钢筋排列间距均匀、混凝土保护层厚度一致，提高了楼板的施工质量。装配式钢筋桁架楼承板可显著减少现场钢筋绑扎工程量，减少模板安装及脚手架搭设，加快施工进度，增加施工安全保证，实现文明施工。装配式模板和连接件拆装方便，可多次重复利用，节约钢材，解决了装饰面层返锈问题，符合国家节能环保的要求。

图6　ALC板连接技术改进

图7 可拆木模钢筋桁架楼承板

4 装配式住宅装饰一体化

装配式装修体系与钢结构主体、ALC墙板有机地结合在一起，一体化设计，整体装配式施工，有效提高装配率，可大大缩短工期，减少环境污染。

4.1 外墙保温装饰一体板

外墙保温装饰一体板，是由预先做好装饰层的面板和保温层材料复合而成，集保温、防水、饰面等功能于一体，工厂化生产，现场施工（主要有粘锚和龙骨干挂两种方式）的集成材料。是一种既可以满足当前房屋建筑功能与美观需求，又可以提高现场施工整体工业化水平的材料。

4.2 装配式精装修

内装采用装配式内装系统与主体结构分离的装修方式，有效地避免了刚性与柔性连接部位产生的裂缝，装饰工程有：

（1）地面施工、墙面施工、顶面及管线施工、门窗施工、卫生间施工、厨房施工等。干法楼地面模块化生产，在现场进行灵活组装，施工快捷，无湿作业。

（2）可根据建筑构件形式组成不同的管线接口模块，避免了传统预埋电气配管的施工做法，基本实现了电气配管与主体结构的分离；方便使用维护，具有较高的灵活性和适用性。

（3）集成厨卫具有独立的框架结构及配套功能，如图8所示，一套成型的产品即是一个独立的功能单元，可以根据使用需要装配，施工省事省时。

图8 集成厨卫照片

5 钢结构装配式高层住宅安全保障措施

5.1 钢柱安装

钢柱安装时,先在地面处将钢梯及防坠器固定悬挂在钢柱端部,待安装完钢柱时,人员将自控器内的绳索拉出,在一定位置上作业,作业完毕后,人向上移动,绳即自行收回自控器内。当人员出现失足坠落时,安全绳的拉出速度将明显加快,自控器内锁止系统随即自动锁止。每节钢柱吊装完成后,下部采用连接板进行临时固定,上部采用缆风绳进行临时固定。缆风绳与钢柱下端连接板处进行连接,待钢柱安装好后,钢梁直接就位安装。钢柱校正可以使用千斤顶、缆风绳进行调整。

5.2 临边防护

钢构施工一层时临边一般采用两道临时钢丝绳进行防护,但当临边作业人员较多时,存在较大安全隐患。本工程楼层临边防护采用工具式定型冲孔板防护栏进行安全防护,该防护栏安拆方便,并可周转使用。按照建筑施工高处作业防护的要求在 5 层处设置水平网,由于上部作业区焊接作业较多,焊渣掉落,不能使用水平密目网防护,采用菱形钢板网进行水平防护,其具有韧性大、抗冲击性强、结构坚固、外表美观等特性,并在钢板网上部满铺一层 22♯ 钢丝网进行焊渣阻隔作用。

5.3 钢柱焊接安全防护

每节钢柱焊接时,钢柱外侧人员无法进行作业,需搭设操作平台进行焊接,开始时,使用独立操作平台进行钢柱焊接,但该平台比较笨重,安装时间长,且操作平台只能焊接一根钢柱,操作困难,施工周期长。本项目自行研发了一种简易的操作平台,宽度 1.2m,长度 3.3m,由花纹钢板做平台,立面使用方管、冲孔板进行焊接,操作平台耳板与钢柱临时固定采用连接板进行焊接固定,待钢柱、钢梁调平后,对连接板进行割除,吊运至下一节钢柱,可周转使用,安拆简单,施工方便,如图 9 所示。

图 9 临边及操作平台安全防护

6 装配式钢结构住宅成本控制思路

装配式钢结构住宅推广应用的关键是如何降低成本,通过本项目的实践,笔者认为应该从以下几方面进行考虑。

6.1 主体结构成本

装配式钢结构住宅的成本控制主要取决于前期设计,要想降低成本,关键是在建筑规划及方案设计时,综合考虑控制住宅合理的高度和跨度。

6.2 三板体系成本

(1)围护结构采用 ALC 板,与蒸压混凝土砌块对比价格增加了近一倍,但是在管道井部位,过梁构造柱抱框柱比较多的部位造价基本相当,且施工较简单,可以采用。外墙条板应在施工前对设计进行深化，方便施工，降低损耗。要想更好地降低成本，应该在连接方式上有新的变化，现有的连接方式比较复杂，配件辅材相对较多，工艺复杂，投入人工较多。还需要对相应的机械升级改进，机械化能更好地降低成本。

（2）钢结构住宅采用现浇楼板，工期比传统结构更慢，与铝模组合理论上应该是可行的，但未经实践，还有诸多细节问题需要解决，如与钢梁的连接，模架的整体性和稳定性等。不可拆钢筋桁架楼承板最适合于钢结构，但是房间顶部采用镀锌铁皮不适合于住宅，若能提高层高，可采用简易薄法吊顶解决顶棚的问题。运用可拆模钢筋桁架楼承板价格昂贵，主要成本还是在拆装底模方面，机械化程度低。另外，钢筋桁架楼承板的荷载等级对造价影响很大，应区别对待。尤其钢筋桁架楼承板的附加钢筋太多，桁架为单向受力，但应用到住宅上需按双向板受力考虑，配置的垂直方向的受力筋太多，设计有待提高。

7 结语

晋建·迎曦园项目1#楼作为山西省首例钢结构装配式高层住宅项目，通过对钢结构装配式建筑的重点、难点、关键点的探索及研究，经过前期深度的优化设计，在施工中总结形成了值得推广的施工工法，申报了4项专利，并牵头编制了地方标准。通过项目的实施，以项目为载体，项目部联合设计单位、高校和科研院所开展体系研究，为地方建立完善的涵盖设计、生产、施工和使用维护全过程的装配式建筑标准规范体系的建立奠定了基础，为促进装配式钢结构住宅的推广应用积累了经验，为实现建筑业节能减排和绿色施工，助推建筑业实现碳达峰、碳中和目标做出了我们应有的贡献。

小直径多隔板钢管混凝土柱的精细化施工

张学生　潘　霞　赵中军　李铁兵　程欣荣

（北京城建集团有限责任公司，北京）

摘　要　本工程是居住建筑，楼面荷载较小，因此钢结构的梁柱截面很小，钢柱的边长只有400mm，最大分节高度12m，长宽比达到了30，因此构件比较柔，梁柱节点隔板较多，混凝土在浇筑过程中易产生不密实的情形，从而影响结构安全。通过在施工现场开展比例1∶1的工艺钢管柱试验，检验高抛与辅助振捣相结合的方法浇筑小直径、多隔板钢管混凝土的质量状况。试验结果表明：利用高抛与辅助振捣相结合的方法浇筑的钢管混凝土的质量、密实度均满足设计要求、充盈性良好；同时对钢管混凝土施工过程中的质量控制要点进行总结，为同类工程的施工提供价值参考。

关键词　小直径；多隔板；钢管混凝土柱；精细化施工；高抛法

1　工程概况

目前，装配式钢结构建筑体系在住宅工程中应用较少，但装配式钢结构住宅由于具有自重轻、承载力高、基础造价低、抗震性能好、施工速度快、污染小、符合绿色建造的理念等多种优点；面对与国际接轨高质量发展的建筑新形势，需要逐步实现一体化集成设计、标准化生产、装配化施工；同时又有国家政策的大力支持，是今后住宅发展的方向，是大势所趋的选择。

1.1　项目简介

本工程为2022年冬奥会运动员公寓，赛会期间为北京赛区参赛人员提供住宿、餐饮服务，赛后经过功能改造，成为北京市高端人才公租房进行持续运营。工程总建筑面积18.9万 m^2，主要包括11栋住宅楼及相关的配套设施。地下4层、地上14～17层，最高建筑高度59.85m（图1）。

图1　工程效果图

1.2 结构体系

本工程主楼采用钢框架-防屈曲钢板剪力墙、钢筋桁架楼承板体系。设计对方案进行优化,使构件趋于统一,钢构件类型也尽可能地减少,钢柱的主要类型见表1。工厂对构件进行规模化、标准化生产;施工现场进行有序化拼装、焊接。钢框架、防屈曲钢板剪力墙、钢筋桁架楼承板对推进构件标准化,提高施工效率,节约生产成本,提升钢结构住宅整体建造水平具有重大意义。其中钢管柱是装配式钢结构住宅中承担竖向荷载的重要构件,其工艺是往钢管柱内浇筑自密实混凝土,施工质量对结构安全性能的影响至关重要。本工程是居住建筑,楼面荷载较小,因此钢结构的梁柱截面很小,钢柱的边长只有400mm,最大分节高度12m,长宽比达到了30,因此构件比较柔,梁柱节点隔板较多,混凝土在浇筑过程中易产生不密实的情形,从而影响结构安全,同时也是本工程的施工难点(图2)。为此,本文对钢管混凝土柱的施工方法开展了研究。

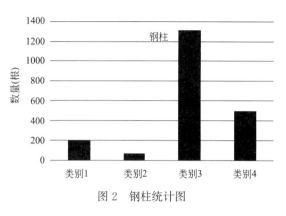

图2 钢柱统计图

2 工艺试验

2.1 高抛、顶升浇筑方法对比

高抛法在浇筑钢管混凝土方面有其独有的优点:操作简单、施工方便。同时也存在相应的缺点:混凝土的施工质量不易保证;对混凝土的性能要求高;影响钢结构的安装进度。顶升法与高抛法相比有其自身的优缺点。优点:混凝土的施工质量易保证;浇筑速度快;不影响钢结构的安装进度。缺点:需破坏结构;工序繁琐、工人操作复杂。高抛法与顶升法的工艺要求及在本工程的适用情况的详细对比见表2。

考虑到本工程中方钢管柱的主要截面尺寸为□400×400×25、圆钢管柱的尺寸为400mm×14mm,截面尺寸较小、壁厚较薄、内部梁柱节点部位设置多种加劲隔板且隔板相距较近,而留置的孔径小,结合表2的工艺要求及适用情况,本工程钢管混凝土的浇筑方法选用高抛法。

钢柱统计表   表1

类别	截面形式	截面尺寸(mm)	单根高度	数量(根)	备注
类别1	方柱	□400×500×30		200	
类别2	方柱	□400×450×30	3层一节柱,首节10.67m,标准节9.450m	68	随着楼层高度增加钢柱壁厚在变化,最后一节根据楼层总高度确定
类别3	方柱	□400×400×25		1314	
类别4	圆柱	φ400×14		496	
合计				2078	

高抛法与顶升法工艺要求及适用情况对比   表2

项目	高抛工艺	顶升工艺	分析
对钢管柱组装焊缝的要求	对钢管柱组装焊缝要求低,满足新浇混凝土侧压力即可	钢管柱的纵向脚部组装焊缝及横向拼接焊缝均采用全熔透坡口焊缝,焊缝等级不宜低于一级	钢结构住宅荷载小、自身重量轻,而且采用了钢管混凝土柱结构,设计对钢管柱的组装焊接要求为:节点区采用全熔透焊缝,焊缝等级为一级,非节点区为部分熔透焊缝。若采用顶升混凝土还需要变更焊缝做法及等级,增加工程造价
对混凝土浇筑口的要求	采用柱顶的浇筑孔配合漏斗进行浇筑,无需对钢柱进行特殊处理	构造复杂:需在柱身上开设顶升口,设置导流管、截止阀,对柱截面进行局部等强加固。混凝土浇筑完成后,还需要切除导流管,后期处理工作量大	本工程柱截面尺寸小,数量多,顶升工艺浇筑口构造复杂,对钢结构工程整体造价影响大。高抛工艺不需要对结构进行变动,使用的漏斗和吊斗根据同时浇筑的钢柱的数量投入,加工或购买方便,循环使用,费用低

项目	高抛工艺	顶升工艺	分析
浇筑孔设置	需在钢柱水平加劲肋中心部位设置浇筑孔,满足自密实混凝土通过需要,一般不小于100mm	需要在钢柱水平加劲肋中心设置浇筑孔,孔径不宜小于200mm	本工程钢结构截面小,箱形柱断面尺寸400mm×400mm,壁厚16～25mm,因此水平加劲肋上的浇筑孔设计只允许开ϕ150。若加大浇筑孔直径,就需要增加板厚或增加水平加劲肋数量
一次浇筑高度要求	最大自由倾倒高度不宜大于9m	顶升单元高度不宜超过24m	本工程钢柱安装一柱三层,一次浇筑高度超过10m。采用高抛法浇筑,为防止离析,需要采取相应的措施
泵送系统	不需要混凝土泵送系统	需要采用泵送机械,设置泵送管路	采用顶升工艺,部分楼座需要设置的管路长、弯管多,泵送混凝土压力损失大。泵送管路及机械投入量较大。泵送前需要润泵、浇筑后需要清理。每次浇筑完成后留在泵管内的混凝土会造成浪费。因此泵送顶升工艺适用于构件截面尺寸大、一次浇筑量大的项目,对于钢结构住宅,构件截面小,经济性不佳。高抛工艺需要占用现场垂直运输机械较长的时间
浇筑速度	采用塔式起重机和漏斗的方式浇筑,塔式起重机吊运速度较慢,且随着楼层的增高,降效大	浇筑前管路连接、润泵需要占用一定时间。开始浇筑后,连续浇筑速度较快	顶升工艺混凝土浇筑速度相对较快。但是对于钢结构住宅工程的结构特点,需要较频繁地拆接管路,对施工速度有一定的影响。高抛工艺受到塔式起重机作业效率的影响,施工速度较慢
对混凝土的要求	采用自密实混凝土,从高处下抛实现自动密实,应具有高流动性、稳定性、抗离析性、填充性、低收缩性	混凝土要满足自密实性、流动性、可泵送性、间隙通过性、减少收缩的要求	顶升混凝土的配合比设计根据结构形式、泵送高度、环境因素进行,特别是要满足自密实和泵送性能的要求。高抛混凝土施工性能主要考虑抗离析、狭小部位的填充性。钢结构住宅的钢管柱截面小,但水平加劲肋数量多、间距小,且浇筑口的直径也小,因此抗离析和填充性要重点考虑
对混凝土连续供应的要求	混凝土之间的间隔不大于初凝时间,因此允许有一段时间的间歇	必须连续泵送,不得反泵,对混凝土连续供应要求高	本工程处于北四环奥林匹克公园中心区,道路交通繁忙、早晚运输车辆禁行,混凝土供应压力大,可能会出现混凝土间歇断供现象,高抛工艺对混凝土的连续供应要求相对合理
对钢结构施工进度额影响	钢框架形成稳定结构、钢柱焊接完后方可浇筑	钢框架形成稳定结构、钢柱焊接完后方可浇筑	钢管混凝土施工,都需要形成稳定框架后浇筑混凝土,这是共同点。顶升混凝土工艺,在混凝土浇筑时,对上部楼板施工影响小,结构施工相对连续。采用高抛工艺,需要在柱顶浇筑,因此宜在楼板完成后浇筑,对后续的钢构安装产生一定的间歇。若不等楼板浇筑完成,则需要在柱顶采用钢平台浇筑,混凝土高空作业多,安全性较低
大型机械占用	混凝土垂直运输主要使用塔式起重机	采用车载泵浇筑	高抛工艺采用塔式起重机与吊斗的运输方式,大量占用塔式起重机的吊次及时间,给现场的其他作业造成较大的影响,需要合理地安排作业时间、协调塔式起重机使用

2.2 工艺试验

鉴于可借鉴的施工经验较少,为了检验钢管混凝土柱浇筑完成后的各项性能能否满足设计要求,特地进行了钢管混凝土柱工艺试验。本工程设计了比例为1:1的试验柱模型,试验柱的截面形式为箱形,截面尺寸为400mm×400mm,高为10.79m,隔板位置及具体尺寸如图3所示。混凝土的配合比经过厂家多次试配后,选定具体的配合比为水泥:水:砂:碎石=360:161:747:913,试验柱具体的工艺做法:通过模拟实际的钢柱分节高度、截面尺寸、隔板设置,以此来设计工艺试验柱,在钢柱吊装就位后,利用高抛法,按实际的浇筑工艺、混凝土配合比进行浇筑。通过在柱顶板搭设操作架和操作平台,设置浇筑漏斗及导管来灌入C60自密实混凝土,以满足混凝土高抛高度不超过9m的要求,在每层钢柱节点区有隔板的部位,在柱身外侧放置附着式振捣器辅助振捣。浇筑完成后,对工艺试验柱进行养护。

混凝土养护完成后,对试验柱的关键截面进行剖切,检验混凝土的密实度、充盈性和强度。

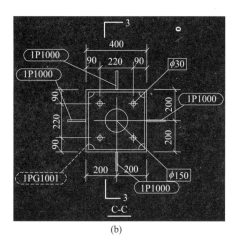

(a)

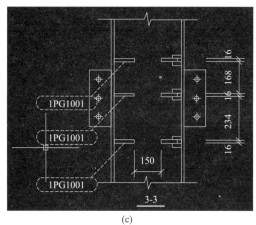

(b)

(c)

图 3　钢柱节点区隔板位置及尺寸图
(a) 节点区立面图;(b) 节点区剖面图 1;(c) 节点区剖面图 2

　　每层钢柱节点区设置隔板的部位为混凝土浇筑质量(密实度)的重点控制区域,为了检验高抛和辅助振捣相结合浇筑混凝土的成型质量,对浇筑完的工艺试验柱,养护 28d 后,在节点区域上、下各 500mm 处将钢柱剖开,然后再沿柱长度方向将节点区剖开,一根钢柱的三个节点区全部剖开,共计 9 刀,将关键剖面全部外露,便于直接观察混凝土浇筑的密实度、混凝土的充盈性,也即混凝土与钢柱的结合性。

　　通过观察工艺试验柱剖开后外露节点区混凝土的成型质量,如图 4 所示,三个重要节点区混凝土的密实度均符合要求、充盈性良好、成型质量好等,均达到了设计要求,由此验证了高抛与辅助振捣相结合的方法浇筑小直径、多隔板钢管混凝土柱的可行性,从而可以按照此方法展开大面积施工。

(a)   (b)

图 4　工艺试验柱剖开图
（a）试验柱情况；（b）试验柱剖开细节图

3　钢管混凝土柱施工

3.1　钢管柱施工过程中的难点

（1）钢柱截面尺寸小、隔板多、隔板间内径小；

（2）混凝土的运输时间长，对混凝土的性能要求高；混凝土的坍落度、和易性等均需满足运输时间长的要求；

（3）混凝土的浇筑过程中节点区有隔板的位置极易形成空腔。

3.2　混凝土浇筑前的技术准备

（1）焊接浇筑漏斗，发明一种用于钢管混凝土浇筑的专用漏斗，漏斗下口焊 600mm 长、管径 100mm 的钢管；

（2）搭设安全操作平台，以方便工人进行混凝土的浇筑；

（3）清理钢柱内的杂物以保证钢管混凝土柱的质量；

（4）附着式辅助振捣器装在指定位置，防止节点区有隔板位置形成空腔。

3.3　钢管混凝土柱的施工过程

钢管混凝土柱的施工流程如下：

（1）利用塔式起重机进行钢柱的吊装、安装、校正、焊接；

（2）进行钢梁的吊装、安装、校正、焊接；

（3）搭设安全操作平台；

（4）浇筑混凝土前利用强光手电照射，检查钢管柱内是否有杂物，若有杂物，及时清理出来；

（5）进行钢管混凝土的浇筑，自密实混凝土倒入浇筑漏斗里，利用塔式起重机运输到指定位置，工人利用高抛的方法进行钢管柱的浇筑，同时利用辅助振捣器对节点区进行振捣，并观察钢管柱底部和管壁的排气孔是否有浆体流出以及浇筑完成后排气孔封堵的情况，以保证混凝土的密实度；浇筑到离柱顶 500mm 时即停止浇筑，以避免上节柱与下节柱焊接时产生的热应力对混凝土的强度产生影响；

（6）浇筑完成后，利用敲击的声音或超声波探测来检验钢管柱的密实度，经检验钢管柱浇筑的质量情况良好；

（7）安装上节柱时先对对接截面处的混凝土进行剔凿，以保证接槎处的混凝土的浇筑质量。

其施工过程如图 5 所示。

4　结语

（1）从工艺试验柱的试验结果可以看出，采用高抛与辅助振捣相结合的方法浇筑的混凝土成型质量良好、满足设计要求。

图 5　钢管柱的施工过程

（a）钢柱的吊装、安装；（b）钢梁的吊装、安装；（c）搭设操作平台；（d）混凝土的浇筑；（e）辅助振捣器辅助振捣

（2）操作平台在浇筑混凝土的过程中至关重要，保证工人安全的同时又方便了施工。

（3）混凝土的配合比需多次试配决定，最终选定的配合比决定了混凝土的性能，混凝土的性能对钢管柱的质量影响较大，应严格把控混凝土的质量。

（4）塔式起重机的合理布置对钢管混凝土的浇筑至关重要，能够高效地把混凝土运输到指定位置。

（5）试验引路、检验方法的可行性和施工质量，确定合理的施工顺序，为大面积展开施工提供了技术方案，既保证了施工质量又加快了施工速度。

（6）工人的施工经验对钢管柱的施工质量也影响较大，应及时对工人进行作业培训、技术交底。

参考文献

[1] 郑德荣. 某办公楼钢管混凝土浇筑方案选择与施工 [J]. 福建建筑，2010 (6)：107-109.

[2] 孙鑫. 钢管混凝土柱施工浇筑高度分析 [J]. 山西建筑，2012，38 (11)：108-109.

不同粘结面积比对保温装饰一体板
抗风荷载性能的影响研究

马张永 严 伟

（甘肃省科工建设集团有限公司，兰州）

摘 要 本文研究了保温装饰一体板在不考虑锚固件作用的条件下，不同粘结面积比的抗风荷载性能。通过泡沫块静态试验法测试了保温装饰一体板分别在粘结面积比 30%、40%、50% 作用下的抗风荷载性能，得到了在不同粘结面积比条件下保温装饰一体板粘结的破坏模式和最大抗风压荷载平均值。并以兰州地区风荷载为依据，考虑系统安全系数为 10 进行理论分析，结果表明：在不考虑锚固作用的情况下，当粘结面积比达到 40% 以上，方可满足系统安全系数为 10 的要求。通过本次试验与理论分析希望能为保温装饰一体板施工以及规范的编制提供参考。

关键词 保温装饰一体板；粘结面积比；抗风荷载

1 引言

保温装饰一体板常采用粘锚结合的方式固定，锚固与粘贴并重，均应达到安全设计要求。目前国家及行业标准还未发布，根据《保温装饰板外墙外保温工程技术导则》RISN-TG028—2017 要求，Ⅰ型保温装饰一体板粘结面积比不应小于 40%，Ⅱ型保温装饰一体板粘结面积比不应小于 50%，以上数据主要参考《外墙外保温工程技术标准》JGJ 144—2019 第 6.1.3 条要求，而针对保温装饰一体板抗风性能研究较少。本文主要研究保温装饰一体板在不考虑锚固作用，仅考虑粘结作用时，不同粘结面积比能够承受抗风荷载的能力，并通过理论分析，确定在不同高度范围内、相应安全系数下，保温装饰一体板粘结面积比应达到的最小值，为保温装饰一体板的施工与规范编制提供参考。

2 试验

2.1 试验方法

参照《薄抹灰外墙外保温系统标准》ETAG004：2013，其抗风压性能测试方法有 2 种，分别为泡沫块静态试验法和动态风荷载试验法。其中动态风荷载试验法能够测试保温装饰板的抗风压性能，但是由于风压气泵的工作区间有限，采用该方法很难测试被检墙板的破坏力。而泡沫块静态试验法则是通过柔软的泡沫块将荷载均匀地传递至保温装饰板的外表面，使保温装饰一体板均匀地受力，以此模拟风荷载作用，并持续加载直至保温装饰板发生破坏。采用泡沫块静态试验可以明显地观察到试件的破坏过程、发生破坏的位置和方式，并得到可靠的试验数据。本次试验只针对粘结砂浆的粘结面积比的抗风荷载性能，因此不考虑锚固件对风荷载性能的影响。

2.2 材料及试件尺寸

保温装饰一体板尺寸为 600mm×600mm，厚度为 80mm，如图 1 所示。考虑到砂加气混凝土砌块砌体墙以及墙板在装配式建筑中已经得以推广应用，基层墙体采用蒸压加气混凝土墙板（ALC 板）。泡沫块参照《薄抹灰外墙外保温系统标准》ETAG004：2013，其泡沫块面积尺寸为300mm×300mm，高度为600mm。保温装饰一体板与ALC板采用聚合物粘结砂浆粘结。

图1　保温装饰一体板

2.3　试验

本次试验采用粘贴式点框法，粘结面积比（粘结率）采用30％、40％、50％三种不同形式，对保温装饰一体板与基层墙体粘结强度进行了试验研究。不同粘结率的试件共3种，每种试件分三组，共计九组。具体试验参数及粘结实物图见表1和图2。

不同粘结率试件试验参数　表1

试件编号	粘结率	粘结形式	基层墙体类型
MP-6-30	30％	点框法	ALC板
MP-6-40	40％	点框法	ALC板
MP-6-50	50％	点框法	ALC板

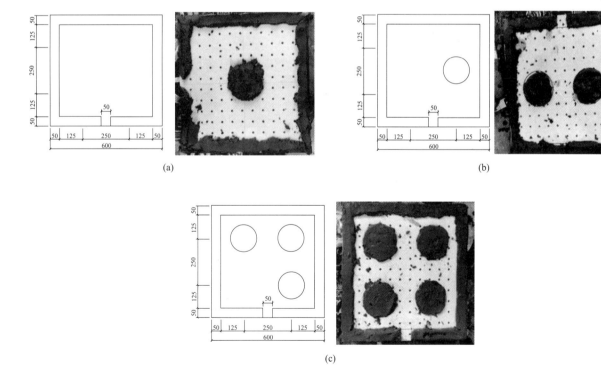

图2　不同粘结率的聚合物水泥砂浆粘结形式图

（a）MP-6-30粘结形式图；（b）MP-6-40粘结形式图；（c）MP-6-50粘结形式图

待保温装饰一体板养护28d后，按照《薄抹灰外墙外保温系统标准》ETAG004：2013关于泡沫块静态试验法的要求，将双组分环氧树脂粘结剂（粘钢胶）均匀地涂抹在上部胶合板以及下部保温装饰板的外表面，并与泡沫块相粘结，养护试件48h后开始试验。试验过程中以10mm/min的恒定速度施加拉伸加载，加载过程中仔细观察试样破坏的位置和破坏方式，加载一直持续到荷载下降到其最大值的1/2时停止，方便观察试样的破坏状况。泡沫块静态试验加载装置图如图3所示。

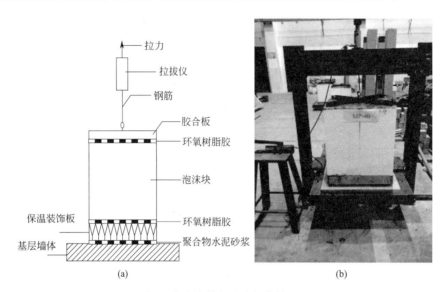

(a)　　　　　　　　(b)

图3　泡沫块静态试验加载装置图

（a）泡沫块静态试验示意图；（b）泡沫块静态试验实物图

2.4　试验结果

通过试验发现，保温装饰一体板抗风性能破坏模式主要包括三种：砂浆与ALC基层墙体粘结面破坏（MAAF），砂浆与保温装饰一体板粘结面破坏（MIAF），保温装饰一体板保温岩棉层破坏（IR-WF），本次试验不同粘结率试件的破坏模式如图4所示。

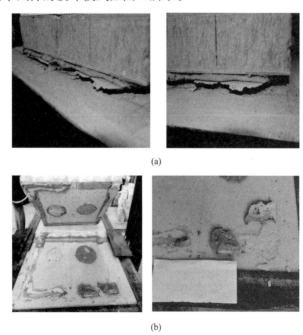

(a)

(b)

图4　不同粘结率的保温装饰板破坏模式（一）

（a）MP-6-30破坏模式；（b）MP-6-40破坏模式

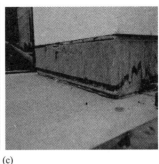

(c)

图 4 不同粘结率的保温装饰板破坏模式（续）

(c) MP-6-50 破坏模式

由图 4 可知，就 MP-6-30 试件而言，破坏现象是保温装饰一体板连带聚合物水泥砂浆一同从基层墙体上脱落，聚合物水泥砂浆大面积附着在保温装饰一体板上。加载初期，随着力的增大，聚合物水泥砂浆全截面受力，但随着力增大到某一临界值，聚合物水泥砂浆局部出现粘结面破坏，并因砂浆受到不均匀荷载造成部分砂浆并未达到最大限值而发生砂浆剪切破坏，出现 MP-6-30 破坏现象。MP-6-40 试件，其破坏现象与 MP-6-30 试件破坏现象基本相同，但其承载能力较 MP-6-30 试件有很大提高。而 MP-6-50 试件，其破坏现象为保温装饰板和聚合物水泥砂浆分离，保温装饰板脱落后聚合物水泥砂浆依然在基层墙体上，并附着大面积的岩棉层破坏。在 MP-6-50 试验过程中，一开始也是随着力的增大，聚合物水泥砂浆全截面受力，但随着力增大到岩棉层破坏及聚合物水泥砂浆局部出现粘结面破坏的某一临界值时，突然发生脆性破坏，同时部分岩棉层及砂浆与基层墙体分离。不同粘结率下保温装饰一体板最大抗风荷载见表 2。

不同粘结率下保温装饰板抗风性能对比分析　　　　　　　　　　表 2

试件编号		粘结率	破坏模式	最大抗风荷载(kN)	平均最大抗风荷载(kN)
MP-6-30	1	30%	MAAF	6.23	6.04
	2		MAAF	5.77	
	3		MAAF	6.12	
MP-6-40	1	40%	MAAF	8.24	8.31
	2		MAAF	8.67	
	3		MAAF+MIAF	8.03	
MP-6-50	1	50%	MIAF+IRWF	10.58	10.57
	2		MIAF+IRWF	10.78	
	3		MIAF+IRWF	10.34	

根据表 2 和图 5 可知，在无锚固件作用下，随着聚合物水泥砂浆粘结率的增大，保温装饰一体板的抗风性能显著提高。通过不同粘结率下保温装饰一体板抗风性能对比分析可知：MP-6-30、MP-6-40 以及 MP-6-50 三类试件，平均最大抗风荷载分别为 6.74kN、8.31kN 以及 10.57kN。由此可见，每提高 10% 的砂浆粘结率，保温装饰板的抗风荷载大致会提高 2.2kN 左右。

3 理论分析

3.1 外保温系统的风荷载理论计算

依据《保温装饰一体板技术标准》DB62/T 3178—2020 规定，保温装饰一体板外墙外保温工程建筑高度Ⅰ型不宜大于 54m、Ⅱ型不宜大于 27m。当建筑高度、保温材料厚度超出限值时，应进行抗风

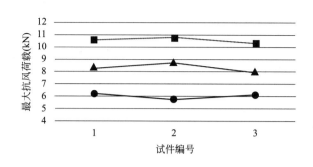

图 5　不同粘结率下保温装饰一体板抗风性能对比折线图

荷载性能验证。垂直于建筑物表面上的风荷载标准值，见式(1)：

$$w_{\text{k}} = \beta_{\text{gz}} \mu_{\text{sl}} \mu_z w_0 \tag{1}$$

式中　w_{k}——风荷载标准值，kN/m^2；

　　　β_{gz}——高度 z 处的阵风系数；

　　　μ_{sl}——风荷载局部体型系数；

　　　μ_z——风压高度变化系数；

　　　w_0——基本风压，kN/m^2。

以甘肃省兰州市为例，依据《建筑结构荷载规范》GB 50009—2012，基本风压按 50 年一遇计算，对于兰州地区基本风压取 0.3kN/m^2；地面粗糙度取 B 类，即指田野、乡村、丛林、丘陵以及房屋比较稀疏的乡镇；离地面高度按 50m，100m，150m 三种高度计算；局部体型系数 μ_{sl}：外墙面为 -1.4，内墙面为 0.2；因此作用在墙板上风荷载可以简化为式(2)：

$$w_{\text{k}} = \beta_{\text{gz}} \times (1.4 + 0.2) \mu_z w_0 \tag{2}$$

风荷载设计值等于安全系数乘以风荷载标准值，其中安全系数取 1.4。单块保温装饰一体板按 600mm×600mm 尺寸计算，风荷载标准值及设计值和每块保温装饰一体板受风压最大值计算见表 3 和表 4。

风荷载标准值及设计值计算　　　　　　　　　　　　　　　　　　表 3

离地面高度	基本风压(kN/m^2)	风压高度变化系数 μ_z	阵风系数 β_{gz}	风荷载标准值 w_{k}(kN/m^2)	风荷载设计值(kN/m^2)
50	0.3	1.62	1.55	1.21	1.69
100	0.3	2	1.5	1.44	2.02
150	0.3	2.25	1.47	1.59	2.22

每块保温装饰一体板受风压最大值计算　　　　　　　　　　　　　表 4

离地面高度(m)	板尺寸(m)	风荷载设计值(kN/m^2)	单块板风压最大值(kN)
50	0.6×0.6	1.69	0.61
100	0.6×0.6	2.02	0.73
150	0.6×0.6	2.22	0.80

3.2　保温装饰一体板外墙外保温系统的粘贴安全系数

结合欧洲对外墙外保温粘贴安全的要求来看，保温装饰一体板外墙外保温系统的粘贴安全系数不应小于10。通过试验与理论数据分析，安全系数的计算公式如式(3)：

$$k = \frac{P_{\text{实}}}{P_{\text{设}}} \tag{3}$$

式中 k——系统粘贴安全系数；

　　$P_{实}$——粘结强度实测值，平均最大抗风荷载（kN）；

　　$P_{设}$——理论设计单块板风压最大值（kN）。

考虑到保温装饰一体板外墙外保温工程建筑高度Ⅰ型不宜大于54m，因此以50m高度处单块板风压最大值0.61kN进行考虑，不同粘结率保温装饰一体板外墙外保温系统的粘贴安全系数见表5。

不同粘结率保温装饰一体板外墙外保温系统的粘贴安全系数　　　　表5

粘结率	平均最大抗风荷载(kN)	单块板风压最大值(kN)	系统粘贴安全系数
30%	6.04	0.61	9.90
40%	8.31	0.61	13.62
50%	10.57	0.61	17.32

由表5可知，粘结率大于40%可以满足要求，在50m风荷载作用下保温装饰一体板外墙外保温系统粘贴安全系数大于10。

4 结论

（1）随着聚合物水泥砂浆粘结率的增大，保温装饰一体板的抗风性能显著提高，每提高10%的砂浆粘结率，保温装饰板的抗风荷载大致会提高2kN左右。

（2）在无锚固件作用下，粘结率为30%时，保温装饰一体板抗风性能破坏模式为：砂浆与保温装饰板粘结面破坏；粘结率为40%时，保温装饰一体板抗风性能破坏模式为：砂浆与保温装饰板粘结面破坏和砂浆与保温装饰板粘结面破坏；粘结率为50%时，保温装饰一体板抗风性能破坏模式为：砂浆与保温装饰板粘结面破坏和砂浆、保温装饰板粘结面破坏和保温装饰板保温岩棉层破坏。

（3）针对兰州地区，对于Ⅰ型保温装饰一体板，粘结率应达到40%以上才能满足规范要求。

参考文献

[1] 胡玲霞，李志祯，赵潇武，王林强．保温装饰一体板性能及施工工艺对比分析［J］．新型建筑材料，2016，43（12）：104-106.

[2] 李勇．外墙外保温装饰一体化系统施工工法［J］．施工技术，2015，44（09）：30-32.

[3] 刘建，路永华，张鹏，苏志杰．建筑节能用岩棉性能的研究［J］．新型建筑材料，2013，40（05）：45-48.

[4] 苗纪奎，刘思琪，魏艳红．风荷载作用下岩棉板外保温系统的安全性分析［J］．建筑节能，2019，47（02）：102-107.

非沥青基高分子自粘胶膜防水卷材在装配式钢结构高层住宅地下室防水工程中的应用

戴传新　钱鹏生　李　伟

（安徽富煌钢构股份有限公司，合肥）

摘　要　本文以某高层装配式钢结构住宅项目为例，介绍了高分子自粘胶膜防水卷材在地下室防水工程中的应用。详细阐述了该新型防水卷材在地下室底板、外墙防水两种施工工艺做法，重点介绍了卷材铺设要点及集水坑阴阳角、桩头部位、后浇带等细部节点的防水构造做法。同时强调了利用 BIM 技术实施自粘胶膜防水施工可视化交底的必要性，以确保地下室防水工程的施工质量。

关键词　高层装配式钢结构住宅；自粘胶膜防水卷材；预铺反粘；BIM 技术；可视化交底

1　工程概况

装配式钢结构住宅具有强度高、抗震性能良好、施工周期短等优势，在国家大力发展钢结构和装配式建筑的政策背景下，高层装配式钢结构住宅越来越多地被应用到实际项目中。但高层装配式钢结构住宅施工实施过程中，地下室防水施工一直是工程难点和质量通病点。住宅地下室工程一旦发生渗漏水，很难彻底修补完好，因此施工时应予以足够重视，采取切实可靠的工程管理措施，杜绝渗漏发生的可能性。

传统地下室防水工程多采用 SBS、APP 改性沥青防水卷材，此种防水卷材施工时需要热熔手段，需以天然气为原料进行明火热熔，危险且易污染大气；自重较大，侧墙施工时很不方便，不利于热熔时与墙面粘结牢固；施工易受天气影响，且容易被植物根尖穿透。因此，项目采用了一种新型环保的非沥青基高分子自粘胶膜防水卷材，很好地解决穿透防水卷材的缺陷，也为今后一些高层住宅项目地下室防水施工提供了借鉴参考。

某高层装配式钢结构住宅项目位于安徽省阜阳市，项目由 21 栋高层住宅及多层商业、配套用房组成，项目总体分为东西两个地块，总建筑面积为 353211.66m²，其中地下室建筑面积为 87223.36m²，地下室为两层钢筋混凝土框架-剪力墙结构（局部住宅区域为钢管混凝土柱），基础类型为筏板基础。地上总建筑面积为 265988.30m²，为钢框架支撑结构。

工程地下室防水等级二级，防水设防采用混凝土结构自防水＋1.2mm 高分子自粘胶膜防水卷材相结合的方式，其中地下室混凝土强度等级 C35，抗渗等级 P6，地下室顶板局部种植。

2　自粘胶膜防水卷材简介

2.1　工作机理

非沥青基高分子自粘胶膜防水卷材是专门针对建筑防水预铺部位而研发的防水材料，卷材由高分子片材、高分子自粘胶膜、防粘层组成，如图1所示。其防水机理为高分子自粘胶膜和混凝土中未初凝的水泥浆在压力作用下，通过蠕变，相向渗过防粘层，形成有效的互穿粘结和巨大的分子间力。混凝土固化后，高分子预铺防水卷材和结构主体之间的空隙得到最大限度的密封，消除了窜水通道。

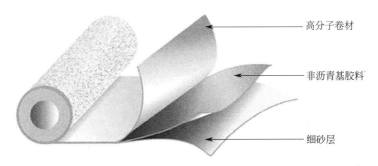

图1　非沥青基高分子自粘胶膜防水卷材构造组成图

2.2　非沥青基高分子自粘胶膜防水卷材特点及优势

非沥青基高分子自粘胶膜防水卷材是专门为地下工程需用预铺法施工的工程部位而研发的一种性能优越的多层复合防水材料。材料具有良好的抗拉及撕裂强度，是一种实现地下工程"刚柔并济""皮肤式粘结"性能优异的新型防水材料。

该卷材环境适应性优异，基面要求低，不受雨雪天气的影响，自粘胶可与混凝土基面干粘，解决"漏点窜水"的难点，缩短工期。该材料还具有良好的耐久性、极强的耐冲击破坏强度和抗根穿刺性等优点，不需混凝土保护层即可进行钢筋绑扎作业，与结构后浇混凝土形成满粘，杜绝保护层窜水隐患，提高防水可靠性。

3　施工工艺

3.1　材料选择

主材：非沥青基高分子（HDPE）自粘胶膜防水卷材（白砂面、胶面）。

配套辅材：搭接专用胶带、砂面专用胶带、射钉、普通硅酸盐水泥、水泥基渗透结晶型防水涂料。

3.2　地下室底板防水施工（预铺反粘工艺）

（1）预铺反粘工艺流程

地下室底板防水卷材采用白砂面的HDPE自粘胶膜防水卷材，预铺时白砂面朝上，光面朝下，贴合混凝土垫层。卷材上直接绑扎钢筋，浇筑混凝土，无须做细石混凝土防水保护层。预铺反粘工艺具体施工工艺流程如下（实施照片如图2所示）：

基层处理→弹线定位→细部处理（附加层）→铺贴1.2mm厚高分子自粘胶膜防水卷材→自检修补→卷材其他部位处理→自检并报验→绑扎钢筋→浇筑底板混凝土。

（2）细部节点的防水构造做法

1）阴阳角卷材铺设（图2）

①筏板集水坑、电梯井等阴阳角位置卷材裁剪固定在阴阳角侧壁上，并贴上搭接专用胶条。②揭开搭接专用胶条隔离纸同立面卷材粘贴。③阴阳角处用砂面胶带加强处理。

2）桩位卷材铺设（图3）

①桩头预处理。在桩头顶面、侧面及周边20cm范围内的垫层上涂刷水泥基渗透结晶型防水涂料。②根据桩头尺寸裁剪平面卷材，后铺设卷材。③桩头与卷材空隙处用聚合物水泥砂浆填充密实，再涂刷专用密封胶。

（3）底板大面积铺设卷材（图4）

图 2　阴阳角位置卷材铺设实施照片

图 3　桩位卷材铺设实施照片

1）先弹线定位，再将卷材按弹线定位空铺在垫层上，校正卷材位置。

2）长边搭接：撕开长边自粘边隔离膜，用钢压辊来回压实固定。

3）短边搭接（T 形口处理）：采用搭接专用胶带。先对卷材进行切角，贴上搭接专用胶带，再揭开搭接专用胶带隔离纸将卷材进行短边搭接，并用橡胶压辊来回压实。

3.3　地下室外墙防水施工

地下室外墙防水卷材采用胶面的 HDPE 自粘胶膜防水卷材，胶面与混凝土面粘合。具体施工流程及要点如下：

（1）基层处理。基层一定要清理干净，整洁。确保基层表面无杂物。清扫工作必须在施工中随时进

图4 预铺反粘工艺卷材铺设实施照片

行，并修补平整表面。阴阳角采用水泥砂浆抹成圆弧角，阴角最小半径50mm，阳角最小半径20mm。基面若有明水，扫除即可施工。

（2）铺设自粘胶膜防水卷材。揭开自粘胶膜防水卷材上的隔离膜时，先把卷材从中间对折，但不能起折痕。一边隔离膜揭开完毕后，从两端慢慢地把卷材铺设开来。然后滚贴压实。再进行另一半的卷材铺设。卷材自上而下铺设，与墙面紧密粘合。

（3）压实。为了保证卷材与基层紧密牢固的接触，可用硬刷按压已铺设粘合的卷材。按压时间越长结合度越强。这个步骤应该在卷材的铺设搭接中反复进行。

（4）卷材搭接。卷材搭接处立缝搭接采用自粘搭接边，搭接宽度为70mm。卷材收头处用金属压条固定，最大钉距不应大于900mm，用密封膏密封。

4 利用BIM技术进行自粘胶膜防水施工技术交底

作为一种新型绿色环保的防水材料，自粘胶膜防水卷材近些年才被应用到实际项目中，很多施工作业人员以及管理人员由于之前并没有接触过，对自粘胶膜防水卷材的施工工艺及细部节点做法并不了解，而传统的文字类、平面型技术交底枯燥、流于表面，很难交代清楚复杂的施工工艺。

在地下室防水施工前，项目BIM小组制作自粘胶膜防水施工工艺演示动画，利用BIM可视化的特点对管理、作业人员进行项目地下室防水施工的可视化技术交底，为项目地下室防水工程施工质量奠定了坚实的基础。

5 结语

　　自粘胶膜防水卷材在高层装配式钢结构住宅项目中的成功应用很好地解决了住宅地下室防水施工的难题，此种新型防水卷材安装简便、成本低、绿色环保。同时防水施工前充分利用 BIM 技术进行可视化技术交底，很好地控制了防水施工质量。

参考文献

[1] 念红芬. 自粘胶膜高分子防水卷材在高层住宅防水工程中的应用 [J]. 中国建筑防水，2016.
[2] 张龙洋. 高分子自粘胶膜防水卷材（非沥青基）预铺反粘防水技术应用 [J]. 房地产导刊，2017.
[3] 丁红梅. 高分子自粘胶膜防水卷材及其预铺施工技术 [J]. 中国建筑防水，2010（22）：16-20.
[4] 李家洪. 武汉绿地中心工程地下室底板高分子自粘胶膜防水卷材预铺反粘施工技术 [J]. 施工技术，2015.
[5] 李科. BIM 技术在装配式钢结构建筑中的应用研究 [J]. 建材技术与应用，2019.

某装配式钢结构高层住宅项目关键技术研究与应用

沈万玉[1]　童敏[2]　戴传新[1]　田朋飞[1]　王从章[1]　孔飞[1]

(1. 安徽富煌钢构股份有限公司，合肥；2. 安徽富煌建筑设计研究有限公司，合肥)

摘　要　我国装配式钢结构建筑在住宅领域的研究与建造起步相对较晚，完整的装配式钢结构住宅建筑技术体系还有待进一步研究。文章依托某装配式钢结构高层住宅项目，对装配式钢结构高层住宅的结构体系进行设计选型和细部节点设计，在符合规范要求的大前提下，便于现场装配化施工，旨在形成一套完善的装配式钢结构高层住宅建筑结构系统设计体系，从而推动装配式钢结构建筑在高层住宅领域的发展。

关键词　装配式钢结构；高层住宅；结构系统；楼盖系统

1　工程概况

九里安置区项目位于阜阳市城南新区，三清路与颍州南路交口西南侧，总建筑面积约 35.3 万 m^2（其中地上约 26.6 万 m^2，地下约 8.7 万 m^2）。拟建 21 栋高层住宅（层数 13~30 层）及 10 栋商业配套楼（层数 2~12 层），容积率 2.49，建筑密度 16%。项目抗震设防烈度为 7 度，设计地震分组为第一组，场地土类别为Ⅲ类。项目整体采用装配式钢结构体系建造，项目效果图如图 1 所示，工程采用设计施工一体化（EPC）建造模式。

图 1　项目效果图

2　项目准备

2.1　策划方案阶段

根据合同约定，本项目装配率不低于 50%。按照以上要求，项目策划阶段进行了多方案比选，明确了技术方案，采用的部品部件如下：主体结构采用矩形钢管混凝土柱、方管支撑、H 型钢梁、预制楼梯、预制空调板，外墙为 ALC 条板，外保温采用保温装饰一体化板，以确保整体装配率不低于 50%。

2.2 项目设计阶段

针对钢结构住宅建筑结构特点，建立了装配式钢结构住宅节能、绿色、标准化的户型库，采用少规格、多组合的标准化设计，实现建筑与部品部件的通用性及构件标准化，体现钢结构住宅的大空间与可变空间设计理念，有效避免了凸梁露柱的情况。与传统建筑相比，空间利用面积可增加 5%~8%。结构设计时优先采用成品构件，钢柱采用成品方管，主梁优先采用热轧 H 型钢，次梁优先采用高频焊 H 型钢，外围主梁截面高度保持一致，以便后期安装窗户能统一标高。同时为了解决住宅建筑建造技术问题，研发了适用于高层钢结构住宅结构体系的不等高梁连接、梁端加腋、梁贯通节点、梁腹板开孔、梁翼缘板开孔等节点构造设计措施。

3 结构系统选型

3.1 主体结构选型

钢框架-支撑结构体系是目前高层钢结构住宅最常用的结构体系，具有成熟的技术理论及大量的工程实践，抗震构造有据可依。钢框架-支撑体系能够提高钢框架的侧向刚度，有效地抵抗水平荷载，减少了层间位移。

本项目主体结构采用钢框架-支撑结构体系，钢结构选用 Q355B 钢。其中钢柱优先采用成品矩形管，为保证截面统一性，上下柱截面均采用统一规格，梁柱节点采用梁贯通节点。钢柱内灌自密实混凝土，强度等级不低于 C40；主梁优先采用热轧 H 型钢，次梁优先采用高频焊 H 型钢；支撑选用方管支撑，内部要求填充岩棉。支撑布置位置优先在分户墙及外墙，便于住户二次装修分隔。

3.2 主体结构节点设计

3.2.1 梁贯通节点

钢梁与柱连接采用栓焊连接，刚接节点如图 2 所示。在装配式钢结构住宅中柱截面因尺寸小采用成品箱形柱时，梁柱连接节点可以采用梁贯通的方式，此时贯通隔板凸出柱截面尺寸不大于 25mm。详图如图 3 所示。

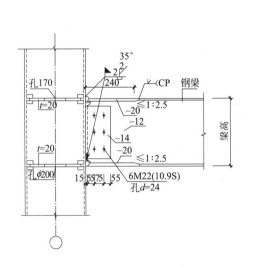

图 2 钢梁与钢柱刚接节点图

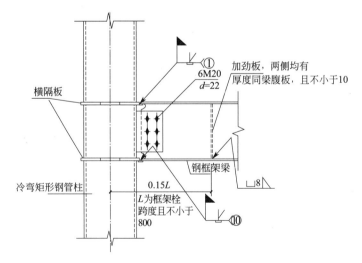

图 3 冷弯矩形钢管柱梁贯通型节点详图

3.2.2 梁翼缘及腹板开孔

梁上下翼缘、腹板开孔均应采用 BIM 深化设计，严禁现场开孔。

钢梁翼缘开孔位置要避开塑性铰区域，开孔应按照现行国家标准及设计进行补强，具体补强措施要求为：所有 H 型钢梁翼缘板开洞，开洞直径不得大于梁宽的 1/4 且不大于 35mm，当同一截面开孔尺寸大于梁宽 15% 时，采用贴板补强做法，补强板位于内侧，尺寸为：长＝3 倍开孔直径，宽＝梁宽/2－20，厚＝翼缘厚，贴板四周与梁翼缘采用角焊缝围焊，焊脚高度 h_f＝翼缘厚－2mm，如图 4～图 7 所示。

钢梁腹板开孔位置在距离上下翼缘 1/3 梁高处，孔洞高度不大于梁高的 1/3。开孔位置要避开塑性铰区域，开孔应按照现行国家标准及设计进行补强。

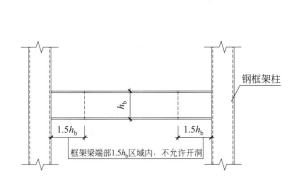

图 4　梁翼缘开孔定位图

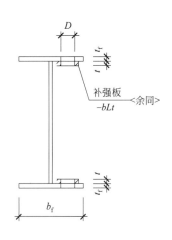

图 5　梁翼缘开孔补强图（一）

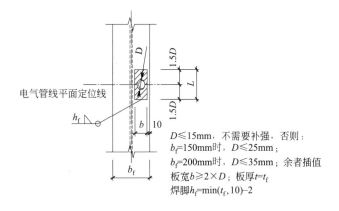

图 6　梁翼缘开孔补强图（二）

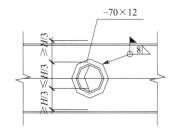

图 7　梁腹板开孔节点

4　楼盖系统选型

4.1　楼盖结构选型

高层住宅建筑物的楼盖应具有比较大的平面刚度。装配式钢结构建筑中通常采用的楼盖结构主要有压型钢板组合楼板、叠合板楼板以及钢筋混凝土现浇楼板 3 种。对以上 3 种楼盖结构从受力性能、施工速度、管线穿越、二次装修等方面进行综合对比。压型钢板组合楼板施工中需设置临时支撑，且板底需做吊顶；叠合楼板目前主要应用于装配式混凝土建筑中，应用在装配式钢结构住宅中存在结构整体性差的问题；针对项目特点，采用钢筋混凝土现浇楼板。

4.2　楼盖结构节点设计

4.2.1　厨房、卫生间、阳台降板节点设计

装配式钢结构住宅厨房、卫生间、阳台降板需要通过降板进行防水构造设计，为提高设计效果、构

件加工便利和安装便捷。"Z"字板进行降板处理("Z"字板加工工艺通过高一强度等级的一对角钢对板材进行折压加工制作),节点如图8所示。

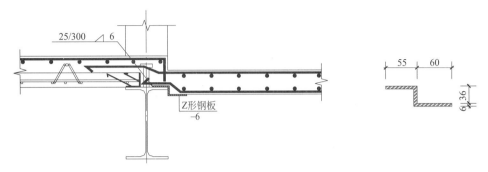

图 8 厨房、卫生间、阳台降板节点

4.2.2 自承式现浇楼板支撑体系

自承式现浇楼板支撑体系充分利用已有的钢梁作为支撑体系的着力点,通过在楼面钢梁上依次设置支托、主龙骨、次龙骨及木模板,组成一个完整的受力体系,以此来起到支承楼板混凝土浇筑和施工的荷载。如图9、图10所示。

装配式钢结构建筑自承式现浇楼板支撑体系施工便捷、重复利用率高,经济安全,具有较高的市场价值,能够大幅提高钢结构现浇楼板的施工效率,降低施工综合成本。

图 9 自承式楼板支撑系统布置剖面图

图 10 自承式楼板支撑系统现场图

4.3 水平构件选型与设计

4.3.1 水平构件选型

项目水平预制构件包括预制楼梯(图11)、预制空调板、预制太阳能板(图12)。

图 11 预制楼梯

图 12 预制空调板、预制太阳能板

4.3.2 预制空调板、太阳能板设计节点

预制空调板预留负弯矩筋伸入主体结构楼板后浇层，并与主体结构梁板钢筋可靠绑扎，浇筑成整体，负弯矩筋伸入主体结构水平段长度应不小于 $1.1l_a$（图 13、图 14）。

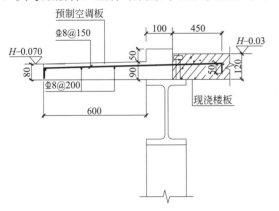

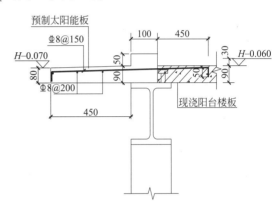

图 13 预制空调板设计构造节点

图 14 预制太阳能板设计构造节点

4.3.3 预制空调板、预制太阳能板安装用支撑架设计

预制空调板、预制太阳能板安装用支撑架由支撑架、可调顶托、可调底托、方木组成，其中支撑架由两根对称布置支撑杆件组成，支撑杆件采用 $50mm \times 2.5mm$ 镀锌圆钢管，其外伸段与钢管立杆通过相贯焊接连接，外伸段构造与结构钢梁拉结紧固（图 15、图 16）。

图 15 支撑架体三维模型

图 16 支撑架实体照片

5 项目实施

5.1 构件加工阶段

为提高钢结构构件的加工精度和效率，减少误差，研发了钢构件 BIM-MES 的深度融合技术，构建了 P-BIM 钢结构加工制作一体化信息管理平台，利用 BIM 技术、先进的制造工艺、智能制造数控生产线，实现了钢构件的智能制造。

5.2 项目现场施工阶段

研发了装配式钢结构建筑自承式楼板支撑系统，通过合理地组织施工流水节拍，提高了钢结构建筑楼板的施工效率，降低了施工综合成本。通过在叠合楼板、现浇楼板、压型钢板楼承板等各类型楼板的应用，形成省级工法"装配式钢结构建筑自承式楼板支撑系统"。

为确保工程施工精度，还研发了装配式钢结构住宅单元安装法，实现了装配式钢结构建造精准控制，如图 17 所示。提出采用结构单元安装法进行主体结构安装，安装全过程采用三维激光扫描精准测控技术，有效提高了现场安装精度和结构施工质量，如图 18 所示。

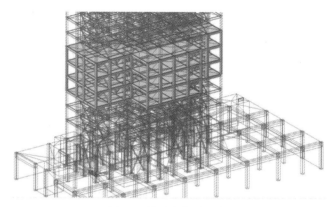

图 17　单元安装法示意

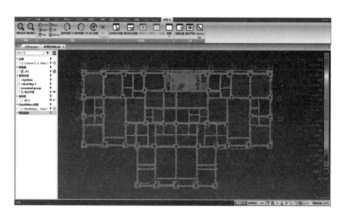

图 18　三维激光扫描与 BIM 模型对比

施工期间，针对装配式钢结构住宅建造智慧工地建设现实需要，基于 BIM 技术的信息化管理平台，依托物联网等信息化技术开发了 BIM＋智慧工地管理系统，实现了装配式建筑建造全过程可视化及信息交互的管理，同时实现工程信息实时采集、智慧感知与决策。

通过创新技术在项目中的应用，总结了装配式建筑项目设计、施工经验，实践了 BIM 信息化应用，同时还开展了多层次装配式建筑相关知识、技术和政策培训，提高了专业技术人员、经营管理人员装配式建筑方面的管理能力和技术水平，培养了一大批具备装配式建筑建造相关专业技术及生产、操作经验的职业技术工人。

6 结语

本文结合九里安置区二期项目的工程实践与应用，从装配式钢结构高层住宅建筑结构系统的设计选型和细部节点设计出发，总结出一套适合于装配式钢结构高层住宅的建筑结构系统，形成以下结论：

（1）针对钢结构住宅建筑结构特点，建立了装配式钢结构住宅节能、绿色、标准化的户型库，采用少规格、多组合的标准化设计，实现建筑与部品部件的通用性及构件标准化，体现钢结构住宅的大空间与可变空间设计理念，并且能够提高工效。

（2）楼板采用钢筋混凝土现浇楼板。利用结构特点采用自承式现浇楼板支撑体系进行楼板现浇施工，此种工艺能够大幅提高钢结构现浇楼板的施工效率，降低施工综合成本。

（3）空调板等水平构件均采用预制，采用一种专用的支撑架进行安装作业，提高了作业效率与施工安全。

参考文献

[1] 施亮 . 装配式钢结构高层住宅设计与施工[J]. 建筑施工，2021，43(08)：1520-1523.

[2] 石志辉，曹跃冲 . 高层钢结构装配式住宅主要问题分析[J]. 建筑技术，2021，52(07)：854-856.

[3] 卢宇 . 高层钢结构住宅设计方案[J]. 工程建设与设计，2021(13)：25-27.

[4] 陈耀钢 . 高层钢结构住宅装配节点施工技术[J]. 施工技术，2018，47(15)：70-72＋125.

[5] 朱华 . 高层钢结构住宅结构性能研究[J]. 安徽建筑，2018，24(02)：125-127＋138.

[6] 黄展华，徐邹影 . 论多高层钢结构住宅优势与发展前景[J]. 中国住宅设施，2017(05)：107-108.

[7] 李青山 . 高层钢结构住宅体系的研究及其应用前景[J]. 山西建筑，2015，41(03)：38-39.

[8] 冯铭，杨聪武 . 高层钢结构住宅结构设计探讨[J]. 建筑结构，2010，40(S2)：172-176.

[9] 张卫东 . 高层钢结构住宅楼混凝土配套施工技术[J]. 浙江建筑，2007(07)：49-51.

[10] 侯和涛 . 多高层钢结构住宅产业化的瓶颈与对策[J]. 住宅产业，2007(04)：30-33.

[11] 尹宗军 . 高层钢结构住宅的特点和结构体系分析[J]. 工程与建设，2006(06)：744-746.

基于 BIM 技术进行 ALC 外墙深化设计的应用探究与实践

李　伟　沈万玉　王从章　刘　梦　刘嗣逸

（安徽富煌钢构股份有限公司，合肥）

摘　要　近年来，随着装配式钢结构项目得到国家政策的持续关注与推行，装配式钢结构建筑技术整体也在向更加完善的体系化方向发展。在装配式钢结构建筑项目中，较多的项目采用 ALC 轻质预制墙体，该墙体优势明显，但是在实际应用中往往对其深化设计环节不够重视，导致出现诸多问题，在项目审查与评审中，利用 BIM 技术对预制外墙构件进行拆分深化设计，以解决现场材料的高效利用与后续施工过程中的安装冲突等问题，本文基于安徽省阜阳九里装配式住宅项目实践探索，阐述 BIM 技术在 ALC 外墙深化设计中的具体步骤与应用优势。

关键词　BIM 技术；三维设计；ALC 外墙；深化设计；拆分；二次开发

1　应用背景

装配式钢结构体系化发展趋势明显，相关的科研院所以及头部企业在国家关于更好更快地发展装配式钢结构建筑的政策引导作用下，投入了不小的研发力量，富煌作为钢结构全产业链的相关企业，近年来更是大力在装配式钢结构建筑如何体系化发展花足了功夫，对装配式钢结构建筑体系进行全面且系统的研究开发。

以往的项目中，以项目实施为主体，通过钢结构主体为主轴，贯穿内墙、外墙的实施，实施中，外墙的深化设计均由构件厂负责实施，不仅会出现与钢结构主体或其他部分不协调，导致设计偏差，轻则现场重新调整，耽误了建设时间，重则材料作废，需重新进行原材料加工，深度与精度都达不到现场可以快速装配施工的要求，对装配式钢结构的优势形成了不小的削弱；本文的技术建立在项目实践中，我们结合了 ALC 外墙板的设计要点，结合 BIM 技术手段，一方面把以前独立的业务通过 BIM 技术融合起来，另一方面，要想 BIM 技术得到落地发展，肯定也要进入业务当中。因此，在这样的背景下，本文从具体的工程案例出发，把体系化的局部放大，详细阐述在装配式钢结构建筑中使用蒸压加气混凝土条板（简称 ALC 板）时，如何有效地应用 BIM 技术进行 ALC 板的深化设计，并通过 BIM 技术实现项目减少成本、提高效益的目标。

2　应用实施

本文依据 BIM 技术正向设计流程，通过 BIM 中心集成项目实施数据，衔接设计与施工现场，使用 Revit 进行 ALC 板外墙深化设计，应用流程如图 1 所示。

2.1　方案编制

BIM 技术主要的优势是借助于其模拟性，对工程项目进行"提前量"，实现这一应用目标的前提是进行对应方案的编制，ALC 外墙的方案主要结合对应的国家标准规范的要求、施工要点，甚至于产业化工人的安装习惯，将相应的要求、数据汇总形成 ALC 外墙的深化设计技术措施，即完成方案的编制。

2.2 三维设计

本项目三维设计依托于正向设计的建筑信息模型，属于前置要素，并非针对 ALC 板外墙孤立地建立，在项目实施过程中，一旦明确所采用的外墙技术，会快速形成模型应用流程，增加 ALC 板外墙的模型发布对象，ALC 板外墙深化设计人员接收到发布的基础模型时应先行进行校核，以确定其满足 ALC 外墙深化设计的条件。

2.3 数据绑定

ALC 板外墙深化设计人员在对基础模型进行接收并核检完毕后，即可开展数据绑定作业，根据项目级 BIM 技术应用方案，实施外墙数据绑定，我们建议在数据绑定之前，应建立项目级别的模型应用标准与方案，以利于批量化、格式化的作业需求，这是应用 BIM 技术的重中之重，否则，非但无法发挥 BIM 技术的优势，反而耗费时间、增加麻烦，有了项目级的应用方案，可以借助于 BIM 参数化或者 Revit 二次开发工具实现数据的批量绑定。

2.4 专项模型重构

ALC 板外墙深化设计建筑模型应独立为一个专项模型，该模型以建筑模型为基础，链接结构模型与管线模型，进行 ALC 板外墙模型的重构，这里有几个大的要点，首先应当明确外墙的具体做法，并将其落实到专项模型当中，本项目采用的 ALC 板做法如图 2 所示。

明确了具体的连接做法，将其落实到方案中执行，否则，重构的模型就很难做到统一，在应用效果上也会大打折扣，同时，还应当注意钢柱的预留缝隙，并结合 ALC 板外墙的安装空间要求进行墙体的裁切与预留，最后在门窗洞口处做法明确的基础上，应注意协调设计，对局部门窗洞口的位置与尺寸进行整体优化，在满足设计的基础上实现更多的整板。

2.5 全专业碰撞检测

ALC 板外墙专项模型重构完毕后，应及时进行全专业的模型碰撞检测，我们基于链接的结构模型、机电模型进行深化设计，完成对应的 ALC 板深化设计模型，预期是无碰撞，进行全专业的碰撞检测，查看是否有遗漏的设计墙体，同时，在 ALC 外墙深化设计过程中，项目可能会发生一些变更，模型也会得到更新，包括钢结构深化设计的模型可以作为参照模型一并进行检测，设计人员可以使用 Revit 完成一个碰撞的简单校核，对应的审核人员应当使用 Navisworks 完成更加丰富灵活的检测，无误后进行下一个事项。

2.6 三维拆分设计

ALC 板外墙重构的模型经全专业碰撞检测无误后，进行 ALC 板墙体的拆分作业，依据方案中确立的拆分原则进行拆分，既要满足国家相应的规范要求，又要最大化地利用整板、节省材料。拆分时遵循先切后割的顺序，优先把墙体上下的切口进行切除，然后附加连接角铁，之后再进行墙体的拆分设计，借助于 BIM 技术三维设计的优势，可以直观快速地完成 ALC 板外墙的拆分，拆分模型如图 3 所示。

2.7 全专业碰撞检测

三维拆分设计完毕后，完成了 ALC 板墙体由整墙轮廓到单个构件的转变，一方面，作为后续出图工作的基础模型，应确保其正确性，另一方面，防止在拆分过程中的模型更新，应进行全专业二次碰撞检测，系统性地消除拆分模型中的碰撞问题以及遗漏拆分的问题，核检无误后，即可进行出图流程。

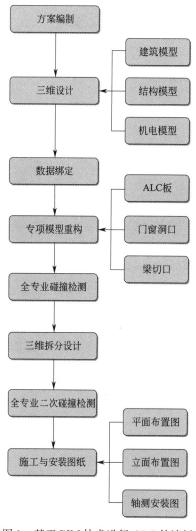

图 1　基于 BIM 技术进行 ALC 外墙板深化设计的应用流程

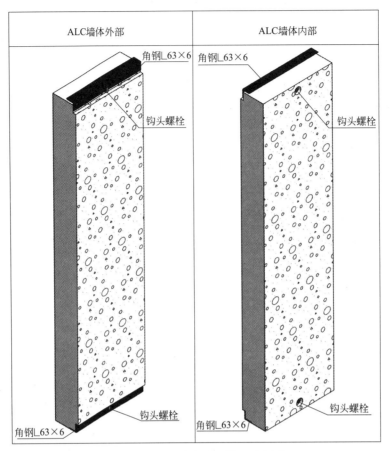

图 2   ALC 板外墙做法模型示意图

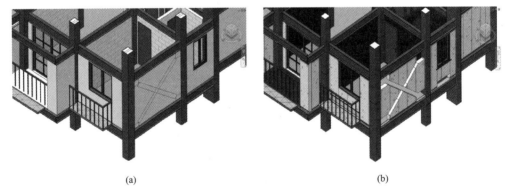

(a)   (b)

图 3   重构模型到三维拆分模型

（a）ALC 板外墙重构模型；（b）ALC 板外墙拆分模型

2.8   施工与安装图纸出具

由构件厂出具的图纸一般较为粗糙，本项目图纸出具过程中，不仅与构件厂进行了沟通，以更好地满足生产的需要，同时，也和一线的产业工人进行沟通，以更便利地满足安装的需要，因此，在基于三维拆分模型的基础上，发挥 BIM 技术的可出图性特征，有足够的优势进行需求成果的契合，为满足生产与安装需求，进行平面布置图、立面布置图、轴测安装图的出具，借助于 Revit 软件丰富的视图设置与参数化，进行构件明细表创建，包含各型号条板的数量、方量，同时在轴测安装图中，进行整板区分（图 4），产业化工人在安装 ALC 板外墙时可以较大地提高安装的效率。

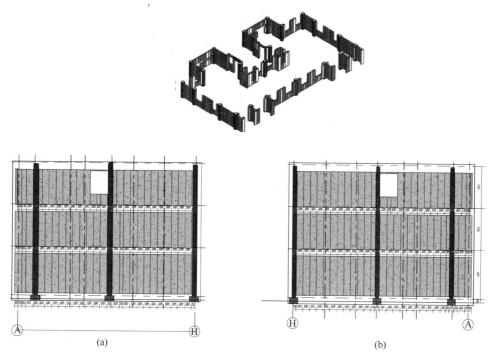

图 4　基于 Revit 三维设计模型出图
（a）东立面（1～3F）-出图；（b）西立面（1～3F）-出图

3　应用总结

为保证 ALC 板材的性能与工序要求，本项目依托 BIM 技术，构建了三维设计、数据绑定、专业模型重构、协同碰撞检查、安装布置图出具等一整套的应用流程，同时结合对应 ALC 板材方案进行可视化施工交底，既实现了 ALC 板材整体技术的可行性、先进性，又借助于三维可视化的 BIM 模型，让产业工人图文并茂地了解 ALC 板材与工序，进而保证技术交底、安装得以顺利进行！经过该项目实践，我们也正在更多的业务中开展 BIM 技术应用工作，将传统业务使用 BIM 技术手段完成，不仅仅是对产业的一次结合，也是对建筑业本身一次从局部到整体的数字化革新，BIM 技术完善业务又推动着 BIM 技术向前发展，随着 BIM 技术的逐步推行并落地，势必为我国装配式建筑发展赋能，完成装配式建筑的高质量发展！

参考文献

[1]　梁承龙，刘芳，彭来 . 装配式建筑 BIM 正向一体化设计应用研究[J]. 广西城镇建设，2021(09)：79-83.

[2]　李永杰 . BIM 技术在装配式建筑深化设计中的应用研究[J]. 智能建筑与智慧城市，2021(10)：47-48.

[3]　孙璨，曾凡耀，王钦民，王晓璐，殷良慧 . 装配式建筑信息化拆分及参数化设计应用[J]. 土木建筑工程信息技术，2021(04)：132-138.

[4]　高威，宣云干，孙俊，陶在来 . BIM＋装配式标准化设计在住宅项目中的研究及应用[J]. 江苏建筑，2021(04)：120-122.

装配式钢结构建筑机电深化设计简析

冯依林　王从章　秦中凡　王友光　梅　雨

（安徽富煌钢构股份有限公司，合肥）

摘　要　装配式钢结构机电深化设计一直是众多设计师讨论的重点之一，本文以装配式钢结构电气管线穿越钢梁节点为例，从设计及施工层面简要分析装配式钢结构建筑机电深化设计思路及原则。

关键词　装配式钢结构；机电深化设计

1　装配式钢结构建筑电气管线节点深化设计分析

随着装配式建筑行业的发展，国家政策的推行，装配式钢结构建筑也逐渐被大众所接受。相较于传统混凝土结构主体，钢结构主体具有抗震性能好、施工便捷、绿色环保等诸多优势，但横向管线引下时需穿越结构钢梁（图1），在一定程度上加大了机电工程实施的难度。在钢结构深化设计时需要提前预留好钢梁孔洞，因钢结构特性，在钢构件上预留的孔洞限制条件较多，加上施工误差的影响，深化设计时要考虑线管材质、管径等因素的制约，无疑增加了装配式钢结构建筑机电深化设计工作的难度。

装配式钢结构建筑因其大开间、空间灵活可变的优势，在室内空间分割上具有随意性，极大可能会导致梁下隔墙中心线与钢梁中心线不一致，针对此种偏心墙体，机电深化设计时要结合现场情况及所穿线管材质，采取不同的钢梁开孔及线管敷设方式（图2～图5）。

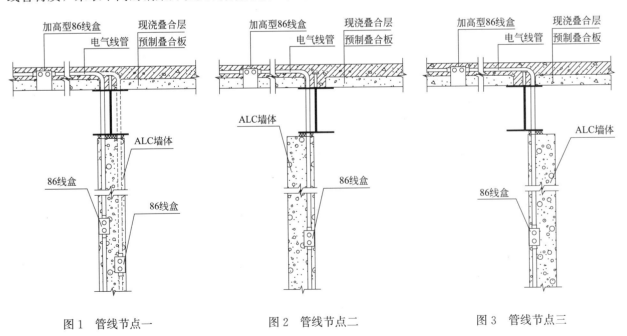

图1　管线节点一　　　　　图2　管线节点二　　　　　图3　管线节点三

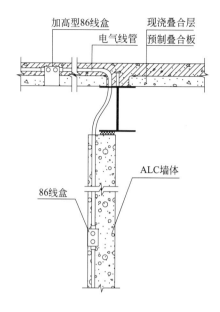

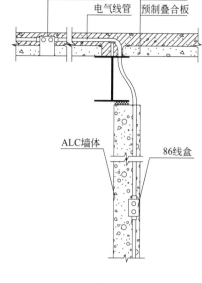

图 4　管线节点四　　　　　　　　　　　　　　　　图 5　管线节点五

　　装配式钢结构建筑实施过程中的另一难点在于结构梁柱的包覆，对于线管穿越钢梁下翻的节点包覆，通常采用钢梁翼缘内部填充隔声、防火材料，外包覆 50mm 厚 ALC 板材的做法（图 6～图 10），该包覆措施的优势在于解决了钢梁的防火、隔声问题，安装施工便捷，经济性好。电气线管暗藏于包覆节点内部，具有很高的美观效果。

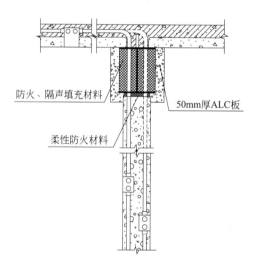

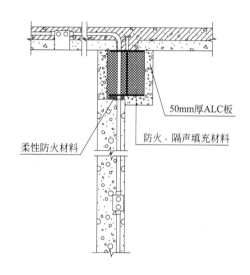

图 6　节点包覆一　　　　　　　　　　　　　　　　图 7　节点包覆二

　　合理且有效的深化设计是装配式钢结构建筑工程能够安全顺利实施的重要保证，根据现场的实际情况，结合在施工图梳理中发现的问题及时做出调整方案，并对问题进行完善和细化补充，从根本上杜绝影响工程质量、安全、进度等因素的出现，保证装配式钢结构机电安装工程的顺利开展。

2　装配式钢结构建筑机电深化设计思路及侧重点

2.1　装配式钢结构建筑机电深化设计思路

　　装配式钢结构建筑机电深化设计属于装配式钢结构建筑实施过程中的前期准备工作，其目的在于装配式钢结构主体与机电管线系统之间的优化，以便于工厂构件加工与现场施工工作的开展。深化设计时应全面考虑建筑特点，结合施工现场情况，从细节处抓起，系统性做好每个节点的处理措施，包括机电管线的敷设方式，节点的填充、包覆等。

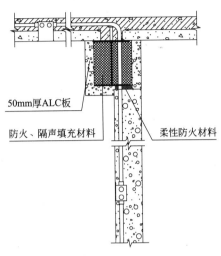

图 8　节点包覆三

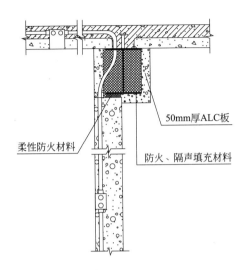

图 9　节点包覆四

（1）机电深化设计工作开展前，成立深化设计小组，分析各专业施工图纸及建筑特点，制订深化设计工作计划，明确设计要点。

（2）及时沟通业主方、施工方及精装单位等相关公司，明确各方要求及工作流程，梳理施工图深化思路，协调管线冲突，局部复杂节点可绘制节点大样或借助 BIM 三维建模，分析管线排布情况。

（3）组织机电专业深化设计图纸会审，协调各专业管线综合布局，结合现场实际情况，制订工作计划，逐步落实深化设计方案。

（4）做好机电深化设计图纸交底工作，将深化设计的意图、原理、施工时的注意事项等传达给施工单位相关技术人员。

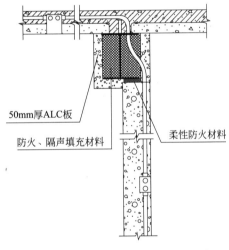

图 10　节点包覆五

（5）及时反馈、总结机电深化设计要点，按照现场情况及时调整各专业管线综合布置，为后续机电深化设计工作提供技术支持。

2.2　装配式钢结构建筑机电深化设计原则

装配式钢结构建筑机电深化设计以不违反规范、标准为原则，以经济安全、绿色环保和方便施工三个角度为前提，综合平衡装配式钢结构建筑机电深化设计工作中的重难点。

（1）各专业综合管线的布置要充分考虑预留充分的检修操作空间，遵循"小管让大管、压力流让重力流、金属管让非金属管"的避让原则。

（2）综合考虑钢结构与混凝土构件的材质特性，机电深化设计定位时要考虑施工误差及钢构件受力变形等情况。

（3）以施工图纸与现场情况为依据，做好装配式钢结构建筑主体构件上的预留预埋工作，配合土建专业做好各节点处的外露管线包覆以及管线穿梁、墙等的处理工作。

3　结语

　　装配式钢结构建筑符合国家政策提出的经济、安全、节能、环保等要求，但装配式钢结构技术体系不够健全、施工精度要求高等技术性难题不可避免，加强设计阶段的图纸深化，优化细部节点的处理是装配式钢结构建筑推广的关键，通过严格的深化设计，节约施工成本，提高施工质量，才能为装配式钢结构建筑施工取得良好的经济效益创造坚实基础。

参考文献

[1]　张大伟. 装配式钢结构建筑的深化设计分析[J]. 建材与装饰，2016(39)：104-140.

[2]　翁祝梅，周建成. 机电安装工程图纸的深化设计流程及要求[J]. 安装，2009(11)：45-46.

[3]　钱刚. 民用住宅建筑电气管线设计施工技术要点分析[J]. 时代报告：学术版，2015(10)：250-250.

[4]　沈万玉，田朋飞，王少宇，等. 钢结构住宅建筑中的钢梁包覆节点，CN106088467A[P].

[5]　陈超. 装配式钢结构建筑梁柱连接节点研究[J]. 中国房地产业.

[6]　潘腾威. 装配式钢结构建筑的深化设计探讨[J]. 建材发展导向(下)，2016，14(03)：138-138.

[7]　陈若萌. 机电设备安装的现场深化设计与施工[J]. 工程技术：全文版，00278-00278.

三、钢结构住宅部分配套产品规格及性能

浅谈型钢、钢管等钢制品在钢结构住宅建设中的应用

弓晓芸[1]　杨小又[2]

(1. 中冶建筑研究总院有限公司，北京；2. 中国建筑业协会钢木建筑分会，北京)

摘　要　本文简单介绍国内热轧 H 型钢、高频焊接 H 型钢及钢管、方钢管、矩形钢管等钢铁产品在钢结构住宅建设中的应用前景，型钢及钢管生产厂家及产品标准。

关键词　型钢；钢管；钢制品；钢结构住宅；应用

1　概述

近十年来在国家政策的指引下，在住房和城乡建设部七省两市钢结构装配式住宅建设试点工作的推动下，我国钢结构装配式住宅体系的研究开发、推广应用在全国各地如雨后春笋般地开展起来，钢结构企业和设计院、大学技术合作，以尽快探索出可推广应用的钢结构装配式住宅建设的模式，如山东省住房和城乡建设厅组织莱芜钢厂、钢结构企业和省标准化研究院等单位编制了山东省地方标准《装配式钢结构住宅—H 型钢梁通用技术要求》DB37/T 3363—2018,《装配式钢结构住宅—钢支撑通用技术要求》DB37/T 3364—2018,《装配式钢结构住宅—钢柱通用技术要求》DB37/T 3365—2018。钢结构装配式住宅体系的研究应用给钢结构行业的发展提出新的机遇和挑战。

目前我国钢结构住宅建设要达到国家新型建筑工业化的要求，还要在设计标准化、构件定型化、生产工厂化、施工装配化、装修一体化、管理信息化等方面找差距下功夫。下面仅就在钢结构住宅中如何大量采用型钢、钢管等钢制品提出一些建议，供参考。

(1) 采用热轧 H 型钢及成品型钢，大大减少工厂焊接工作量，提高钢结构工厂化水平。钢结构住宅框架结构中的梁主要采用 H 型钢，按成型方式不同分为热轧 H 型钢、焊接 H 型钢。钢结构住宅框架结构中的钢柱，按照横截面不同，可以分为 H 形、箱形、异形（L 形、T 形、十字形等）、圆形，按照设计要求，需要时可在相应截面内部浇筑混凝土，组成钢管混凝土柱。采用热轧 H 型钢及成品型钢，可以请钢厂定尺下料供货，在工厂只需钻孔焊接节点板。工厂采用 3 块钢板焊接的 H 型钢，焊接工作量大，焊接烟气污染严重，小厂设备差，焊接工人水平低，质量得不到保证。即便热轧 H 型钢规格重量比焊接 H 型钢稍大一些，但从材料费和人工费综合考虑还是采用热轧 H 型钢更为经济。

(2) 采用螺栓或高强度螺栓连接，大大减少现场焊接工作量，提高钢结构装配化水平。受施工现场条件复杂，如场地狭小、高空作业、各工种交叉作业、工期紧等因素的影响，钢结构安装应尽量减少现场焊接。采用螺栓连接，既能保证施工质量加快工程进度，还能达到现场文明施工要求。

(3) 钢结构采用热轧 H 型钢及成品型钢、采用螺栓连接，可以解决技术工人短缺的问题，减少焊接设备投资，保证质量、降低成本、节能环保。

2　热轧 H 型钢

2.1　热轧 H 型钢的性能及用途

热轧 H 型钢属于高效型材，由于在轧制辊型设计时即对截面尺寸及其组合进行了优化，经过先进

的轧制工艺和设备制作，所以其性能比传统的工字钢具有显著优点：具有优异的焊接、抗震、低温抗冲击等性能，可附加厚度方向性能要求如 Z15、Z25、Z35；热轧 H 型钢翼缘宽，侧向刚度显著加大；由于截面面积分配更加合理，抗弯承载力高；腹板与翼缘结合部有圆弧过渡，比同类截面焊接 H 型钢受力性能要好；热轧 H 型钢外形尺寸的精度及加工制作成本的经济性都优于焊接 H 型钢；热轧 H 型钢可方便地深加工成剖分 T 型钢及蜂窝梁等经济截面型材。

热轧 H 型钢是一种用途广、用量大的高效型材。广泛应用于多层高层建筑、钢结构住宅、公共建筑、各种工业厂房、桥梁、海洋石油平台、锅炉钢结构、石油化工工业设备支撑框架及管道支架等。

2.2 国内热轧 H 型钢生产厂家

马钢从 1998 年建成我国第一条大型热轧 H 型钢生产线，到 2019 年拥有大型热轧 H 型钢、中小型热轧轻型薄壁 H 型钢、中型热轧型钢、重型热轧 H 型钢 4 条生产线，总产能达到每年 310 万 t。其产品规格系列可以覆盖国标、日标、韩标、美标、英标、欧标、俄标等标准。

莱钢、日照钢铁、津西钢铁、鞍钢、包钢、攀钢、长治钢铁、凌源钢铁等都具有热轧 H 型钢专业生产线，完全可以满足建筑钢结构行业发展的需要。

2.3 热轧 H 型钢的相关标准

《热轧 H 型钢和剖分 T 型钢》GB/T 11263—2017 中规定：

（1）热轧 H 型钢分 4 类，代号为：

宽翼缘 H 型钢　HW

中翼缘 H 型钢　HM

窄翼缘 H 型钢　HN

薄壁 H 型钢　HT

（2）剖分 T 型钢分类，代号为：

宽翼缘剖分 T 型钢　TW

中翼缘剖分 T 型钢　TM

窄翼缘剖分 T 型钢　TN

（3）尺寸及表示方法见图 1、图 2 及表 1。

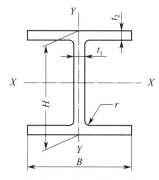

图 1　H 型钢截面图

H—高度；B—宽度；t_1—腹板厚度；

t_2—翼缘厚度；r—圆角半径

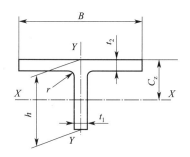

图 2　T 型钢截面图

h—高度；B—宽度；t_1—腹板厚度；

t_2—翼缘厚度；r—圆角半径；C_z—重心

H 型钢截面尺寸、截面面积、理论重量及截面特性　　　　表 1

类别	型号 (高度×宽度) (mm×mm)	截面尺寸 (mm)					截面面积 (cm²)	理论重量 (kg/m)	表面积 (m²/m)	惯性矩 (cm⁴)		惯性半径 (cm)		截面模数 (cm³)	
		H	B	t_1	t_2	r				I_x	I_y	i_x	i_y	W_x	W_y
HW	100×100	100	100	6	8	8	21.58	16.9	0.574	378	134	4.18	2.48	75.6	26.7
	125×125	125	125	6.5	9	8	30.00	23.6	0.723	839	293	5.28	3.12	134	46.9
	150×150	150	150	7	10	8	39.64	31.1	0.872	1620	563	6.39	3.76	216	75.1

续表

类别	型号（高度×宽度）（mm×mm）	截面尺寸（mm）					截面面积（cm²）	理论重量（kg/m）	表面积（m²/m）	惯性矩（cm⁴）		惯性半径（cm）		截面模数（cm³）	
		H	B	t_1	t_2	r				I_x	I_y	i_x	i_y	W_x	W_y
HW	175×175	175	175	7.5	11	13	51.42	40.4	1.01	2900	984	7.50	4.37	331	112
	200×200	200	200	8	12	13	63.53	49.9	1.16	4720	1600	8.61	5.02	472	160
		*200	204	12	12	13	71.53	56.2	1.17	4980	1700	8.34	4.87	498	167
	250×250	*244	252	11	11	13	81.31	63.8	1.45	8700	2940	10.3	6.01	713	233
		250	250	9	14	13	91.43	71.8	1.46	10700	3650	10.8	6.31	860	292
		*250	255	14	14	13	103.9	81.6	1.47	11400	3880	10.5	6.10	912	304
	300×300	*294	302	12	12	13	106.3	83.5	1.75	16600	5510	12.5	7.20	1130	365
		300	300	10	15	13	118.5	93.0	1.76	20200	6750	13.1	7.55	1350	450
		*300	305	15	15	13	133.5	105	1.77	21300	7100	12.6	7.29	1420	466
	350×350	*338	351	13	13	13	133.3	105	2.03	27700	9380	14.4	8.38	1640	534
		*344	348	10	16	13	144.0	113	2.04	32800	11200	15.1	8.83	1910	646
		*344	354	16	16	13	164.7	129	2.05	34900	11800	14.6	8.48	2030	669
		350	350	12	19	13	171.9	135	2.05	39800	13600	15.2	8.88	2280	776
		*350	357	19	19	13	196.4	154	2.07	42300	14400	14.7	8.57	2420	808
	400×400	*388	402	15	15	22	178.5	140	2.32	49000	16300	16.6	9.54	2520	809
		*394	398	11	18	22	186.8	147	2.32	56100	18900	17.3	10.1	2850	951
		*394	405	18	18	22	214.4	168	2.33	59700	20000	16.7	9.64	3030	985
		400	400	13	21	22	218.7	172	2.34	66600	22400	17.5	10.1	3330	1120
		*400	408	21	21	22	250.7	197	2.35	70900	23800	16.8	9.74	3540	1170
		*414	405	18	28	22	295.4	232	2.37	92800	31000	17.7	10.2	4480	1530
		*428	407	20	35	22	360.7	283	2.41	119000	39400	18.2	10.4	5570	1930
		*458	417	30	50	22	528.6	415	2.49	187000	60500	18.8	10.7	8170	2900
		*498	432	45	70	22	770.1	604	2.60	298000	94400	19.7	11.1	12000	4370
	500×500	*492	465	15	20	22	258.0	202	2.78	117000	33500	21.3	11.4	4770	1440
		*502	465	15	25	22	304.5	239	2.80	146000	41900	21.9	11.7	5810	1800
		*502	470	20	25	22	329.6	259	2.81	151000	43300	21.4	11.5	6020	1840
HM	150×100	148	100	6	9	8	26.34	20.7	0.670	1000	150	6.16	2.38	135	30.1
	200×150	194	150	6	9	8	38.10	29.9	0.962	2630	507	8.30	3.64	271	67.6
	250×175	244	175	7	11	13	55.49	43.6	1.15	6040	984	10.4	4.21	495	112
	300×200	294	200	8	12	13	71.05	55.8	1.35	11100	1600	12.5	4.74	756	160
		*298	201	9	14	13	82.03	64.4	1.36	13100	1900	12.6	4.80	878	189
	350×250	340	250	9	14	13	99.53	78.1	1.64	21200	3650	14.6	6.05	1250	292
	400×300	390	300	10	16	13	133.3	105	1.94	37900	7200	16.9	7.35	1940	480
	450×300	440	300	11	18	13	153.9	121	2.04	54700	8110	18.9	7.25	2490	540
	500×300	*482	300	11	15	13	141.2	111	2.12	58300	6760	20.3	6.91	2420	450
		488	300	11	18	13	159.2	125	2.13	68900	8110	20.8	7.13	2820	540
	550×300	*544	300	11	15	13	148.0	116	2.24	76400	6760	22.7	6.75	2810	450
		*550	300	11	18	13	166.0	130	2.26	89800	8110	23.3	6.98	3270	540

类别	型号 （高度×宽度） （mm×mm）	截面尺寸 （mm）					截面 面积 （cm²）	理论 重量 （kg/m）	表 面积 （m²/m）	惯性矩 （cm⁴）		惯性半径 （cm）		截面模数 （cm³）	
		H	B	t_1	t_2	r				I_x	I_y	i_x	i_y	W_x	W_y
HM	600×300	*582	300	12	17	13	169.2	133	2.32	98900	7660	24.2	6.72	3400	511
		588	300	12	20	13	187.2	147	2.33	114000	9010	24.7	6.93	3890	601
		*594	302	14	23	13	217.1	170	2.35	134000	10600	24.8	6.97	4500	700
HN	*100×50	100	50	5	7	8	11.84	9.30	0.376	187	14.8	3.97	1.11	37.5	5.91
	*125×60	125	60	6	8	8	16.68	13.1	0.464	409	29.1	4.95	1.32	65.4	9.71
	150×75	150	75	5	7	8	17.84	14.0	0.576	666	49.5	6.10	1.66	88.8	13.2
	175×90	175	90	5	8	8	22.89	18.0	0.686	1210	97.5	7.25	2.06	138	21.7
	200×100	*198	99	4.5	7	8	22.68	17.8	0.769	1540	113	8.24	2.23	156	22.9
		200	100	5.5	8	8	26.66	20.9	0.775	1810	134	8.22	2.23	181	26.7
	250×125	*248	124	5	8	8	31.98	25.1	0.968	3450	255	10.4	2.82	278	41.1
		250	125	6	9	8	36.96	29.0	0.974	3960	294	10.4	2.81	317	47.0
	300×150	*298	149	5.5	8	13	40.80	32.0	1.16	6320	442	12.4	3.29	424	59.3
		300	150	6.5	9	13	46.78	36.7	1.16	7210	508	12.4	3.29	481	67.7
	350×175	*346	174	6	9	13	52.45	41.2	1.35	11000	791	14.5	3.88	638	91.0
		350	175	7	11	13	62.91	49.4	1.36	13500	984	14.6	3.95	771	112
	400×150	400	150	8	13	13	70.37	55.2	1.36	18600	734	16.3	3.22	929	97.8
	400×200	*396	199	7	11	13	71.41	56.1	1.55	19800	1450	16.6	4.50	999	145
		400	200	8	13	13	83.37	65.4	1.56	23500	1740	16.8	4.56	1170	174
	450×150	*446	150	7	12	13	66.99	52.6	1.46	22000	677	18.1	3.17	985	90.3
		450	151	8	14	13	77.49	60.8	1.47	25700	806	18.2	3.22	1140	107
	450×200	*446	199	8	12	13	82.97	65.1	1.65	28100	1580	18.4	4.36	1260	159
		450	200	9	14	13	95.43	74.9	1.66	32900	1870	18.6	4.42	1460	187
	475×150	*470	150	7	13	13	71.53	56.2	1.50	26200	733	19.1	3.20	1110	97.8
		*475	151.5	8.5	15.5	13	86.15	67.6	1.52	31700	901	19.2	3.23	1330	119
		482	153.5	10.5	19	13	106.4	83.5	1.53	39600	1150	19.3	3.28	1640	150
	500×150	*492	150	7	12	13	70.21	55.1	1.55	27500	677	19.8	3.10	1120	90.3
		*500	152	9	16	13	92.21	72.4	1.57	37000	940	20.0	3.19	1480	124
		504	153	10	18	13	103.3	81.1	1.58	41900	1080	20.1	3.23	1660	141
	500×200	*496	199	9	14	13	99.29	77.9	1.75	40800	1840	20.3	4.30	1650	185
		500	200	10	16	13	112.3	88.1	1.76	46800	2140	20.4	4.36	1870	214
		*506	201	11	19	13	129.3	102	1.77	55500	2580	20.7	4.46	2190	257
	550×200	*546	199	9	14	13	103.8	81.5	1.85	50800	1840	22.1	4.21	1860	185
		550	200	10	16	13	117.3	92.0	1.86	58200	2140	22.3	4.27	2120	214
	600×200	*596	199	10	15	13	117.8	92.4	1.95	66600	1980	23.8	4.09	2240	199
		600	200	11	17	13	131.7	103	1.96	75600	2270	24.0	4.15	2520	227
		*606	201	12	20	13	149.8	118	1.97	88300	2720	24.3	4.25	2910	270
	625×200	*625	198.5	13.5	17.5	13	150.6	118	1.99	88500	2300	24.2	3.90	2830	231
		630	200	15	20	13	170.0	133	2.01	101000	2690	24.4	3.97	3220	268
		*638	202	17	24	13	198.7	156	2.03	122000	3320	24.8	4.09	3820	329

续表

类别	型号 （高度×宽度） （mm×mm）	截面尺寸（mm）					截面面积 （cm²）	理论重量 （kg/m）	表面积 （m²/m）	惯性矩（cm⁴）		惯性半径（cm）		截面模数（cm³）	
		H	B	t_1	t_2	r				I_x	I_y	i_x	i_y	W_x	W_y
HN	650×300	*646	299	12	18	18	183.6	144	2.43	131000	8030	26.7	6.61	4080	537
		*650	300	13	20	18	202.1	159	2.44	146000	9010	26.9	6.67	4500	601
		*654	301	14	22	18	220.6	173	2.45	161000	10000	27.4	6.81	4930	666
	700×300	*692	300	13	20	18	207.5	163	2.53	168000	9020	28.5	6.59	4870	601
		700	300	13	24	18	231.5	182	2.54	197000	10800	29.2	6.83	5640	721
	750×300	*734	299	12	16	18	182.7	143	2.61	161000	7140	29.7	6.25	4390	478
		*742	300	13	20	18	214.0	168	2.63	197000	9020	30.4	6.49	5320	601
		*750	300	13	24	18	238.0	187	2.64	231000	10800	31.1	6.74	6150	721
		*758	303	16	28	18	284.8	224	2.67	276000	13000	31.1	6.75	7270	859
	800×300	*792	300	14	22	18	239.5	188	2.73	248000	9920	23.2	6.43	6270	661
		800	300	14	26	18	263.5	207	2.74	286000	11700	33.0	6.66	7160	781
	850×300	*834	298	14	19	18	227.5	179	2.80	251000	8400	33.2	6.07	6020	564
		*842	299	15	23	18	259.7	204	2.82	298000	10300	33.9	6.28	7080	687
		*850	300	16	27	18	292.1	229	2.84	346000	12200	34.4	6.45	8140	812
		*858	301	17	31	18	324.7	255	2.86	395000	14100	34.9	6.59	9210	939
	900×300	*890	299	15	23	18	266.9	210	2.92	339000	10300	35.6	6.20	7610	687
		900	300	16	28	18	305.8	240	2.94	404000	126000	36.4	6.42	8900	842
		*912	302	18	34	18	360.1	283	2.97	491000	15700	36.9	6.59	10800	1040
	1000×300	*970	297	16	21	18	276.0	217	3.07	393000	9210	37.8	5.77	8110	620
		*980	298	17	26	18	315.5	248	3.09	472000	11500	38.7	6.04	9630	772
		*990	298	17	31	18	345.3	271	3.11	544000	13700	39.7	6.30	11000	921
		*1000	300	19	36	18	395.1	310	3.13	634000	16300	40.1	6.41	12700	1080
		*1008	302	21	40	18	439.3	345	3.15	712000	18400	40.3	6.47	14100	1220
HT	100×50	95	48	3.2	4.5	8	7.620	5.98	0.362	115	8.39	3.88	1.04	24.2	3.49
		97	49	4	5.5	8	9.370	7.36	0.368	143	10.9	3.91	1.07	29.6	4.45
	100×100	96	99	4.5	6	8	16.20	12.7	0.565	272	97.2	4.09	2.44	56.7	19.6
	125×60	118	58	3.2	4.5	8	9.250	7.26	0.448	218	14.7	4.85	1.26	37.0	5.08
		120	59	4	5.5	8	11.39	8.94	0.454	271	19.0	4.87	1.29	45.2	6.43
	125×125	119	123	4.5	6	8	20.12	15.8	0.707	532	186	5.14	3.04	89.5	30.3
	150×75	145	73	3.2	4.5	8	11.47	9.00	0.562	416	29.3	6.01	1.59	57.3	8.02
		147	74	4	5.5	8	14.12	11.1	0.568	516	37.3	6.04	1.62	70.2	10.1
	150×100	139	97	3.2	4.5	8	13.43	10.6	0.646	476	68.6	5.94	2.25	68.4	14.1
		142	99	4.5	6	8	18.27	14.3	0.657	654	97.2	5.98	2.30	92.1	19.6
	150×150	144	148	5	7	8	27.76	21.8	0.856	1090	378	6.25	3.69	151	51.1
		147	149	6	8.5	8	33.67	26.4	0.864	1350	469	6.32	3.73	183	63.0
	175×90	168	88	3.2	4.5	8	13.55	10.6	0.668	670	51.2	7.02	1.94	79.7	11.6
		171	89	4	6	8	17.58	13.8	0.676	894	70.7	7.13	2.00	105	15.9
	175×175	167	173	5	7	13	33.32	26.2	0.994	1780	605	7.30	4.26	213	69.9
		172	175	6.5	9.5	13	44.64	35.0	1.01	2470	850	7.43	4.36	287	97.1

续表

类别	型号 （高度×宽度） （mm×mm）	截面尺寸（mm）					截面 面积 （cm²）	理论 重量 （kg/m）	表面 面积 （m²/m）	惯性矩（cm⁴）		惯性半径（cm）		截面模数（cm³）	
		H	B	t_1	t_2	r				I_x	I_y	i_x	i_y	W_x	W_y
HT	200×100	193	98	3.2	4.5	8	15.25	12.0	0.758	994	70.7	8.07	2.15	103	14.4
		196	99	4	6	8	19.78	15.5	0.766	1320	97.2	8.18	2.21	135	19.6
	200×150	188	149	4.5	6	8	26.34	20.7	0.949	1730	331	8.09	3.54	184	44.4
	200×200	192	198	6	8	13	43.69	34.3	1.14	3060	1040	8.37	4.86	319	105
	250×125	244	124	4.5	6	8	25.86	20.3	0.961	2650	191	10.1	2.71	217	30.8
	250×175	238	173	4.5	6	13	39.12	30.7	1.14	4240	691	10.4	4.20	356	79.9
	300×150	294	148	4.5	6	13	31.90	25.0	1.15	4800	325	12.3	3.19	327	43.9
	300×200	286	198	6	8	13	49.33	38.7	1.33	7360	1040	12.2	4.58	515	105
	350×175	340	173	4.5	6	13	36.97	29.0	1.34	7490	518	14.2	3.74	441	59.9
	400×150	390	148	6	8	13	47.57	37.3	1.34	11700	434	15.7	3.01	602	58.6
	400×200	390	198	6	8	13	55.57	43.6	1.54	14700	1040	16.2	4.31	752	105

注：1. 表中同一型号的产品，其内侧尺寸高度一致。

2. 表中截面面积计算公式为：$t_1(H-2t_2)+2Bt_2+0.858r^2$。

3. 表中"＊"表示市场非常用规格。

3 高频焊接 H 型钢

3.1 H 型钢的性能及用途

高频焊接 H 型钢属于高效型材，采用先进的焊接工艺在生产线上加工制作；由于截面面积分配合理，抗弯承载力高，受力性能好；高频焊接 H 型钢外形尺寸精度高；规格多、节能效果明显，可以按照设计要求生产出异形 H 型钢（上下翼缘不等宽、上下翼缘不等厚）；加工制作简便，具备加工产业化的优势；成本的经济性都优于焊接 H 型钢。

高频焊接 H 型钢是一种用途广、用量大的高效型材。广泛应用于低层、多层钢结构住宅的柱子、梁和支撑；在公共建筑和各种工业厂房的轻型钢结构、工业设备支撑框架及管道支架轻型钢结构中也得到广泛的应用。

3.2 国内高频焊接 H 型钢生产厂家

上海大通钢结构有限公司是国内最早引进美国生产设备的公司，1997 年开始大量生产高频焊接 H 型钢，并和日本住友金属、国内高校、设计院技术合作编制了高频焊接 H 型钢行业标准、应用手册。通过在全国各地建设试点工程推广应用高频焊接 H 型钢，取得了显著的技术经济效益和社会效益。

近二十年国内高频焊接 H 型钢专业厂家如雨后春笋在全国各地建成，比较大的如天津万方集团年产 20 万 t 左右，国内高频焊接 H 型钢生产厂家完全可以满足建筑钢结构行业发展的需要。

3.3 高频焊接 H 型钢的相关标准

《结构用高频焊接薄壁 H 型钢》JG/T 137—2007 中规定：普通高频焊接薄壁 H 型钢，由 3 条平直钢带经连续高频焊接而成的截面形式为工字形的型钢。截面见图 3，型号及截面特性见表 2。

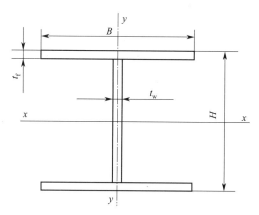

图 3 普通高频焊接薄壁 H 型钢截面图

H—截面高度；B—翼缘宽度；t_w—腹板厚度；t_f—翼缘厚度

普通高频焊接薄壁 H 型钢的型号及截面特性 表2

截面尺寸(mm)				$A(cm^2)$	理论重量 (kg/m)	x-x			y-y		
H	B	t_w	t_f			$I_x(cm^4)$	$W_x(cm^3)$	$i_x(cm)$	$I_y(cm^4)$	$W_y(cm^3)$	$i_y(cm)$
100	50	2.3	3.2	5.35	4.20	90.71	18.14	4.12	6.68	2.67	1.12
		3.2	4.5	7.41	5.82	122.77	24.55	4.07	9.40	3.76	1.13
	100	4.5	6.0	15.96	12.53	291.00	58.20	4.27	100.07	20.01	2.50
		6.0	8.0	21.04	16.52	369.05	73.81	4.19	133.48	26.70	2.52
120	120	3.2	4.5	14.35	11.27	396.84	66.14	5.26	129.63	21.61	3.01
		4.5	6.0	19.26	15.12	515.53	85.92	5.17	172.88	28.81	3.00
150	75	3.2	4.5	11.26	8.84	432.11	57.62	6.19	31.68	8.45	1.68
		4.5	6.0	15.21	11.94	565.38	75.38	6.10	42.29	11.28	1.67
	100	3.2	4.5	13.51	10.61	551.24	73.50	6.39	75.04	15.01	2.36
		3.2	6.0	16.42	12.89	692.52	92.34	6.50	100.04	20.01	2.47
		4.5	6.0	18.21	14.29	720.99	96.13	6.29	100.10	20.02	2.34
	150	3.2	6.0	22.42	17.60	1003.74	133.83	6.69	337.54	45.01	3.88
		4.5	6.0	24.21	19.00	1032.21	137.63	6.53	337.60	45.01	3.73
		6.0	8.0	23.04	25.15	1331.43	177.52	6.45	450.24	60.03	3.75
200	100	3.0	3.0	11.82	9.28	764.71	76.47	8.04	50.04	10.01	2.06
		3.2	4.5	15.11	11.86	1045.92	104.59	8.32	75.05	15.01	2.23
		3.2	6.0	18.02	14.14	1306.63	130.66	8.52	100.05	20.01	2.36
		4.5	6.0	20.46	16.06	1378.62	137.86	8.21	100.14	20.03	2.21
		6.0	8.0	27.04	21.23	1786.89	178.69	8.13	133.66	26.73	2.22
	150	3.2	4.5	19.61	15.40	1475.97	147.60	8.68	253.18	33.76	3.59
		3.2	6.0	24.02	18.85	1871.35	187.14	8.83	337.55	45.01	3.75
		4.5	6.0	26.46	20.77	1943.34	194.33	8.57	337.64	45.02	3.57
		6.0	8.0	35.04	27.51	2524.60	252.46	8.49	450.33	60.04	3.58
	200	6.0	8.0	43.04	33.79	3262.30	326.23	8.71	1067.00	106.70	4.98
250	125	3.0	3.0	14.82	11.63	1507.14	120.57	10.08	97.71	15.63	2.57
		3.2	4.5	18.96	14.89	2068.56	165.48	10.44	146.55	23.45	2.78
		3.2	6.0	22.62	17.75	2592.55	207.40	10.71	195.38	31.26	2.94
		4.5	6.0	25.71	20.18	2738.60	219.09	10.32	195.49	31.28	2.76
		4.5	8.0	30.53	23.97	3409.75	272.78	10.57	260.59	41.70	2.92
		6.0	8.0	34.04	26.72	3569.91	285.59	10.24	260.84	41.73	2.77
	150	3.2	4.5	21.21	16.65	2407.62	192.61	10.65	253.19	33.76	3.45
		3.2	6.0	25.62	20.11	3039.16	243.13	10.89	337.56	45.01	3.63
		4.5	6.0	28.71	22.54	3185.21	254.82	10.53	337.68	45.02	3.43
		4.5	8.0	34.53	27.11	3995.60	319.65	10.76	450.18	60.02	3.61
		4.5	9.0	37.44	29.39	4390.56	351.24	10.83	506.43	67.52	3.68
		6.0	8.0	38.04	29.86	4155.77	332.46	10.45	450.42	60.06	3.44
		6.0	9.0	40.92	32.12	4546.65	363.73	10.54	506.67	67.56	3.52

截面尺寸(mm)				A(cm²)	理论重量 (kg/m)	x-x			y-y		
H	B	t_w	t_f			I_x(cm⁴)	W_x(cm³)	i_x(cm)	I_y(cm⁴)	W_y(cm³)	i_y(cm)
250	200	4.5	8.0	42.53	33.39	5167.31	413.38	11.02	1066.84	106.68	5.01
			9.0	46.44	36.46	5697.99	455.84	11.08	1200.18	120.02	5.08
			10.0	50.35	39.52	6219.60	497.57	11.11	1333.51	133.53	5.15
		6.0	8.0	46.04	36.14	5327.47	426.20	10.76	1067.09	106.71	4.81
			9.0	49.92	39.19	5854.08	468.33	10.83	1200.42	120.04	4.90
			10.0	53.80	42.23	6371.68	509.73	10.88	1333.75	133.37	4.98
	250	4.5	8.0	50.53	39.67	6339.02	507.12	11.20	2083.51	166.68	6.42
			9.0	55.44	43.52	7005.42	560.43	11.24	2343.93	187.51	6.50
			10.0	60.35	47.37	7660.43	612.83	11.27	2604.34	208.35	6.57
		6.0	8.0	54.04	42.42	6499.18	519.93	10.97	2083.75	166.70	6.21
			9.0	58.92	46.25	7161.51	572.92	11.02	2344.17	187.53	6.31
			10.0	63.80	50.08	7812.52	625.00	11.07	2604.58	208.37	6.39
300	150	3.2	4.5	22.81	17.91	3604.41	240.29	12.57	253.20	33.76	3.33
			6.0	27.22	21.36	4527.17	301.81	12.90	337.58	45.01	3.52
		4.5	6.0	30.96	24.30	4785.96	319.06	12.43	337.72	45.03	3.30
			8.0	36.78	28.87	5976.11	398.41	12.75	450.22	60.03	3.50
			9.0	39.69	31.16	6558.76	437.25	12.85	506.46	67.53	3.57
			10.0	42.60	33.44	7133.20	475.55	12.94	562.71	75.03	3.63
		6.0	8.0	41.04	32.22	6262.44	417.50	12.35	450.51	60.07	3.31
			9.0	43.92	34.48	6839.08	455.94	12.48	506.76	67.57	3.40
			10.0	46.80	36.74	7407.60	493.84	12.58	563.00	75.07	3.47
	200	4.5	8.0	44.78	35.15	7681.81	512.12	13.10	1066.88	106.69	4.88
			9.0	48.69	38.22	8464.69	564.31	13.19	1200.21	120.02	4.96
			10.0	52.60	41.29	9236.53	615.77	13.25	1333.55	133.35	5.04
		6.0	8.0	49.04	38.50	7968.14	531.21	12.75	1067.18	106.72	4.66
			9.0	52.92	41.54	8745.01	583.00	12.85	1200.51	120.05	4.76
			10.0	56.80	44.59	9510.93	634.06	12.94	1333.84	133.38	4.85
	250	4.5	8.0	52.78	41.43	9387.52	625.83	13.34	2083.55	166.68	6.28
			9.0	57.69	45.29	10370.62	691.37	13.41	2343.96	187.52	6.37
			10.0	62.60	49.14	11339.87	755.99	13.46	2604.38	208.35	6.45
		6.0	8.0	57.04	44.78	9673.85	644.92	13.02	2083.84	166.71	6.04
			9.0	61.92	48.61	10650.94	710.06	13.12	2344.26	187.54	6.15
			10.0	66.80	52.44	11614.27	774.28	13.19	2604.67	208.37	6.24
350	150	3.2	4.5	24.41	19.16	5086.36	290.65	14.43	253.22	33.76	3.22
			6.0	28.82	22.62	6355.38	363.16	14.85	337.59	45.01	3.42
		4.5	6.0	33.21	26.07	6773.70	387.07	14.28	337.76	45.03	3.19
			8.0	39.03	30.64	8416.36	480.93	14.68	450.25	60.03	3.40
			9.0	41.94	32.92	9223.08	527.03	14.83	506.50	67.53	3.48
			10.0	44.85	35.21	10020.14	572.58	14.95	562.75	75.03	3.54

续表

H	B	t_w	t_f	A(cm²)	理论重量(kg/m)	I_x(cm⁴)	W_x(cm³)	i_x(cm)	I_y(cm⁴)	W_y(cm³)	i_y(cm)
350	150	6.0	8.0	44.04	34.57	8882.11	507.55	14.20	450.60	60.08	3.20
			9.0	46.92	36.83	9680.51	553.17	14.36	506.85	67.58	3.29
			10.0	49.80	39.09	10469.35	598.25	14.50	563.09	75.08	3.36
	175	4.5	6.0	36.21	28.42	7661.31	437.79	14.55	536.19	61.28	3.85
			8.0	43.03	33.78	9586.21	547.78	14.93	714.84	81.70	4.08
			9.0	46.44	36.46	10531.54	601.80	15.06	804.16	91.90	4.16
			10.0	49.85	39.13	11465.55	655.17	15.17	893.48	102.11	4.23
		6.0	8.0	48.04	37.71	10051.96	574.40	14.47	715.18	81.74	3.86
			9.0	51.42	40.36	10988.97	627.94	14.62	804.50	91.94	3.96
			10.0	54.80	43.02	11914.77	680.84	14.75	893.82	102.15	4.04
	200	4.5	8.0	47.03	36.92	10756.07	614.63	15.12	1066.92	106.69	4.76
			9.0	50.94	39.99	11840.01	676.57	15.25	1200.25	120.03	4.85
			10.0	54.85	43.06	12910.97	737.77	15.34	1333.58	133.36	4.93
		6.0	8.0	52.04	40.85	11221.81	641.25	14.68	1067.27	106.73	4.53
			9.0	55.92	43.90	12297.44	702.71	14.83	1200.60	120.06	4.63
			10.0	59.80	46.94	13360.18	763.44	14.95	1333.93	133.39	4.72
	250	4.5	8.0	55.03	43.20	13095.77	748.33	15.43	2083.59	166.69	6.15
			9.0	59.94	47.05	14456.94	826.11	15.53	2344.00	187.52	6.25
			10.0	64.85	50.91	15801.80	902.96	15.61	2604.42	208.35	6.34
		6.0	8.0	60.04	47.13	13561.52	774.94	15.03	2083.93	166.71	5.89
			9.0	64.92	50.96	14914.37	852.25	15.16	2344.35	187.55	6.01
			10.0	69.80	54.79	16251.02	928.63	15.26	2604.76	208.38	6.11
400	150	4.5	8.0	41.28	32.40	11344.49	567.22	16.58	450.29	60.04	3.30
			9.0	44.19	34.69	12411.65	620.58	16.76	506.54	67.54	3.39
			10.0	47.10	36.97	13467.70	673.39	16.91	562.79	75.04	3.46
		6.0	8.0	47.04	36.93	12052.28	602.61	16.01	450.69	60.09	3.10
			9.0	49.92	39.19	13108.44	655.42	16.20	506.94	67.59	3.19
			10.0	52.80	41.45	14153.60	707.68	16.37	563.18	75.09	3.27
	200	4.5	8.0	49.28	38.68	14418.19	720.91	17.10	1066.96	106.70	4.65
			9.0	53.19	41.75	15852.08	792.60	17.26	1200.29	120.03	4.75
			10.0	57.10	44.82	17271.03	863.55	17.39	1333.62	133.36	4.83
		6.0	8.0	55.04	43.21	15125.98	756.30	16.58	1067.36	106.74	4.40
			9.0	58.92	46.25	16548.87	827.44	16.76	1200.69	120.07	4.51
			10.0	62.80	49.30	17956.93	897.85	16.91	1334.02	133.40	4.61
	250	4.5	8.0	57.28	44.96	17491.90	874.59	17.47	2083.62	166.69	6.03
			9.0	62.19	48.82	19292.51	964.63	17.61	2344.04	187.52	6.14
			10.0	67.10	52.67	21074.37	1053.72	17.72	2604.46	208.36	6.23
		6.0	8.0	63.04	49.49	18199.69	909.98	16.99	2084.02	166.72	5.75
			9.0	67.92	53.32	19989.30	999.46	17.16	2344.44	187.56	5.88
			10.0	72.80	57.15	21760.27	1088.01	17.29	2604.85	208.39	5.98

截面尺寸(mm)				A(cm²)	理论重量 (kg/m)	x-x			y-y		
H	B	t_w	t_f			I_x(cm⁴)	W_x(cm³)	i_x(cm)	I_y(cm⁴)	W_y(cm³)	i_y(cm)
450	200	4.5	8.0	51.53	40.45	18696.32	830.95	19.05	1067.00	106.70	4.55
			9.0	55.44	43.52	20529.03	912.40	19.24	1200.33	120.03	4.65
			10.0	59.35	46.59	22344.85	993.10	19.40	1333.66	133.37	4.74
		6.0	8.0	58.04	45.56	19718.15	876.36	18.43	1067.45	106.74	4.29
			9.0	61.92	48.61	21536.80	957.19	18.65	1200.78	120.08	4.40
			10.0	65.80	51.65	23338.68	1037.27	18.83	1334.11	133.41	4.50
	250	4.5	8.0	59.53	46.73	22604.03	1004.62	19.49	2083.66	166.69	5.92
			9.0	64.44	50.59	24905.46	1106.91	19.66	2344.08	187.53	6.03
			10.0	69.35	54.44	27185.68	1208.25	19.80	2604.49	208.36	6.13
		6.0	8.0	66.04	51.84	23625.86	1050.04	18.91	2084.11	166.73	5.62
			9.0	70.92	55.67	25913.23	1151.70	19.12	2344.53	187.56	5.75
			10.0	75.80	59.50	28179.52	1252.42	19.28	2604.94	208.40	5.86
500	200	4.5	8.0	53.78	42.22	23618.57	944.74	20.96	1067.03	106.70	4.45
			9.0	57.69	45.29	25898.98	1035.96	21.19	1200.37	120.04	4.56
			10.0	61.60	48.36	28160.53	1126.42	21.38	1333.70	133.37	4.65
		6.0	8.0	61.04	47.92	25035.82	1001.43	20.25	1067.54	106.75	4.18
			9.0	64.92	50.96	27298.73	1091.95	20.51	1200.87	120.09	4.30
			10.0	68.80	54.01	29542.93	1181.72	20.72	1334.20	133.42	4.40
	250	4.5	8.0	61.78	48.50	28460.28	1138.41	21.46	2083.70	166.70	5.81
			9.0	66.69	52.35	31323.91	1252.96	21.67	2344.12	187.53	5.93
			10.0	71.60	56.21	34163.87	1366.55	21.84	2604.53	208.36	6.03
		6.0	8.0	69.04	54.20	29877.53	1195.10	20.80	2084.20	166.74	5.49
			9.0	73.92	58.03	32723.66	1308.95	21.04	2344.62	187.57	5.63
			10.0	78.80	61.86	35546.27	1421.85	21.24	2605.03	208.40	5.75

注：1. 经供需双方协商，也可采用本表规定以外的型号和截面尺寸。

2. 根据不同的钢种，H 型钢板材的宽厚比超过现行国家标准和规范时，应按照相应的规范处理。

4 方钢管、矩形钢管及异形钢管

4.1 方钢管、矩形钢管、异形钢管的性能及用途

方钢管、矩形钢管属于高效型材，在钢厂先进的生产线上加工制作，其产品质量优异，外形尺寸的精度及加工制作成本的经济性都优于焊接钢管。

方钢管、矩形钢管是一种用途广、用量大的高效型材。广泛应用于多层高层建筑、钢结构住宅、公共建筑、各种工业厂房、桥梁、海洋石油平台、石油化工工业设备支撑框架及管道支架等。在钢结构住宅中主要用于钢管柱、支撑等。

4.2 国内方钢管、矩形钢管生产厂家

近十年来我国生产无缝钢管和焊接钢管的先进技术和设备不断提高，设计能力和实际生产能力达到比较高的水平。生产无缝钢管的厂家有：天津钢管公司、鞍钢无缝钢管厂、攀成钢无缝钢管厂、衡阳钢管厂等，年生产能力都是几十万吨，最大直径 426mm。焊接钢管的生产厂家有：华北石油钢管厂、番禺珠江钢管厂、宝鸡石油钢管厂、大庆石油钢管厂、宝钢钢管分公司、正大制管等。钢管的产品规格和

生产能力完全可以满足建筑钢结构行业发展的需要。

4.3 方钢管、矩形钢管的相关标准

《结构用冷弯空心型钢》GB/T 6728—2017 中规定，型钢按外形分为方形、矩形，其代号为：

（1）方形型钢，也可以简称为方管，代号：F，见图 4、表 3。

（2）矩形型钢，也可以简称为矩管，代号：J，见图 5、表 4。

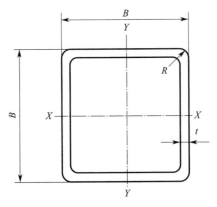

图 4　方形型钢

B—边长；t—壁厚；R—外圆弧半径

方形型钢截面特性　　　　　　　　　　　　　　　　　　　表 3

边长 (mm)	尺寸允许偏差 (mm)	壁厚(mm)	理论重量 (kg/m)	截面面积 (cm²)	惯性矩(cm⁴)	惯性半径(cm)	截面模数(cm³)	扭转常数	
B	±Δ	t	M	A	$I_x=I_y$	$r_x=r_y$	$W_x=W_y$	I_t(cm⁴)	C_t(cm³)
100	±0.80	4.0	11.734	11.947	226.337	3.891	45.267	361.213	68.10
		5.0	14.409	18.356	271.071	3.842	54.214	438.986	81.72
		6.0	16.981	21.632	311.415	3.794	62.283	511.558	94.12
110	±0.90	4.0	12.99	16.548	305.94	4.300	55.625	486.47	83.63
		5.0	15.98	20.356	367.95	4.252	66.900	593.60	100.74
		6.0	18.866	24.033	424.57	4.203	77.194	694.85	116.47
120	±0.90	4.0	14.246	18.147	402.260	4.708	67.043	635.603	100.75
		5.0	17.549	22.356	485.441	4.659	80.906	776.632	121.75
		6.0	20.749	26.432	562.094	4.611	93.683	910.281	141.22
		8.0	26.840	34.191	696.639	4.513	116.106	1155.010	174.58
130	±1.00	4.0	15.502	19.748	516.97	5.117	79.534	814.72	119.48
		5.0	19.120	24.356	625.68	5.068	96.258	998.22	144.77
		6.0	22.634	28.833	726.64	5.020	111.79	1173.6	168.36
		8.0	28.921	36.842	882.86	4.895	135.82	1502.1	209.54
140	±1.10	4.0	16.758	21.347	651.598	5.524	53.085	1022.176	139.8
		5.0	20.689	26.356	790.523	5.476	112.931	1253.565	169.78
		6.0	24.517	31.232	920.359	5.428	131.479	1475.020	197.9
		8.0	31.864	40.591	1153.735	5.331	164.819	1887.605	247.69

续表

边长 （mm）	尺寸允 许偏差 （mm）	壁厚（mm）	理论重量 （kg/m）	截面面积 （cm²）	惯性矩（cm⁴）	惯性半径（cm）	截面模数（cm³）	扭转常数	
B	$\pm\Delta$	t	M	A	$I_x=I_y$	$r_x=r_y$	$W_x=W_y$	$I_t(\text{cm}^4)$	$C_t(\text{cm}^3)$
150	±1.20	4.0	18.014	22.948	807.82	5.933	107.71	1264.8	161.73
		5.0	22.26	28.356	982.12	5.885	130.95	1554.1	196.79
		6.0	26.402	33.633	1145.9	5.837	152.79	1832.7	229.84
		8.0	33.945	43.242	1411.8	5.714	188.25	2364.1	289.03
160	±1.20	4.0	19.270	24.547	987.152	6.341	123.394	1540.134	185.25
		5.0	23.829	30.356	1202.317	6.293	150.289	1893.787	225.79
		6.0	28.285	36.032	1405.408	6.245	175.676	2234.573	264.18
		8.0	36.888	46.991	1776.496	6.148	222.062	2876.940	333.56
170	±1.30	4.0	20.526	26.148	1191.3	6.750	140.15	1855.8	210.37
		5.0	25.400	32.356	1453.3	6.702	170.97	2285.3	256.80
		6.0	30.170	38.433	1701.6	6.654	200.18	2701.0	300.91
		8.0	38.969	49.642	2118.2	6.532	249.2	3503.1	381.28
180	±1.40	4.0	21.800	27.70	1422	7.16	158	2210	237
		5.0	27.000	34.40	1737	7.11	193	2724	290
		6.0	32.100	40.80	2037	7.06	226	3223	340
		8.0	41.500	52.80	2546	6.94	283	4189	432
190	±1.50	4.0	23.00	29.30	1680	7.57	176	2607	265
		5.0	28.50	36.40	2055	7.52	216	3216	325
		6.0	33.90	43.20	2413	7.47	254	3807	381
		8.0	44.00	56.00	3208	7.35	319	4958	486
200	±1.60	4.0	24.30	30.90	1968	7.97	197	3049	295
		5.0	30.10	38.40	2410	7.93	241	3763	362
		6.0	35.80	45.60	2833	7.88	283	4459	426
		8.0	46.50	59.20	3566	7.76	357	5815	544
		10	57.00	72.60	4251	7.65	425	7072	651
220	±1.80	5.0	33.2	42.4	3238	8.74	294	5038	442
		6.0	39.6	50.4	3813	8.70	347	5976	521
		8.0	51.5	65.6	4828	8.58	439	7815	668
		10	63.2	80.6	5782	8.47	526	9533	804
		12	73.5	93.7	6487	8.32	590	11149	922
250	±2.00	5.0	38.0	48.4	4805	9.97	384	7443	577
		6.0	45.2	57.6	5672	9.92	454	8843	681
		8.0	59.1	75.2	7229	9.80	578	11598	878
		10	72.7	92.6	8707	9.70	697	14197	1062
		12	84.8	108	9859	9.55	789	16691	1226

续表

边长 (mm)	尺寸允许偏差 (mm)	壁厚(mm)	理论重量 (kg/m)	截面面积 (cm²)	惯性矩(cm⁴)	惯性半径(cm)	截面模数(cm³)	扭转常数	
B	$\pm\Delta$	t	M	A	$I_x=I_y$	$r_x=r_y$	$W_x=W_y$	I_t(cm⁴)	C_t(cm³)
280	±2.20	5.0	42.7	54.4	6810	11.2	486	10513	730
		6.0	50.9	64.8	8054	11.1	575	12504	863
		8.0	66.6	84.8	10317	11.0	737	16436	1117
		10	82.1	104.6	12479	10.9	891	20173	1356
		12	96.1	122.5	14232	10.8	1017	23804	1574
300	±2.40	6.0	54.7	69.6	9964	12.0	664	15434	997
		8.0	71.6	91.2	12801	11.8	853	20312	1293
		10	88.4	113	15519	11.7	1035	24966	1572
		12	104	132	17767	11.6	1184	29514	1829
350	±2.80	6.0	64.1	81.6	16008	14.0	915	24683	1372
		8.0	84.2	107	20618	13.9	1182	32557	1787
		10	104	133	25189	13.8	1439	40127	2182
		12	123	156	29054	13.6	1660	47598	2552
400	±3.20	8.0	96.7	123	31269	15.9	1564	48934	2362
		10	120	153	38216	15.8	1911	60431	2892
		12	141	180	44319	15.7	2216	71843	3395
		14	163	208	50414	15.6	2521	82735	3877
450	±3.60	8.0	109	139	44966	18.0	1999	70043	3016
		10	135	173	55100	17.9	2449	86629	3702
		12	160	204	64164	17.7	2851	103150	4357
		14	185	236	73210	17.6	3254	119000	4989
500	±4.00	8.0	122	155	62172	20.0	2487	96483	3750
		10	151	193	76341	19.9	3054	119470	4612
		12	179	228	89187	19.8	3568	142420	5440
		14	207	264	102010	19.7	4080	164530	6241
		16	235	299	114260	19.6	4570	186140	7013

注：表中理论重量按密度 7.85g/cm³ 计算。

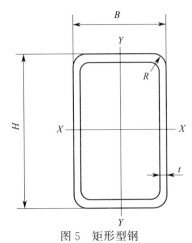

图 5 矩形型钢

H—长边；B—短边；t—壁厚；R—外圆弧半径

矩形型钢截面特性 表4

边长（mm）		尺寸允许偏差（mm）	壁厚（mm）	理论重量（kg/m）	截面面积（cm²）	惯性矩（cm⁴）		惯性半径（cm）		截面模数（cm³）		扭转常数	
H	B	$\pm\Delta$	t	M	A	I_x	I_y	r_x	r_y	W_x	W_y	$I_t(cm^4)$	$C_t(cm^3)$
60	30	±0.50	2.0	2.620	3.337	15.046	5.078	2.123	1.234	5.015	3.385	12.57	5.881
			2.5	3.209	4.089	17.933	5.998	2.094	1.211	5.977	3.998	15.054	6.981
			3.0	3.774	4.808	20.496	6.794	2.064	1.188	6.832	4.529	17.335	7.950
			4.0	4.826	6.147	24.691	8.045	2.004	1.143	8.230	5.363	21.141	9.523
60	40	±0.60	2.0	2.934	3.737	18.412	9.831	2.220	1.622	6.137	4.915	20.702	8.116
			2.5	3.602	4.589	22.069	11.734	2.192	1.595	7.356	5.867	25.045	9.722
			3.0	4.245	5.408	25.374	13.436	2.166	1.576	8.458	5.718	29.121	11.175
			4.0	5.451	6.947	30.974	16.269	2.111	1.530	10.324	8.134	36.298	13.653
70	50	±0.60	2.0	3.562	4.537	31.475	18.758	2.634	2.033	8.993	7.503	37.454	12.196
			3.0	5.187	6.608	44.046	26.099	2.581	1.987	12.584	10.439	53.426	17.06
			4.0	6.710	8.547	54.663	32.210	2.528	1.941	15.618	12.884	67.613	21.189
			5.0	8.129	10.356	63.435	37.179	2.171	1.894	18.121	14.871	79.908	24.642
80	40	±0.70	2.0	3.561	4.536	37.355	12.720	2.869	1.674	9.339	6.361	30.881	11.004
			2.5	4.387	5.589	45.103	15.255	2.840	1.652	11.275	7.627	37.467	13.283
			3.0	5.187	6.608	52.246	17.552	2.811	1.629	13.061	8.776	43.680	15.283
			4.0	6.710	8.547	64.780	21.474	2.752	1.585	16.195	10.737	54.787	18.844
			5.0	8.129	10.356	75.080	24.567	2.692	1.540	18.770	12.283	64.110	21.744
80	60	±0.70	3.0	6.129	7.808	70.042	44.886	2.995	2.397	17.510	14.962	88.111	24.143
			4.0	7.966	10.147	87.945	56.105	2.943	2.351	21.976	18.701	112.583	30.332
			5.0	9.699	12.356	103.247	65.634	2.890	2.304	25.811	21.878	134.503	35.673
90	40	±0.75	3.0	5.658	7.208	70.487	19.610	3.127	1.649	15.663	9.805	51.193	17.339
			4.0	7.338	9.347	87.894	24.077	3.066	1.604	19.532	12.038	64.320	21.441
			5.0	8.914	11.356	102.487	27.651	3.004	1.560	22.774	13.825	75.426	24.819
90	50	±0.75	2.0	4.190	5.337	57.878	23.368	3.293	2.093	12.862	9.347	53.366	15.882
			2.5	5.172	6.589	70.263	28.236	3.266	2.070	15.614	11.294	65.299	19.235
			3.0	6.129	7.808	81.845	32.735	3.237	2.047	18.187	13.094	76.433	22.316
			4.0	7.966	10.147	102.696	40.695	3.181	2.002	22.821	16.278	97.162	27.961
			5.0	9.699	12.356	120.570	47.345	3.123	1.957	26.793	18.938	115.436	36.774
90	55	±0.75	2.0	4.346	5.536	61.75	28.957	3.340	2.287	13.733	10.53	62.724	17.601
			2.5	5.368	6.839	75.049	33.065	3.313	2.264	16.678	12.751	76.877	21.357
90	60	±0.75	3.0	6.600	8.408	93.203	49.764	3.329	2.432	20.711	16.588	104.552	27.391
			4.0	8.594	10.947	117.499	62.387	3.276	2.387	26.111	20.795	133.852	34.501
			5.0	10.484	13.356	138.653	73.218	3.222	2.311	30.811	24.406	160.273	40.712
95	50	±0.75	2.0	4.347	5.537	66.084	24.521	3.455	2.104	13.912	9.808	57.458	16.804
			2.5	5.369	6.839	80.306	29.647	3.247	2.082	16.906	16.895	70.324	20.364
100	50	±0.80	3.0	6.690	8.408	106.451	36.053	3.558	2.070	21.290	14.421	88.311	25.012
			4.0	8.594	10.947	134.124	44.938	3.500	2.026	26.824	17.975	112.409	31.35
			5.0	10.484	13.356	158.155	52.429	3.441	1.981	31.631	20.971	133.758	36.804

边长 (mm)		尺寸允许偏差 (mm)	壁厚(mm)	理论重量 (kg/m)	截面面积 (cm²)	惯性矩(cm⁴)		惯性半径(cm)		截面模数(cm³)		扭转常数	
H	B	$\pm\Delta$	t	M	A	I_x	I_y	r_x	r_y	W_x	W_y	I_t(cm⁴)	C_t(cm³)
120	50	±0.90	2.5	6.350	8.089	143.97	36.704	4.219	2.130	23.995	14.682	96.026	26.006
			3.0	7.543	9.608	168.58	42.693	4.189	2.108	28.097	17.077	112.87	30.317
120	60	±0.90	3.0	8.013	10.208	189.113	64.398	4.304	2.511	31.581	21.466	156.029	37.138
			4.0	10.478	13.347	240.724	81.235	4.246	2.466	40.120	27.078	200.407	47.048
			5.0	12.839	16.356	286.941	95.968	4.188	2.422	47.823	31.989	240.869	55.846
			6.0	15.097	19.232	327.950	108.716	4.129	2.377	54.658	36.238	277.361	63.597
120	80	±0.90	3.0	8.955	11.408	230.189	123.430	4.491	3.289	38.364	30.857	255.128	50.799
			4.0	11.734	11.947	294.569	157.281	4.439	3.243	49.094	39.320	330.438	64.927
			5.0	14.409	18.356	353.108	187.747	4.385	3.198	58.850	46.936	400.735	77.772
			6.0	16.981	21.632	105.998	214.977	4.332	3.152	67.666	53.744	165.940	83.399
140	80	±1.00	4.0	12.990	16.547	429.582	180.407	5.095	3.301	61.368	45.101	410.713	76.478
			5.0	15.979	20.356	517.023	215.914	5.039	3.256	73.860	53.978	498.815	91.834
			6.0	18.865	24.032	569.935	247.905	4.983	3.211	85.276	61.976	580.919	105.83
150	100	±1.20	4.0	14.874	18.947	594.585	318.551	5.601	4.110	79.278	63.710	660.613	104.94
			5.0	18.334	23.356	719.164	383.988	5.549	4.054	95.888	79.797	806.733	126.81
			6.0	21.691	27.632	834.615	444.135	5.495	4.009	111.282	88.827	915.022	147.07
			8.0	28.096	35.791	1039.101	519.308	5.388	3.917	138.546	109.861	1147.710	181.85
160	60	±1.20	3	9.898	12.608	389.86	83.915	5.561	2.580	48.732	27.972	228.15	50.14
			4.5	14.498	18.469	552.08	116.66	5.468	2.513	69.01	38.886	324.96	70.085
160	80	±1.20	4.0	14.216	18.117	597.691	203.532	5.738	3.348	71.711	50.883	493.129	88.031
			5.0	17.519	22.356	721.650	214.089	5.681	3.304	90.206	61.020	599.175	105.9
			6.0	20.749	26.433	835.936	286.832	5.623	3.259	104.192	76.208	698.881	122.27
			8.0	26.810	33.644	1036.485	343.599	5.505	3.170	129.560	85.899	876.599	149.54
180	65	±1.20	3.0	11.075	14.108	550.35	111.78	6.246	2.815	61.15	34.393	306.75	61.849
			4.5	16.264	20.719	784.13	156.47	6.152	2.748	87.125	48.144	438.91	86.993
180	100	±1.30	4.0	16.758	21.317	926.020	373.879	6.586	4.184	102.891	74.755	852.708	127.06
			5.0	20.689	26.356	1124.156	451.738	6.530	4.140	124.906	90.347	1012.589	153.88
			6.0	24.517	31.232	1309.527	523.767	6.475	4.095	145.503	104.753	1222.933	178.88
			8.0	31.861	40.391	1643.149	651.132	6.362	4.002	182.572	130.226	1554.606	222.49
200	100	±1.30	4.0	18.014	22.941	1199.680	410.261	7.230	4.230	119.968	82.152	984.151	141.81
			5.0	22.259	28.356	1459.270	496.905	7.173	4.186	145.920	99.381	1203.878	171.94
			6.0	26.101	33.632	1703.224	576.855	7.116	4.141	170.322	115.371	1412.986	200.1
			8.0	34.376	43.791	2145.993	719.014	7.000	4.052	214.599	143.802	1798.551	249.6
200	120	±1.40	4.0	19.3	24.5	1353	618	7.43	5.02	135	103	1345	172
			5.0	23.8	30.4	1649	750	7.37	4.97	165	125	1652	210
			6.0	28.3	36.0	1929	874	7.32	4.93	193	146	1947	245
			8.0	36.5	46.4	2386	1079	7.17	4.82	239	180	2507	308

续表

边长（mm）		尺寸允许偏差（mm）	壁厚（mm）	理论重量（kg/m）	截面面积（cm²）	惯性矩（cm⁴）		惯性半径（cm）		截面模数（cm³）		扭转常数	
H	B	±Δ	t	M	A	I_x	I_y	r_x	r_y	W_x	W_y	I_t(cm⁴)	C_t(cm³)
200	150	±1.50	4.0	21.2	26.9	1584	1021	7.67	6.16	158	136	1942	219
			5.0	26.2	33.4	1935	1245	7.62	6.11	193	166	2391	267
			6.0	31.1	39.6	2268	1457	7.56	6.06	227	194	2826	312
			8.0	40.2	51.2	2892	1815	7.43	5.95	283	242	3664	396
220	140	±1.50	4.0	21.8	27.7	1892	948	8.26	5.84	172	135	1987	224
			5.0	27.0	34.4	2313	1155	8.21	5.80	210	165	2447	274
			6.0	32.1	40.8	2714	1352	8.15	5.75	247	193	2891	321
			8.0	41.5	52.8	3389	1685	8.01	5.65	308	241	3746	407
250	150	±1.60	4.0	24.3	30.9	2697	1234	9.34	6.32	216	165	2665	275
			5.0	30.1	38.4	3304	1508	9.28	6.27	264	201	3285	337
			6.0	35.8	45.6	3886	1768	9.23	6.23	311	236	3886	396
			8.0	46.5	59.2	4886	2219	9.08	6.12	391	296	5050	504
260	180	±1.80	5.0	33.2	42.4	4121	2350	9.86	7.45	317	261	4695	426
			6.0	39.6	50.4	4856	2763	9.81	7.40	374	307	5566	501
			8.0	51.5	65.6	6145	3493	9.68	7.29	473	388	7267	642
			10	63.2	80.6	7363	4174	9.56	7.20	566	646	8850	772
300	200	±2.00	5.0	38.0	48.4	6241	3361	11.4	8.34	416	336	6836	552
			6.0	45.2	57.6	7370	3962	11.3	8.29	491	396	8115	651
			8.0	59.1	75.2	9389	5042	11.2	8.19	626	504	10627	838
			10	72.7	92.6	11313	6058	11.1	8.09	754	606	12987	1012
350	250	±2.20	5.0	45.8	58.4	10520	6306	13.4	10.4	601	504	12234	817
			6.0	54.7	69.6	12457	7458	13.4	10.3	712	594	14554	967
			8.0	71.6	91.2	16001	9573	13.2	10.2	914	766	19136	1253
			10	88.4	113	19407	11588	13.1	10.1	1109	927	23500	1522
400	200	±2.40	5.0	45.8	58.4	12490	4311	14.6	8.60	624	431	10519	742
			6.0	54.7	69.6	14789	5092	14.5	8.55	739	509	12069	877
			8.0	71.6	91.2	18974	6517	14.4	8.45	949	652	15820	1133
			10	88.4	113	23003	7864	14.3	8.36	1150	786	19368	1373
			12	104	132	26248	8977	14.1	8.24	1312	898	22782	1591
400	250	±2.60	5.0	49.7	63.4	14440	7056	15.1	10.6	722	565	14773	937
			6.0	59.4	75.6	17118	8352	15.0	10.6	856	668	17580	1110
			8.0	77.9	99.2	22048	10744	14.9	10.4	1102	860	23127	1440
			10	96.2	122	26806	13029	14.8	10.3	1340	1042	28423	1753
			12	113	144	30765	14926	14.6	10.2	1538	1197	33597	2042
450	250	±2.80	6.0	64.1	81.6	22724	9245	16.7	10.6	1010	740	20687	1253
			8.0	84.2	107	29336	11916	16.5	10.5	1304	953	27222	1628
			10	104	133	35737	14470	16.4	10.4	1588	1158	33473	1983
			12	123	156	41137	16663	16.2	10.3	1828	1333	39591	2314

续表

边长(mm)		尺寸允许偏差(mm)	壁厚(mm)	理论重量(kg/m)	截面面积(cm²)	惯性矩(cm⁴)		惯性半径(cm)		截面模数(cm³)		扭转常数	
H	B	±Δ	t	M	A	I_x	I_y	r_x	r_y	W_x	W_y	I_t(cm⁴)	C_t(cm³)
500	300	±3.20	6.0	73.5	93.6	33012	15151	18.8	12.7	1321	1010	32420	1688
			8.0	96.7	123	42805	19624	18.6	12.6	1712	1308	42767	2202
			10	120	153	52328	23933	18.5	12.5	2093	1596	52736	2693
			12	141	180	60604	27726	18.3	12.4	2424	1848	62581	3156
550	350	±3.60	8.0	109	139	59783	30040	20.7	14.7	2174	1717	63051	2856
			10	135	173	73276	36752	20.6	14.6	2665	2100	77901	3503
			12	160	204	85249	42769	20.4	14.5	3100	2444	92646	4118
			14	185	236	97269	48731	20.3	14.4	3537	2784	105760	4710
600	400	±4.00	8.0	122	155	80670	43564	22.8	16.8	2689	2178	88672	3591
			10	151	193	99081	53429	22.7	16.7	3303	2672	109720	4413
			12	179	228	115670	62391	22.5	16.5	3856	3120	130680	5201
			14	207	264	132310	71282	22.4	16.4	4410	3564	150850	5962
			16	235	299	148210	79760	22.3	16.3	4940	3988	170510	6694

注：表中理论重量按密度 7.85g/cm³ 计算。

5 C 型钢、Z 型钢及压型钢板、夹芯板

C 型钢、Z 型钢及压型金属板、夹芯板等轻型钢结构制品是一种用途广、用量大、轻快好省的高效建筑制品。广泛应用于低层多层建筑和公共建筑的围护结构，各种工业厂房、集成房屋等。在低层、多层钢结构住宅建筑体系中有一些采用 C 型钢、Z 型钢作为承重骨架、檩条、墙梁等；采用压型金属板、夹芯板作为屋面墙面围护结构，采用压型钢板作为组合楼板；相关的产品标准和行业技术规程都比较齐全。国内轻型钢结构厂家都可以生产 C 型钢、Z 型钢及压型金属板、夹芯板。

有关 C 型钢 Z 型钢及压型金属板、夹芯板产品的部分标准如下：

《冷弯薄壁型钢结构技术规范》GB 50018，《住宅轻钢装配式构件》JG/T 182，《建筑用压型钢板》GB/T 12755，《建筑用不锈钢压型板》GB/T 36145，《建筑用金属面绝热夹芯板》GB/T 23932。

6 结语

(1) 在国家政策的指引下，在住房和城乡建设部七省两市钢结构装配式住宅建设试点工作的推动下，我国钢结构装配式住宅体系的研究开发、推广应用得到快速进展。

(2) 热轧 H 型钢、高频焊接 H 型钢及钢管、方钢管、矩形钢管等钢铁型材产品是高效能产品，钢结构住宅的结构采用型材制作和螺栓连接可以大大减少工厂焊接、现场安装方便快捷，质量好、工期短，环保节能。在钢结构住宅建设中的应用前景广阔。

(3) 钢结构装配式住宅体系的研究开发及推广应用，设计院是龙头。有关钢铁厂和设计院应紧密合作研究开发，提出一套适合装配式钢结构住宅结构使用的型钢体系。

日本钢结构柱梁接合部的机器人焊接

松村浩史　　竹内直记

（株式会社神户制钢所焊接公司，日本）

摘　要　日本的建筑物中，约有35％是钢结构制造。为了提高生产效率和焊接质量，从1985年开始在钢结构柱梁接合部应用机器人焊接，现在几乎全部的钢结构制作公司都采用了机器人焊接。本文简单介绍钢结构机器人焊接系统，以供同行参考。

关键词　钢结构；机器人焊接；柱梁接合部；梁贯通形式；柱贯通形式

1　前言

日本是多地震的国家，在建筑构造方面，不仅要考虑符合耐震的设计规范，同时要有高质量、高效率的制造方式。所以日本的建筑物，约有35％是钢结构制造。而且从20世纪80年代开始，钢结构柱梁接合部采用机器人焊接，并随着钢结构的急速增加，得到普及和大量应用。

机器人焊接得到普及的最大原因是：可以连续长时间焊接、生产效率高、焊接质量稳定。当时的背景是中低层钢结构建筑的柱子，95％以上采用冷成型矩形钢管以及圆形钢管柱，而柱梁接合部的焊接多采用梁贯通形式，采用机器人焊接容易保证焊接质量。

机器人焊接得到大量推广应用，机器人成为了钢结构制作中不可缺少的生产设备，到目前为止已有3000台以上的焊接机器人设备投入实践应用。

2　柱梁接合部的焊接

2.1　柱梁接合部的焊缝形式

柱形式分为梁贯通形式和柱贯通形式。中低层建筑一般为梁贯通形式，超高层建筑一般为柱贯通形式。图1所示是梁贯通形式，图2所示是柱贯通形式。粗线的部分是焊接部。梁贯通形式的柱梁接合部焊接是高质量及高效率的平焊；而柱贯通形式的柱梁接合部焊接是比较难、效率低的横焊或者立焊。

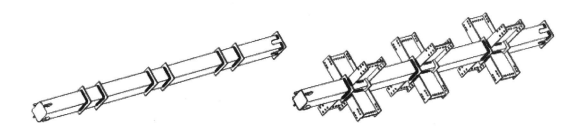

图1　梁贯通形式的柱梁接合部

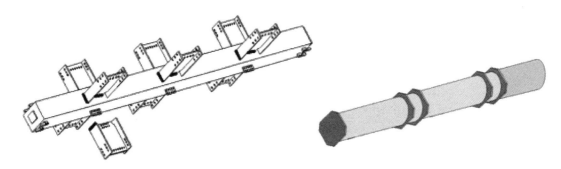

图 2　柱贯通形式的柱梁接合部

（1）梁贯通形式的柱子制作

图 3 所示为 Non bracket 方式。此方式是将连接隔板和核芯、柱干三者同时焊接，以此形成整体柱，是机器人焊接中最适用的构造。机器人焊接可以从连接隔板的两侧同时进行焊接，所以连接隔板的焊接变形很小，并且柱整体的直线精度很好。与梁的连接多采用现场焊接。

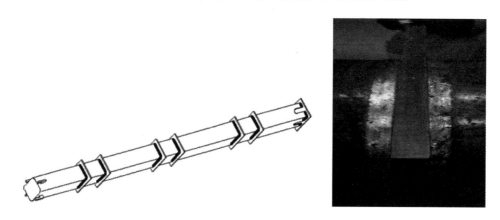

图 3　Non bracket 方式

图 4 所示是 Bracket 方式。此方式分为核芯焊接、接头焊接、柱大组装焊接 3 个工序，即使 3 个工序同时进行也可以焊接，全部在工厂内采用焊接机器人进行平焊焊接（图 5）。与梁的连接多采用高强度螺栓。

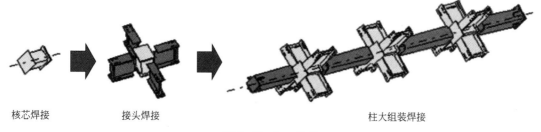

核芯焊接　　　　接头焊接　　　　　　　　　　　柱大组装焊接

图 4　Bracket 方式

（2）柱贯通形式的柱子制作

图 6 所示是 CFT（钢管混凝土）柱。在圆形钢管、角形钢管上嵌入环状隔板，对钢管和隔板进行横向姿势的 K 坡口焊接。从 2000 年开始，也被超高层钢结构建筑采用，其中也较多采用了机器人焊接。

图 7 所示是焊接组装箱形断面柱。在日本，一般用于超高层钢结构建筑的柱上，但是由于焊接部位易脆化，以及对四面进行埋弧焊接导致工作量增大等问题，在中低层钢结构建筑的柱上，被角形钢管和

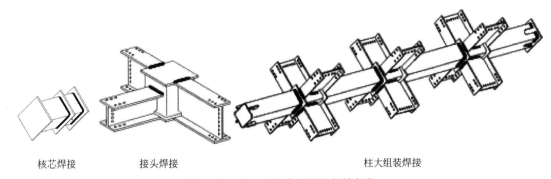

核芯焊接   接头焊接   柱大组装焊接

图 5　Bracket 方式中机器人焊接部位

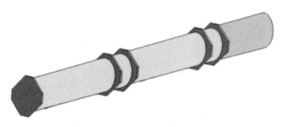

图 6　CFT 柱

圆形钢管代替，生产工厂也减少到 1/10 左右。此外，由于超高层建筑中更多地采用 CFT 柱，故焊接组装箱形断面柱的应用也有减少的倾向。柱贯通形式的柱梁接合部采用横向、立向焊接，其示意图如图 8、图 9 所示。

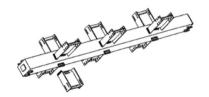

图 7　焊接组装箱形断面柱

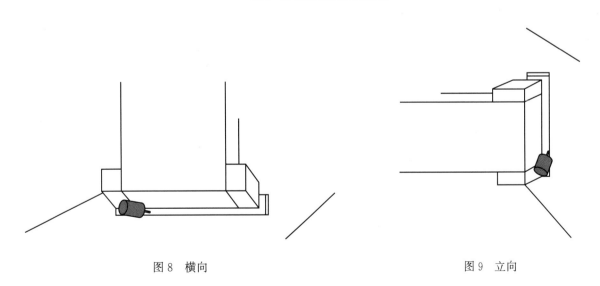

图 8　横向   图 9　立向

2.2　柱梁接合部的焊缝形状

焊接接缝形状和坡口形状如图 10、图 11 所示。图 10 的 T 形接缝是核芯焊接、柱大组装焊接（贯通隔板和柱干）、图 11 的对接接缝是接头部连接隔板和梁凸缘。

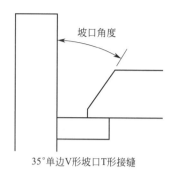

35°单边V形坡口T形接缝

图 10　圆管柱、柱大组装焊接

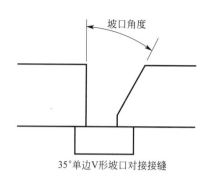

35°单边V形坡口对接接缝

图 11　接头焊接

在带有垫板的完全焊透焊接中，为了确保第 1 层的焊透度，必须要维持坡口角度、钝边、垫板接触度、根部间隔等精度。其精度如表 1 所示。

坡口的精度　　　　　　　　　　　　　　　　　　　　　　表 1

| 坡口角度 | 35°±1°,机械加工 | 垫板 | 板厚9mm、接触度1mm 以下 |
| 钝边 | 1mm 以下 | 根部间隔 | 4～10mm 为应用范围 |

3. 钢结构焊接机器人系统

图 12～图 14 所示为柱大组装焊接机器人系统。图 12 是 Non bracket 方式（矩形钢管）焊接，图 13 是 Bracket 方式（矩形钢管）焊接，图 14 是 Bracket 方式（圆形钢管）焊接。

图 12　Non bracket 方式（矩形钢管）焊接
（单丝电弧焊接机器人系统）

图 13　Bracket 方式（矩形钢管）焊接
（2 电弧焊接机器人系统）

图 14　Bracket 方式（圆形钢管）焊接
（2 电弧焊接机器人系统）

图 15 是可以焊接核芯（圆柱和连接隔板）、接头部（梁凸缘和连接隔板）的兼用焊接机器人系统。

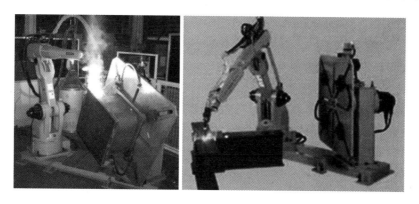

图 15　核芯、接头部焊接机器人系统

不管哪种系统都如图 16 所示，由焊接机器人（操作机、机器人控制器、焊接电源）、变位机（固定焊接对象工件）、移动装置（机器人移动装置，核芯焊接中不需要）以及计算机（内设有钢结构软件）构成。钢结构软件作为钢结构焊接机器人系统的头脑，进行工件尺寸的输入，焊接条件的归纳、生成、管理，动作形式的生成、管理，动作结果状况的归纳、管理。

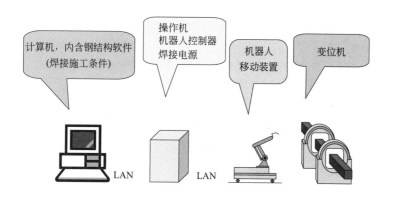

图 16　钢结构焊接机器人系统的构成

图 17 是柱大组装焊接机器人系统的计算机数据输入画面，通过输入从图纸得到的信息（板厚、圆柱径、接头间隔、坡口角度等），就能进行机器人焊接的准备。关于坡口间隔、矩形钢管的角部大小等变动，可以通过对应机器人的传感功能，在焊接中使用电弧传感追踪焊接线。

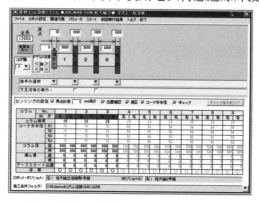

图 17　柱大组装焊接机器人系统输入画面

图 18 是柱梁接合部（矩形钢管和连接隔板）以及核芯焊接部的断面照片，图 19 是焊缝外观照片。

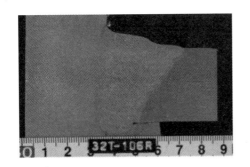

图 18　断面宏观照片

图 19　外观照片

图 21 是图 20 所示接头构造的连接隔板和梁凸缘的焊接部断面，图 22 是焊缝外观照片。

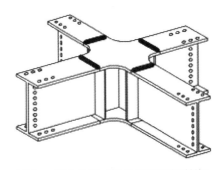

图 20　接头构造（连接隔板和梁翼缘）

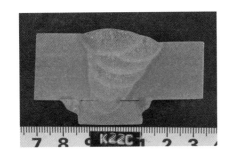

图 21　焊接部位断面断照片

图 22　焊缝外观

4　机器人焊接的优点

图 23 是日本《钢结构技术》2006 年 11 月对 155 家钢结构制作公司调查的结果。采用机器人焊接的优点是：极大提高生产效率、焊接质量稳定、弥补焊接技术工人的不足、缩短交货期。

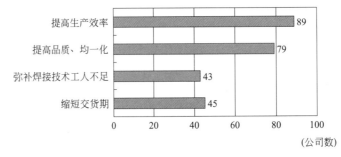

图 23　采用机器人焊接的优点

4.1 提高生产效率

表 2 所示是机器人焊接和半自动焊接生产效率（计算值）的比较。在机器人焊接中，通过缩短工件的反转时间、天车等待时间以及连续长时间焊接等，可以达到以往 2～4 倍的生产效率。此外，2 电弧焊接机器人系统在超过 8 小时连续无人化运转时，生产效率可以达到以往 7 倍左右。

机器人焊接和半自动焊接生产效率比较 表 2

		半自动焊接		机器人焊接				半自动焊接		机器人焊接	
		1 人	2 人	单丝	2 电弧			1 人	2 人	单丝	2 电弧
电弧发生率（%）	1	30	30	45	45	生产根数 /8h*	1	1.3	2.6	1.9 2.0	3.8 4.0
	2	30	30	64	63		2	0.3	0.6	0.7 1.0	1.4 2.0
焊接时间（min）	1	112	56	112	56	生产效率*	1	1.0	2.0	1.6 1.8	3.1 3.3
	2	448	224	448	224						
非焊接时间（min）	1	252	131	135	59		2	1.0	2.0	2.1 3.3	4.2 6.6
	2	1044	522	257	129						
全作业时间（min）	1	374	187	248	125						
	2	1492	749	695	353						

注：1—方钢管 250□×16t×6 接缝（间隙为 6mm 的时候）。

2—方钢管 600□×25t×6 接缝（间隙为 6mm 的时候）。

* 表示 1、2 下段都是超过 8 小时无人化运转的情况。

4.2 焊接质量稳定

钢结构焊接机器人系统，预先在钢结构施工软件中内设焊接施工条件，这些焊接施工条件是通过日本机器人工业会实施的"建筑钢结构焊接机器人型式认证试验"认证的。表 3 所示是低温成型方钢管（BCP325，490N/mm²）和连接隔板，采用焊接机器人焊接的强度、韧性的一个实例，现给出型式认证试验合格值供参考。

机器人焊接的强度、韧性 表 3

根部间隙	部位	焊接金属			吸收能量 0℃(J)
		屈服应力(N/mm²)	拉伸强度(N/mm²)	伸长率(%)	
4mm	直线	528	609	34	DEPO 144
					HAZ 240
	角部	—	—	—	DEPO 170
					HAZ 240
10mm	直线	462	562	33	DEPO 160
					HAZ 208
	角部	—	—	—	DEPO 168
					HAZ 220
型式认证 10mm	直线	—	490N/mm² 级钢 530N/mm² 以上		DEPO HAZ 共 27 以上
	角部	—	—	—	

在半自动焊接中，焊接条件以及焊接施工顺序等是由焊接技术人员决定的，所以不能进行充分的质量管理。但是在机器人焊接中，机器人中内藏有合适的焊接软件，也可以预先向机器人内输入焊接顺

序，所以能够进行层间温度和焊接变形的控制，保证钢结构的焊接质量。

4.3 弥补焊接技术工人的不足

钢结构柱梁接合部的焊接，要求工人具有较高的技能和丰富的经验，目前有经验的、年轻的焊接工人很缺乏。机器人焊接只要求具有一定水平的焊接技能，通过设定简单的操作程序机器人就能代替高级焊接技术工人。

5 日本焊接机器人的普及状况

从 1985 年左右至 2006 年末约 20 年的时间内，钢结构焊接机器人的应用台数超过 3000 台。图 24 是加盟日本钢结构制作公司产业团体即全国钢结构工业协会的公司中应用钢结构焊接机器人的比例，占全体约 3000 家加盟公司的 65％左右，而在 H 等级的大规模公司中，更是占 87％的比例。

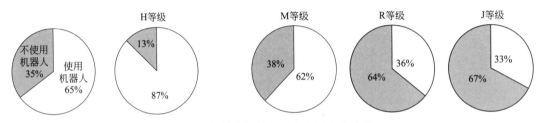

图 24　钢结构焊接机器人应用企业比例

6 结语

2006 年日本的建筑钢结构总量是 730 万 t 左右，钢结构柱梁接合部大量采用梁贯通形式的方钢钢管、圆形钢管的柱子，其柱梁接合部几乎全部采用机器人焊接，最近随着 CFT（钢管混凝土）柱的应用增多，适用于柱贯通形式的机器人焊接（横向 K 坡口）也逐步增加。机器人焊接的优点得到关注和认可，在目前设计施工标准愈发严格的背景下，为了焊接质量的稳定和提高，将越来越多地采用机器人焊接。我们期待在中国，机器人焊接技术也能得到推广应用。

注：技术名词解说。

1）连接隔板：柱梁接合部构成核芯的上下平板。它的作用是，将柱子横断，与梁翼缘连接，将梁的应力传到柱子。其他类型有内隔板、外隔板。

2）2 电弧焊接机器人系统

是 2 台焊接机器人同时进行柱大组装焊接的高效率焊接机器人系统。

3）等级

在日本把钢结构制作公司划分为五个等级，从上到下为 S、H、M、R、J。在采用焊接机器人的公司中，H、M 等级的钢结构制作公司较多。

蒸压加气混凝土板材在装配式建筑上的应用

杨云凤　李雪君　高旭冉　翟亚杰

（北京金隅加气混凝土有限责任公司，北京）

1　产品简介

加气混凝土是一种轻质、多孔的新型墙体建材，具有质量轻、保温好、可加工和耐火等优点。它能够制成不同规格的砌块、板材和保温制品，普遍应用于工业和民用建筑的承重或围护填充构造，受到世界各国建筑业的普遍青睐，成为许多国家鼎力推行和开展的一种建筑材料。

加气混凝土是以硅质资料（砂、粉煤灰及含硅尾矿等）和钙质资料（石灰、水泥）为主要原料，掺加发气剂（铝粉、铝膏），经过配料、搅拌、浇筑、预养、切割、蒸压、养护等工艺过程制成的轻质多孔硅酸盐制品。因其经发气后含有大量平均而细小的气孔，故名加气混凝土。

2　加气条板规格及性能

（1）板材性能

1）保温节能：金隅加气制品 B04～B06 级导热系数在 0.09～0.14W/(m·K)。单一材料可以满足墙体节能要求。

2）防火阻燃：加气墙体耐火极限可达 4 小时以上，为 A 级不燃材料，是防火材料首选。

3）隔声降噪：加气制品根据墙体厚度和墙面处理方式不同，可以满足各种环境的隔声要求。150mm 墙体隔声达 46dB。

4）轻质高强：加气制品的密度为 400～700kg/m^3，可有效减轻建筑的自重，减少投入，提高性能。

5）抗震耐久：加气墙体能适应较大的层间位移，抗震性能突出，耐久性好，与建筑物同寿命。

6）抗渗防水：加气制品表面均匀、微小的气孔，不会饱和吸水，可使用在厨房、卫生间等有防水要求的区域。

7）施工快捷：加气砌块及板材，采用专用配套材料及工具，干法施工，方便快捷。

8）尺寸精准：加气制品，生产设备精良，工艺先进，尺寸偏差小，墙面平整度高。

9）绿色环保：加气制品的原材料和成品均为无机材料，真正低碳环保。

10）经济适用：加气制品质轻、保温、施工快捷，综合造价低，经济性强。

（2）板材规格参数（表 1、表 2）

墙板规格参数（单位：mm）　　　　　　　　　　　　　表 1

	板厚	50	75	100	125	150	175	200	250	300
最大板长	内墙板	1400	3000	4000	5000	6000	6000	6000	6000	6000
	外墙板	—	—	3500	4500	5500	6000	6000	6000	6000
宽度						600				

条板技术性能指标 表2

项目	条板技术性能指标			
	B05		B06	
密度级别	标准要求	实测值	标准要求	实测值
抗压强度/平均值(MPa)	≥3.5	3.5	≥5.0	5.0
干密度(kg/m³)	≤525	490	≤625	588
导热系数 W/(m·K)	≤0.14	0.10	≤0.16	0.11
干燥收缩值(mm/m)	≤0.50	0.47	≤0.50	0.48
抗冲击性能	≥5	经10次冲击,板面无裂纹		
吊挂力(N)	≥1000	加载1000N,静置24h,板面无裂缝		
隔声量(dB)	≥45	150mm厚板材,隔声≥45dB		
耐火极限(h)	≥4	150 mm厚板材≥4h,A级不燃材料		

3 隔墙板细部做法

隔墙板:加气混凝土隔墙板以其具有轻质、保温、隔声、高强和良好的可加工等综合性能,被广泛应用于各种非承重隔墙,单点吊挂100kg(≥1000N)。其显著特点是施工时无须吊装,良好的可加工性能(可钉、可锯、可粘结),人工即可进行安装,且平面布置灵活;由于隔墙板幅面较大,故比其他砌体墙施工速度快,劳动强度低而且墙面平整,缩短施工周期。加气混凝土内墙板可有效地减轻建筑自重,可根据需求配置内部钢筋,加气混凝土板与结构采用柔性连接,能适应较大的层间位移,耐久性强。墙体可根据客户需求调整安装位置,充分体现出加气混凝土内墙板安装的灵动性。

加气板材还具有预埋线管线盒技术,进一步满足装配式建筑的需求(图1)。

图1 内墙管线预埋

节点做法、细部处理见图2。

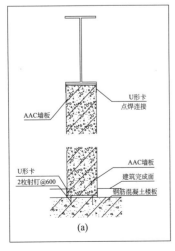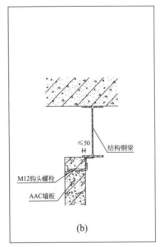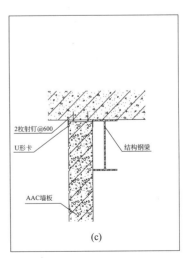

图2 节点做法、细部处理示意图

(a)上下U形卡做法节点一;(b)内墙板少量搭接钢梁安装节点;(c)内墙板钢梁测安装节点

294

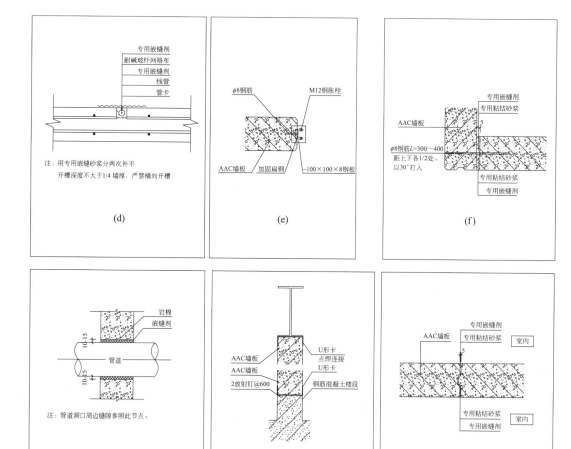

图2 节点做法、细部处理示意图（续）

（d）内墙线管开槽处理节点；（e）后置埋件安装示意图；（f）内墙转角加强处理节点；

（g）管道减震处理节点；（h）上下U形卡做法节点二；（i）内墙板拼缝处理节

4 钢结构外墙

外墙板：加气混凝土外墙板具有热导率小、保温性能好，优良的防火及抗震性能。不仅表观密度小，而且具有足够的强度（板内设置配筋），设防烈度6度区外墙可采用柔性缝与半柔性缝结合；设防烈度7、8度区外墙应全部采用柔性缝，广泛应用于装配式钢结构外墙（图3）。

图3 外墙板

（1）内嵌节点做法，梁柱特殊部位处理见图4。

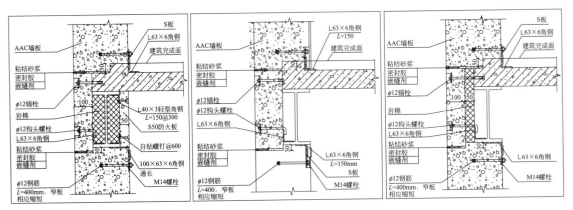

图4 内嵌节点做法，梁柱特殊部位处理

（2）外挂节点做法，特殊部位处理见图5。

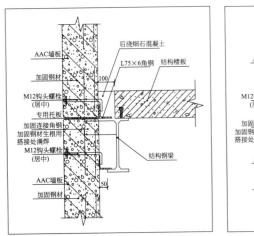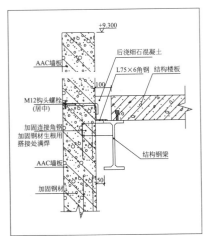

图5 外挂节点做法，特殊部位处理

（3）优势。

加气混凝土外墙板，轻质高强，不含放射性物质，不会产生任何有害气体，广泛应用到装配式钢结构建筑、传统钢筋混凝土结构的建筑中，外墙板施工采用成熟安装节点及机具，施工工艺便捷，能有效缩短建设工期，降低工程造价，保证建筑围护结构具有较强的抗震性能。

在外墙防水上，实现了构造防水+材料防水的做法，双层防水保障，有效降低外墙渗水隐患。

防火板：加气混凝土防火墙板主要原材料为无机材料，具有保温隔热和良好的耐火性能，并且遇火不散发有害气体，对建筑物中的钢筋具有较好的隔热保护作用，适用于医院、学校、车站等公共场所的钢梁、钢柱围护结构，能够满足住宅规范中的钢柱防火要求，又可有效抵抗钢结构变形大导致接缝处开裂问题，并满足抗震要求，外饰面装饰简单，与其他防火材料相比施工便捷，现场无污染，见图6。

图6 防火板

5 钢结构仓储

防火墙节点做法、细部处理见图 7。

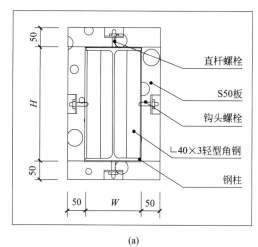

(a)

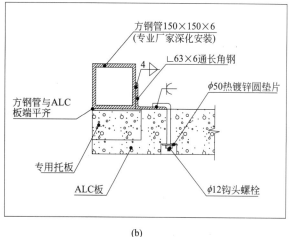

(b)

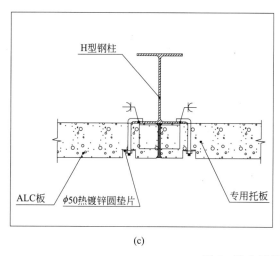

(c)

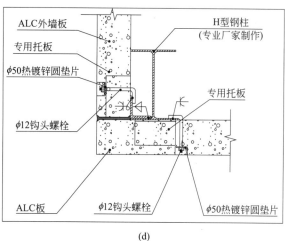

(d)

图 7 防火墙节点做法、细部处理

（a）防火墙包柱节点图；（b）提升门加固节点图；（c）防火墙安装节点图；（d）外墙转角安装节点图

6 项目应用案例

（1）昆山中南世纪城 21 号楼（图 8）

项目信息：建筑面积 15410.44m²，地下 2 层，地上 33 层，建筑高度 96.65m 结构形式为钢框架-中心支撑体系，钢结构采用 S50 板材防火，外墙采用 B05 级 150 厚加气外墙板＋涂料饰面，满足 65 节能标准。

使用部位：外围护墙（应用 100％），内隔墙（应用 100％）。

技术特色：装配式钢结构建筑；加气板单一材料自保温，构造防水＋材料防水。外托挂柔性连接节点，150 厚外墙增加户内使用面积 4％到 6％。

竣工时间：2017 年 12 月。

（2）成寿寺 B5 地块定向安置房项目（图 9）

项目信息：建筑面积 32559.00m²，地上建筑共分为 4 段，其中 1 段地上 9 层，建筑高度为 27.15m；2 段地上 12 层，建筑高度为 37.45m；3 段地上 16 层，建筑高度为 49.05m；4 段地上 9 层，

图 8　昆山中南世纪城 21 号楼

建筑高度为 27.15m，钢框架剪力墙结构外墙采用 B05 级 150 厚加气板＋保温装饰一体化板，B04 级 300 厚加气板单一墙，满足建筑 75 节能标准。

使用部位：外围护墙（应用 80%），内隔墙（应用 100%）。

技术特色：钢框架钢板阻尼墙，B04 级加气板单一墙满足 75 节能，外墙部分加气板组装单元体。

竣工时间：2017 年 6 月。

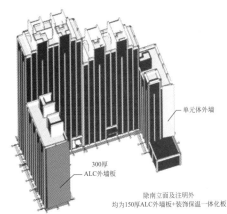

图 9　成寿寺 B5 地块定向安置房项目

图 9　成寿寺 B5 地块定向安置房项目（续）

（3）北京市丰台区南苑乡槐房村和新宫村 1404-567、659 地块（配建公共租赁住房）（图 10）

项目信息：建筑面积 61963.4m²，地下 3 层，地上 16 层，建筑高度 44.90m，钢框架支撑结构。外墙采用 B05 级 200 厚加气板＋75 厚保温装饰一体化板。

使用部位：外围护墙（应用 100%），内隔墙（应用 100%）。

技术特色：装配式钢结构建筑；外墙采用钩头螺栓做法，节点做法成熟，满足抗震要求。

竣工时间：2020 年 2 月。

图 10　北京市丰台区南苑乡槐房村和新宫村 1404～567、659 地块项目

（4）北京市昌平区中西医结合医院住院楼建设工程（图 11）

项目信息：建筑面积 27563.88m²，地上 11 层，建筑高度 44.65m。

结构形式：钢框架-屈曲约束支撑结构体系。

建筑外墙采用 B06 级 200 厚加气板＋100 厚保温装饰一体化板，满足 75 节能标准。

使用部位：外围护墙（应用 100%），内隔墙（应用 95%）。

技术特色：装配式钢结构建筑；外墙加气板组装单元体；200 厚加气墙板隔声 50dB。

竣工时间：2020 年 12 月。

图 11　北京市昌平区中西医结合医院住院楼

（5）景山学校通州校区（图 12）

项目信息：建筑面积 96835.83m^2，地上 4 层，建筑高度 25.6m。

结构形式：钢框架-屈曲约束支撑结构体系。

建筑外墙采用 B05 级 150 厚加气板＋100 厚保温装饰一体化板，满足 75 节能标准。

建筑内墙采用 100、150、200 厚 B06 级加气板。

部分钢结构采用 S50 板材防火。

使用部位：外围护墙（应用 100%），内隔墙（应用 100%）。

技术特色：装配式钢结构建筑；外墙超大窗口，造型墙体；200 厚加气板隔声 50dB。

竣工时间：2021 年 5 月。

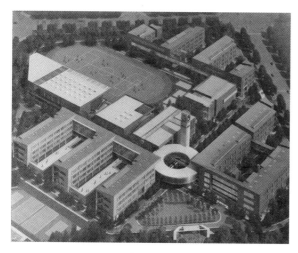

图 12　景山学校通州校区

（6）人大附中北京经济技术开发区实验学校建设工程（图 13）

项目信息：建筑面积 149697.80m²，其中地上 99697.80m²，地下 50000.00m²，地上 4/8 层，建筑高度 24m；钢框架/混凝土框架-剪力墙/装配式剪力墙/钢筋混凝土框架，建筑外墙采用 B05 级 200 厚加气板＋100 厚无机纤维喷涂保温层，饰面层（陶板、石材、金属板、真石漆等）满足 75 节能标准；建筑内墙采用 100、150、200 厚 B05 级加气板。

使用部位：外围护墙（应用 100%），内隔墙（应用 100%）。

技术特色：装配式钢结构建筑；局部圆弧造型墙体和超大窗口，200 厚加气板隔声 50dB。

竣工时间：2021 年 5 月。

（7）中国尊大厦（图 14）

项目信息：总建筑面积 43.7 万 m²，地上 108 层、地下 7 层，建筑总高 528m，外框筒和核心筒结构。

内墙采用 B05 级 200、150、100mm 厚加气墙板。

外墙采用 B06 级 200mm 厚加气墙板＋外幕墙体系。

使用部位：外围护墙（应用 5%），内隔墙（应用 90%）。

技术特色：超高层建筑，满足抗震等级要求；内墙采用钩头螺栓＋U 形卡做法，机电穿墙洞口配合 BIM 技术深化设计。

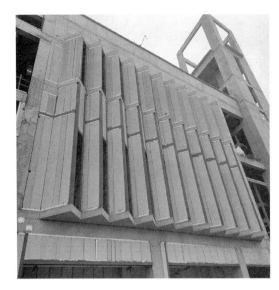

图 13　人大附中北京经济技术开发区实验学校

竣工时间：2018 年 10 月。

图 14　中国尊大厦

图 14　中国尊大厦（续）

（8）北京城市副中心行政办公区项目（图 15）

项目信息：包括 B3、B4、C1、C2、C3、C5、C6、C7、警务服务中心等项目，采用钢框架结构。

内墙采用 B05 级 200、150、100mm 厚加气墙板。

外墙采用 B05 级 200mm 厚加气墙板＋岩棉条薄抹灰系统，满足 75 节能标准。

使用部位：外围护墙（应用 80％），内隔墙（应用 90％）。

技术特色：钢结构装配式；外墙采用钩头螺栓做法，内墙采用 U 形卡做法，200 厚加气板隔声 50dB。

竣工时间：2017 年陆续竣工。

图 15　北京城市副中心行政办公区项目

图 15　北京城市副中心行政办公区项目（续）

TDD 可拆底模钢筋桁架楼承板在装配式建筑中的应用

陶红斌　程晓鹏　王保强

（多维联合集团有限公司，北京）

摘　要　装配式建筑是国务院、住房和城乡建设部及全国各省市着力推进的新型建筑技术。装配式建筑产业的发展已被纳入国家发展战略，并被列入《北京市鼓励发展的高精尖产品目录（2016 年版）》中"高精尖"鼓励发展重点产业（三、集成服务产品 29. 绿色建筑多功能集成服务。预制装配式住宅部品生产及集成服务）。现今，装配式建筑在结构体系中已积累了技术优势，楼板体系作为装配式建筑的三板体系之一，是重要的组成部分。

关键词　装配式建筑；楼板；TDD 可拆底模钢筋桁架楼承板

1　TD 系列产品简介

1.1　TD 系列产品的定义

目前行业内钢筋桁架楼承板有 TDV，TDM，TDD 三种板型。

TD 为"TRUSS DECK"的缩写，意为桁架板，此 TD 代号为钢筋桁架楼承板，简称"TD 桁架板"。

TDV 底模板为镀锌钢板，底模的肋为 V 型，背面具有明显的焊点。

TDM 底模板为镀锌钢板，底模的肋为 M 型，背面没有焊点。

TDD 底模板为竹胶板，底模在混凝土达到强度后可以拆掉。

1.2　TD 桁架板的发展

TD 桁架板自 2004 年开始在国内得以推广，在 2010 年行业颁布《组合楼板设计与施工规范》CECS 273—2010，在 2011 年后随着国产钢筋桁架设备的成熟与普及，TD 桁架板在国内得到大量应用，占据楼承板市场 80％以上的份额。

最初推向市场的板型宽度为 576mm 和 600mm，钢筋桁架间距为 188mm 和 200mm，皆采用单折边，板型图见图 1。

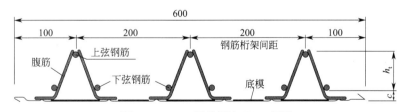

图 1　600mm 宽单折边 TDV 板型

多维联合集团是钢筋桁架楼承板行业内具有代表性的企业之一，其于 2011 年斥资 5000 万元从欧洲引进世界上最先进的 EVG 钢筋桁架焊接成型设备，成立专业从事钢筋桁架楼承板设计、研发、制造、销售为一体的公司。至今，已经获得 2 项发明专利，5 项实用新型专利，形成了具有特色的 TD 系列桁架板体系。

（1）2011年改进了行业内TDV型桁架板

鉴于单折边板型存在板边容易变形的特点、浇筑混凝土时容易漏浆的不足，多维联合集团研发了双折边钢筋桁架楼承板，板型见图2。

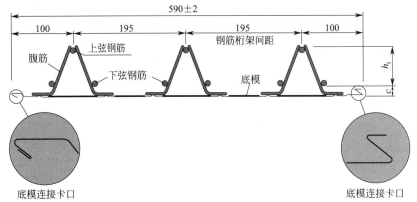

图2　590mm宽双折边TDV桁架板板型

（2）2013年推出TDM型桁架板

鉴于TDV型桁架板的底模背面存在焊点，不美观，易生锈，为满足特殊项目的功能性需求，多维联合集团研发了TDM型桁架板，其桁架板的底模背面无焊点，平整美观。板型见图3。

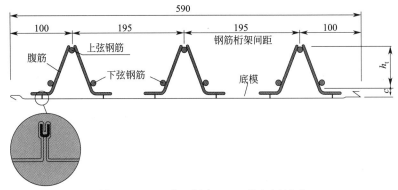

图3　590mm宽双折边TDM桁架板板型

（3）2015年推出TDD型桁架板

长期以来，除叠合板以外，装配式居住类建筑一直找不到一种合适的、能在楼板底部刮腻子的楼承板。国家鼓励并且大力推广装配式建筑，多维联合集团抓住这个建筑业转型的机遇，为居住类建筑提供一种能满足其功能性需求的楼承板产品，历经成套技术研发与市场推广，于2015年推出TDD桁架板。板型见图4。

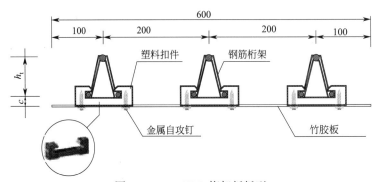

图4　600mmTDD桁架板板型

2 TDD 可拆底模钢筋桁架楼承板介绍

2.1 材料组成

钢筋桁架、竹胶板底模、扣件、自攻螺钉、C 形支撑件。

2.2 材质与规格

上下弦钢筋：热轧三级盘螺钢筋，牌号 HRB400。

直径：6mm、8mm、10mm、12mm。

竹胶板：15mm 厚。

扣件：塑料材质，满足受力要求。

2.3 产品规格

钢筋桁架高度：70～270mm。

楼板厚度：100～300mm。

保护层厚度：15～30mm。

2.4 产品设计

竹胶板模板可重复利用，每次使用都存在一定的损耗率。为减少模板的损耗率，将模板设计为标准板与接板两种类型，标准板为通用板，尺寸为 600mm×1200mm，接板是按照板长设计确定。标准板适用于各个采用 TDD 桁架板的项目，这样有效地降低了模板的损耗。

同时，为提高制作产量，标准板与扣件可以做到 24 小时不间断地组装，在制作成品时只需要制作接板就可以直接出成品。

3 TDD 可拆底模钢筋桁架楼承板应用

3.1 多高层钢结构居住建筑中应用

（1）施工流程

TDD 可拆底模钢筋桁架楼承板进场→吊装至指定位置→根据详图安装铺设→梁边布置封边条→边模板安装→栓钉焊接→洞口预留→管线敷设→附加钢筋设置→布置临时支撑→验收→浇筑混凝土→临时支撑与底模板拆除。

（2）施工主要控制点

使用 TDD 可拆底模钢筋桁架楼承板要保证以下 5 点：

1）TDD 可拆底模钢筋桁架楼承板在梁上的搭接长度要满足规范要求；

2）相邻的模板须在同一平面，错缝的偏差±2mm；

3）模板与钢梁之间缝隙需要用封边条处理好，防止浇筑混凝土时漏浆；

4）浇筑楼板混凝土时，在钢梁上方或临时支撑的上方倾倒，并迅速向两边摊开，须避免楼板混凝土堆积过高导致楼承板局部变形量过大；

5）楼板混凝土强度达到 75% 后拆除临时支撑与模板。

（3）施工节点技术要求

1）TDD 可拆底模钢筋桁架楼承板通常沿短跨方向铺设，在设计时，钢筋桁架每端的长度至少比模板长 50mm，在垂直于钢梁铺设时，钢筋桁架搭接在梁上，满足规范中搭接长度≥50mm 的要求，底模板与钢梁对接，便于拆卸模板，节点图见图 5。

2）在底模板背面布置特制的 C 形专利支撑件，TDD 可拆底模钢筋桁架楼承板铺设时，支撑件相错插接，使同一个单元的楼承板在一个平面上，保证整体的刚度，防止产生错台，设计节点见图 6。

3）在底模板与钢梁连接的地方，设计为对接方式，考虑到结构的安装误差，可将模板按照负偏差 10mm 确定长度尺寸，安装 TDD 可拆底模钢筋桁架楼承板时，使其中一端与钢梁无缝对接，另一端缝

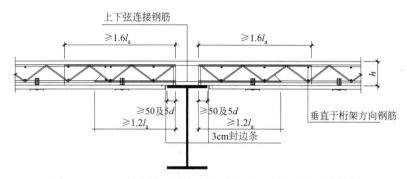

图 5 TDD 可拆底模钢筋桁架楼承板垂直于钢梁的铺设节点

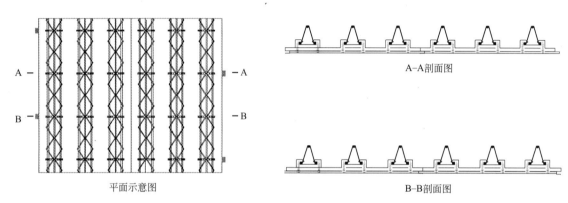

平面示意图

A-A剖面图

B-B剖面图

图 6 TDD 可拆底模钢筋桁架楼承板特制 C 形专利支撑件插接节点

隙用 3cm 的封边条封堵，防止浇筑混凝土时漏浆。设计节点见图 7。

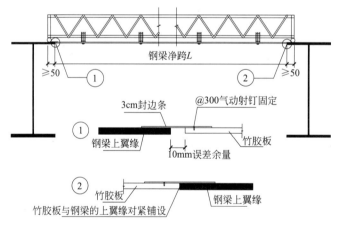

图 7 TDD 可拆底模钢筋桁架楼承板封边条布置节点

4）底模板重复使用，材料选择竹胶板，相对于普通木模版或者复塑板，其刚度较大，拆除后板底面成型效果较好，平整美观。

（4）应用案例

北京朝阳区黑庄户定向安置房项目，北京中粮天恒天悦壹号项目，北京国门商务区科研配套集体职工宿舍项目，河北保定安悦佳苑项目，河北沧州荣盛花语馨苑项目等。

3.2 多高层装配式钢筋混凝土建筑中应用

（1）施工流程

TDD 可拆底模钢筋桁架楼承板进场→吊装至指定位置→根据详图安装铺设→ 洞口预留→管线敷

设→附加钢筋设置→布置临时支撑→验收→与梁同时浇筑混凝土→临时支撑与底模板拆除。

（2）施工节点技术要求

1）TDD可拆底模钢筋桁架楼承板通常沿短跨方向铺设，在设计时，钢筋桁架与底模板长度一致，模板顶在钢筋混凝土梁的侧模上，模板以梁侧模的木方为支座，节点见图8。

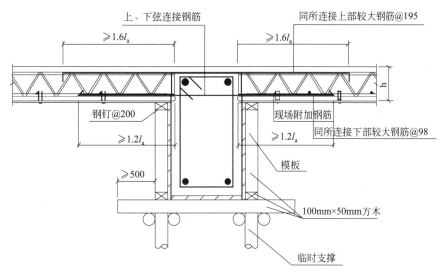

图8　TDD可拆底模钢筋桁架楼承板垂直于混凝土梁的铺设节点

2）TDD可拆底模钢筋桁架楼承板在钢筋混凝土建筑中应用，钢筋桁架可以提供无支撑刚度，可以免去次龙骨的布置，同时根据设计的楼承板的型号，可以计算免支撑的跨度，减少整个项目的支撑布置。现场施工照片见图9。

图9　TDD可拆底模钢筋桁架楼承板在钢筋混凝土建筑中施工照片

（3）应用案例

天津中海天空之境项目，河北秦皇岛未来中心项目，日照大象和悦万家项目，东营垦利区第四实验小学项目，山东广饶贵和府项目等。

4　TDD可拆底模钢筋桁架楼承板优点

TDD可拆底模钢筋桁架楼承板的加工工作在工厂完成，响应国家装配式建筑政策，减少现场施工及管理人员，有利于我国城市健康、绿色发展。

钢筋桁架可以替代楼板中的受力钢筋，同时可以提供无支撑刚度，减少了现场的钢筋绑扎及临时支撑布置，节省工期。

相对于叠合板，TDD可拆底模钢筋桁架楼承板的楼板厚度可以做到更薄，最小厚度与现浇板一致，可以做到100mm；质量较轻，可以不依靠机械铺设，减少了综合成本。

桁架空间较大，穿钢筋及管线相对叠合板比较容易；现场方便预留洞口，施工更加便捷。

5 结语

TDD可拆底模钢筋桁架楼承板可以按照水平投影面积计算装配率，工业化程度高，底模板可以回收重复利用，安装方便，降低了劳动力使用量。在目前的装配式建筑中使用已越来越广泛，其经济性与便捷性得到了有效的验证。TDD可拆底模钢筋桁架楼承板与装配式建筑结合，使施工现场的进度、质量、施工文明程度均得到了极大的提高，具有非常好的应用前景。

钢结构建筑装配式板材应用与思考

张树辉　张　波　阚大彤　孙滢雪　刘　赛

（山东万斯达科技股份有限公司，济南）

摘　要　最近十年装配式钢结构建筑发展快速。作为装配式钢结构建筑中不可或缺的楼板、外墙板、内墙板有了长足的发展，在不断实践和探索的过程中，积累经验。本文重点讲述钢结构建筑用楼板、内墙板、外墙板这三个装配式板材的实践与探索。

关键词　装配式；钢结构；楼板；外墙板；内墙板

钢结构建筑在公共建筑、工业建筑上已然发展得非常好了，大型场馆一般都采用钢结构建筑形式。在民用建筑领域需要有配套合适的楼板、外墙板和内墙板，才能发挥钢结构建筑的优势。下面重点针对这三种板材论述。

1　楼板

1.1　装配式钢结构对楼板的要求

（1）钢结构施工速度快、便捷，要求能够快速施工、方便安装的楼板。

（2）钢结构大柱网、大开间，要求跨度大、自重轻、刚度好的楼板。

（3）钢结构要求防腐、防火、耐久性能好的楼板。

我们最希望看到的是大柱网钢结构配上大跨、自重轻、刚度好的楼板，能够快速施工，防火、耐久性好，经济环保。

1.2　针对钢结构特点的楼板实践

行业专家、学者对钢制楼板研究较多，我们的研究方向主要在适合钢结构用的混凝土楼板上。针对钢结构对楼板的要求，研发了预应力混凝土钢管桁架叠合板（PKⅢ）。这项技术至今已有 20 多年历史，里面有周绪红院士、吴方伯教授等技术带头人的心血。

PKⅢ型板由预制预应力混凝土底板和钢管桁架组成，与现浇层共同作用形成叠合板（图 1）。

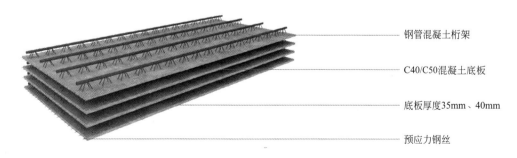

钢管混凝土桁架

C40/C50混凝土底板

底板厚度35mm、40mm

预应力钢丝

图 1　预应力混凝土钢管桁架叠合板（PKⅢ）

PKⅢ型板的构造特点：

上部受压区：砂浆钢管——性价比高的抗压材料；

中部传力机构：钢筋桁架——效率高的传力机构；

下部受拉区：预应力钢丝——性价比高的抗拉材料。

可通过调整桁架高度、密度，钢管直径、壁厚，来实现"适度刚度""刚度可调"。

它的优势如下：

（1）跨度大，自重轻

PKⅢ型采用1570级消除应力钢丝，与钢筋混凝土桁架叠合板相比节省用钢量，抗裂性能好。单板面积大（目前应用最大3.5m×12m），板薄自重轻（预制底板最薄35mm，叠合后最薄110mm），无补空板，施工效率高。

（2）可以实现无支撑

钢管桁架和预应力底板的配合实现了大跨度无支撑（图2～图5）。

图2　PKⅢ型板

图3　无支撑的荷载试验

图4　无支撑施工

图5　多层连续施工

（3）可以跨梁连续铺设

PKⅢ型板在跨钢梁处，钢管桁架承受负弯矩，能起到调整弯矩的作用，可节省综合用钢量；连续板的板幅大，能减少构件数量、减少吊装次数，全面提升制作及安装效率。

1.3　项目应用

中建科技集团华东公司在杭政储出-31号商业商务项目、徐州的园博园项目上都在使用PKⅢ跨梁板，其中杭政储出-31号商业商务项目是大柱网、大开间，园博园项目则是"高屋面、无支撑"的钢结构坡屋面，两个项目都非常典型，都充分展示了PKⅢ跨梁板的特点和优势（图6～图9）。

图 6　跨梁板生产

图 7　多跨连续板载荷试验

图 8　杭政储出-31 号商业商务项目跨梁连续板

图 9　徐州园博园项目跨梁连续板

1.4　楼板选用表（表 1）

钢管桁架预应力混凝土叠合板选用表　　　　　　　　　表 1

编号	宽度 W(mm)	跨度 L(m)	最小厚度 H(mm)	允许荷载 X(kN/m²)
GDB-WL-HX	1000 1700 2100 2400 2700 3000 3300 3600 3900 4200	2.4～6.6 6.6～9.0 9.0～12.0	35 40 50 70 100	3.0～30.0

2 外墙板

2.1 装配式钢结构对外墙的要求

钢结构外墙技术要求高，是钢结构在民用建筑领域发展的最重要部件。梳理了一下，外墙板有 12 条指标必须满足：

①满足受力；②防开裂；③防漏水；④保温；⑤防火；⑥隔声；⑦防冷桥；⑧方便门窗复合；⑨方便外饰面复合；⑩方便制造；⑪方便施工；⑫成本低。

（1）外墙对力学性能的要求：外墙板受力复杂，要承受重力、风荷载、地震作用、材料内力、温度应力。受力工况还在不断变化，北方外墙受光面每天的温差能达到 50℃，温度应力容易造成外墙开裂，开裂后发生漏水，水一旦进去了很难排出，会产生冻融。

（2）外墙的热工要求：外墙是实现建筑节能的关键，外墙的保温是必不可少的，有保温就必须防火。对墙板需求蓄热性能好，可以对房间的热量平衡进行调节，还要方便门窗及外饰面的复合，方便制造和施工。

（3）与结构连接要求：外墙板宜采用外挂形式，它不属于主体结构，但要做受力分析和设计。先说一下墙板和结构的关系。墙板与梁四点连接，下面两个支座承受重力，上面两个支座拉接。支座上设有机构，允许墙板平动或转动。墙板布置在梁柱外侧，形成外包墙形式。墙板可随结构一起变形，由于在外侧，不会挤压梁柱。依据变形量墙板之间预留有足够缝隙，变形时墙板之间不会互相挤压。地震时保护结构，也保护墙板。变形量考虑结构变形和温度变形，两者取大值。墙板与墙板接缝处构造防水、材料防水两种方式配合使用。

2.2 匹配钢结构建筑的三种外墙

（1）第一种是预制混凝土夹心保温外墙板（图 10、图 11）。它有三层构造，两层混凝土夹一层保温，用保温连接件将这三层连起来，减少冷热桥，内层钢筋混凝土承重，外层钢筋混凝土是保温层的保护层，表面可以作装饰面，比如用胶模形成各种纹理或表面是彩色混凝土等。它是集承重、围护、保温、防水、防火等功能为一体的装配式预制构件。

图 10　安徽晶宫康居苑项目　　　　　　　图 11　济南西客站安置三区学校

预制混凝土夹心保温外墙板是预制构件中技术含量高、工艺简化率高的构件，与传统施工工艺相比，夹心保温外墙板具有明显的优势。不满意之处是对于钢结构来说自重大了一点。

（2）第二种是轻质外墙挂板（图 12），特点是金属骨架和保温芯材通过断桥构造与内外装饰板复合为一体。重量轻，密度 800kg/m³，仅为预制混凝土夹心复合外墙板的 1/3；厚度薄，最薄 200mm，比传统墙体和预制混凝土夹心复合外墙板都薄。在满足抵抗风荷载的情况下，刚度和重量比预制混凝土夹心复合外墙板的小，有利于抗震。除了减轻墙体自重还减轻了整个建筑物的结构自重，从而降低了造价。

图12　轻质外墙挂板

该项技术2011年开始陆续获得了多项专利。最早使用该墙板的项目是万斯达济阳工厂办公楼，2012年建成，已使用9年，效果良好。

（3）第三种是新研制的PKW型墙板，其制作简便、施工快、抗裂性好、管线分离，最薄可达40mm，可提供多种保温板、内饰板（图13）。

图13　PKW型墙板

3　内墙板

3.1　钢结构建筑内墙板的需求

钢结构比较柔，故会带来各种条板及砌块的裂缝问题，任何一个混凝土剪力墙结构的层间位移很容易达到1/1000，但是钢结构要达到1/500，用钢量就会大量提升，通常控制在1/350以上，是混凝土剪力墙结构的1/3，钢材本身又容易变形，只要发生变形，砌块内墙、条板内墙会开裂，这是钢结构进入民用领域的一个痛点。当然也有板材自身材料开裂的因素。

3.2　对应内墙板需求采用新的预制构件和合理构造

内墙板采用轻质内墙大板（图14），可解决墙板开裂问题。墙体和梁柱间预留合适的空隙，允许变

图14　轻质内墙大板

形，空隙内有柔性防火隔声材料，外面是密封装饰条。梁柱变形时不会与墙体间产生挤压，这样内墙就不会开裂，反过来，墙也不会挤压梁柱。梁柱与墙做必要的拉结，既能变形，又不会脱开。

在墙体内有芯孔，可在墙内安装管线和管道。如果有较大吊挂承重要求，芯孔内可提前灌入混凝土。同时墙体表面光滑洁净，不用抹灰，方便室内装修，加快施工速度，减少施工占地，基本实现建筑墙体的工厂化生产。

4 墙板选用表（表2）

墙板选用表 表2

墙板种类	编号	宽度 A(mm)	高度 B(mm)	厚度 H(mm)
预制夹心外墙	PCW-AB-H	3000、3300、3600、3900、4200、4500、4800、5100、5400、5700、6000、6300、6600、6900、7200、7500、7800、8100	3000 3300 3600 4200 4500	200 240
轻型外墙挂板	PKSW-AB-H			280 320
PKW	PKW-AB-H			40 50
内墙	PKIW-AB-H			120 150 180

5 智能制造

快速施工的前提是快速制造，合适的生产流水线设备是保障生产效率的前提。我公司生产的预制混凝土板材成套设备（图15）通过对钢筋加工，混凝土浇筑、振捣、养护、脱模、转运储存，施工安装等关键节点的研究，可确定最佳制造工艺流程，完成智能设备定型及配套控制软件开发等工作。

此套生产设备可满足各种板材的生产要求，其标准化的工艺流程大大缩减了生产时间，提高了生产效率，降低了生产成本。

图15 预制混凝土板材成套设备

6 结论

预制板材与钢结构建筑的配合一定要发挥出钢结构与预制构件各自的优点，形成新的优势。先进的板材与钢结构的便捷和快速施工相匹配，适应钢结构大柱网、大开间、跨度大、自重轻、刚度好的特点，满足防腐、防火、耐久性的基本要求，可形成完美的装配式钢结构建筑。

参考文献

［1］ 张树辉，潘英烈，张波，胡国宁．预制混凝土构件生产管理技术研究［J］．施工技术，2020．

［2］ 周广强，张鑫，王顺，张波，张树辉．预应力混凝土钢管桁架叠合板施工阶段刚度研究［J］．建筑结构，2020．

［3］ 张树辉．钢结构建筑配套楼板的研究与应用［J］．建筑，2021．

［4］ 许红升，孙洪明，张树辉．石膏大板装配式快建墙工程试验研究［J］．建设科技，2016．

［5］ 张波，华相一，孙滢雪．装配式建筑常用楼板的实践与探索［J］．建筑工业化，2021．

［6］ 张波，张树辉．对于钢结构建筑"三板"问题的思考［J］．中国建筑金属结构，2018．

钢结构装配式住宅建筑体系配套部品研究及应用
——含钛高炉渣制备新型装配式隔墙板关键技术及产业化应用

蔡建利[1]　王杜槟[2]　汤春林[3]　曹立荣[3]　雷武军[1]　蔡　翔[3]　刘　承[3]　周晓龙[3]

(1. 四川汇源钢建科技股份有限公司，成都；2. 四川众心乐旅游资源开发有限公司，成都；
3. 四川省劲腾环保建材有限公司，内江)

摘　要　简要介绍了含钛高炉渣的处理方式，开展了利用含钛高炉渣生产膨化渣的技术研究和以膨化渣为主要原料制备装配式隔墙板的技术研究，完成了成果转化，建成了生产装置，实现了良好的经济、环保和社会效益。

关键词　含钛高炉渣；膨化渣；装配式隔墙板；生产装置

我国西南攀西地区蕴藏着极其丰富的钒钛磁铁矿，探明储量超过 100 亿 t、保有储量约 34 亿 t，是国内仅次于鞍钢地区的重要铁矿资源。更为重要的是，该矿是世界闻名的复合共生矿，Fe 储量占我国的 20%，TiO_2 储量占我国的 90% 以上，V_2O_5 储量占我国的 80% 以上。

含钛高炉渣是以钒钛磁铁矿为主要原料，经过高炉冶炼提取铁水后副产的固体废弃物，根据铁矿石品位的不同渣铁比为 0.4～0.6（即生产 1t 铁，副产 0.4～0.6t 含钛高炉渣）。长期以来，含钛高炉渣作为高炉冶炼的固体废物，其使用价值受其后续制品的局限，除了少量用作水泥掺混料外，一直没有找到经济价值高、消耗量大的废物处理和综合利用方式。大量的含钛高炉渣，经过长途转运，占用耕地或山沟来进行堆放，不仅污染环境、造成隐患，而且增加炼铁成本。

推广应用新型节能环保墙材是以保护耕地、环境和节约能源为目的，是促进经济社会可持续发展、适应城镇现代化建设和住宅产业现代化发展的需要。随着国家大力发展装配式建筑，尤其是住房和城乡建设部发布的《"十三五"装配式建筑行动方案》确定了"2020 年全国装配式建筑占新建建筑的比例达到 15% 以上"的目标，作为与装配式钢结构、装配式混凝土结构、装配式木结构及由该三种结构不同组合形成的装配式混合结构配套的装配式隔墙板，由于其自重轻、抗震性好、保温性好、安装施工方便快捷、增加室内使用面积、降低工人劳动强度、减少施工现场粉尘等诸多优点，越来越受到建筑企业喜爱和选用，全国各地应用比例大幅度提高，市场前景极其广阔。

为保护环境、节约成本，笔者组成的研发团队自 2015 年开始进行含钛高炉渣的综合利用技术研究，开发了新型建材原料膨化渣。随后，结合国家大力发展装配式建筑、市场对装配式隔墙板的需求越来越大的良机，基于企业转型发展、建设和完善装配式建筑技术体系和产品体系、提升生产装备自动化和智能化水平以及满足市场持续的需求，进一步以膨化渣为主要原料自主开发了一种节能环保、绿色低碳的新型灰渣混凝土空心隔墙板——适用于装配式建筑的新型装配式隔墙板，研究了全自动生产工艺。同时，研究开发了膨化渣生产装置、新型装配式隔墙板全自动生产装置。

1　含钛高炉渣生产膨化渣

通常的高炉渣处理工艺有急冷工艺、慢冷工艺和半急冷工艺。急冷工艺采用水淬方式，包括炉前水冲渣法、池式法、大沉淀池法等，其中炉前水冲渣法（从高炉内出来温度 1400～1550℃ 的热熔渣用高压水急冷，直接散落于流渣沟内，再流入水池）为目前最普遍应用的方法，投资少、成本低。在急冷处理过程中，熔融的高炉渣中的绝大部分物质来不及形成稳定的化合物晶体，而以玻璃体形式将来不及释放的热能转化为化学能储存起来，从而具有潜在的化学活性。慢冷工艺包括热泼法、堤式法、机械浇注法、戈特曼法等。半急冷工艺是将热熔渣经机械与水共同作用而急冷形成的一层坚硬多孔的矿渣，其冷却强度介于急冷和慢冷工艺之间，得到的矿渣密度小。

针对以钒钛磁铁矿为主要原料、经过 1400～1600℃ 的高炉冶炼得到铁水后产生的固体废物含钛高炉渣，有 2 种处理方式：一是将其自然冷却，得到干渣；另一种是用水急冷，得到水冲渣。干渣是将高温熔渣直接放于地面自然冷却，经过挖掘、破碎、筛选、分级后可部分用于建筑材料，但由于其工序繁多成本较高，且其密度大多在 1800～2500kg/m³ 之间，不符合轻质要求。水冲渣是使用高压水强制冲击熔融状态的高炉渣，使其迅速冷却、碎化，其制成品粒径在 0.1～2.0mm 之间，不能作为建筑用骨料，仅能够作为水泥厂原料用。

重庆大学在 20 世纪 70～80 年代深入开展了含钛高炉渣用作水泥混合材的技术研究，发现在水泥中只能添加 8%～10% 的高炉渣，且不能生产高强度的水泥。长期以来，国内外对含钛高炉渣的综合利用进行了大量的研究，但一直没有找到一个技术和经济上均可行的、能大规模有效利用的方法。

1.1 理论分析

含钛高炉渣从高炉排出时是熔融状态的液体，此时的熔渣温度一般在 1500℃ 左右。熔渣的主要成分是 CaO、Al_2O_3、SiO_2 以及少量的铁氧化物及 TiO_2 等，除此化学成分外，还含有大量气体，如 CO、CO_2、氢、氧和硫化氢等。在熔渣流淌或放入干渣坑过程中，这些气体大部分被逸出，但直至熔渣冷却凝固仍有少量气体留在熔渣内，从而形成类似面包的蜂窝状孔洞。

从化学、物理学、几何学和热力学等多维角度，提出了对含钛高炉渣进行高温急冷、机械抛射和深度膨化的机理，采取人为控制含钛高炉渣的流量、流速，通过冷却水喷淋、机械抛射等作用，使得熔渣快速急冷，使熔渣内气体来不及被释放，在一定的黏度及表面张力的作用下，形成外表是玻璃质的内部有微孔的膨化珠体。

其中，水对含钛高炉渣的膨化起着两个作用：①水能加速熔渣的冷却，使熔渣能很快形成固体状，而防止更多的气体从渣内逸出；②水与熔渣的硫化物起着化学作用，硫化氢在高温情况下生成二氧化硫气体，硫化氢、二氧化硫与水蒸气在熔渣内也能生成气孔。粒化轮的机械抛射对含钛高炉渣的膨化也起着两个作用：①把熔渣甩在空中加快熔渣冷却，熔渣表面冷却最快，能在甩散的熔渣表面生成大量密闭的玻璃体；②同时，熔渣经过机械抛射在空中又相互碰撞，落在集渣槽内时已成珠状，温度较低，互相不能粘结成块，因此机械抛射实际上也起了一个对熔渣破碎的作用。

1.2 工艺路线

在理论分析的基础上，提出了技术方案：对含钛高炉渣进行除铁分流处理，然后用高压冷却水对高炉渣进行喷淋急冷。随后利用改进的粒化轮对正在急冷的高炉渣进行机械抛射，使处于急冷过程之中的高炉渣沿不同的抛物线弹出并相互碰撞，在抛射过程中的风冷、低温水急冷及机械外力的共同作用下，使高炉渣发生物理、化学和热力学的变化。随后落入集渣槽，继续在冷水中爆裂膨化，最后形成膨化渣。

将上述技术方案进行工程化实施，设计制作了装置系统并优化改进了核心设备粒化轮，建设了膨化渣生产线（生产工艺流程见图 1），其具体工艺路线包括如下步骤：

（1）自炼铁高炉出铁口出来的 1400～1550℃ 铁水，经过铁水沟流入铁水罐，送去提钒炼钢工序。自高炉出铁口 10m 处从铁水沟分出一个铁渣沟，引出铁渣（温度 1200～1500℃）。钒钛磁铁矿冶炼后的铁渣，其主要成分是钙、钛、铝、镁等氧化物和 SiO_2 及少量的铁氧化物等，此外还含有一定量的气体（如 CO、CO_2、H_2S、氢和氧等，在后续的处理过程中大部分逸出排放到空气中）。

（2）铁水沟和铁渣沟均深约 60mm。在距离铁渣沟约 30mm 处的铁水沟上部设置一个 20mm 的挡渣板，在铁渣沟入口设置一个高 40mm 的拦铁板，使密度大的铁水分流到铁水沟并进入铁水罐，而密度更小、浮在铁水上面的铁渣翻越拦铁板流入铁渣沟。

（3）进入铁渣沟的铁渣仍含有部分铁。为此，在铁渣沟上引出一条炉渣沟。在炉渣沟与铁渣沟之间再设一个拦铁板，使含铁量多的铁渣作为水冲渣引出，作为水泥掺混料使用；而含铁量很少的含钛高炉渣作为膨化渣的原料。所有料沟均由耐高温的浇注料浇注而成。

（4）从炉渣沟出来的含钛高炉渣，经过一个长 2m、宽 1.5m 且与水平面呈 30°的耐高温滑动式中间包，中间包上方设有喷水冷却装置，从左到右分布 3 排、每排有 6 个高压冷却水喷嘴。滑动式中间包由钢壳和浇注料构成，由卷扬机带动前后滑动，主要起到缓冲作用，使得渣流平缓、均匀。喷嘴为扁平状，可调节喷淋水量。调节喷淋流量和压力，并调整优化 6 个喷嘴的喷射角度，可以使反应更为充分，成品内部产生的气孔更多。流过中间包斜坡面的 1200～1500℃ 的高炉渣被喷嘴喷出的冷却水强烈冲击和急冷后，流入改进型粒化轮系统中。

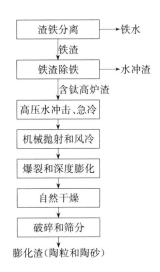

图 1　膨化渣生产工艺流程图

（5）在改进型粒化轮系统中，高炉渣首先被粒化轮进行抛射，使处于急冷过程之中的高炉渣被迅速击碎并沿不同的抛物线弹出，弹射过程中又发生相互碰撞，在抛射和碰撞过程中高炉渣又被自然风冷却。机械抛射和相互碰撞，使高炉渣形成不规则的球状颗粒；同时，风冷作用加上颗粒的热力学反应，高炉渣内气体来不及被释放，在一定的黏度及表面张力的作用下，使高炉渣内部形成大小不一、蜂窝状的孔洞，部分封闭孔洞还包裹住了空气或 CO、CO_2、H_2S、SO_2、氢和氧等其他气体。改进型粒化轮系统由电机、减速机、耐热叶片粒化轮等组成，粒化轮直径 1.4m、转速 330rpm、粒化轮外轮缘线速度约 24m/s。粒化轮叶片上横向加设了挡板，根据高炉渣飞行距离、粒径大小，可变频调节转速，粒化轮叶片使高炉渣的抛物线方向发生变化，增加高炉渣碰撞的几率和力度，同时借助自然风的冷却作用，达到良好的膨化效果。

（6）经过改进型粒化轮系统处理的高炉渣流入集渣槽。集渣槽为一个由铸铁浇铸而成的 4000mm×2000mm×500mm 的平板槽，是高炉渣和水进一步充分接触并发生物理、化学和热力学等反应的通道。此时的高炉渣仍具有 600～800℃，在集渣槽中与冷却水混合，发生爆裂并进一步深度膨化，最后形成带水的膨化渣。经过深度膨化的高炉渣形成粒径均匀、内部有大量蜂窝状微孔的膨化渣陶粒，具有特殊的物理、化学、热力学等方面的性能。集渣槽设有刮板，右面底部设有带人工调节排渣阀的 2 个排渣口。

（7）将带水的膨化渣自集渣槽排出到干渣坑。干渣坑内设有一个低坑，膨化渣中的水能自流入低坑中。堆放 1～2 天后，膨化渣经自然干燥，变成含水约 8% 的干渣。

（8）将干渣转运到干渣场。用破碎机系统将粒径大于 20mm 的大块干渣进一步破碎。用悬臂筛网振动筛系统对干渣进行筛分并分级，粒径 4.75mm 以上的部分膨化渣称为膨化渣陶粒，粒径在 4.75mm 以下的部分称为膨化渣陶砂。

1.3　设备系统及改进

膨化渣生产系统包括渣铁分离系统、膨化处理系统、筛分系统。其中，膨化处理系统又包括冷却水喷淋装置、粒化轮装置、集渣槽深度膨化装置、干渣系统，筛分系统包括破碎机、皮带输送机和悬臂筛网振动筛等。

为达到更好的粒化和膨化效果，对粒化轮系统进行了如下的优化改进：高压冷却水喷淋装置设置了 3 排 18 个可以调节流量和压力的喷嘴，调整优化了喷嘴的喷射角度；粒化轮的轮体设计为一个用材质为 Q345 的钢板焊接而成的空腔结构，空腔由中间钢板分隔为两部分，空腔两端有封堵钢板分别与左半轴和右半轴连接；右半轴为具有内层空腔和外层空腔的双层空心轴，冷却水的进出分别通过右半轴的内层空腔和外层空腔；右半轴的转速范围为 250~350rpm；每个轮齿均独立设置有进水孔和出水孔，便于及时地排水。

1.4 膨化渣性能分析

本项目开发的膨化渣为新产品，因无相关的国家、行业或地方标准，制定并公开发布了企业标准《膨化渣陶粒》Q/91511024326999010Q.01—2018，主要技术指标见表1。

膨化渣陶粒的性能指标　　　　　　　　　　　　表 1

序号	指标名称		单位	标准要求	实际指标
1	堆积密度		kg/m³	600~800	680
2	筒压强度		MPa	≥3	3.3
3	1h 吸水率		%	≤10	9.8
4	含泥量		%	≤8	6.0
5	泥块含量		%	≤0.5	0
6	硫化物和硫酸盐含量		%	≤1.0	0.02
7	放射性	内照射指数		1.0	0.5
		外照射指数		1.3	0.6

2 膨化渣制备装配式隔墙板

根据膨化渣的独特性能，结合装配式隔墙板的技术标准进行分析，提出了以膨化渣为主要原料制备新型装配式隔墙板的技术方案。

2.1 原料配方设计

针对原来采用建渣、粉煤灰等为原料生产装配式隔墙板时出现的面密度、干燥收缩值超标等问题，研究设计了以膨化渣陶粒、膨化渣陶砂等为主要原料，添加微粉、粉煤灰等活性成分，以各种水泥为胶凝材料，同时添加早强剂等外加剂的原料配方方案。其中，膨化渣陶粒为粗骨料，膨化渣陶砂为细骨料，微粉和（或）粉煤灰为填充料，普通硅酸盐水泥、低碱硅酸盐水泥、硫铝酸盐水泥等为胶凝材料，早强剂、膨胀剂等为性能调节材料。设计了原料配方正交试验方案（示例见表2）。

原料配方正交试验方案示例　　　　　　　　　　表 2

序号	膨化渣陶粒	膨化渣陶砂	高炉水渣	膨化渣微粉	粉煤灰	普通水泥	低碱水泥	硫铝酸盐水泥	早强剂	膨胀剂	自制助剂
1	200	400	100	100	—	185			5	5	5
2	200	400	100	100	—	190			5	5	—
3	200	400	100	100	—	195			5		
4	200	400	100	100	—	200					
5	200	400	100	100	—		200				
6	200	400	100	100	—		195		5		
7	200	400	100	100	—		190		5	5	
8	200	400	100	100	—		185		5	5	5
9	200	400	100	—	100		185		5	5	5

续表

序号	膨化渣陶粒	膨化渣陶砂	高炉水渣	膨化渣微粉	粉煤灰	普通水泥	低碱水泥	硫铝酸盐水泥	早强剂	膨胀剂	自制助剂
10	200	400	100	—	100	—	190	—	5	5	—
11	200	400	100	—	100	—	195	—	5	—	—
12	200	400	100	—	100	—	200	—	—	—	—
13	150	450	100	—	100	—	—	200	—	—	—
14	150	450	100	—	100	—	—	195	5	—	—
15	150	450	100	—	100	—	—	190	5	5	—
16	150	450	100	—	100	—	—	185	5	5	5
17	150	450	95	—	100	—	—	205	—	—	—
18	150	450	90	—	100	—	—	205	5	—	—
19	150	450	85	—	100	—	—	205	5	5	—
20	150	450	80	—	100	—	—	205	5	5	5

注：配比为重量比。

2.2 试验工艺路线

新型装配式隔墙板的生产工艺原理是：以骨料、水泥、外加剂等为主要原料，按专门的配方进行原料混合，然后将混合料挤压成型 600mm 宽的板坯，按客户需求的长度定尺切割，再经过自然养护或蒸汽养护，即制得成品。

新型装配式隔墙板的开发试验采用地模式半自动墙板生产线进行生产性试验，其简要工艺流程见图2。

生产工艺流程很简单，但在原材料的选用、原料配比（包括固体原料的配合比、水灰比等）、水泥和外加剂的使用、打板机运行速度和振动频率、打板场地平整度、预养护、自然养护或蒸汽养护等方面也有诸多关键技术参数，控制好与坏，就决定了墙板的质量。

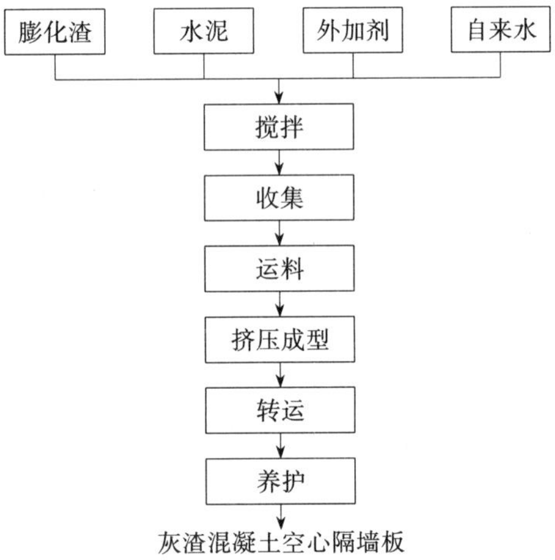

2.3 生产性配方试验

根据设计的配方试验方案，设计建设了一条半自动墙板中试生产线，开展了生产性配方试验，累计实施试验 58 轮、183 组。

通过正交试验，不断地优化原料配方，最终研究确定生产普通装配式隔墙板、超低干缩装配式隔墙板和超轻装配式隔墙板的最佳配方。

图 2 生产工艺流程图

2.4 生产工艺参数优化试验

采用研究确定的最佳配方，继续开展了原料搅拌时间、打板机走板速度及振动频率、板坯养护起板时间、自然养护时间、蒸汽养护升温曲线和降温曲线等关键工艺参数的优化试验，累计实施试验 26 轮、85 组。通过试验，不断摸索和完善，最终确定了最佳的生产工艺参数。

2.5 蒸汽养护技术研究

通常情况下，装配式隔墙板的养护有自然养护和蒸汽养护两种方式。自然养护即利用平均气温高于5℃的自然条件，用适当的材料对隔墙板表面加以覆盖并浇水，使隔墙板在一定的时间内保持水泥水化作用所需要的适当温度和湿度条件，正常增长强度。蒸汽养护是以蒸汽为热介质使隔墙板加速硬化的养护方法。蒸汽养护的关键在于温度和湿度的控制。目前尚未发现有专门研究隔墙板的蒸汽养护技术原理、生产工艺、装置系统和核心设备的专利技术和文献报道。

设计的蒸汽养护方案为：将挤压成型并放置在模板上的具有一定初期强度的板坯，5～7 块堆成一垛，放入蒸汽养护室。先静养一定时间。然后，通入具有一定温度、湿度 90% 以上的蒸汽，按照升温曲线分三个阶段进行梯度升温。升温至指定的最高温度后保温一段时间。然后通过减少甚至停止通入蒸汽、再通入氮气以及开启养护室密封门等方式进行直接冷却降温。降温至养护室内与室外的温差小于 10℃ 时取出板坯，完成养护，转运去分离模板并打捆包装为隔墙板成品。

蒸汽养护试验（实例）：将每 6 块隔墙板扎成一捆，且每 3 捆对应一个养护层堆放于养护室内，在养护过程中采用养护室内的蒸汽管路进行温度控制，并通过养护室内的蒸汽管路通入蒸汽，蒸汽温度为 120℃，压力为 9kg/cm²。在养护过程中的温度控制包括一次升温阶段、二次升温阶段、三次升温阶段和降温阶段。其中，在一次升温阶段、二次升温阶段和三次升温阶段中保持相对湿度约 95%，且在密闭条件下进行；在一次升温阶段中是将养护室内的温度升温至 25℃，并保温 3h；在二次升温阶段中是将养护室内的温度以 4℃/min 的速率升温至 50℃，并保温 4h，在三次升温阶段中是将养护室内的温度以 4℃/min 的速率升温至 75℃，并保温 5h；在降温阶段中是停止通入蒸汽，打开养护室的密封门进行自然冷却 6h，且在自然冷却过程中向养护室内通入氮气（输送管路的压力为 0.9kg/cm²）。

2.6 自动化生产技术研究

2.6.1 技术路线和工艺流程设计

设计的技术路线为：以膨化渣、高炉水渣等工业废渣为主要原料，普通硅酸盐水泥、硫铝酸盐水泥等为胶凝材料，采用多维变频振动和矢量控制挤压成型技术，引进国内先进的"固定式螺杆旋转挤压机"，自主开发自动化生产装置系统，辅以工业 PC 和变频器自动控制（触摸屏幕人机界面），配套研究建设自动化蒸汽养护装置，最终得到隔墙板产品。

自动化墙板生产性试验工艺流程为：搅拌机通过计算机控制实现自动称量，混合料搅拌好后，上料系统的皮带输送机自动将混合料输送到挤压成型机。挤压成型后，由切割机经过一次切割和修正切割后，由生产线尾部的机械（液压）堆码机收集成型的板材，并由辊道直接将条板输送至蒸汽养护窑，经 8～12h 强制蒸汽养护后出窑脱模，模板自动回收进入生产线的入口。整个生产过程采用 1 台工控机控制，实现搅拌、上料、挤压成型、收集堆码、下线、养护的全自动生产过程，见图 3，其中五角星为关键质量控制工序。

2.6.2 自动化生产线试验

（1）配方试验

以地模式半自动生产线的原料配方为基础，结合自动化生产线的装置特点，拟定厚度为 90mm 隔墙板的原料配比方案，见表 3。

自动化生产工艺原料配比方案 表 3

试验批号	配方编号	水泥（kg）	粉煤灰或微粉（kg）	水渣（kg）	膨化渣陶粒（kg）	膨化渣陶砂（kg）	外加剂一（kg）	外加剂二（kg）
1	配方 1-1	210	100	300	0	390	0	0
	配方 1-2	210	100	300	50	340	0	0
	配方 1-3	210	100	300	100	290	0	0
	配方 1-4	210	100	300	150	240	0	0
2	配方 2-1	210	100	590	100	0	0	0
	配方 2-2	210	100	500	90	0	0	0
	配方 2-3	210	100	400	190	0	0	0
	配方 2-4	210	100	350	100	240	0	0

续表

试验批号	配方编号	水泥 (kg)	粉煤灰或微粉 (kg)	水渣(kg)	膨化渣陶粒 (kg)	膨化渣陶砂 (kg)	外加剂一 (kg)	外加剂二 (kg)
3	配方 3-1	210	100	300	0	390	0.1	0
	配方 3-2	210	100	300	50	340	0.1	0
	配方 3-3	210	100	300	100	290	0.2	0
	配方 3-4	210	100	300	150	240	0.2	0
4	配方 4-1	210	100	590	100	0	0	0.2
	配方 4-2	210	100	500	100	90	0	0.2
	配方 4-3	210	100	400	100	190	0	0.1
	配方 4-4	210	100	350	100	240	0	0.1
5	配方 5-1	210	100	300	50	340	0.1	0.2
	配方 5-2	210	100	300	100	290	0.2	0.1
	配方 5-3	210	100	300	100	290	0.1	0.2
	配方 5-4	210	100	350	100	240	0.2	0.1

注：每个试验配料均按1000kg/罐，每个配方做3个对比试验，试验数据取平均值。

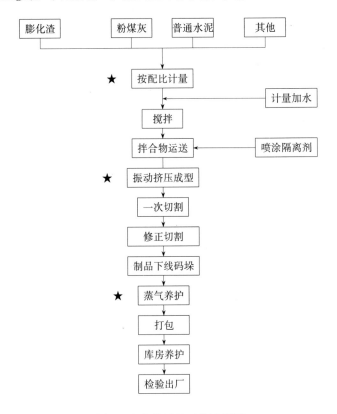

图3　生产性试验工艺流程图

根据表3的原料配比方案，按照上述试验工艺流程，开展了累计47批次、156组生产性试验和验证性生产试验，同时针对试验产品开展了蒸汽养护出窑后1、3、5、7、14和28d的技术指标检测和分析，根据检测结果继续开展了5批次、15组的优化试验，最终确定了生产90板的优化原料配比方案（表4）并获得了较好的蒸汽养护后7d出厂技术指标（表5）。

优化的原料配比方案　　　　　　　　　　　　　　　　　表4

水泥(kg)	粉煤灰或微粉 (kg)	水渣(kg)	膨化渣陶粒 (kg)	膨化渣陶砂 (kg)	外加剂一 (kg)	外加剂二 (kg)
200～220	100	300～360	80～120	280～340	0～0.1	0～0.1

优化配方试验产品的技术指标 表5

面密度（kg/m²）	抗压强度（MPa）	抗弯承载（倍）	干燥收缩值（mm/m）	软化系数	含水率（%）
95～110	6.5～8.2	1.88～2.67	0.38～0.45	0.94～1.22	4.86～6.91

（2）工艺操作参数优化试验

按照上述试验工艺流程，以制板机、蒸汽养护窑的常规操作参数为基础，采用优化的原料配方投料，累计开展了12批次、46组的工艺操作参数优化试验，取得了如下的生产工艺操作参数：

1）干混料水分控制：搅拌干混料水分控制在18%±0.5%，保证墙板骨料粘结效果，防止板面偏湿影响墙板平整度。

2）制板机操作参数：机速控制在2.8～3.0m/s；主振频率控制在40～45Hz；边振频率控制在42～45Hz；搅刀频率控制在40～48Hz。

3）蒸汽养护参数：蒸汽入窑静养时间由原来的100～120min，调整为150～180min；终点养护温度由原来的50～75℃调整为55～60℃。

2.6.3 装置系统开发

研究开发了新型装配式隔墙板的自动化、智能化生产线，其生产装置由12个系统组成，包括：①原料自动筛分系统；②智能配料搅拌系统；③智能自动供料系统；④自动成型系统；⑤智能切割系统；⑥余料自动回收系统；⑦智能分离翻转系统；⑧自动打包输送系统；⑨智能蒸汽养护系统；⑩模板自动清洁输送系统；⑪智能气动系统；⑫中央集中控制系统。主要设备系统简介如下：

（1）自动成型系统：物料经螺旋推进器的旋转挤压和振动装置的振动形成高度密实板坯，每个螺旋推进器均可变频调速，振动装置的激振力、振动频率等参数都可以根据需要进行调整，这样就保证了制成品各部位密实均匀并适应不同的物料成型，同时制品的面密度也可根据实际需要进行调整。

（2）智能切割系统：板坯经输送机系统送达切割机系统，切割机在自控中枢的控制下将制板坯切割成预设长度。采用国际上先进的无杆气缸往复推动技术，实现了电动和气动的有机结合，使切割机的运行更加平稳可靠，动作准确到位。

（3）智能蒸汽养护系统：板坯经挤压、振动、揉抹成型码垛后，通过编程自动进入干湿高温蒸汽养护窑，按科学的温度控制养护曲线，自动调节每一时点的养护温度，经过8～12h的科学养护，出窑分离、打包转运至成品库存放满72h即可使用。经过该工艺养护的墙板水化反应充分，抗折抗压强度指标均已达到要求的95%以上（已达到自然养护28d的指标要求）。该工艺不仅解决了混凝土制品自然养护时间长（需28d）、养护场地面积大、模板占用多、生产效率低、生产成本高、劳动强度大、供货周期长、资金占用大等系列问题，而且还解决了自然养护无法调控温度和水分制约产品质量的技术难题。

3 国内外综合对比

在开展技术研究之前，进行了资料调研和立项查新，未发现采用膨化渣生产装配式隔墙板的研究报道和文献资料。

3.1 工艺技术对比

（1）原料配方独一无二。以膨化渣为主要原料，添加了相关外加剂，配方科学合理，综合利用了高炉渣，既减少了环境污染，又降低了原料成本。国内多采用建渣、粉煤灰等为原料，来源和性能不稳定，部分还含有有毒有害物质。

（2）生产方法属国内首创。在原料配方、生产工艺操作参数、蒸汽养护等方面进行原创性研究开发，形成了国内首创的生产方法。

（3）委托国家级查新机构"建筑材料工业技术情报研究所"进行科技查新，查新发现，到目前为止，国内外未发现同样的原料和工艺技术。

3.2 装置系统对比

与国内其他生产企业的隔墙板挤压成型生产设备相比，研究开发了原料筛分、自动计量、干混料自动搅拌、精地坪、挤压成型系统化和半自动、蒸汽养护等核心设备和自动化装置系统，并将其优化组合，形成一套有机组合、完整的智能化生产系统。

在国内首创开发建设了第 1 条膨化渣生产线和第 1 条全自动新型装配式隔墙板生产线，全自动生产线实现智能化。

3.3 技术指标对比

经过国家建材产品质量监督检验中心（四川）专业检测，本项目研究开发的新型装配式隔墙板产品的各项技术指标全部达到并优于国家标准，综合性能全面优于川渝地区的同类产品，90 板技术指标见表 6。

90 板技术指标对比 表6

序号	指标名称	单位	国家标准要求	同类产品	本项目产品
1	面密度	kg/m²	≤120	112~116	106
2	抗弯承载	倍	≥1	1.1~1.2	2.6
3	抗压强度	MPa	≥5.0	5.0~6.5	13.4
4	干燥收缩值	mm/m	≤0.6	0.50~0.58	0.37
5	软化系数	—	≥0.8	0.81~0.85	0.96
6	含水率	%	≤12	10.3~11.6	4
7	空气隔声量	dB	≥40	39~41	42
8	耐火极限	h	≥1	1.0~1.2	2.5
9	传热系数	W/(m²·K)	≤2.0	1.86~2.25	1.48

4 成果转化及经济效益

（1）将研究膨化渣形成的专利技术进行应用转化，建成了一套 10 万 t/a 膨化渣生产装置，目前装置能力已挖潜改造到 30 万 t/a，已累计生产膨化渣约 72 万 t。

（2）将研究新型装配式隔墙板形成的专利技术进行产业化应用，建成了 30 条半自动墙板生产线并形成了 150 万 m²/a 的生产能力，已累计生产新型装配式隔墙板约 253 万 m²，并全部应用于万科、恒大、绿地等开发商的装配式建筑项目。

（3）将研究形成的新型装配式隔墙板自动化生产专利技术进行产业化实施，建成了一条全自动智能化生产线，并形成了 50 万 m²/a 的生产能力，已累计生产新型装配式隔墙板约 46 万 m²，并全部应用于万科、恒大、绿地等开发商的装配式建筑项目。

（4）据统计，截止到 2020 年 12 月 31 日，累计消耗约 72 万 t 含钛高炉渣，生产膨化渣约 72 万 t（其中 42 万 t 对外销售、30 万 t 用于制备隔墙板），制备新型装配式隔墙板约 299 万 m²；累计实现经营收入 26772 万元、净利润 3780.66 万元，综合税收 3160.65 万元，为地方经济发展做出了较大的贡献。

5 结语

通过研究，创新开发了含钛高炉渣膨化关键技术并建成了年产 10 万 t 膨化渣生产线，创新开发了以膨化渣为主要原料制备新型装配式隔墙板的半自动生产技术和全自动、智能化生产技术并建成了年产 200 万 m² 的新型装配式隔墙板生产线，实现了钢铁冶金与装配式建筑的产业融合及协同发展，创造了良好的经济效益、环保效益和社会效益。

参考文献

[1] 朱俊士. 钒钛磁铁矿选矿及综合利用[J]. 金属矿山，2000(1)：1-5，11.

[2] Tan Qiyou，Chen Bo，Zhang Yushu，et al. Characterisitics and current situation of comprehensive utilization of vanadium titano-magnetite resouurces in Panxi region[J]. Multipurpose Utilization of Mineral Resources，2011(6)：6-9.

[3] 王海风，张春霞，齐渊洪，等. 高炉渣处理技术的现状和新的发展趋势[J]. 钢铁，2007(6)：84-85.

[4] 翁庆强. 高钛型高炉渣综合利用概述与展望[J]. 四川冶金，2009(6)：40-42.

[5] 徐楚韶，陈光碧. 用含钛高炉渣生产矿渣硅酸盐水泥的研究[J]. 矿冶工程，1985(3)：53-54.

钢结构建筑装配式内装技术研究及应用

周东珊　蔡帅帅　余　广

（浙江亚厦装饰股份有限公司，杭州）

摘　要　对国内主要装配式内装技术的发展和钢结构建筑技术现状进行综述；分析研究当前钢结构建筑及装配式内装技术中的主要问题，并提出了解决方案，建立了钢结构建筑装配式内装技术平台。

关键字　钢结构建筑；装配式内装技术

1　政策导向及行业背景

2020 年，我国钢产量在 10 亿 t 以上，钢材的库存压力巨大，政府出台了大力发展钢结构建筑的相关政策，为配合"力争 2030 年前实现碳达峰，2060 年前实现碳中和"的大政方针，我国钢结构建筑技术发展迅速，一些行业领先企业的钢结构建筑技术逐步落地，极大促进了钢结构建筑的发展。但在项目的具体实施过程中，与之配套的装修工程在技术上不能匹配，致使钢结构建筑工程整体交付之后，出现了开裂、变形、漏水等质量问题。为此，针对当前钢结构建筑中装配式内装技术存在的难点问题，我们必须进行相应的技术研发，建立相应的钢结构建筑装配式内装技术平台十分必要。

1.1　政策导向

近年来，随着经济的快速发展与环保意识的不断增强，我国钢结构行业相关产业政策暖风频吹、行业的标准体系也在逐步完善。在政策利好等因素的背景下，我国钢结构行业迎来较好的发展机遇。

全国装配式建筑政策性文件的颁布落实给各个省市地区装配式建筑行业发展指明了方向，同时也为各地方政府结合本地实际情况发展装配式建筑，制定产业发展规划奠定了基础。为确保国家政策的落实，各省市也积极制定各项配套政策。目前，全国 30 多个省市出台了装配式建筑专门的指导意见和相关配套措施，不少地方更是对装配式建筑的发展提出了明确要求。

国家发布的《装配式钢结构建筑技术标准》GB/T 51232，明确了装配式钢结构建筑的健康发展，需摒弃"重结构、轻建筑、无内装"的错误观念，指出装配式建筑是建筑的结构系统、外围护系统、内装系统、设备与管线系统的主要部分采用预制部品部件集成的建筑。钢结构建筑的装配式内装技术研究正是针对钢结构建筑的发展趋势所孵化出来的全新课题，对装配式钢结构建筑的发展和推动将起到重大的作用。

2019 年，全社会碳排放约 105 亿 t，其中能源活动碳排放约 98 亿 t，占全社会碳排放比重约 87%。从能源活动领域看，能源生产与转换、工业、交通运输、建筑领域碳排放占能源活动碳排放比重分别为 47%、36%、9%、8%，其中工业领域钢铁、建材和化工三大高耗能产业占比分别达到 17%、8%、6%。大力发展钢结构建筑及配套的装配式内装可以降低碳排放，也是早日达到碳中和的重要举措之一。

1.2　行业背景

随着我国钢产量的持续上升，以及国家开始大量出台发展钢结构的鼓励政策，钢结构建筑的发展呈现了前所未有的良好发展态势。发达国家钢结构建筑用钢量占钢产量的 30% 左右，而我国仅占比 5%~6%，表明钢结构建筑在我国还有很大的发展空间。

与传统的混凝土结构和砌体结构相比，钢结构建筑是一种典型的环保绿色建筑，垃圾排放量少，拆除时建筑材料可以回收再利用，在施工过程中不会产生空气污染和固体废物污染等问题，因此，钢结构建筑产业具有低碳、绿色、环保、节能等特点，符合国家可持续发展战略，是实现国家 2030 年碳达峰、2060 年碳中和的大政方针的理想选择，是国家重点支持的建筑产业。

2　装配式内装技术现状

近年来，在政府的政策推动下，我国装配式内装技术获得了较大的发展，以成都某住宅项目为例，该项目采用全屋装配式内装技术，在部品生产和现场装配两个环节，将全部内装工序划分为十大系统，即装配式地面系统、装配式墙面系统、装配式墙体系统、装配式吊顶系统、装配式门窗系统、装配式地暖系统、装配式给水排水系统、装配式管线分离系统、集成卫浴系统和集成厨房系统。

装配式内装将成为未来建筑装修行业发展的重要趋势。对于大型装饰企业，装配式内装技术采用标准化设计、工厂化生产、装配式施工、信息化管理的新模式，具有施工品质好、安装精度高和绿色环保等优势，能够解决传统装饰施工面临的诸多难点并大幅降低人工依赖，未来具有广阔成长前景。对比发达国家在装配式领域的渗透率，我国的装配式内装技术成长空间巨大。

装配式内装修在环保、成本、质量、工期等方面有较大的优势。但现有装配式内装主要适用于 PC 和传统施工方式施工的建筑，在钢结构建筑领域，还有很多技术需要研究和开发。

3　钢结构建筑装配式内装技术研究

3.1　钢结构建筑装配式内装修技术难点

我国钢结构建筑，与之配套的室内装饰还处于初步发展阶段，部品化和装配化的程度较低，产业链不完整。在目前情况下，钢结构建筑装配式内装修主要存在以下一些问题：

(1)装配式内装饰与钢结构建筑主体结构的连接问题；

(2)防火、防腐、防水、节能、隔声等问题；

(3)传统装修与钢结构建筑不适配问题。

3.1.1　装配式内装饰与钢结构建筑主体结构的连接问题

现有装配式内装与装配式钢结构主体结构的连接技术不成熟，在钢结构建筑装配式内装中，各部品与主体结构的连接节点较多，包括外墙板与梁、楼板的连接，内隔墙与梁、楼板的连接，吊顶与楼板的连接，地板与楼板的连接，厨卫与主体结构的连接等，具体连接节点分布如图1所示。

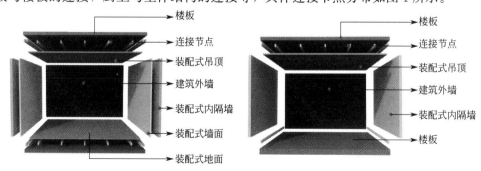

图 1　内装与主体结构的连接分布

现有连接技术主要采用钢钉、卡口、焊接等连接的方式，效率低且会破坏钢结构的构件防火功能。总体而言，钢结构建筑内装部品与钢结构主体的连接方式装配化的程度不够高，不能完全体现出装配式钢结构建筑及其装配式内装的优势，因此需要加快研发新的、装配化程度高的连接节点。

3.1.2　防火、防腐、防水、节能、隔声等问题

我国目前在钢结构建筑的实践中，主要采用的防火防腐措施为喷涂防火涂料和外包防火板，室内装

饰与钢结构构件的连接，要建立在不破坏防火层的基础上，这就要求实现柔性连接。这类问题由钢材自身特性造成，需要采取有效的防火、防腐措施，外围护系统需要满足防水、节能、隔声等物理性能，阳台、卫生间需要满足变形带来的疲劳损伤防水问题，钢楼板撞击带来的隔声问题。

3.1.3 传统装修与钢结构建筑不适配问题

目前国内部分钢结构建筑中，在管线的设计和安装上没有达到一体化、模块化的集成设计水平，内装体系与结构体系不分离，水电管线预埋于结构中，管线老化寿命短，难以实现内装装配化施工，后期的维修、更换与维护存在较大困难，不能适应百年住宅的要求。

由于设计、技术和成本等因素的限制，在一定程度上限制了装配式内装部品在钢结构建筑中的应用，而完善的钢结构建筑配套内装部品体系，将在很大程度上促进我国钢结构建筑的快速发展。

3.2 钢结构建筑装配式内装技术研究范围

以钢结构住宅为研究对象，通过以下八大系统来探究装配式内装与钢结构建筑的适配性。

3.2.1 地面系统

针对传统楼地面装修方式存在的表面不平整、易空鼓、湿作业易泛碱和现场脏乱等弊端，研究地面铺设系统及方法，解决高度依赖手工作业和定位难等技术难题，预期实现适用于钢结构住宅的地板部件多种材料性能的协同组合和不同模块之间的快速连接，实现模块多维受力的均匀化。

3.2.2 吊顶系统

针对传统吊顶装修方式存在的板面下挠、防火性能差和施工噪声大、对技工要求高等弊端，研究吊顶整体模块及安装方法，解决表面易开裂、吊顶安装难、吊挂系统调平难度大和施工效率低等技术难题。预期实现适用于钢结构住宅的跌级吊顶低位组装和一次性整体吊装，减轻对原建筑结构的损坏。

3.2.3 隔墙系统

针对钢结构建筑使用传统内隔墙湿作业砌筑、自重大、占用空间大和易开裂等弊端，研究钢结构建筑内隔墙系统及其构造体系的高效连接设计技术，形成高适应性、隔声、全装配的内隔墙系统技术。解决内隔墙施工效率低、质量难以保障和二次改造困难等问题。

3.2.4 墙面系统

由于钢结构住宅受风、温度、地震等作用变形比较大，使用传统墙面装修技术时墙面有变形、开裂等问题，采用装配式墙面可以解决开裂变形问题，且能实现工厂制造、现场装配。装配式墙面与墙体中的空隙可布置管线，实现主体与管线的分离。

3.2.5 装配式厨房

针对传统厨房装修现场湿作业多、技工要求高、表面空鼓等问题，研究适用于钢结构住宅的装配式厨房及其安装方法，解决厨房装修易空鼓、防火性能弱和橱柜装修协同差等技术难题。通过基层框架，预期实现墙面装饰材料由原来的分散连接改为整体连接，使墙面的整体性和美观性得到显著提升。

3.2.6 装配式卫浴

针对钢结构建筑变形大，传统卫生间装修易漏水、易发霉，空间利用不充分等弊端，研究适用于钢结构住宅的集成卫生间系统，解决卫生间装修易空鼓、易结露、防水效果难以保障和洁具与装饰协同性差等技术难题。

3.2.7 装配式收纳

针对钢结构建筑结构异形构件多，墙面和墙体难以在同一平面及易开裂等特点，结合建筑空间布局，研究模块化装配式收纳体系及安装方法，预期实现适用于钢结构住宅的在不同基层墙、柱面条件下可调接、易安装的装配式收纳系统，实现和墙柱面的有机连接。

3.2.8 管线分离系统

针对传统管线预理在主体结构内存在的安全隐患和灵活性差等弊端，研究适用于钢结构住宅的管线连接技术及底盒连接构件及其安装方法，实现管线分离，解决传统装修线路敷设时线槽开槽多、破坏墙体、污染大、检修困难等技术难题。

4 钢结构建筑装配式内装技术开发

针对以上提到的装配式钢结构建筑的装配式内装技术发展中存在的难点与问题，我们进行了钢结构建筑的装配式内装技术开发。

4.1 钢结构建筑装配式内装技术——墙面系统

钢结构建筑的装配式墙面技术主要从装配式墙面系统与钢结构建筑主体结构以及围护结构之间的连接问题进行研究，其技术如下。

4.1.1 装配式墙面系统与墙体的连接

需要连接的墙体包括外围护墙体、内隔墙墙体和装配式墙体（剪力墙墙体）。因此通过调研钢结构所有填充墙体的类别和特点，分析了每一种墙体适用的固定形式，经过试制和技术指标测定，最终制定以下方案来解决与装配式墙体的连接。

方案1：基层找平系统＋螺钉固定＋科岩墙面系统，即当墙体的连接强度无法直接连接墙面系统时，需要在墙面系统与连接的墙体之间增设一个基层找平系统，找平系统完成找平后通过螺钉固定在墙体上，墙面系统再通过卡件直接安装于找平系统上，见图2。

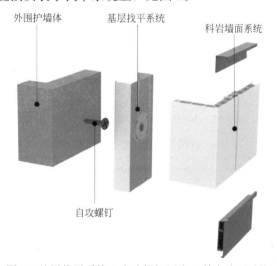

图2　基层找平系统＋自攻螺钉固定＋科岩墙面系统

经过关键技术研究和关键指标分析，以上方案适用的墙体类型如表1所示。

适用于方案1的墙体类型　表1

墙体类型		
蒸压轻质混凝土实心条板墙体	框架承重轻型幕墙	硅镁加气实心条板内隔墙
玻璃纤维增强石膏空心条板墙体	发泡水泥复合板外墙	粉煤灰泡沫水泥实心条板内隔墙
水泥复合条板外墙	预制混凝土挂板外墙	石膏空心条板内隔墙
聚苯颗粒水泥条板墙体	纤维增强水泥装饰挂板外墙	聚苯颗粒水泥条板内隔墙
BLP粉煤灰泡沫水泥复合条板外墙	实心砌块外墙	
金属面压花复合板墙体	砌体饰面外墙	
钢丝网架聚苯夹芯整间板外墙	轻骨料混凝土实心条板内隔墙	
纤维水泥板灌浆墙体	石膏空心条板内隔墙	
装配式聚氨酯复合板外墙	纸蜂窝夹芯复合条板内隔墙	
轻钢组合外墙	无机板灌浆骨架内隔墙	
薄板钢骨填充外墙	纤维水泥板骨架内隔墙	

此连接方案适用于连接墙体的平接、阳角、阴角、墙顶收口、踢脚线等位置。

方案2：基层找平系统＋膨胀螺钉固定＋科岩墙面系统，即当墙体的连接强度不足以直接连接墙面系统，但又承受较大垂直于轴向或横向的剪力时，需要在墙面系统与连接的墙体之间增设一个基层找平系统，找平系统实现找平后通过膨胀螺钉固定在墙体上，墙面系统再通过卡件直接安装于找平系统上，见图3。

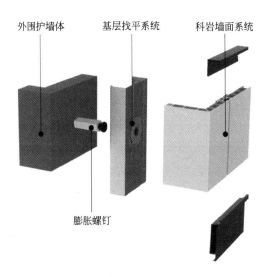

图3　基层找平系统＋膨胀螺钉固定＋科岩墙面系统

经过关键技术研究和关键指标分析，以上方案适用的墙体类型如表2所示。

适用于方案2的墙体类型　　　　　　　　　　　　　　　　　表2

墙体类型	
普通钢筋混凝土预制条板外墙	硅镁空心条板内隔墙
轻骨料混凝土空心条板外墙	粉煤灰泡沫水泥空心条板内隔墙
玻纤增强水泥空心条板外墙	轻骨料混凝土空心砌块内隔墙
保温空心砌块外墙	混凝土空心砌块内隔墙
水泥空心条板内隔墙	防屈曲钢板剪力墙
轻骨料混凝土空心条板内隔墙	

此种连接方案适用于连接墙体的平接位置、阳角位置、阴角位置、墙顶收口位置、踢脚线位置。

方案3：自攻螺钉＋科岩墙面系统，即通过螺钉连接的方式直接将装配式墙面与钢结构墙体连接。若采用的为科岩墙面系统则采用自攻螺钉进行连接固定；若采用的是科岩墙面系统中的超薄墙板，则采用钢排钉进行连接固定，见图4。

经过关键技术研究和关键指标分析，以上方案适用的墙体类型有：纤维水泥板骨架内隔墙、无机板骨架内隔墙、石膏板骨架内隔墙等。

此种连接方案适用于连接墙体的平接位置、阳角位置、阴角位置、墙顶收口位置、踢脚线位置。

方案4：基层找平系统＋高温粘结剂＋无机龙骨＋自攻螺钉＋科岩墙面系统，即当墙体的连接强度不足进行螺钉安装固定时，除了在墙面系统与连接的墙体之间增设一个基层找平系统外，还需要通过高温粘结剂在墙体上胶粘一个无机龙骨作为墙体的新基层，基层找平系统通过螺钉固定在新基层上，墙面系统再通过卡件直接安装于找平系统上，见图5。

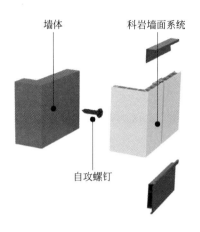

图 4　自攻螺钉＋科岩墙面系统

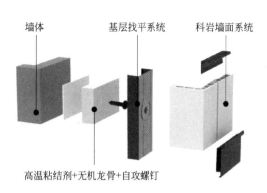

图 5　基层找平系统＋高温粘结剂＋无机龙骨＋
自攻螺钉＋科岩墙面系统

经过关键技术研究和关键指标分析，以上方案适用的墙体类型有：非加劲钢板剪力墙、钢板组合剪力墙（栓钉连接）、开缝钢板剪力墙、钢板组合剪力墙（对拉螺栓连接）、加劲钢板剪力墙、箱板外围壁墙等。

该方案适用的连接位置有平接位置、阳角位置、阴角位置、墙顶收口位置、踢脚线位置。

4.1.2　装配式墙面系统与钢柱的连接

解决现有装配式墙面系统中墙面与钢柱的连接问题，需要根据钢结构中所有钢柱防火处理的保护措施与构造形式，通过分析其防火构造对墙面技术安装的影响，制定相应的解决方案。

一般钢结构中钢柱的防火处理保护措施主要有以下 6 种：

（1）在钢柱表面喷涂防火涂料；

（2）在钢柱表面包覆防火板；

（3）在钢柱表面包覆柔性毡状隔热材料；

（4）在钢柱表面外包混凝土、砂浆或砌体；

（5）在钢柱表面进行复合防火保护；

（6）其他防火保护措施。

针对以上 6 种防火处理保护措施，根据现行相关规范，提出了以下解决方案。

方案 1：在钢柱表面喷涂防火涂料时，采用高温粘结剂＋无机龙骨＋无机板材＋装配式墙面技术（螺钉固定），即当钢柱表面喷涂防火涂料时，墙面系统不直接接触表面喷涂了防火涂料的钢柱，而是额外增加无机龙骨和无机板材形成 L 形卡件通过高温粘结剂胶粘在原钢柱上作为新的安装基层，墙面系统与新的安装基层通过螺钉固定的方式进行安装连接，见图 6。

方案 2：在钢柱表面包覆防火薄板和包覆柔性防火毡时，采用自攻螺钉＋无机板材＋装配式墙面技术（螺钉固定），即当钢柱表面包覆防火薄板和包覆柔性防火毡时，墙面系统不直接接触钢柱，而是额外增加无机板材形成 L 形卡件通过螺钉连接的方式固定在原钢柱上作为新的安装基层，墙面系统与新的安装基层通过螺钉固定的方式直接进行安装连接，见图 7。

方案 3：在钢柱表面包覆防火厚板和复合防火层时，采用装配式墙面技术（螺钉固定），即当钢柱表面包覆防火厚板和复合防火层时，墙面系统直接通过螺钉与钢柱进行固定，见图 8。

方案 4：在钢柱表面包覆混凝土时，采用装配式墙面技术（膨胀螺钉固定），即当钢柱表面包覆混凝土时，墙面系统与钢柱之间通过膨胀螺钉进行固定，见图 9。

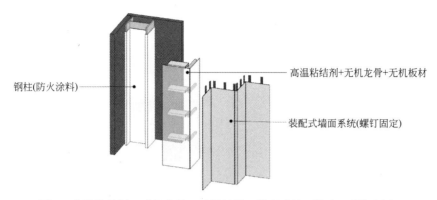

钢柱(防火涂料)

高温粘结剂+无机龙骨+无机板材

装配式墙面系统(螺钉固定)

图 6　高温粘结剂＋无机龙骨＋无机板材＋装配式墙面技术（螺钉固定）

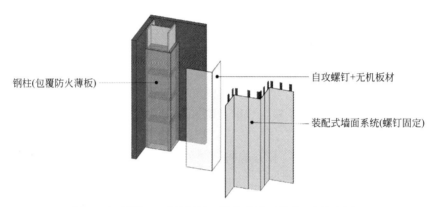

钢柱(包覆防火薄板)

自攻螺钉+无机板材

装配式墙面系统(螺钉固定)

图 7　自攻螺钉＋无机板材＋装配式墙面技术（螺钉固定）

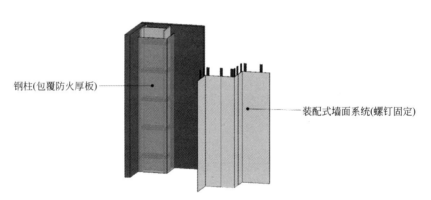

钢柱(包覆防火厚板)

装配式墙面系统(螺钉固定)

图 8　装配式墙面技术（螺钉固定）

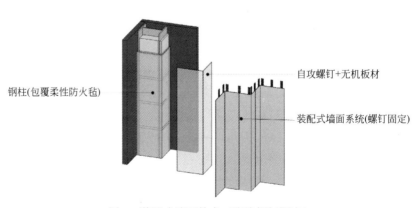

钢柱(包覆柔性防火毡)

自攻螺钉+无机板材

装配式墙面系统(螺钉固定)

图 9　装配式墙面技术（膨胀螺钉固定）

除了以上 4 种针对不同钢结构中钢柱防火处理保护措施的解决方案外，针对无机板材与钢结构中钢柱的连接问题，还提出了 2 种其他的解决方案，包括：预制抱箍件方案（包括工字型钢、矩形型钢、圆形型钢 3 种）和预焊接龙骨方案（包括工字型钢、矩形型钢、圆形型钢 3 种）。

预制抱箍件方案是指在钢柱生产出厂前，在钢柱上预制指定形状的抱箍件与钢柱作为一个整体安装在钢结构建筑中，然后将无机板材通过一定的方式固定在钢柱上，见图 10（左）。同样，预焊钢龙骨是指在钢柱上提前焊接一个指定形状的钢龙骨，然后将无机板材通过一定的方式固定在钢柱上，见图 10（右）。

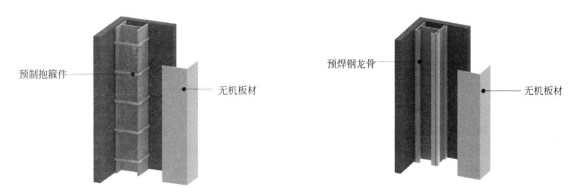

图 10　预制抱箍件（左）和预焊钢龙骨（右）

在解决了墙面系统与钢柱的连接问题后，采取了在 A 级墙面系统和基层找平系统填充岩棉的方式来达到保温性能，起到保温效果。

4.2　钢结构建筑装配式内装技术——墙体系统

钢结构建筑的装配式墙体技术主要研究的是装配式墙体系统的收边卡件与钢结构中墙体、钢柱、钢梁、楼板之间的连接。下面依次从与墙体的连接、与钢柱的连接、与钢梁的连接、与楼板的连接四个方面来介绍装配式墙体系统与钢结构的连接。

4.2.1　装配式墙体系统与墙体（外墙）的连接

主要研究了与外围护墙体的连接，通过调研钢结构所有外围护墙体类别和特点，分析墙体适用的固定形式，制定了以下几种装配式墙体安装方案，主要有钢排钉固定与胶粘无机板辅助固定。

方案 1：钢排钉固定，具体方案为：外墙＋钢排钉＋L 形卡件，这种方案适用于可以直接打钢排钉的外墙，即把作为墙体安装定位构件的 L 形卡件直接通过钢排钉固定在墙体上，在位置确定后将装配式墙体进行安装。

方案 2：胶粘无机板辅助固定，具体方案为：外墙＋防火涂料＋粘结剂＋硅酸钙板＋自攻螺钉＋L 形卡件，这种方案适用于喷涂了防火涂料的钢板剪力墙，即喷涂了防火涂料后的外墙无法直接进行螺纹连接，需要通过粘结剂将无机板材（一般为硅酸钙板）胶粘在外墙上作为新的连接基层，然后把作为墙体安装定位构件的 L 形卡件通过螺钉连接的方式固定在新的基层上，最后再进行装配式墙体的安装。

4.2.2　装配式墙体系统与钢柱的连接

主要研究了与工字形钢柱、矩形钢柱、圆形钢柱三种钢柱之间的连接，针对钢柱 6 种不同的防火处理与保护措施，制定了以下 3 种解决方案来适应现有墙体技术的安装方案。

方案 1：无机板辅助固定，包括打钉无机板辅助固定和胶粘无机板辅助固定，见图 11。

打钉无机板辅助固定，具体方案为：钢柱＋防火板（薄）＋硅酸钙板＋L 形卡件，即当钢柱表面包覆的防火板较薄时，将无机板材（一般为硅酸钙板）通过直接打钉的方式固定在包覆了防火板的钢柱上作为新的安装基层与 L 形卡件进行安装，然后再完成装配式墙体的连接。该方案适用于解决现有装配式墙体系统与包覆了防火板（薄）的钢柱（包括工字形钢柱、矩形钢柱、圆形钢柱三种钢柱）的连接问题。

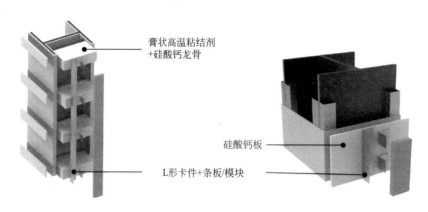

图 11　无机板辅助固定

胶粘无机板辅助固定，具体方案为：钢柱＋柔性毡/防火涂料＋保护钢板＋粘结剂＋硅酸钙板＋L形卡件，即通过L形卡件配合粘结剂进行安装，用膏状的高温粘结剂将硅酸钙龙骨或者硅酸钙板胶粘在包覆了柔性毡/喷涂了防火涂料的钢柱上作为新的连接基层，然后将L形卡件固定在新的基层上与装配式墙体进行连接。该方案适用于解决现有装配式墙体系统与包覆了柔性毡状隔热材料/喷涂防火涂料的钢柱（包括工字形钢柱、矩形钢柱两种钢柱）的连接问题。

方案 2：直接打钉固定：包括自攻螺钉固定和钢排钉固定。

自攻螺钉固定，具体方案为：钢柱＋防火板（厚）＋自攻螺钉＋L形卡件，即将L形卡件使用螺钉固定的方式直接安装在钢柱上，然后再进行装配式墙体的安装。该方案适用于包覆了防火板（厚）的钢柱（包括工字形钢柱、矩形钢柱、圆形钢柱三种钢柱）。

钢排钉固定，具体方案为：钢柱＋混凝土＋钢排钉＋L形卡件，即将L形卡件使用打入钢排钉固定的方式直接安装在钢柱上，然后再进行装配式墙体的安装，该方案适用于包覆了混凝土的钢柱（包括工字形钢柱、矩形钢柱两种钢柱）。

方案 3：抱箍固定，具体方案为：钢柱＋防火构造＋抱箍＋L形卡件，即在钢柱上提前预制抱箍，将L形卡件直接安装在抱箍件上后与装配式墙体进行连接，该方案适用于所有的防火构造钢柱（包括工字形钢柱、矩形钢柱、圆形钢柱三种钢柱），见图12。

4.2.3　装配式墙体系统与钢梁的连接

主要研究了装配式墙体与工字形钢梁、箱形钢梁之间的连接。通过分析钢结构中钢柱的防火构造对装配式墙体安装的影响，制定了以下解决方案。

方案 1：抱箍固定，具体方案为：钢梁＋防火涂料＋抱箍＋L形卡件，即在钢柱上预制指定形状的抱箍件，将L形卡件直接安装在抱箍件上后与装配式墙体进行连接，该方案适用于喷涂了防火涂料的钢梁（同时适用于工字钢和箱形钢），见图13。

方案 2：打钉无机板辅助固定，具体方案为：钢梁＋防火板（薄）＋硅酸钙板＋L形卡件，即将无机板材（一般为硅酸钙板）安装在包覆了防火板的钢梁上作为新的连接基层，将L形卡件直接安装在新的连接基层上后与装配式墙体进行连接，该方案适用于包覆了防火板（薄）的钢梁（同时适用于工字钢和箱形钢），见图14。

方案 3：自攻螺钉固定，具体方案为：钢梁＋防火板（厚）＋自攻螺钉＋L形卡件，即当钢柱包覆了较厚的防火板时，将L形卡件通过螺钉直接安装在钢柱上后与装配式墙体进行连接，该方案适用于包覆了防火板（厚）的钢梁（同时适用于工字钢和箱形钢），见图15。

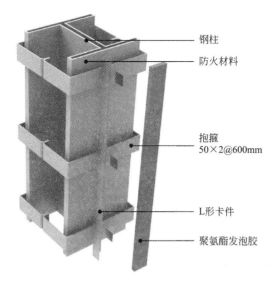

图 12　抱箍固定

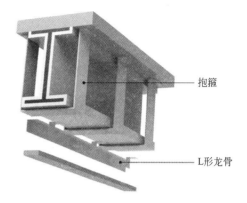

图 13　抱箍固定

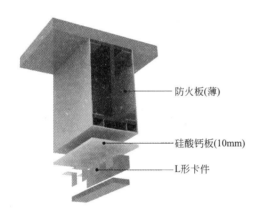

图 14　打钉无机板辅助固定

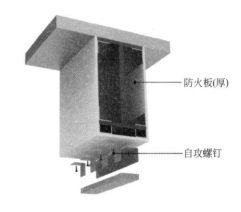

图 15　自攻螺钉固定

4.2.4　装配式墙体系统与楼板的连接

主要研究了与压型钢板混凝土楼板、现浇钢混凝土楼板、预制钢混凝土楼板、钢混凝土叠合楼板之间的连接，通过调研钢结构中楼板的形式，分析其作为地面、顶面的构造对装配式墙体安装的影响，制定了以下解决方案，来适应现有墙体技术的安装方案。

方案 1：钢排钉固定，混凝土楼板＋钢排钉＋L形卡件，即将 L 形卡件通过打入钢排钉的方式直接固定在楼板上，然后再与装配式墙体进行连接，该种方案适用于接触面是混凝土的楼板。

装配式墙体系统与现浇钢混凝土楼板、预制钢混凝土楼板、钢混凝土叠合楼板之间的接触面为双面混凝土，均可采取以上方案即钢排钉固定。

方案 2：钢板辅助固定，具体方案为：压型钢板

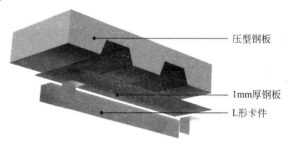

图 16　压型钢板楼板＋钢板＋L形卡件

楼板＋钢板＋L形卡件，即在压型钢板楼板与 L 形卡件间增设一定厚度的钢板，将 L 形卡件固定在上述钢板上，然后再与装配式墙体进行连接，该种方案适用于接触面是压型钢板的楼板。

装配式墙体系统与压型钢板混凝土楼板连接时，接触面为地面混凝土和顶面压型钢板，因此会在空槽处出现连接问题，需要按照上述方案添加钢板进行辅助固定，见图 16。

4.3 钢结构建筑装配式内装技术——吊顶系统

针对装配式吊顶技术在钢结构建筑中的适配性的分析，做了大量的前期研究与调研。通过调研钢结构中常用的填充墙体（包括聚苯颗粒复合墙板、加气混凝土砌块、ALC板、陶粒轻质混凝土条板和轻钢龙骨隔墙5种隔墙）类别和特点，分析墙体适用的固定形式，以及对吊顶墙面安装的影响。得出了适用于钢结构建筑的隔墙类型均可兼容现有吊顶固定形式的结论。通过调研钢结构中常用的楼板类别，分析不同形式的楼板对吊顶安装的影响，确定钢筋桁架楼承板、压型钢板组合楼板、叠合楼板均可兼容现有吊顶固定的形式，而箱板钢结构加劲楼板若要与现有的吊顶固定形式相适配，则需要根据结构特点新增焊接转换层来连接吊顶。

但是因为不同的钢结构体系会呈现不同的空间布局，装配式内装与钢结构建筑连接固定时，会出现与钢梁钢柱发生干涉的情况。

如图17所示，楼板底部的钢梁对吊顶的安装造成影响。

阴角处外露的钢柱，对于墙面阴角的安装可能会产生干涉（图18）。

图17　楼板底部的钢梁　　　　　　　　　　　图18　阴角处的钢柱

这种钢构件的外露部分会对吊顶和墙板的安装调平产生干涉，因此需要考虑制定解决现有吊顶系统与钢构件连接问题的技术方案。

经过对装配式吊顶系统与钢结构建筑的适配性研究，发现吊顶与钢结构的连接中能够兼容现有技术体系，即可以通过使用不同的固定形式实现吊顶与钢结构常用墙体的连接；与楼板的连接中部分无法固定吊顶的楼面，可以将对应的安装方式改为墙挂方式。

而解决吊顶与外露的钢梁柱发生干涉问题的研究，以下主要从与钢梁的连接、与钢柱的连接、其他情况的连接三个方面展开。

4.3.1 装配式吊顶系统与钢梁的连接

主要通过两个思路研究新技术方案。一是规避钢梁处理，通过对吊顶造型处理（包括通过正向跌级造型设计和通过反向跌级造型设计）和吊顶降低标高两种方式。二是需要根据结构特点新增转换层与钢梁固定，通过在基层增设龙骨后固定和通过抱箍件连接两种方式。具体应用时，若钢梁防火设计时采用包覆防火板的形式，则增设基层无机龙骨来固定安装吊顶所需构件；若钢梁防火设计时采用喷涂防火涂料的形式，则以抱箍和角钢作为转换层安装吊顶。

4.3.2 装配式吊顶系统与钢柱的连接

若钢柱采取表面喷涂防火涂料的防火处理，则利用墙面与隔墙对钢柱的处理作为基层，再安装吊顶，即包覆板材后与面板固定的方式；若钢柱采取表面包覆防火板的防火处理，则采用在基层增设无机龙骨来固定安装吊顶所需构件方式。

4.3.3 其他情况的连接

对于箱形钢结构，吊顶在安装固定时，将工厂焊接的角钢作为转换层来连接螺杆或顶挂模块。另外对于一些特殊结构还可以进行吊顶柔性连接处理。

4.4 钢结构建筑装配式内装技术——厨房、卫浴系统

厨卫墙面与钢结构连接的研究中，经过对装配式厨卫系统中墙板与钢结构建筑的适配性研究，发现厨卫中墙板与钢结构中钢柱的连接能够兼容现有的技术体系，即通过采用不同的固定形式，厨卫墙板与钢结构常用墙体均可连接。

而解决厨卫系统中墙板与外露的钢梁柱发生干涉问题的研究主要根据钢柱采取不同的防火处理方式，定制了4种解决方案。

若钢柱采取表面喷涂防火涂料的防火处理，可以采用钢柱上预制接口方案、焊接角钢方案和将包覆板材作为转换层的方式。这3种方案主要用于解决墙板与外露的钢柱发生干涉时的安装问题。

（1）钢柱上预制接口方案：这种方案主要用来解决住宅中方形钢柱外露的情况，需要在生产钢柱时预制对应的螺栓，并根据设计要求对钢柱做防腐防火处理，然后在调平时将调平件旋入螺栓，将墙板背部构件固定在调平件上完成安装。

（2）焊接角钢方案：这种方案主要用来解决阴角处H型钢柱外露的情况，需要在钢柱进行防火处理前先焊接角钢，并根据设计要求，对钢结构做防腐处理后在钢柱上喷涂防火涂料，最后将厨房墙板背部固定件与预制的角钢相连完成安装。

（3）包覆板材后与面板固定，即将包覆板材作为转换层。若钢柱采取表面包覆防火板的防火处理，则采用在基层增设龙骨后固定的方式。这种方案主要用来解决阴角处H型钢柱外露的情况，首先根据饰面板的固定间距，在钢柱上增设无机龙骨；然后根据设计要求，在龙骨上安装防火板；最后将墙板背部的固定件穿过龙骨上的防火板与龙骨连接固定。

5 结语

钢结构建筑装配式内装技术包容面广、技术信息量大，我们目前仅做了其中的装配式墙面系统、装配式墙体系统、装配式吊顶系统、集成卫浴系统和集成厨房系统的技术研究，还有装配式地面系统、装配式门窗系统、装配式地暖系统、装配式给水排水系统、装配式管线分离系统等技术还未进行深入研究，研究深度尚有不足，需要同行一起来完成。随着国家与地方钢结构建筑政策的推广与落地，相信未来钢结构装配式内装技术一定会为实现2030年碳达峰、2060年碳中和目标做出较大贡献。

参考文献

[1] 叶琳. 钢结构在装配式建筑中的应用研究[J]. 商品与质量，2020(11).

[2] 梅建华. 大力发展钢结构装配式建筑[J]. 中国勘察设计，2018，000(004)：62.

[3] 杜贤. 适宜于钢结构住宅的装配化内装部品设计研究[D]. 重庆大学，2018：63-64.